# fit fürs abi

## Klausur-Training Mathematik

Schroedel

fit fürs **abi**

Klausur-Training

# Mathematik

für Schülerinnen und Schüler zur Vorbereitung auf das Abitur

Die Autoren **Stefan Jonczyk** und **Walter Schneider** können auf eine langjährige Unterrichtspraxis in der gymnasialen Oberstufe zurückblicken. Mit den Problembereichen im Fach Mathematik sind sie deshalb bestens vertraut. Zudem haben sie vielfältige Erfahrungen sowohl mit den Anforderungen des Zentralabiturs als auch mit der Vorbereitung auf diese Prüfung.



Druck [1]/Jahr 2013

Redaktion und Satz: imprint, Zusmarshausen
Kontakt: lernhilfen@schroedel.de
Herstellung: Sandra Grünberg
Umschlaggestaltung und Innenlayout: Janssen Kahlert Design & Kommunikation, Hannover
Druck und Bindung: westermann druck GmbH, Braunschweig

ISBN 978-3-507-**23052**-1

## Symbolerklärung

A Aufgabe

L Lösung

1. Aufgabe zum mündlichen Abitur

GTR Aufgabe mit GTR

# Vorwort

Mit dem vorliegenden Band **Klausur-Training Mathematik** aus der Reihe **Fit fürs Abi** erhalten Sie eine kompetente „Hilfe zur Selbsthilfe" für die Vorbereitung auf die Abiturprüfung im Fach Mathematik angeboten. In verständlicher Weise können Sie das erfolgreiche Lösen von Abituraufgaben intensiv üben.

Das Buch ist so konzipiert, dass der Benutzer zuerst mit den Kernthemen und wichtigsten Fragestellungen vertraut gemacht wird, damit er anschließend Aufgaben aus der Analysis, der analytischen Geometrie und der Stochastik auf Abiturniveau lösen kann. Bis auf wenige Ausnahmen sind die Aufgaben ohne GTR oder CAS lösbar, sodass Ihnen wechselseitige Möglichkeiten der Selbstkontrolle zur Verfügung stehen.

Der Einsatz eines GTR oder eines CAS erfordert die Kenntnis der Befehle zu den folgenden Elementaraufgaben:
- Zeichnen von Funktionen, auch Ableitungs- und Integralfunktionen
- Zeichnen von Tangenten in Punkten von Funktionsgraphen
- Bestimmen von Funktionswerten, Erstellen einer Wertetabelle
- Berechnen der Ableitung an einer Stelle
- Berechnung von Koordinatenschnittpunkten, Extrempunkten und Wendepunkten
- Berechnen von Schnittpunkten zweier Graphen
- Berechnen eines bestimmten Integrals
- Lösen von Gleichungen und linearen Gleichungssystemen
- Erstellen von Listen
- Funktionsanpassungen
- Berechnen von Anzahlen mithilfe der Kombinatorik
- Berechnen von Wahrscheinlichkeiten bei einer Binomialverteilung

Jeder der drei Hauptthemenbereiche beinhaltet auch eine Zusammenstellung von Aufgaben und Fragen zur mündlichen Abiturprüfung, die gleichzeitig eine Checkliste für die gesamte Abiturprüfung bietet.
Die Lösungen zu diesen Aufgaben sollten Sie auf der Basis Ihrer Unterrichtsmitschriften, aber auch unter Zuhilfenahme von Formelsammlung und eingeführtem Lehrbuch erarbeiten.

Zu den wesentlichen Zielen des Buches gehören:
- das sichere Beherrschen grundlegender Rechentechniken
- die Kenntnis und das Verständnis wichtiger mathematischer Begriffe
- die Fähigkeit, mathematische Lösungsverfahren auf Anwendungen zu übertragen

Das Buch bietet:

- klare Lösungsstrategien zu den typischen schriftlichen Abituraufgaben
- klassische und anwendungsbezogene Aufgaben
- ausführlich kommentierte Lösungen
- anschauliche grafische Darstellungen
- Übersichten zu den Standardaufgaben in den Hauptthemenbereichen

Beim Lösen von Abituraufgaben sollten Sie:

- den Aufgabentext aufmerksam durchlesen und alles Wichtige unterstreichen
- eine Skizze anfertigen, bei der relevante Objekte farbig markiert und erforderliche Bezeichnungen ergänzt werden
- den Aufgabentyp identifizieren und die passende Vorgehensweise gedanklich durchspielen
- unter Berücksichtigung der Vorgaben einen Ansatz formulieren
- konzentriert manuell rechnen und/oder den GTR/CAS einsetzen
- die Lösung anhand einer Skizze oder Überschlagsrechnung überprüfen
- einen Antwortsatz formulieren

# Analysis

1

*In der Analysis sind Funktionen mithilfe der Differential- und Integralrechnung zu untersuchen.*
*Diese Funktionen können bereits vorgeben sein oder sie sind vorab, passend zu einem Problem, aufzustellen.*

## 1.1 Schnittprobleme

Wissen

Viele Anwendungen laufen auf ein Schnittproblem hinaus, welches wiederum auf eine Nullstellenbestimmung zurückgeführt werden kann. Hierzu benötigt man meistens die **Lösungsformel für quadratische Gleichungen**. Falls die entsprechende Gleichung $h(x) = 0$ nicht explizit lösbar ist, kann die Existenz einer Lösung mit dem **Nullstellensatz** bewiesen werden. Er besagt: Ist $h(a) \cdot h(b) < 0$ für eine auf $[a; b]$ stetige Funktion h, dann besitzt h auf $]a; b[$ mindestens eine Nullstelle.
Einen Näherungswert für diese Nullstelle erhält man mit dem **NEWTON-Verfahren**. Es besagt: Liegt der Startwert $x_0$ genügend nahe bei einer Lösung von $h(x) = 0$, dann liefert die **Rekursionsformel** $x_{n+1} = x_n - \frac{h(x_n)}{h'(x_n)}$ für $n \in \mathbb{N}_0$ beliebig genaue Näherungswerte für diese Lösung.

A

**1.** Skizzieren Sie die Schaubilder der Funktion f und g und bestimmen Sie ihre Schnittpunkte für:

a) $f(x) = x^2,\ x \in \mathbb{R};\ g(x) = \frac{3}{2}x - \frac{1}{2},\ x \in \mathbb{R}$
b) $f(x) = \frac{1}{4}x^3,\ x \in \mathbb{R};\ g(x) = x^2 - x,\ x \in \mathbb{R}$
c) $f(x) = \frac{1}{2}x^2,\ x \in \mathbb{R};\ g(x) = \frac{4}{x},\ x \in \mathbb{R}\setminus\{0\}$
d) $f(x) = x^2 - 2,\ x \in \mathbb{R};\ g(x) = \frac{8}{x^2},\ x \in \mathbb{R}\setminus\{0\}$
e) $f(x) = x^3 - x,\ x \in \mathbb{R};\ g(x) = 2 - 2x^2,\ x \in \mathbb{R}$
f) $f(x) = e^x - 1,\ x \in \mathbb{R};\ g(x) = e^{-x},\ x \in \mathbb{R}$

L

**1.** a) $f(x) = g(x) \Leftrightarrow x^2 = \frac{3}{2}x - \frac{1}{2}$

$\Leftrightarrow x^2 - \frac{3}{2}x + \frac{1}{2} = 0$

$x_{1,2} = \frac{3}{4} \pm \sqrt{\frac{9}{16} - \frac{8}{16}} = \frac{3}{4} \pm \frac{1}{4}$

$x_1 = 1,\ f(1) = 1 \Rightarrow S_1(1\,|\,1)$

$x_2 = \frac{1}{2},\ f\left(\frac{1}{2}\right) = \frac{1}{4} \Rightarrow S_2\left(\frac{1}{2}\,\middle|\,\frac{1}{4}\right)$

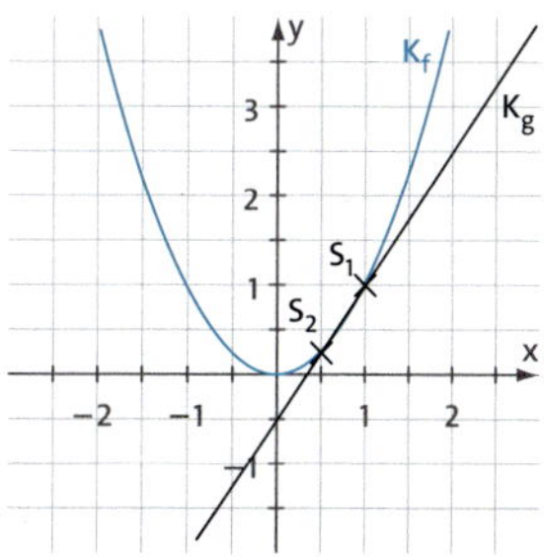

b) $f(x) = g(x) \Leftrightarrow \frac{1}{4}x^3 = x^2 - x$

$\Leftrightarrow \frac{1}{4}x^3 - x^2 + x = 0$

$\Leftrightarrow x^3 - 4x^2 + 4x = 0$

$\Leftrightarrow x(x^2 - 4x + 4) = 0$

$\Leftrightarrow x(x-2)^2 = 0$

$x_1 = 0,\ f(0) = 0 \Rightarrow S_1(0|0)$

$x_2 = 2,\ f(2) = 2 \Rightarrow S_2(2|2)$

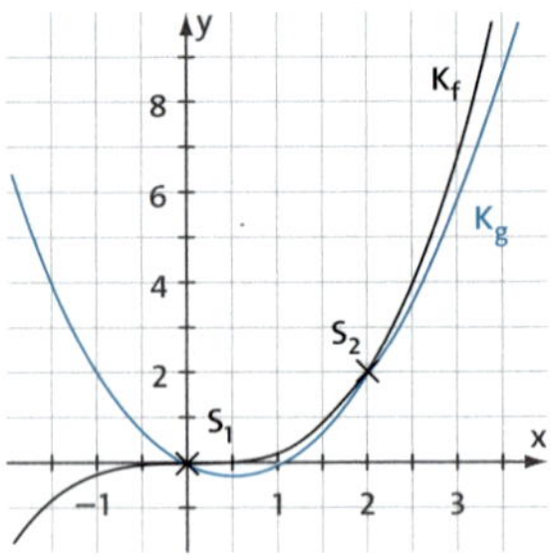


c) $f(x) = g(x) \Leftrightarrow \frac{1}{2}x^2 = \frac{4}{x}$

$\Leftrightarrow x^3 = 8$

$\Leftrightarrow x = 2$

$f(2) = 2 \Rightarrow S(2|2)$

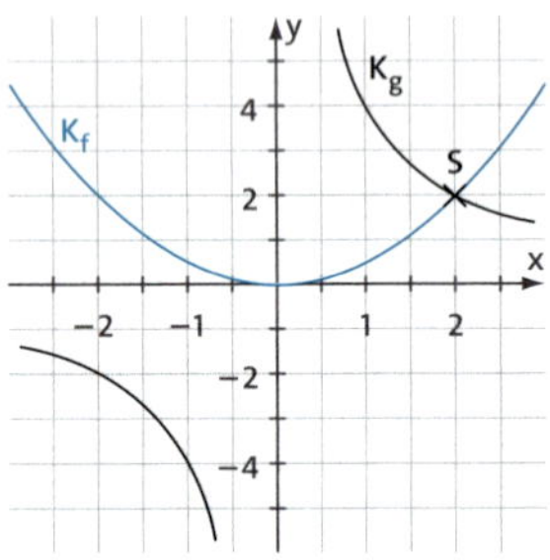


d) $f(x) = g(x) \Leftrightarrow x^2 - 2 = \frac{8}{x^2}$

$\Leftrightarrow x^4 - 2x^2 - 8 = 0$

Mit der Substitution $x^2 = u$ ergibt sich:

$u^2 - 2u - 8 = 0$

$u_{1,2} = 1 \pm \sqrt{1+8} = 1 \pm 3$

$u_1 = 4,\ u_2 = -2$

$x^2 = 4 \Leftrightarrow x = 2 \lor x = -2$

$x^2 = -2$ ist nicht lösbar

$f(2) = 2 \Rightarrow S_1(2|2)$

$f(-2) = 2 \Rightarrow S_2(-2|2)$

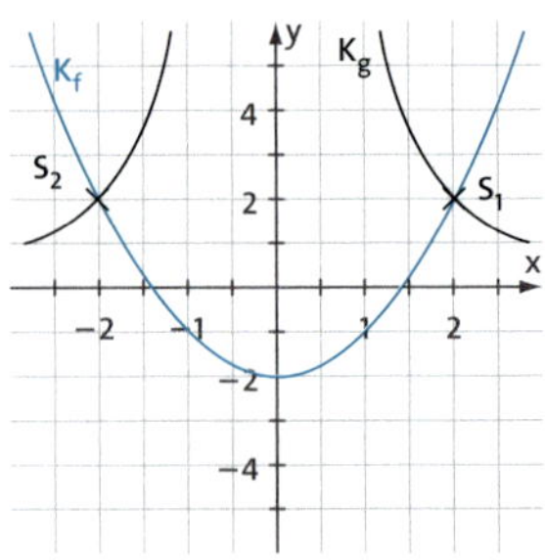


e) $f(x) = g(x) \Leftrightarrow x^3 - x = 2 - 2x^2$

$\Leftrightarrow x^3 + 2x^2 - x - 2 = 0$

Durch Probieren findet man die Lösung $x_1 = 1$ und führt eine entsprechende Polynomdivision aus:

$$
\begin{array}{l}
(x^3 + 2x^2 - x - 2) : (x - 1) = x^2 + 3x + 2 \\
\underline{-(x^3 - x^2)} \\
\quad 3x^2 - x - 2 \\
\quad \underline{-(3x^2 - 3x)} \\
\qquad 2x - 2 \\
\qquad \underline{-(2x - 2)} \\
\qquad\qquad 0
\end{array}
$$

Also gilt:

$x^3 + 2x^2 - x - 2 = (x-1)(x^2 + 3x + 2)$

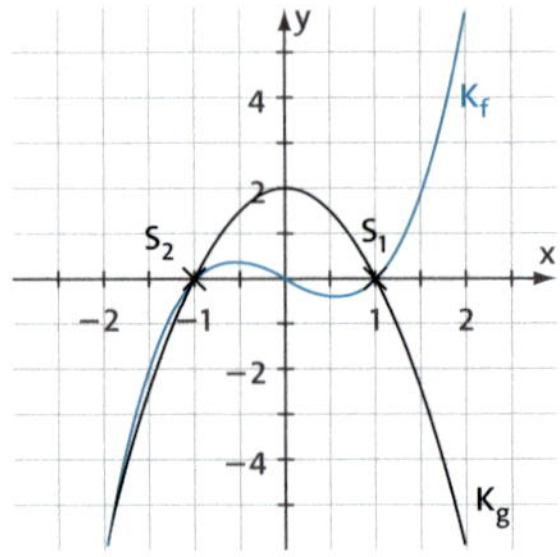

Weitere Lösungen können sich ergeben aus: $x^2 + 3x + 2 = 0$

$x_{2,3} = -\frac{3}{2} \pm \sqrt{\frac{9}{4} - \frac{8}{4}} = -\frac{3}{2} \pm \frac{1}{2}$

Damit erhält man: $x_1 = 1,\ f(1) = 0 \Rightarrow S_1(1\,|\,0)$

$x_2 = -1,\ f(-1) = 0 \Rightarrow S_2(-1\,|\,0)$

$x_3 = -2,\ f(-2) = 6 \Rightarrow S_3(-2\,|\,6)$

f) $f(x) = g(x) \Leftrightarrow e^x - 1 = e^{-x}$

$\Leftrightarrow e^x - 1 - e^{-x} = 0$

Mit der Substitution $e^x = u$ ergibt sich:

$u - 1 - \frac{1}{u} = 0 \Leftrightarrow u^2 - u - 1 = 0$

$u_{1,2} = \frac{1}{2} \pm \sqrt{\frac{1}{4} + \frac{4}{4}};\ u_1 = \frac{1}{2} + \frac{\sqrt{5}}{2};\ u_2 = \frac{1}{2} - \frac{\sqrt{5}}{2}$

$e^x = \frac{1}{2} + \frac{\sqrt{5}}{2} \Leftrightarrow x = \ln\left(\frac{1}{2} + \frac{\sqrt{5}}{2}\right)$

$e^x = \frac{1}{2} - \frac{\sqrt{5}}{2}$ ist nicht lösbar, da $\frac{1}{2} - \frac{\sqrt{5}}{2} < 0$.

$f\left(\ln\left(\frac{1}{2} + \frac{\sqrt{5}}{2}\right)\right) = -\frac{1}{2} + \frac{\sqrt{5}}{2} \Rightarrow S\left(\ln\left(\frac{1}{2} + \frac{\sqrt{5}}{2}\right)\,\middle|\,-\frac{1}{2} + \frac{\sqrt{5}}{2}\right) \approx S(0{,}48\,|\,0{,}62)$

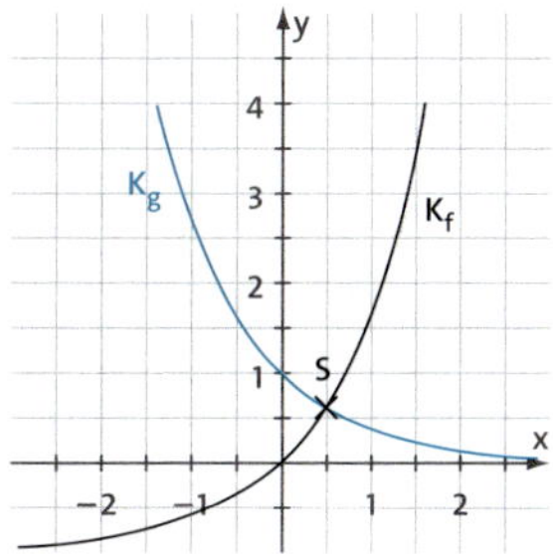


**2.** Bestimmen Sie die Schnittpunkte des Schaubildes von f mit den Koordinatenachsen, wenn: A

a) $f(x) = -x^2 + \frac{1}{6}x + \frac{1}{6},\ x \in \mathbb{R}$

b) $f(x) = x^4 - 6x,\ x \in \mathbb{R}$

c) $f(x) = -x^3 + 2x^2 + 3x - 4,\ x \in \mathbb{R}$

d) $f(x) = \frac{5}{3 + x^2},\ x \in \mathbb{R}$

e) $f(x) = \frac{x^2 - x - 12}{x^2},\ x \in \mathbb{R}\setminus\{0\}$

f) $f(x) = x - 3 + \frac{2}{x-1},\ x \in \mathbb{R}\setminus\{1\}$

g) $f(x) = e^x - 4,\ x \in \mathbb{R}$

h) $f(x) = e^{2x} - 5e^x,\ x \in \mathbb{R}$

i) $f(x) = \left(x + \frac{1}{2}\right)e^{2-x},\ x \in \mathbb{R}$

j) $f(x) = \sin\left(\frac{3}{2}x - 1\right),\ x \in [-2; 5]$

**2.** a) $f(x) = 0 \Leftrightarrow -x^2 + \frac{1}{6}x + \frac{1}{6} = 0 \Leftrightarrow x^2 - \frac{1}{6}x - \frac{1}{6} = 0$ L

$x_{1,2} = \frac{1}{12} \pm \sqrt{\frac{1}{144} + \frac{24}{144}} = \frac{1}{12} \pm \frac{5}{12} \Rightarrow N_1\left(\frac{1}{2}\,\middle|\,0\right),\ N_2\left(\frac{1}{3}\,\middle|\,0\right)$

$f(0) = -2 \Rightarrow S(0\,|\,-2)$

b) $f(x) = 0 \Leftrightarrow x^4 - 6x = 0 \Leftrightarrow x(x^3 - 6) = 0$

$x_1 = 0 \Rightarrow N_1(0\,|\,0)$

$x_2 = \sqrt[3]{6} \Rightarrow N_2\left(\sqrt[3]{6}\,\middle|\,0\right) \approx N_2(1{,}82\,|\,0)$

$f(0) = 0 \Rightarrow S = N_1$

c) $f(x) = 0 \Leftrightarrow -x^3 + 2x^2 + 3x - 4 = 0 \Leftrightarrow x^3 - 2x^2 - 3x + 4 = 0$

Durch Probieren findet man die Lösung $x_1 = 1$ und führt eine entsprechende Polynomdivision aus:

$(x^3 - 2x^2 - 3x + 4) : (x - 1) = x^2 - x - 4$

$\underline{-(x^3 - x^2)}$

$-x^2 - 3x + 4$

$\underline{-(-x^2 + x)}$

$-4x + 4$

$\underline{-(-4x + 4)}$

$0$

Also gilt: $x^3 - 2x^2 - 3x + 4 = (x-1)(x^2 - x - 4)$
Weitere Lösungen können sich ergeben aus: $x^2 - x - 4 = 0$,
$x_{2,3} = \frac{1}{2} \pm \sqrt{\frac{1}{4} + \frac{16}{4}} = \frac{1}{2} \pm \frac{\sqrt{17}}{2} \Rightarrow N_1(1\,|\,0),\ N_2\left(\frac{1}{2} + \frac{\sqrt{17}}{2}\,\middle|\,0\right) \approx N_2(2{,}56\,|\,0)$,
$N_3\left(\frac{1}{2} - \frac{\sqrt{17}}{2}\,\middle|\,0\right) \approx N_3(-1{,}56\,|\,0)$
$f(0) = -4 \Rightarrow S(0\,|\,-4)$

d) $f(x) > 0$ für alle $x \in \mathbb{R}$, es gibt also keine Schnittpunkte mit der x-Achse.
$f(0) = \frac{5}{3} \Rightarrow S\left(0\,\middle|\,\frac{5}{3}\right)$

e) $f(x) = 0 \Leftrightarrow \frac{x^2 - x - 12}{x^2} = 0 \Leftrightarrow x^2 - x - 12 = 0$,
$x_{1,2} = \frac{1}{2} \pm \sqrt{\frac{1}{4} + \frac{48}{4}} = \frac{1}{2} \pm \frac{7}{2}$
$x_1 = 4,\ x_2 = -3$
$\Rightarrow N_1(4\,|\,0),\ N_2(-3\,|\,0)$
Da f an der Stelle 0 nicht definiert ist, gibt es keinen Schnittpunkt mit der y-Achse.

f) $f(x) = 0 \Rightarrow x - 3 + \frac{2}{x-1} = 0 \Leftrightarrow x(x-1) - 3(x-1) + 2 = 0 \Leftrightarrow x^2 - 4x + 5 = 0$,
$x_{1,2} = 2 \pm \sqrt{4-5}$ liefert keine Lösung,
es gibt also keine Schnittpunkte mit der x-Achse.
$f(0) = -5 \Rightarrow S(0\,|\,-5)$

g) $f(x) = 0 \Leftrightarrow e^x - 4 = 0 \Leftrightarrow e^x = 4 \Leftrightarrow x = \ln 4 \Rightarrow N(\ln 4\,|\,0) \approx N(1{,}39\,|\,0)$
$f(0) = -3 \Rightarrow S(0\,|\,-3)$

h) $f(x) = 0 \Leftrightarrow e^{2x} - 5e^x = 0 \Leftrightarrow e^x(e^x - 5) = 0$
Da $e^x > 0$ für alle $x \in \mathbb{R}$, folgt $e^x - 5 = 0 \Leftrightarrow e^x = 5 \Leftrightarrow x = \ln 5 \Rightarrow$
$N(\ln 5\,|\,0) \approx N(1{,}61\,|\,0)$
$f(0) = 1 - 5 = -4 \Rightarrow S(0\,|\,-4)$

i) $f(x) = 0 \Leftrightarrow \left(x + \frac{1}{2}\right)e^{2-x} = 0$
Da $e^{2-x} > 0$ für alle $x \in \mathbb{R}$, folgt $x + \frac{1}{2} = 0 \Leftrightarrow x = -\frac{1}{2} \Rightarrow N\left(-\frac{1}{2}\,\middle|\,0\right)$.
$f(0) = \frac{1}{2}e^2 \Rightarrow S\left(0\,\middle|\,\frac{1}{2}e^2\right) \approx S(0\,|\,3{,}69)$

j) Da die Sinusfunktion die Nullstellen $k\pi$, $k \in \mathbb{Z}$ besitzt, ergibt sich der Ansatz:
$\frac{3}{2}x_k - 1 = k\pi \Leftrightarrow x_k = \frac{2}{3}(1 + K\pi)$
Man erhält: $x_{-1} = \frac{2}{3}(1 - \pi) \approx -1{,}43$
$x_0 = \frac{2}{3} \approx 0{,}67$
$x_1 = \frac{2}{3}(1 + \pi) \approx 2{,}76$
$x_2 = \frac{2}{3}(1 + 2\pi) \approx 4{,}86$
Für alle anderen Werte von k lägen die Nullstellen nicht im Intervall $[-2;\, 5]$
$\Rightarrow N_0(0{,}67\,|\,0),\ N_2(2{,}76\,|\,0),\ N_3(4{,}86\,|\,0)$ sind die Schnittpunkte mit der x-Achse.
Wegen $f(0) = \sin(-1) \approx -0{,}84$ ist $S(0\,|\,-0{,}84)$ der Schnittpunkt mit der y-Achse.

A

**3.** Zeigen Sie, dass sich die Schaubilder von f und g im Intervall $I = [a; b]$ schneiden. Berechnen Sie die Abszisse (x-Wert) des Schnittpunktes S auf drei Dezimalen gerundet. Skizzieren Sie.

a) $f(x) = \frac{1}{3}x^3,\ x \in \mathbb{R};\ g(x) = x + 2,\ x \in \mathbb{R};\ I = [2; 3]$

b) $f(x) = \frac{3}{x},\ x \in \mathbb{R}\setminus\{0\};\ g(x) = x^2 - 2,\ x \in \mathbb{R};\ I = [1; 2]$

c) $f(x) = e^x,\ x \in \mathbb{R};\ g(x) = \frac{1}{2}x + 4,\ x \in \mathbb{R};\ I = [1; 2]\ (I = [-8; -7])$

L

**3.** a) $f(x) = g(x) \Leftrightarrow \frac{1}{3}x^3 = x + 2$

$\Leftrightarrow \frac{1}{3}x^3 - x - 2 = 0$

$\Leftrightarrow x^3 - 3x - 6 = 0$

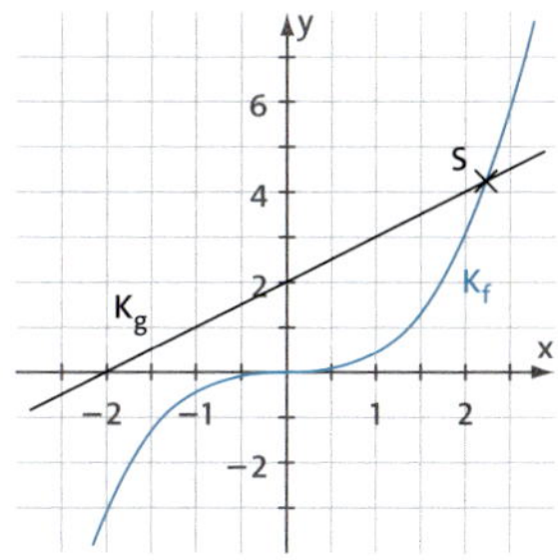


Man untersucht die Hilfsfunktion h mit $h(x) = x^3 - 3x - 6$ auf Nullstellen.

Zunächst gilt: $h(2) \cdot h(3) = -4 \cdot 12 < 0$

Also besitzt h auf $]2; 3[$ nach dem Nullstellensatz mindestens eine Nullstelle, die mit dem NEWTON-Verfahren näherungsweise berechnet werden kann:

$h'(x) = 3x^2 - 3,\ x_{n+1} = x_n - \frac{h(x_n)}{h'(x_n)} = x_n - \frac{x_n^3 - 3x_n - 6}{3x_n^2 - 3}$

Wählt man $x_0 = 2{,}5$ als Startwert, so erhält man die Näherungswerte:

$x_1 \approx 2{,}3650794$,

$x_2 \approx 2{,}3553506$,

$x_3 \approx 2{,}3553014 \Rightarrow x \approx 2{,}355$

b) $f(x) = g(x) \Leftrightarrow \frac{3}{x} = x^2 - 2 \Leftrightarrow 3 = x^3 - 2x$

$\Leftrightarrow x^3 - 2x - 3 = 0$

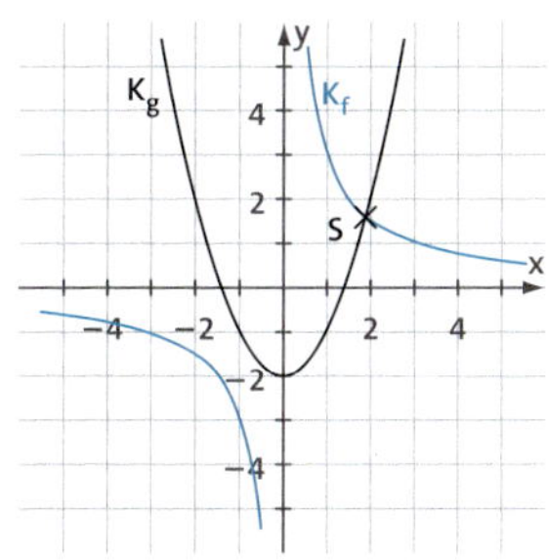


Man untersucht die Hilfsfunktion h mit $h(x) = x^3 - 2x - 3$ auf Nullstellen.

Es gilt: $h(1) \cdot h(2) = -4 \cdot 1 = -4 < 0$

Also besitzt h auf $]1; 2[$ nach dem Nullstellensatz eine Nullstelle, die mit dem NEWTON-Verfahren näherungsweise berechnet werden kann:

$h'(x) = 3x^2 - 2;\ x_{n+1} = x_n - \frac{h(x_n)}{h'(x_n)} = x_n - \frac{x_n^3 - 3x_n - 3}{3x_n^2 - 2}$

Mit dem gewählten Startwert $x_0 = 1{,}5$ erhält man die Näherungswerte:

$x_1 \approx 2{,}0526316$

$x_2 \approx 1{,}9076036$

$x_3 \approx 1{,}8934204$

$x_4 \approx 1{,}8932892$

$x_5 \approx 1{,}8932892 \Rightarrow x \approx 1{,}893$

c) $f(x) = g(x) \Leftrightarrow e^x = \frac{1}{2}x + 4 \Leftrightarrow e^x - \frac{1}{2}x - 4 = 0$

$\Leftrightarrow 2e^x - x - 8 = 0$

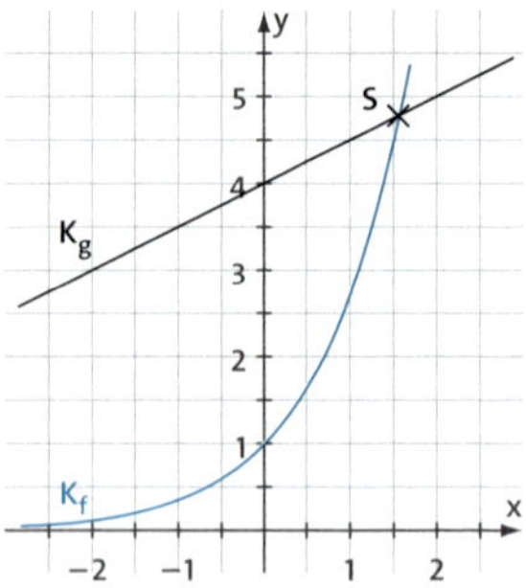


Man untersucht die Hilfsfunktion h mit $h(x) = 2e^x - x - 8$ auf Nullstellen.

Zunächst gilt: $h(1) \cdot h(2) = (2e - 9) \cdot (2e^2 - 10) < 0$

Also besitzt h auf $]1; 2[$ nach dem Nullstellensatz eine Nullstelle, die mit dem NEWTON-Verfahren näherungsweise berechnet werden kann:

$h'(x) = 2e^x - 1;\ x_{n+1} = x_n - \frac{h(x_n)}{h'(x_n)} = x_n - \frac{2e^{x_n} - x_n - 8}{2e^{x_n} - 1}$

Mit dem gewählten Startwert $x_0 = 1{,}5$ erhält man die Näherungswerte:

$x_1 \approx 1{,}567\,386\,2$

$x_2 \approx 1{,}564\,962\,4$

$x_3 \approx 1{,}564\,959\,2 \Rightarrow x \approx 1{,}565$

Für die Klammeraufgabe ergibt sich $x \approx -7{,}999$.

# 1.2 Begriffe der Differentialrechnung – Tangentenproblem

Wissen

Den Term $\frac{f(x) - f(a)}{x - a}$ nennt man **Differenzenquotient der Funktion f bezüglich der Stelle a**. Ferner bezeichnet man den Grenzwert $\lim\limits_{x \to a} \frac{f(x) - f(a)}{x - a}$ als **1. Ableitung von f an der Stelle a** und schreibt dafür $f'(a)$. Eine Funktion f, bei der dieser Grenzwert existiert, heißt **an der Stelle a differenzierbar**.
Bei Anwendungsaufgaben sind zusätzlich die Begriffe **mittlere Änderungsrate** anstelle von Differenzenquotient und **momentane Änderungsrate** anstelle von 1. Ableitung gebräuchlich.
Nun kann man sich eine neue Funktion vorstellen, die jeder Stelle a den Wert $f'(a)$ zuordnet. Diese Funktion nennt man **1. Ableitungsfunktion zu f** und schreibt hierfür $f'$. Entsprechend kann untersucht werden, ob auch $f'$ wieder differenzierbar ist. So erhält man gegebenenfalls die **2. Ableitung von f an der Stelle a,** beziehungsweise die **2. Ableitungsfunktion zu f** und schreibt $f''(a)$, beziehungsweise $f''$.
Zur Bestimmung von Ableitungsfunktionen verwendet man die **Ableitungsregeln**, insbesondere die Potenz-, Produkt-, Quotienten- und Kettenregel, die in der Formelsammlung zu finden sind.

A

**1.** a) Formulieren Sie das Tangentenproblem.
b) Stellen Sie dar, wie man bei der Lösung des Tangentenproblems zu den Begriffen Differenzenquotient und 1. Ableitung gelangt.

L

**1.** a) Das Tangentenproblem wirft die Frage auf, wie man die Steigung (Steilheit) im Punkt $P(a\,|\,f(a))$ eines Funktionsschaubildes $K_f$ berechnen und damit eine Tangente t in P (siehe Abbildung) definieren kann.

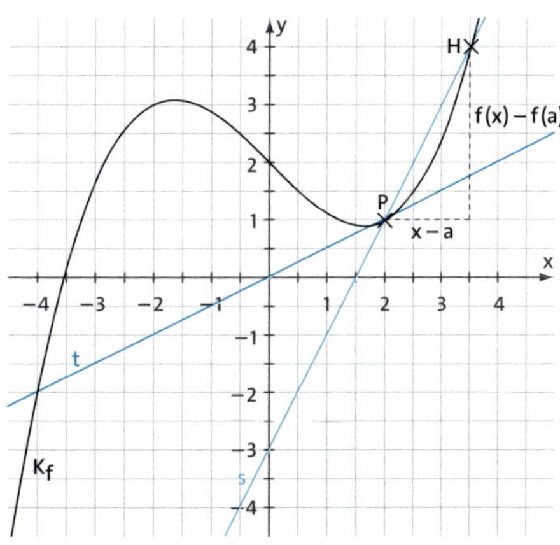


b) Lösungsidee ist die Annäherung der Tangentensteigung mithilfe von Sekantensteigungen.
1. Zunächst nimmt man noch einen beliebigen **Hilfspunkt** $H(x\,|\,f(x))$ auf $K_f$ dazu. Die **Steigung $m_s$ der Sekante s durch P und H** stellt einen Näherungswert für die gesuchte Steigung dar.
Man erhält $m_s = \frac{f(x) - f(a)}{x - a}$. Dies ist der Differenzenquotient an der Stelle a.

2. Nun untersucht man, wie sich $m_s$ verändert, wenn H gegen P, also auch x gegen a strebt. Gibt es einen **Grenzwert**, so kann dieser als Maß für die Steilheit von $K_f$ und auch als **Steigung $m_t$ der Tangente im Punkt P** aufgefasst werden.
   Also ist: $m_t = \lim\limits_{x \to a} \frac{f(x) - f(a)}{x - a}$. Dies ist die 1. Ableitung an der Stelle a.
3. Schließlich definiert man die Gerade durch P mit der Steigung $m_t$ als Tangente t im Punkt P von $K_f$.

A

**2.** Welche Aussagen über die Monotonie einer Funktion f und das Krümmungsverhalten ihres Schaubilds $K_f$ sind mithilfe der 1. und 2. Ableitungsfunktion möglich? Stellen Sie die möglichen Fälle im Überblick dar.

L

**2.** Während die 1. Ableitungsfunktion die Tangentensteigungen von $K_f$ angibt, erlaubt die 2. Ableitungsfunktion Aussagen über das Krümmungsverhalten von $K_f$:
Ist nämlich $f'(a) > 0$, dann nehmen die Funktionswerte von f in einer Umgebung der Stelle a zu. Man sagt auch, f ist dort **streng monoton wachsend**. Folglich müssen auch die Funktionswerte von f' in einer Umgebung von a zunehmen, wenn $f''(a) > 0$ ist. Zunehmende Werte von f' bedeuten aber zunehmende Tangentensteigungen, also eine **Linkskrümmung** bei $K_f$.
Entsprechend ist f für $f'(a) < 0$ **streng monoton fallend** und bei $K_f$ liegt für $f''(a) < 0$ eine **Rechtskrümmung** vor.
Es gilt:

1. $f'(a) > 0 \Rightarrow$ f ist in einer Umgebung von a streng monoton wachsend.
   $f'(a) < 0 \Rightarrow$ f ist in einer Umgebung von a streng monoton fallend.
2. $f''(a) > 0 \Rightarrow$ $K_f$ ist in einer Umgebung von a links gekrümmt.
   $f''(a) < 0 \Rightarrow$ $K_f$ ist in einer Umgebung von a rechts gekrümmt.

Die folgenden Fälle sind möglich:

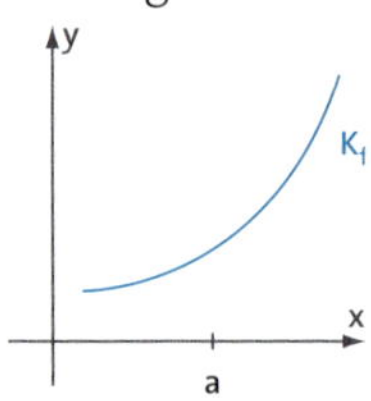


$f'(a) > 0 \Rightarrow$
f streng monoton wachsend
$f''(a) > 0 \Rightarrow$
Linkskrümmung von $K_f$

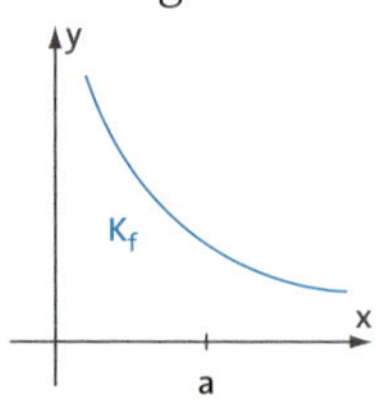


$f'(a) < 0 \Rightarrow$
f streng monoton fallend
$f''(a) > 0 \Rightarrow$
Linkskrümmung von $K_f$

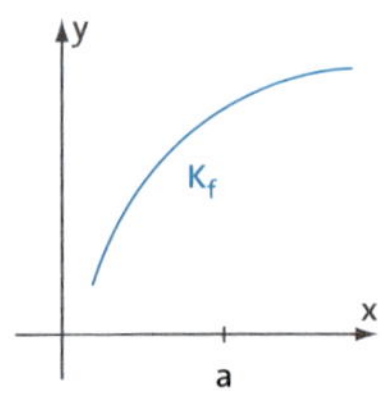


$f'(a) > 0 \Rightarrow$
f streng monoton wachsend
$f''(a) < 0 \Rightarrow$
Rechtskrümmung von $K_f$

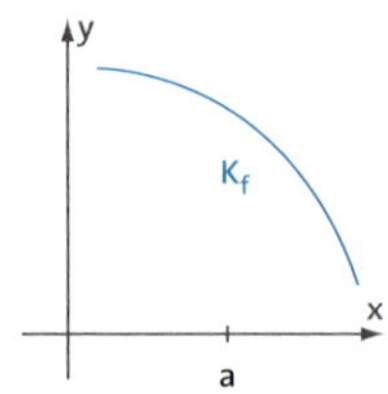


$f'(a) < 0 \Rightarrow$
f streng monoton fallend
$f''(a) < 0 \Rightarrow$
Rechtskrümmung von $K_f$

A

**3.** Die Abbildung zeigt das Schaubild $K_f$ der Funktion f mit $f(x) = \frac{1}{4}x^3 - \frac{1}{4}x^2 - \frac{1}{2}x - 1,\ x \in \mathbb{R}$ sowie die Schaubilder $K_{f'}$ und $K_{f''}$ der 1. und 2. Ableitungsfunktion.

a) Welche Extrem- und Wendestellen von f können Sie $K_f$ näherungsweise entnehmen?

b) Wie können Sie die Extrem- und Wendestellen von f mithilfe von $K_{f'}$ und $K_{f''}$ näherungsweise ablesen?

c) Welche Steigung hat $K_f$ im Punkt $P(2\,|\,f(2))$? Verwenden Sie $K_{f'}$.

d) Überprüfen Sie Ihre Ergebnisse durch Rechnung.

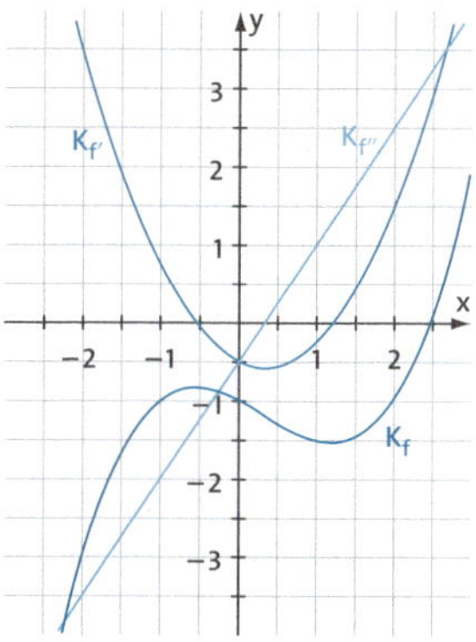


L

**3.** a) Die Extremstellen liegen etwa bei −0,5 und 1,2. Die Wendestelle liegt etwa bei 0,3.

b) Die Nullstellen von f′ sind die Extremstellen von f, weil f′ dort das Vorzeichen wechselt. Die Extremstelle von f′ ist die Wendestelle von f.

c) $K_f$ hat dort etwa die Steigung $\frac{3}{2}$, denn bei $K_{f'}$ liest man $f'(2) \approx \frac{3}{2}$ ab.

d) $f'(x) = \frac{3}{4}x^2 - \frac{1}{2}x - \frac{1}{2}$; $f''(x) = \frac{3}{2}x - \frac{1}{2}$, Extremstellen: $\frac{1}{3} + \frac{1}{3}\sqrt{7} \approx 1{,}22$ und $\frac{1}{3} - \frac{1}{3}\sqrt{7} \approx -0{,}55$, Wendestelle: $\frac{1}{3}$, $K_f$ hat in P die Steigung $f'(2) = \frac{3}{2}$.

A

**4.** Geben Sie die Ableitungsfunktion f′ zu f an und zitieren Sie die verwendeten Ableitungsregeln wenn:

a) $f(x) = \frac{2}{3}x^4,\ x \in \mathbb{R}$

b) $f(x) = 7,\ x \in \mathbb{R}$

c) $f(x) = 5\sqrt{2x-1},\ x \in \left]\frac{1}{2}; \infty\right[$

d) $f(x) = -\frac{9}{x},\ x \in \mathbb{R}\setminus\{0\}$

e) $f(x) = \frac{3}{(2-5x)^2},\ x \in \mathbb{R}\setminus\left\{\frac{2}{5}\right\}$

f) $f(x) = (\cos(\pi x))^2$

g) $f(x) = 3\sin\left(\frac{1}{2}x\right),\ x \in \mathbb{R}$

h) $f(x) = -\cos(6-x),\ x \in \mathbb{R}$

i) $f(x) = e^{-2x},\ x \in \mathbb{R}$

j) $f(x) = \frac{1}{3}e^{4+3x},\ x \in \mathbb{R}$

k) $f(x) = x^2e^{-x},\ x \in \mathbb{R}$

l) $f(x) = (x-1)\,e^{2x},\ x \in \mathbb{R}$

m) $f(x) = \frac{2x-7}{x^2+1},\ x \in \mathbb{R}$

n) $f(x) = \frac{4-x}{x+1},\ x \in \mathbb{R}\setminus\{-1\}$

o) $f(x) = x - 8 + e^{\frac{2}{3}x-1},\ x \in \mathbb{R}$

p) $f(x) = 3x^2 - 4\sin x + \frac{5}{(x-2)^2},\ x \in \mathbb{R}\setminus\{2\}$

L

**4.** a) $f'(x) = \frac{8}{3}x^3$ (Potenzregel)

b) $f'(x) = 0$ (Potenzregel, denn $f(x) = 7 \cdot x^0$)

c) $f(x) = 5 \cdot (2x-1)^{\frac{1}{2}},\ f'(x) = 5 \cdot \frac{1}{2}(2x-1)^{-\frac{1}{2}} \cdot 2 = 5(2x-1)^{-\frac{1}{2}} = \frac{5}{\sqrt{2x-1}}$
(Potenz- und Kettenregel)

d) $f(x) = -\frac{9}{x} = -9x^{-1},\ f'(x) = (-9) \cdot (-1)\,x^{-2} = \frac{9}{x^2}$ (Potenzregel)

e) $f(x) = \frac{3}{(2-5x)^2} = 3(2-5x)^{-2},\ f'(x) = 3 \cdot (-2)(2-5x)^{-3}(-5) = \frac{30}{(2-5x)^3}$
(Potenz- und Kettenregel)

f) $f'(x) = 2\cos(\pi x) \cdot (-\sin(\pi x)) \cdot \pi = -2\pi \sin(\pi x)\cos(\pi x)$
(Potenz- und Kettenregel)

g) $f'(x) = 3\cos\left(\frac{1}{2}x\right) \cdot \frac{1}{2} = \frac{3}{2}\cos\left(\frac{1}{2}x\right)$ (Kettenregel)

h) $f'(x) = -(-\sin(6-x)) \cdot (-1) = -\sin(6-x)$ (Kettenregel)

i) $f'(x) = e^{-2x} \cdot (-2) = -2 \cdot e^{-2x}$ (Kettenregel)

j) $f'(x) = \frac{1}{3}e^{4+3x} \cdot 3 = e^{4+3x}$ (Kettenregel)

k) $f'(x) = 2xe^{-x} + x^2e^{-x} \cdot (-1) = 2xe^{-x} - x^2e^{-x} = (2x - x^2)e^{-x}$
(Produkt- und Kettenregel)

l) $f'(x) = 1 \cdot e^{2x} + (x-1) \cdot e^{2x} \cdot 2 = e^{2x} + 2(x-1)e^{2x} = (2x-1)e^{2x}$
(Potenz- und Kettenregel)

m) $f'(x) = \frac{2(x^2+1) - (2x-7) \cdot 2x}{(x^2+1)^2} = \frac{2x^2 + 2 - 4x^2 + 14x}{(x^2+1)^2} = -2\,\frac{x^2 - 7x - 1}{(x^2+1)^2}$ (Quotientenregel)

n) $f'(x) = \frac{-1 \cdot (x+1) - (4-x) \cdot 1}{(x+1)^2} = \frac{-5}{(x+1)^2}$ (Quotientenregel)

o) $f'(x) = 1 + \frac{2}{3}e^{\frac{2}{3}x - 1}$ (Kettenregel)

p) $f'(x) = 6x - 4\cos x - \frac{10}{(x-2)^3}$ (Potenz- und Kettenregel)

A

**5.** Die Abbildung zeigt den bei einer Fahrradtour zurückgelegten Weg in Abhängigkeit von der verstrichenen Zeit.

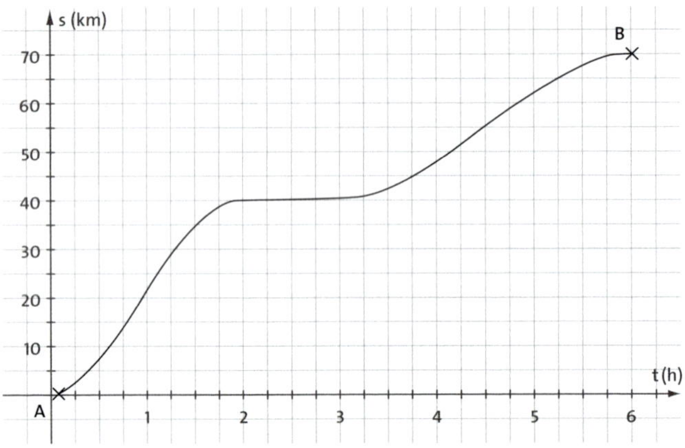


a) Begründen Sie: Die Tour enthält eine Pause.

b) Betrachten Sie eine Sekante durch die Punkte A und B und berechnen Sie ihre Steigung.
Welche Bedeutung hat dieser Wert?

c) Welche mittlere Geschwindigkeit liegt im Zeitintervall $[3; 6]$ vor?

d) Ermitteln Sie die momentane Änderungsrate $1\frac{1}{2}$ Stunden nach dem Start.
Welche Bedeutung hat dieser Wert?

e) Wann ist die Momentangeschwindigkeit am größten. Wie groß ist sie?
Schätzen Sie anhand der Abbildung.

L

**5.** a) Da sich in der Zeitspanne [2; 3] der zurückgelegte Weg nicht ändert, muss hier eine Pause vorliegen.

b) Für die Steigung $m_s$ der Sekante durch A und B gilt $m_s = \frac{70-0}{6-0} = 11\frac{2}{3}$.

Dieser Wert bedeutet, dass die mittlere Geschwindigkeit (Pause eingerechnet) etwa $11{,}7\,\frac{km}{h}$ beträgt.

c) Mit den Punkten B(6 | 70) und C(3 | 40) erhält man eine mittlere Geschwindigkeit von $10\,\frac{km}{h}$.

Zeichnung c) und d)

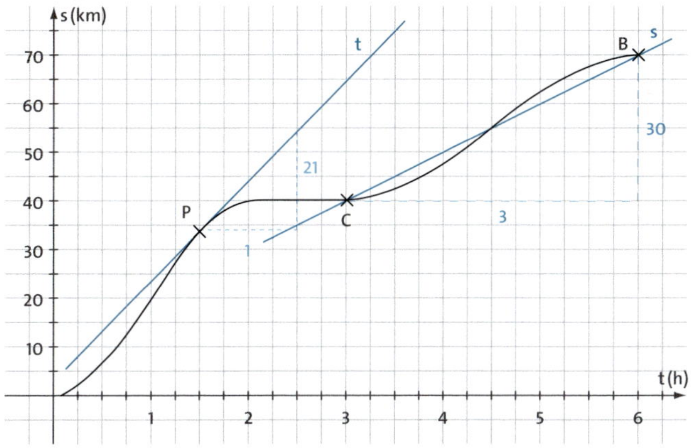


Die Tangente t im Kurvenpunkt P mit der Abszisse $1\frac{1}{2}$ liefert $f'\left(1\frac{1}{2}\right) \approx 21\,\frac{km}{h}$.
Dies ist die Momentangeschwindigkeit $1\frac{1}{2}$ Stunden nach dem Start.

e)

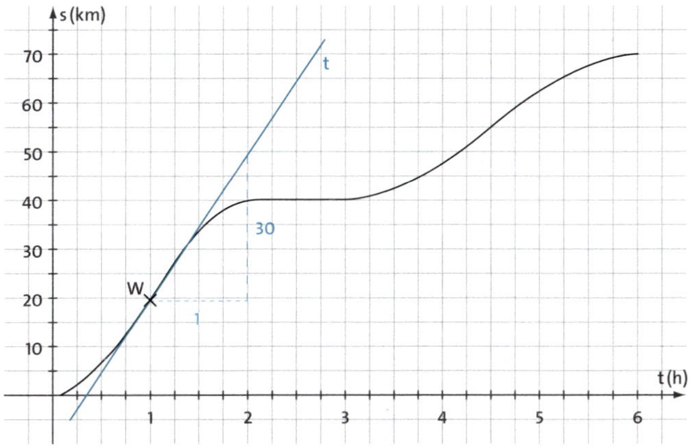


Nach knapp einer Stunde ist die Tangentensteigung im Wendepunkt W des Schaubilds und damit auch die Momentangeschwindigkeit am größten.
Sie beträgt etwa $30\,\frac{km}{h}$.

A

**6.** Stellen Sie mithilfe des Differenzenquotienten die Ableitungsfunktion zu f auf.

a) $f(x) = \frac{1}{2}x^2,\ x \in \mathbb{R}$

b) $f(x) = \sqrt{3x},\ x \in \mathbb{R}_0^+$

c) $f(x) = \frac{1}{3}x^3,\ x \in \mathbb{R}$

d) $f(x) = \frac{2}{x},\ x \in \mathbb{R}\setminus\{0\}$

L

**6.** a) $f(x) = \frac{1}{2}x^2,\ a \in \mathbb{R}$ beliebig

Differenzenquotient

$$\frac{f(x)-f(a)}{x-a} = \frac{\frac{1}{2}x^2 - \frac{1}{2}a^2}{x-a} = \frac{\frac{1}{2}(x^2-a^2)}{x-a} = \frac{\frac{1}{2}(x+a)(x-a)}{x-a} = \frac{1}{2}(x+a)$$

Grenzwert

$$\lim_{x\to a}\frac{f(x)-f(a)}{x-a} = \lim_{x\to a}\frac{1}{2}(x+a) = a = f'(a) \Rightarrow f'(x) = x,\ x \in \mathbb{R}$$

b) $f(x) = \sqrt{3x},\ a \in \mathbb{R}^+$ beliebig

Differenzenquotient

$$\frac{f(x)-f(a)}{x-a} = \frac{\sqrt{3x}-\sqrt{3a}}{x-a} = \frac{\sqrt{3}(\sqrt{x}-\sqrt{a})}{x-a} = \frac{\sqrt{3}(\sqrt{x}-\sqrt{a})}{(\sqrt{x}-\sqrt{a})(\sqrt{x}+\sqrt{a})} = \frac{\sqrt{3}}{\sqrt{x}+\sqrt{a}}$$

Grenzwert

$$\lim_{x\to a+}\frac{f(x)-f(a)}{x-a} = \lim_{x\to a+}\frac{\sqrt{3}}{\sqrt{x}+\sqrt{a}} = \frac{\sqrt{3}}{2\sqrt{a}} = f'(a) \Rightarrow f'(x) = \frac{\sqrt{3}}{2\sqrt{x}},\ x \in \mathbb{R}^+$$

c) $f(x) = \frac{1}{3}x^3,\ a \in \mathbb{R}$ beliebig

Differenzenquotient

$$\frac{f(x)-f(a)}{x-a} = \frac{\frac{1}{3}x^3 - \frac{1}{3}a^3}{x-a} = \frac{1}{3}\,\frac{(x-a)(x^2+ax+a^2)}{x-a} = \frac{1}{3}(x^2+ax+a^2)$$

Grenzwert

$$\lim_{x\to a}\frac{f(x)-f(a)}{x-a} = \lim_{x\to a}\frac{1}{3}(x^2+ax+a^2) = \frac{1}{3}\cdot 3a^2 = a^2 = f'(a) \Rightarrow f'(x) = x^2,\ x \in \mathbb{R}$$

d) $f(x) = \frac{2}{x},\ a \in \mathbb{R}\setminus\{0\}$ beliebig

Differenzenquotient

$$\frac{f(x)-f(a)}{x-a} = \frac{\frac{2}{x}-\frac{2}{a}}{x-a} = \frac{\frac{2a-2x}{ax}}{x-a} = \frac{2(a-x)}{ax(x-a)} = \frac{2}{ax}\cdot(-1) = -\frac{2}{ax}$$

Grenzwert

$$\lim_{x\to a}\frac{f(x)-f(a)}{x-a} = \lim_{x\to a} -\frac{2}{ax} = -\frac{2}{a^2} = f'(a) \Rightarrow f'(x) = -\frac{2}{x^2},\ x \in \mathbb{R}\setminus\{0\}$$

# 1.3 Tangente und Normale

Die **Tangente t** im Punkt $P(a|f(a))$ des Schaubilds K einer Funktion f ist die Gerade durch P mit der Steigung $m_t = f'(a)$. Die **Normale n** im Punkt $P(a|f(a))$ des Schaubilds K einer Funktion f ist die Gerade durch P mit der Steigung $m_n = -\frac{1}{f'(a)}$.
Bei den Aufgaben ist zu unterscheiden, ob die Tangente in einem gegebenen Kurvenpunkt P zu bestimmen oder die Tangente von einem außerhalb liegenden Punkt Q an die Kurve zu legen ist.
Den Punkt P nennt man **Berührpunkt**.

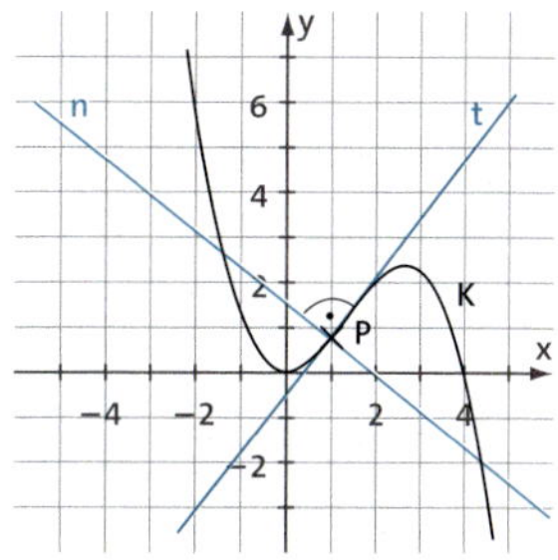


Wissen

**1.** Bestimmen Sie die Gleichungen von Tangente t und Normale n im Punkt $P(a|f(a))$ des Schaubildes der Funktion f mit: A

a) $f(x) = \frac{1}{2}x^2,\ x \in \mathbb{R};\ P(-1|f(-1))$

b) $f(x) = \frac{1}{2x},\ x \in \mathbb{R}\setminus\{0\};\ P(1|f(1))$

c) $f(x) = x + e^{-x},\ x \in \mathbb{R};\ P(2|f(2))$

d) $f(x) = x^3 - x^2 + 5,\ x \in \mathbb{R};\ P(-2|f(-2))$

**1.** a) $f'(x) = x,\ f(-1) = \frac{1}{2},\ m_t = f'(-1) = -1,\ m_n = 1$ L

Die Punkt-Steigungsform einer Geraden liefert $t: y - \frac{1}{2} = -1(x+1)$ oder $t: y = -x - \frac{1}{2}$.

Entsprechend erhält man $n: y - \frac{1}{2} = 1(x+1)$ oder $n: y = x + \frac{3}{2}$.

b) $f'(x) = -\frac{1}{2x^2},\ f(1) = \frac{1}{2},\ m_t = f'(1) = -\frac{1}{2},\ m_n = 2$

$t: y - \frac{1}{2} = -\frac{1}{2}(x-1)$ oder $t: y = -\frac{1}{2}x + 1$; $n: y - \frac{1}{2} = 2(x-1)$ oder $n: y = 2x - \frac{3}{2}$

c) $f'(x) = 1 - e^{-x},\ f(2) = 2 + \frac{1}{e^2},\ m_t = f'(2) = 1 - \frac{1}{e^2};\ m_n = \frac{-1}{1-\frac{1}{e^2}} = \frac{-1}{\frac{e^2-1}{e^2}} = \frac{-e^2}{e^2-1} = \frac{e^2}{1-e^2}$

$t: y = \left(1 - \frac{1}{e^2}\right)(x-2) + 2 + \frac{1}{e^2}$ oder $t: y = \left(1 - \frac{1}{e^2}\right)x + \frac{3}{e^2}$ oder näherungsweise

$t: y = 0{,}865x + 0{,}406$

$n: y = \frac{e^2}{1-e^2}(x-2) + 2 + \frac{1}{e^2}$ oder $n: y = \frac{e^2}{1-e^2}x + \frac{2e^2}{e^2-1} + 2 + \frac{1}{e^2}$ oder näherungsweise $n: y = -1{,}157x + 4{,}448$

d) $f'(x) = 3x^2 - 2x,\ f(-2) = -7,\ m_t = f'(-2) = 16,\ m_n = -\frac{1}{16}$;

$t: y = 16x + 25,\ n: y = -\frac{1}{16}x - \frac{57}{8}$

A

**2.** Legen Sie vom Punkt Q die Tangente an das Schaubild von f. Geben Sie den Berührpunkt P an, wenn:

a) $f(x) = \frac{1}{6}x^3,\ x \in \mathbb{R};\ Q(0|-9)$

b) $f(x) = -\frac{2}{(x-2)^2},\ x \in \mathbb{R}\setminus\{2\};\ Q(2|-6)$

c) $f(x) = e^x - 1,\ x \in \mathbb{R};\ Q(-1|-e-1)$

L

**2.** a) $f(x) = \frac{1}{6}x^3,\ f'(x) = \frac{1}{2}x^2,\ P(a|f(a))$

Die allgemeine Tangentengleichung lautet:

$t{:}\ y - f(a) = f'(a)(x-a);\ t{:}\ y - \frac{1}{6}a^3 = \frac{1}{2}a^2(x-a)$

Die Punktprobe mit $Q(0|-9)$ liefert:

$-9 - \frac{1}{6}a^3 = \frac{1}{2}a^2(0-a) \Leftrightarrow -9 - \frac{1}{6}a^3 = -\frac{1}{2}a^3$

$\Leftrightarrow \frac{1}{3}a^3 = 9 \Leftrightarrow a^3 = 27 \Leftrightarrow a = 3$

Wegen $f(3) = \frac{9}{2}$ ist $P\left(3\,\middle|\,\frac{9}{2}\right)$ der Berührpunkt.

Mit $f'(3) = \frac{9}{2}$ ergibt sich die Tangentengleichung

$t{:}\ y - \frac{9}{2} = \frac{9}{2}(x-3)$ oder $t{:}\ y = \frac{9}{2}x - 9.$

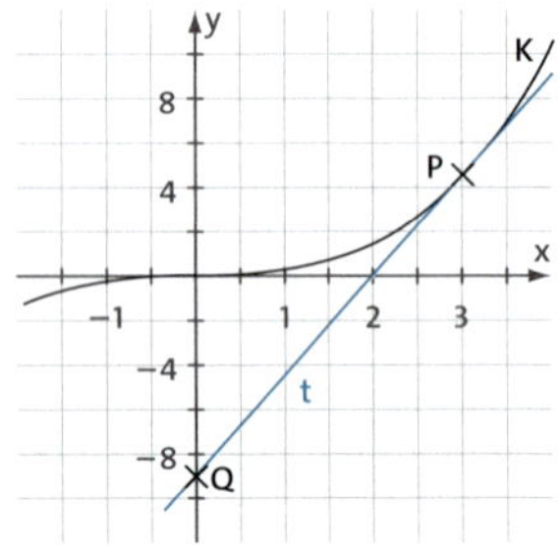


b) $f'(x) = \frac{4}{(x-2)^3},\ P(a|f(a));\ t{:}\ y - f(a) = f'(a)(x-a)$

Punktprobe mit $Q(2|-6)$ liefert:

$-6 + \frac{2}{(a-2)^2} = \frac{4}{(a-2)^3}(2-a)$

$\Leftrightarrow -6(a-2)^3 + 2(a-2) = 4(2-a)$

$\Leftrightarrow -6(a^3 - 6a^2 + 12a - 8) + 2(a-2) = 4(2-a)$

$\Leftrightarrow -6a^3 + 36a^2 - 66a + 36 = 0$

$\Leftrightarrow a^3 - 6a^2 + 11a - 6 = 0$

$a_1 = 1$ ist Lösung.

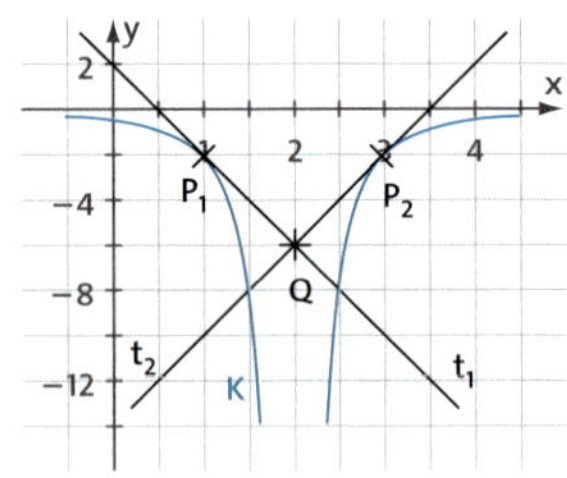


Polynomdivision liefert:

$$
\begin{array}{l}
\ \ (a^3 - 6a^2 + 11a - 6) : (a-1) = a^2 - 5a + 6 \\
\underline{-(a^3 - a^2)} \\
\qquad -5a^2 + 11a - 6 \\
\quad \underline{-(-5a^2 + 5a)} \\
\qquad\qquad 6a - 6 \\
\qquad\quad \underline{-(6a - 6)} \\
\qquad\qquad\quad 0
\end{array}
$$

Der Satz von VIETA liefert die weiteren Lösungen $a_2 = 3$ und $a_3 = 2$. Dabei entfällt $a_3$. Also sind $P_1(1|-2)$ und $P_2(3|-2)$ die Berührpunkte, $t_1{:}\ y = -4x + 2$ und $t_2{:}\ y = 4x - 14$ sind die Tangenten.

c) $f'(x) = e^x$, $P(a \mid f(a))$

$t: y - f(a) = f'(a)(x - a)$

Die Punktprobe mit $Q(-1 \mid -e-1)$ liefert:

$-e - 1 - e^a + 1 = e^a(-1 - a) \Leftrightarrow a e^a = e$

Man sieht sofort die Lösung $a = 1$.

Wegen $f(1) = e - 1$ und der durchgehenden Linkskrümmung von K ist $P(1 \mid e - 1)$ der einzige Berührpunkt.

Mit $f'(1) = e$ ergibt sich die Tangente $t: y = e x - 1$.

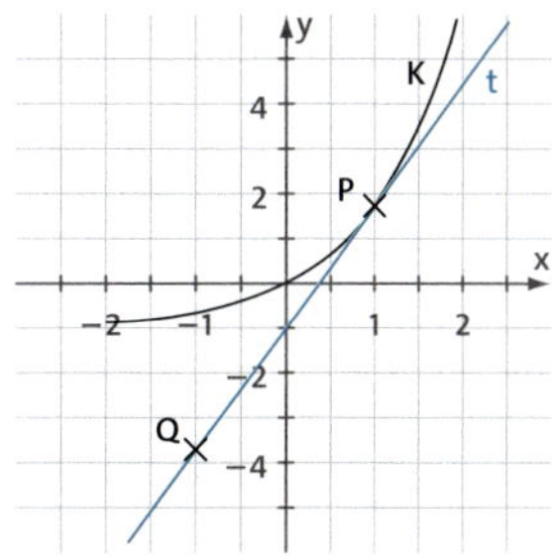


**3.** Gegeben ist die Parabel K mit der Gleichung $y = (x - 3)^2$. A

a) In welchem Punkt P der Parabel ist die Normale eine Ursprungsgerade?

b) Die Normale aus Teilaufgabe a) bildet zusammen mit der Tangente in P und der y-Achse ein Dreieck. Bestimmen Sie den Flächeninhalt des Dreiecks. Berechnen Sie das Volumen des Drehkörpers, der entsteht, wenn das Dreieck um die y-Achse rotiert.

**3.** a) $f(x) = (x - 3)^2 = x^2 - 6x + 9$, $f'(x) = 2x - 6$, $P(a \mid f(a))$ L

Die allgemeine Normalengleichung n: $y - f(a) = -\frac{1}{f'(a)}(x - a)$

und die Punktprobe mit $O(0 \mid 0)$ liefern:

$-a^2 + 6a - 9 = -\frac{1}{2a-6}(-a) \Leftrightarrow (-a^2 + 6a - 9)(2a - 6) = a$

$\Leftrightarrow -2a^3 + 18a^2 - 55a + 54 = 0$

Durch Probieren findet man die Lösung $a = 2$ und zeigt mittels Polynomdivision (Restpolynom: $-2a^2 + 14a - 27$) und Lösungsformel für quadratische Gleichungen, dass sie die einzige ist. Also ist $P(2 \mid 1)$ der gesuchte Punkt und wegen $m_n = -\frac{1}{f'(2)} = \frac{1}{2}$ ist $n: y = \frac{1}{2}x$ die Normale.

b) $t: y = f'(2)(x - 2) + f(2)$

$t: y = -2(x - 2) + 1$ oder $t: y = -2x + 5$

Beim Dreieck misst die Grundseite 5 LE und die Höhe 2 LE.

$\Rightarrow A = \frac{1}{2} \cdot 2 \cdot 5 = 5$

Der Flächeninhalt misst 5 FE.

Der Drehkörper ist ein Doppelkegel mit Grundkreisradius 2 und Höhe 1 bzw. 4.

$\Rightarrow V = \frac{1}{3}\pi 2^2 \cdot 1 + \frac{1}{3}\pi 2^2 \cdot 4 = \frac{20}{3}\pi$

Das Volumen beträgt $\frac{20}{3}\pi$ VE.

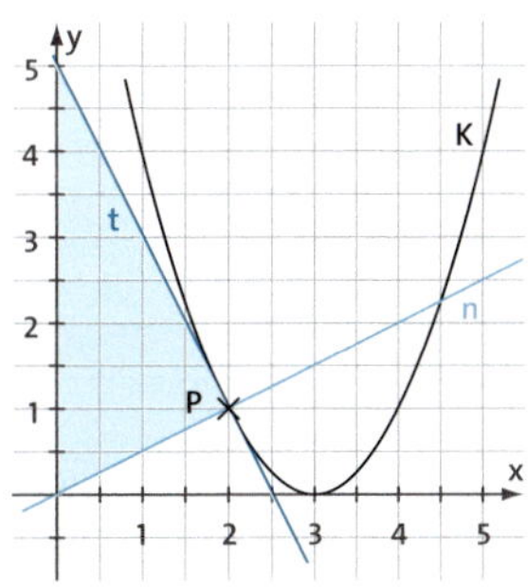

A

**4.** Gegeben ist die Funktion f mit $f(x) = (x-1)^2 - 4,\ x \in \mathbb{R}$. Ihr Schaubild sei K.

a) Zeichnen Sie K für $-2 \le x \le 4$.

b) Welche Punkte auf K haben den kleinsten Abstand zu $Q(1\,|\,1)$?

L

**4.** a) vgl. Abbildung

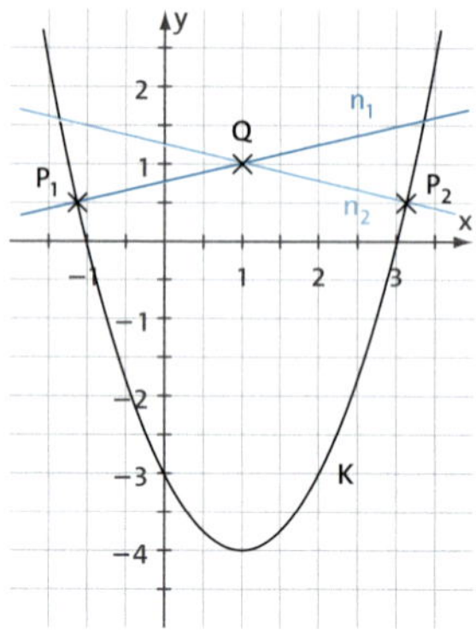


b) $f(x) = x^2 - 2x - 3,\ f'(x) = 2x - 2$

$n\colon y = -\frac{1}{f'(a)}(x-a) + f(a)$ und die Punktprobe mit $Q(1\,|\,1)$ liefern:

$1 = -\frac{1}{2a-2} \cdot (1-a) + a^2 - 2a - 3$ und für $a \neq 1$ folgt:

$1 = \frac{1}{2} + a^2 - 2a - 3 \Leftrightarrow a^2 - 2a - \frac{7}{2} = 0$

$a_{1,\,2} = 1 \pm \sqrt{1 + \frac{7}{2}} = 1 \pm \frac{3}{\sqrt{2}} = 1 \pm \frac{3}{2}\sqrt{2}$

Aus Symmetriegründen ist $f\left(1 \pm \frac{3}{\sqrt{2}}\right) = \frac{1}{2}$.

Die Punkte $P_1\left(1 - \frac{3}{2}\sqrt{2}\,\middle|\,\frac{1}{2}\right) \approx P_1\left(-1{,}12\,\middle|\,\frac{1}{2}\right)$ und

$P_2\left(1 + \frac{3}{2}\sqrt{2}\,\middle|\,\frac{1}{2}\right) \approx P_2\left(3{,}12\,\middle|\,\frac{1}{2}\right)$ haben den kleinsten Abstand zu Q.

A

**5.** Gegeben ist die Funktion f mit $f(x) = \frac{1}{3}x^3 - 3x,\ x \in \mathbb{R}$.
In welchen Punkten des Schaubildes von f sind die Tangenten orthogonal zur Geraden $g\colon y = -\frac{1}{6}x$?

L

**5.** $f(x) = \frac{1}{3}x^3 - 3x,\ f'(x) = x^2 - 3$

Aus $m_t = -\frac{1}{m_g} = 6$ ergibt sich der Ansatz:

$f'(x) = 6 \Leftrightarrow x^2 - 3 = 6 \Leftrightarrow x = 3 \vee x = -3 \Rightarrow B_{1,2}(\pm 3\,|\,0)$.

## 1.4 Funktionsuntersuchung, Kurvendiskussion

Wissen

Viele reale Sachverhalte kann man mit Funktionen beschreiben, die dann mithilfe der ersten drei Ableitungsfunktionen und bekannter Kriterien u. a. auf **Null-**, **Extrem-** und **Wendestellen** zu untersuchen sind. Die Kriterien findet man in der Formelsammlung. Bei den zugehörigen Funktionsschaubildern interessiert man sich für **Symmetrieeigenschaften, Asymptoten, Schnittpunkte mit den Koordinatenachsen**, **Extrempunkte** und **Wendepunkte**.

A

**1.** Gegeben ist die Funktion $f: x \mapsto 2x(x^2-1),\ x \in \mathbb{R}$. Ist f gerade oder ungerade? Untersuchen Sie f auf Nullstellen, Extremstellen und -werte sowie auf Wendestellen. Zeichnen Sie das Schaubild K von f.

L

**1.** Da $f(-x) = -f(x)$ für alle $x \in \mathbb{R}$, ist f ungerade.

$f(x) = 2x(x^2-1) = 2x^3 - 2x,\ f'(x) = 6x^2 - 2,\ f''(x) = 12x,\ f'''(x) = 12$

**Nullstellen**

$f(x) = 0 \Leftrightarrow 2x(x-1)(x+1) = 0 \Leftrightarrow x = 0 \lor x = 1 \lor x = -1$

f hat die Nullstellen −1, 0, 1.

**Extremstellen und Extremwerte**

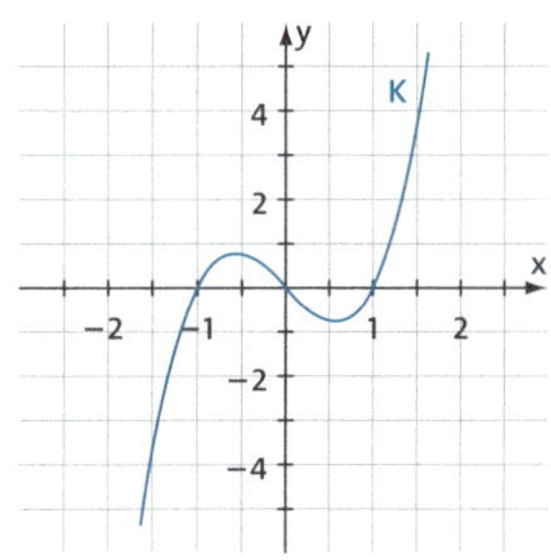


$f'(x) = 0 \Leftrightarrow 6x^2 - 2 = 0 \Leftrightarrow x = \frac{1}{\sqrt{3}} \lor x = -\frac{1}{\sqrt{3}}$

$f''\left(\frac{1}{\sqrt{3}}\right) = \frac{12}{\sqrt{3}} = 4\sqrt{3} > 0$

$f\left(\frac{1}{\sqrt{3}}\right) = \frac{2}{\sqrt{3}}\left(\frac{1}{3} - 1\right) = -\frac{4}{9}\sqrt{3}$

$f''\left(-\frac{1}{\sqrt{3}}\right) = -\frac{12}{\sqrt{3}} = -4\sqrt{3} < 0$

$f\left(-\frac{1}{\sqrt{3}}\right) = -\frac{2}{\sqrt{3}}\left(\frac{1}{3} - 1\right) = \frac{4}{9}\sqrt{3}$

Also hat f die Extremstellen $\pm\frac{1}{\sqrt{3}} \approx \pm 0{,}58$

$-\frac{4}{9}\sqrt{3} \approx -0{,}77$ ist relatives Minimum und $\frac{4}{9}\sqrt{3} \approx 0{,}77$ ist relatives Maximum.

Beide Extremwerte sind nicht absolut, da $f(x) \to \pm\infty$ für $x \to \pm\infty$

**Wendestellen**

$f''(x) = 0 \Leftrightarrow 12x = 0 \Leftrightarrow x = 0$

$f'''(0) = 12 \neq 0$

Also ist 0 Wendestelle.

A

**2.** Gegeben ist die Funktion f mit $f(x) = 2\sin\left(\frac{1}{2}x - 2\right)$, $x \in \mathbb{R}$.
Ihr Schaubild sei K.
Untersuchen Sie K auf Schnittpunkte mit den Koordiantenachsen, Extrem- und Wendepunkte sowie auf Symmetrie. Zeichnen Sie K für $-5 \leq x \leq 9$.

L

**2.** $f(x) = 2\sin\left(\frac{1}{2}x - 2\right)$, $f'(x) = \cos\left(\frac{1}{2}x - 2\right)$, $f''(x) = -\frac{1}{2}\sin\left(\frac{1}{2}x - 2\right)$

**Schnittpunkte mit den Koordinatenachsen**

$f'(x) = 0 \Leftrightarrow \frac{1}{2}x - 2 = k\pi,\ k \in \mathbb{Z}$

$\Leftrightarrow x = 2k\pi + 4 \Rightarrow N_k(2k\pi + 4 \mid 0)$

$f(0) = 2\sin(-2) \approx -1{,}82 \Rightarrow S(0 \mid -1{,}82)$

**Extrempunkte**

$f'(x) = 0 \Leftrightarrow \frac{1}{2}x - 2 = k\pi + \frac{\pi}{2},\ k \in \mathbb{Z} \Leftrightarrow x = (2k+1)\pi + 4$

$$f''((2k+1)\pi + 4) = -\frac{1}{2}\sin\left(\frac{1}{2}((2k+1)\pi + 4) - 2\right) = -\frac{1}{2}\sin\left(\left(k + \frac{1}{2}\right)\pi\right) \begin{cases} < 0 \text{ falls k gerade} \\ > 0 \text{ falls k ungerade} \end{cases}$$

$$\Rightarrow \begin{array}{l} H_K((2k+1)\pi \mid 2), \text{ falls k gerade} \\ T_K((2k+1)\pi \mid -2), \text{ falls k ungerade} \end{array}$$

**Wendepunkte**

Die Wendepunkte sind identisch mit den Schnittpunkten mit der x-Achse.

**Symmetrie**

K ist symmetrisch zu allen Schnittpunkten mit der x-Achse und zu allen Geraden, die parallel zur y-Achse durch die Extrempunkte verlaufen.

**Schaubild**

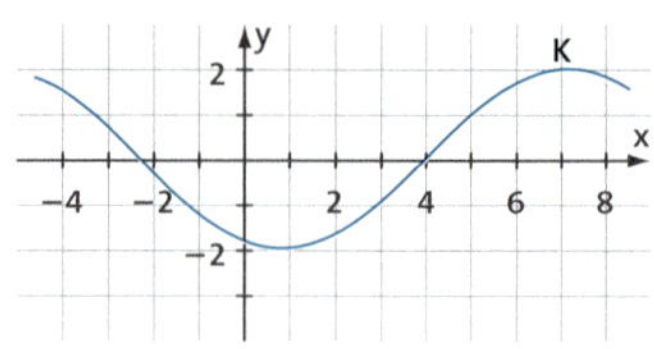


A

**3.** Gegeben ist f mit $f(x) = \frac{x+2}{2-x}$, $x \in \mathbb{R}\setminus\{2\}$.

a) Untersuchen Sie das Schaubild von f auf Asymptoten, Schnittpunkte mit den Koordinatenachsen, Extrem- und Wendepunkte. Zeichnen Sie für $-4 \leq x \leq 8$.

b) Zeigen Sie: Das Schaubild von f ist symmetrisch zum Schnittpunkt der Asymptoten.

L

**3.** Polynomdivision: $(x + 2) : (-x + 2) = -1 + \frac{4}{-x+2}$

$$\begin{array}{l} -(x-2) \\ \hline \quad 4 \end{array}$$

$f(x) = -1 + 4(2-x)^{-1}$, $f'(x) = \frac{4}{(2-x)^2}$, $f''(x) = \frac{8}{(2-x)^3}$

a) **Asymptoten**
Wegen $\lim\limits_{|x|\to\infty} f(x) = -1$ ist $a_1{:}\ y = -1$ Asymptote.
Da 2 Polstelle von f, ist $a_2{:}\ x = 2$ Asymptote.
**Schnittpunkte mit den Koordinatenachsen**
$f(x) = 0 \Leftrightarrow x + 2 = 0 \Leftrightarrow x = -2 \Rightarrow N(-2\,|\,0)$
$f(0) = 1 \Rightarrow S(0\,|\,1)$
**Extrem- und Wendepunkte**
existieren nicht, da $f'(x) \neq 0$ für alle $x \in D$
und $f''(x) \neq 0$ für alle $x \in D$.

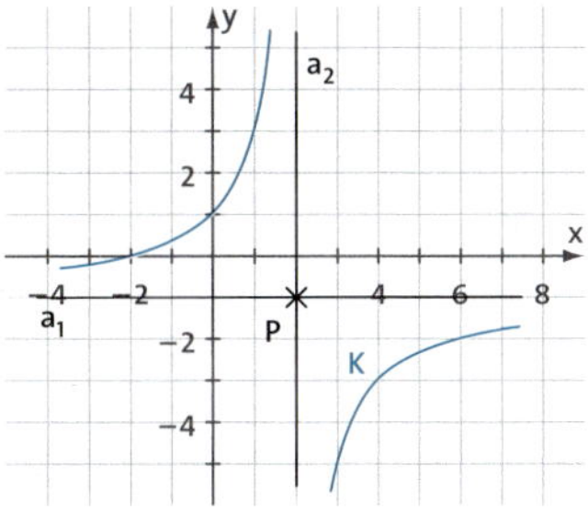


b) $P(2\,|\,-1)$ ist der Schnittpunkt der Asymptoten.
Es ist zu zeigen: $f(2 + h) + f(2 - h) = 2\cdot(-1)$ für alle $h \in \mathbb{R}^+$
$f(2 + h) + f(2 - h) = \frac{2 + h + 2}{2 - (2 + h)} + \frac{2 - h + 2}{2 - (2 - h)} = \frac{4 + h}{-h} + \frac{4 - h}{h} = \frac{-4 - h + 4 - h}{h} = -2$

**4.** Gegeben ist die Funktion f mit $f(x) = 8\,\frac{x}{x^2 + 4}$, $x \in \mathbb{R}$. Ihr Schaubild sei K. Untersuchen Sie K auf Asymptoten, Symmetrie, Extrem- und Wendepunkte. Zeichnen Sie K für $-6 \leq x \leq 6$. A

**4.** $f(x) = 8\,\frac{x}{x^2 + 4}$, $f'(x) = 8\,\frac{1\cdot(x^2 + 4) - x\cdot 2x}{(x^2 + 4)^2} = 8\,\frac{4 - x^2}{(x^2 + 4)^2}$ L

$f''(x) = 8\,\frac{-2x\cdot(x^2 + 4)^2 - (4 - x^2)\cdot 2(x^2 + 4)\cdot 2x}{(x^2 + 4)^4} = 8\,\frac{-2x(x^2 + 4) - 4x(4 - x^2)}{(x^2 + 4)^3} = 8\,\frac{2x^3 - 24x}{(x^2 + 4)^3}$
$= 16\,\frac{x(x^2 - 12)}{(x^2 + 4)^3}$

**Asymptoten**
Wegen $\lim\limits_{|x|\to\infty} f(x) = 0$ ist die x-Achse Asymptote.

**Symmetrie**
$f(-x) = 8\,\frac{-x}{(-x)^2 + 4} = -8\,\frac{x}{x^2 + 4} = -f(x)$
K ist symmetrisch zum Koordinatenursprung.

**Extrempunkte**
$f'(x) = 0 \Leftrightarrow 4 - x^2 = 0$, $x_{1/2} = \pm 2$,
f' wechselt an der Stelle 2 das Vorzeichen von − nach +,
an der Stelle −2 ist es umgekehrt.
$f(\pm 2) = \pm 2$, also hat das Schaubild die Extrempunkte
$H(2\,|\,2)$ und $T(-2\,|\,-2)$.

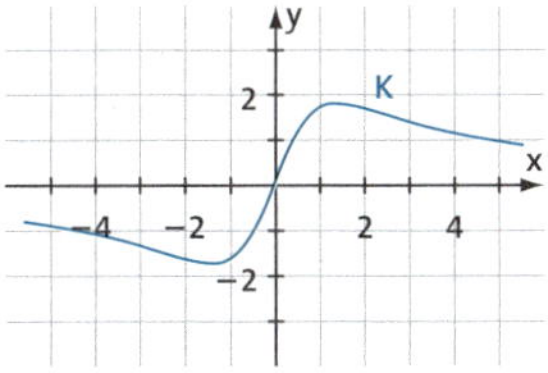


**Wendepunkte**
$f''(x) = 0 \Leftrightarrow x(x^2 - 12) = 0$, $x_1 = 0$, $x_{2/3} = \pm\sqrt{12}$
f'' wechselt an den Stellen 0 und $\pm\sqrt{12}$ das Vorzeichen
$f(0) = 0$, $f(\pm\sqrt{12}) = \pm\sqrt{3}$ also hat das Schaubild die Wendepunkte $W_1(0\,|\,0)$ und $W_{2,3}(\pm 12\,|\,\pm\sqrt{3})$.

**A**

**5.** Untersuchen Sie das Schaubild K der Funktion f mit $f(x) = -\frac{1}{3}\frac{x^2}{x+2}$, $x \in \mathbb{R}\setminus\{-2\}$ auf Asymptoten, Schnittpunkte mit den Koordinatenachsen, Extrem- und Wendepunkte. Zeichnen Sie K für $-6 \leq x \leq 6$ samt Asymptoten.

**L**

**5.** Polynomdivision ergibt:

$f(x) = -\frac{1}{3}\left(x - 2 + \frac{4}{x+2}\right) = -\frac{1}{3}x + \frac{2}{3} - \frac{4}{3(x+2)}$

$f'(x) = -\frac{1}{3}\left(1 - \frac{4}{(x+2)^2}\right)$, $f''(x) = -\frac{8}{3} \cdot \frac{1}{(x+2)^3}$

$H(0\,|\,0)$, $T\left(-4\,\middle|\,\frac{8}{3}\right)$, keine Wendepunkte

$a_1$: $x = -2$, $a_2$: $y = -\frac{1}{3}x + \frac{2}{3}$

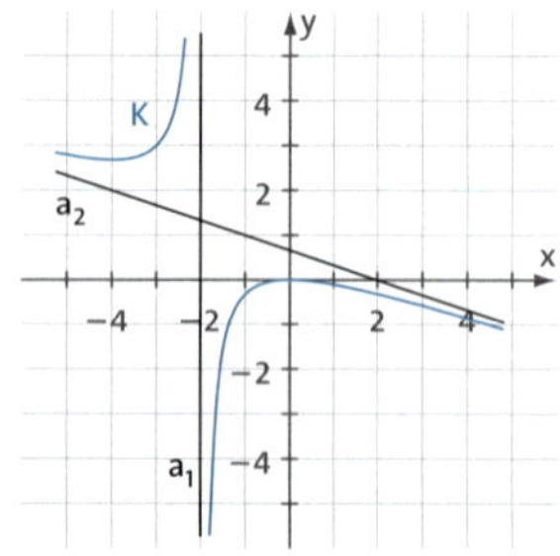


**A**

**6.** Gegeben ist die Funktion f mit $f(x) = e^{2x-1} - 2e^x$, $x \in \mathbb{R}$. Ihr Schaubild sei K. Untersuchen Sie K auf Schnittpunkte mit den Koordinatenachsen, Extrem- und Wendepunkte sowie Asymptoten.

**L**

**6.** $f(x) = e^{2x-1} - 2e^x = e^x(e^{x-1} - 2)$

$f'(x) = 2e^{2x-1} - 2e^x = 2e^x(e^{x-1} - 1)$ (Kettenregel)

$f''(x) = 4e^{2x-1} - 2e^x = 2e^x(2e^{x-1} - 1)$

**Schnittpunkte mit den Koordinatenachsen**

$f(x) = 0 \Leftrightarrow e^{x-1} - 2 = 0 \Leftrightarrow e^{x-1} = 2 \Leftrightarrow x - 1 = \ln 2$

$\Leftrightarrow x = 1 + \ln 2 \Rightarrow N(1 + \ln 2\,|\,0) \approx N(1{,}69\,|\,0)$

$f(0) = \frac{1}{e} - 2 \Rightarrow S\left(0\,\middle|\,\frac{1}{e} - 2\right) \approx S(0\,|\,-1{,}63)$

**Extrempunkte**

$f''(x) = 0 \Leftrightarrow e^{x-1} - 1 = 0 \Leftrightarrow x - 1 = \ln 1 \Leftrightarrow x = 1$

Da f′ an der Stelle 1 das Vorzeichen von − nach + wechselt, ist $T(1\,|\,-e) \approx (1\,|\,-2{,}72)$ Tiefpunkt.

**Wendepunkte**

$f''(x) = 0 \Leftrightarrow 2e^{x-1} - 1 = 0 \Leftrightarrow x = 1 - \ln 2$

Mittels Vorzeichenwechsel von f″ oder mittels 3. Ableitung ergibt sich der Wendepunkt $W\left(1 - \ln 2\,\middle|\,-\frac{3}{4}e\right) \approx W(0{,}31\,|\,-2{,}04)$.

**Asymptoten**

Wegen $\lim\limits_{x \to -\infty} f(x) = 0$ ist die x-Achse Asymptote.

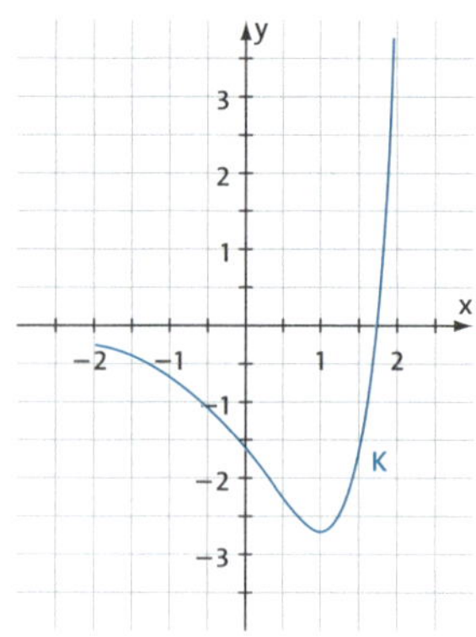

**7.** Zeigen Sie, dass das Schaubild der Funktion f mit $f(x) = \frac{1}{2}e^x - 2x + 1,\ x \in \mathbb{R}$ keinen Schnittpunkt mit der x-Achse besitzt. Zeichnen Sie für $-2 \le x \le 3$. A

**7.** Der Standardansatz $f(x) = 0$ führt hier zu einer Gleichung, die nicht explizit lösbar ist.
Mit $f'(x) = \frac{1}{2}e^x - 2,\ f''(x) = \frac{1}{2}e^x$ ergibt sich aus $f'(x) = 0$ das relative Minimum $f(\ln 4) = 3 - 2\ln 4 > 0$.
Dieser Extremwert ist aber positiv und absolut, da $f(x) \to \infty$ für $x \to \pm\infty$. Also ist der absolut kleinste Funktionswert positiv, der Wert 0 kann somit nicht angenommen werden. L

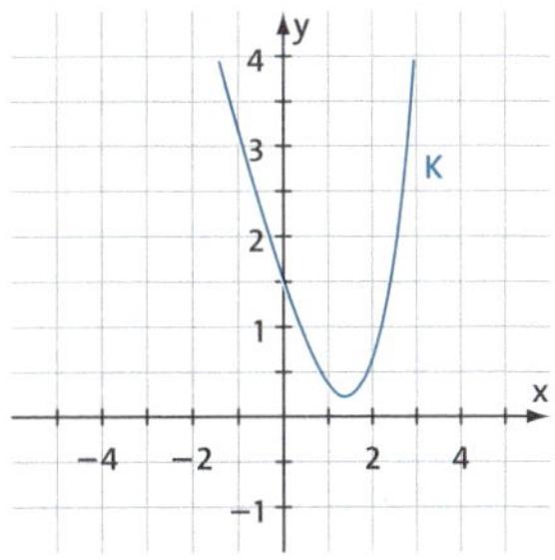


**8.** Bestimmen Sie die Extremstellen und Extremwerte der Funktion f, die A

a) durch die Abbildung gegeben ist,

b) gegeben ist durch
$$f(x) = \begin{cases} -2x + 4 & \text{für } 0 < x \le 2 \\ -x^2 + 6x - 8 & \text{für } 2 < x \le 5 \end{cases}.$$

Von welcher Art sind die Extrema?

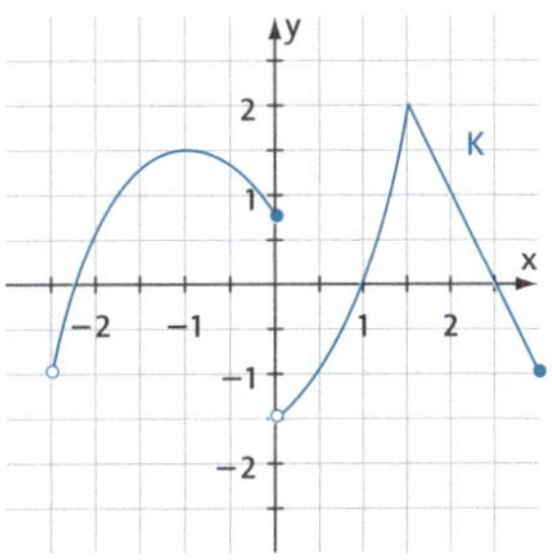


**8.** a) Aus dem Schaubild entnimmt man die Extremstellen $-1, \frac{3}{2}$ und 3. L
Dabei ist $f(-1) = \frac{3}{2}$ relatives Maximum, f(3) relatives Randminimum und $f\left(\frac{3}{2}\right) = 2$ absolutes Maximum.
Da f an der Stelle $-\frac{5}{2}$ nicht definiert ist, liegt dort keine Extremstelle vor. Auch 0 ist keine Extremstelle, da in einer kleinen Umgebung die Funktionswerte rechts kleiner sind als f(0), dagegen links größer als f(0).

b) $f'(x) = \begin{cases} -2 & \text{für } 0 < x < 2 \\ -2x + 6 & \text{für } 2 < x < 5 \end{cases}$

Der Ansatz $f'(x) = 0$ liefert die Lösung $x = 3$.
An der Stelle 3 wechselt f' das Vorzeichen von + nach −.
Also ist $f(3) = 1$ relatives Maximum.
f ist an der Stelle 2 stetig, aber nicht differenzierbar.
Da f an der Stelle 2 stetig ist und f für $x < 2$ streng monoton fällt, aber für $2 < x < 3$ streng monoton wächst (wegen $f'(x) < 0$ für $x < 2$ bzw. $f'(x) > 0$ für $2 < x < 3$), ist $f(2) = 0$ ein relatives Minimum.
Wegen $\lim\limits_{x \to 0+} f(x) = 4$ und $f(5) = -3$ gibt es kein absolutes Maximum, jedoch das absolute Randminimum −3. Die Extremstellen sind also 2, 3 und 5.

# 1.5 Begriffe der Integralrechnung – Flächeninhaltsproblem

## 1.5.1 Integral, Integralfunktion, Stammfunktion

Wissen Den gemeinsamen Grenzwert von **Ober-** und **Untersummenfolgen** nennt man das **Integral von f über [a; b]** und schreibt dafür $\int_a^b f(x)\,dx$. Die Funktion f heißt dann auch **über [a; b] integrierbar.** Dabei ist a die **untere** und b die **obere Integrationsgrenze** und f die **Integrandfunktion**.

Es gilt der **Satz**: Jede auf einem Intervall [a; b] **stetige** Funktion f ist dort auch integrierbar. Betrachtet man die Werte von Integralen in Abhängigkeit von einer festen unteren Grenze a und einer variablen oberen Grenze x und verwendet deshalb t als Variable der auf dem Intervall I stetigen Integrandfunktion f, dann erhält man eine **Integralfunktion** $F_a$. Ihre Termdarstellung lautet: $F_a$ mit $F_a(x) = \int_a^x f(t)\,dt,\ x \in I$

Eine Funktion F heißt **Stammfunktion** zur Funktion f, wenn gilt: $F' = f$.

Es gilt der Satz: $F_a$ ist diejenige Stammfunktion von f, welche die Nullstelle a besitzt.

Die Berechnung von Integralen ist mit dem **Hauptsatz** möglich.

Er besagt $\int_a^b f(x)\,dx = F(b) - F(a)$ mit einer beliebigen Stammfunktion F zu f.

Für $F(b) - F(a)$ schreibt man auch das Symbol $[F(x)]_a^b$.

Mithilfe von Integralen ist auch **der Mittelwert $\overline{m}$ der Funktionswerte** von f über einem Intervall [a; b] zu bestimmen. Es gilt: $\overline{m} = \frac{1}{b-a}\int_a^b f(x)\,dx$.

Wenn keine Stammfunktion gefunden werden kann, liefert z. B. die **Kepler'sche Fassregel** einen Näherungswert für das Integral.

Es gilt: $\int_a^b f(x)\,dx \approx \frac{b-a}{6}\left[f(a) + 4f\left(\frac{a+b}{2}\right) + f(b)\right]$

A

**1.** a) Formulieren Sie das Flächeninhaltsproblem.

b) Stellen Sie die Lösung des Flächeninhaltsproblems mithilfe von Ober- und Untersummen dar.

c) Wie gelangt man vom Flächeninhaltsproblem zum Integralbegriff?

L

**1.** a) Das Flächeninhaltsproblem wirft die Frage auf, wie man den Inhalt der Fläche zwischen einem (krummlinigen) Funktionsschaubild $K_f$ und der x-Achse über einem Intervall [a; b] berechnen kann.

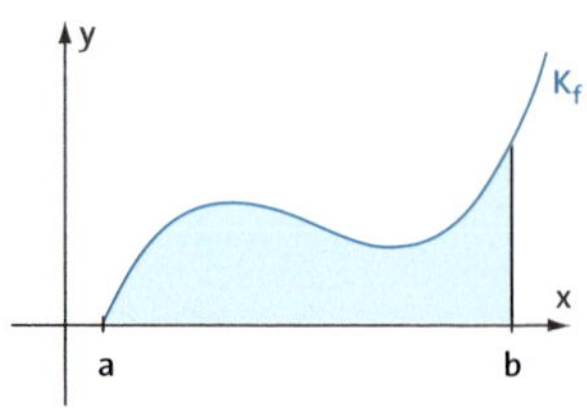

b) Lösungsidee ist die Annäherung des Flächeninhaltes über Folgen von Ober- und Untersummen.

1. Zuerst wird das Intervall $[a; b]$ in n äquidistante **Teilintervalle** zerlegt: $[x_0; x_1]$, $[x_1; x_2]$, ..., $[x_{n-1}; x_n]$, mit $a = x_0$ und $b = x_n$.
2. Dann bildet man **Ober- und Untersummen**, die man sich als Summen von Rechtecksinhalten denken kann. Sie haben die Form:
$(x_1 - x_0) \cdot f(x_1^*) + (x_2 - x_1) \cdot f(x_2^*) + ... + (x_n - x_{n-1}) \cdot f(x_n^*)$
Dabei stellen $(x_1 - x_0), (x_2 - x_1), ..., (x_n - x_{n-1})$ Teilintervalllängen und $f(x_1^*), f(x_2^*), ..., f(x_n^*)$ die jeweils größten Funktionswerte (bei Obersummen) bzw. kleinsten Funktionswerte (bei Untersummen) im 1., 2., ..., n-ten Teilintervall dar.

**Beispiel**

Obersumme für $n = 4$

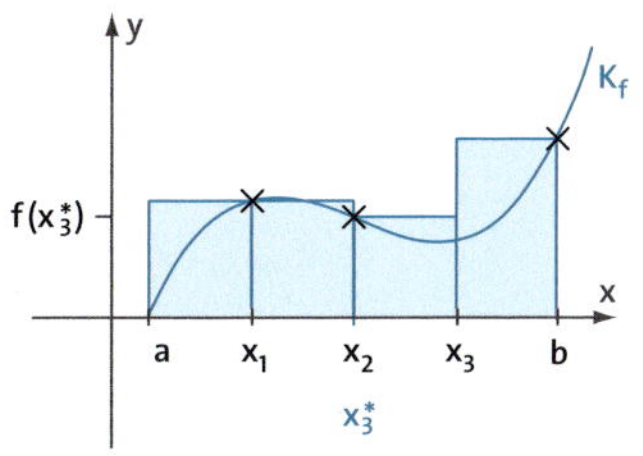


Untersumme für $n = 4$

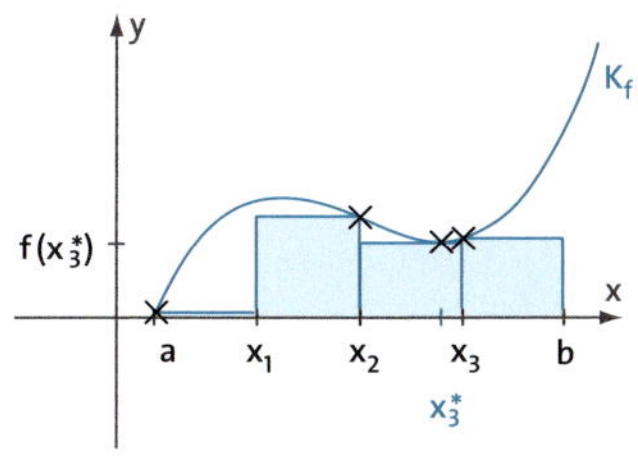


3. Schließlich lässt man die Anzahl der Teilintervalle gegen unendlich und die Längen der Teilintervalle gegen null streben. So erhält man Folgen von Ober- und Untersummen. Besitzen diese einen gemeinsamen **Grenzwert**, so ist er der gesuchte Flächeninhalt.

**Beispiel**

Folge der Obersummen

Gemeinsamer Grenzwert

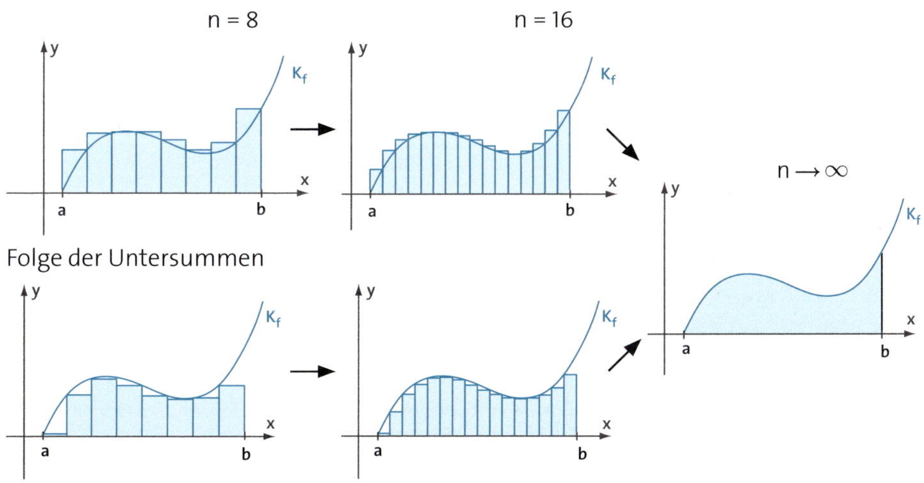


c) Die Überlegungen in Teilaufgabe b) unterstellten, dass die größten und kleinsten Funktionswerte und die Differenzen $(x_i - x_{i-1})$ zur Berechnung der

Teilintervalllängen nicht negativ sind. Es gibt aber durchaus Funktionen mit negativen Funktionswerten und für $a > b$ werden sogar die Differenzen $(x_i - x_{i-1})$ negativ, denn dann ist $a = x_0 > x_1 > x_2 \ldots > x_n = b$. So ergeben sich **orientierte Rechtecksinhalte** und beim Grenzübergang **orientierte Teilflächeninhalte**.

**Beispiel**

Orientierte Rechtecksinhalte

Untersumme für $n = 8$

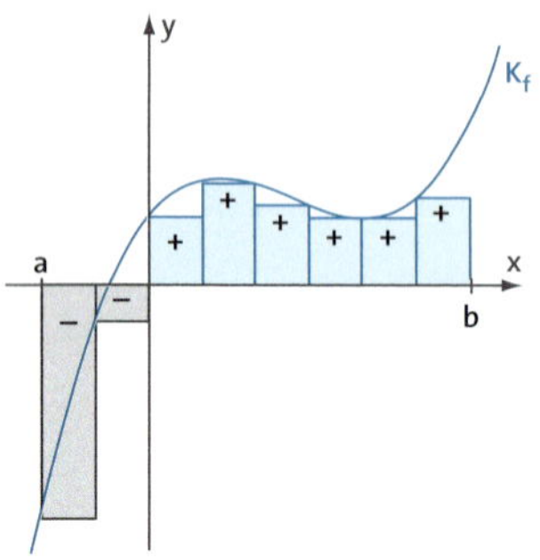


Obersumme für $n = 8$

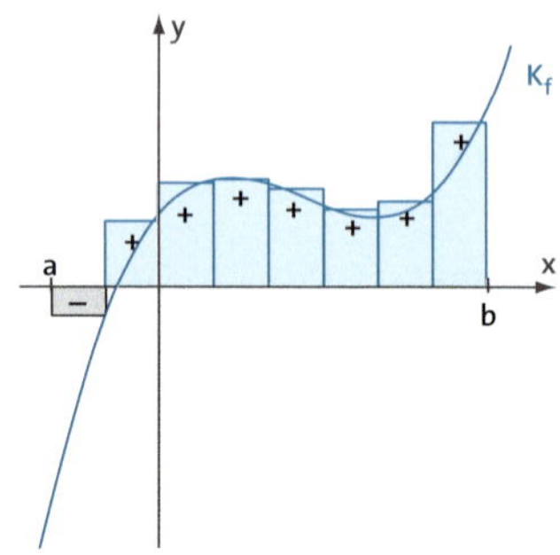


Orientierte Teilflächeninhalte

Die Summe dieser orientierten Teilflächeninhalte ist das Integral von f über [a; b]. Beachten Sie, dass dieses Integral hier weder den Inhalt der oberhalb der x-Achse gelegenen Fläche noch denjenigen der unterhalb gelegenen Fläche angibt. Für den absoluten, d. h. geometrisch relevanten Flächeninhalt A müssen Sie hier rechnen:

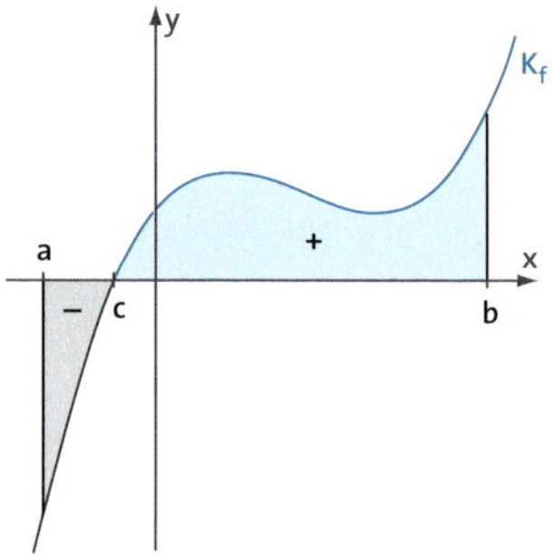


$$A = \left|\int_a^c f(x)\,dx\right| + \left|\int_c^b f(x)\,dx\right| = -\int_a^c f(x)\,dx + \int_c^b f(x)\,dx$$

A

**2.** Die Abbildung zeigt das Schaubild K der Funktion f mit $f(x) = \frac{1}{2}x^3 - 2x^2 + 2x + 1,\ x \in \mathbb{R}$.

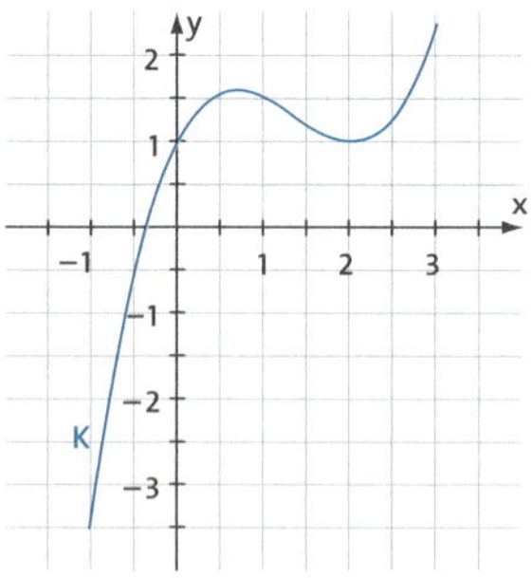


a) Ermitteln Sie einen Näherungswert für $\int_{-1}^{3} f(x)\,dx$, indem Sie den Mittelwert der Ober- und Untersumme für 8 gleich lange Teilintervalle berechnen. Schätzen Sie dazu die orientierten Rechtecksinhalte.

b) Berechnen Sie mithilfe der KEPLER'schen Fassregel einen Näherungswert für $\int_{-1}^{3} f(x)\,dx$.

c) Welchen exakten Wert für das Integral erhalten Sie mit dem Hauptsatz?

L

**2.** a) $U \approx (-3{,}5 - 0{,}4 + 1 + 1{,}5 + 1{,}2 + 1 + 1 + 1{,}4) \cdot 0{,}5 = 1{,}6$

$O \approx (-0{,}5 + 1 + 1{,}6 + 1{,}6 + 1{,}5 + 1{,}2 + 1{,}4 + 2{,}5) \cdot 0{,}5 = 5{,}15$

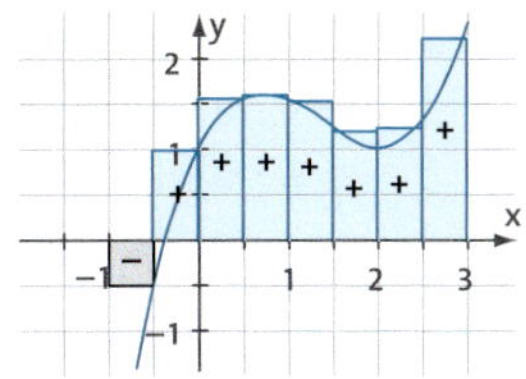

b) $\int_{-1}^{3} f(x)\,dx \approx \frac{U+O}{2} = 3{,}375$

$\int_{-1}^{3} f(x)\,dx \approx \frac{3-(-1)}{6} \cdot [f(-1) + 4 \cdot f(1) + f(3)]$

$= \frac{2}{3} \cdot \left(-\frac{7}{2} + 6 + \frac{5}{2}\right) = \frac{10}{3} = 3\frac{1}{3}$

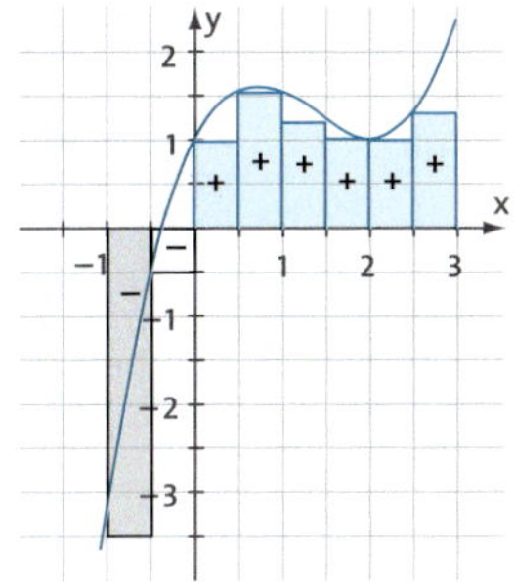

c) $\int_{-1}^{3} \left(\frac{1}{2}x^3 - 2x^2 + 2x + 1\right) dx = \left[\frac{1}{8}x^4 - \frac{2}{3}x^3 + x^2 + x\right]_{-1}^{3}$

$= 4\frac{1}{8} - \frac{19}{24} = \frac{10}{3} = 3\frac{1}{3}$

Man kann beweisen, dass die KEPLER'sche Fassregel für eine ganzrationale Funktion f höchstens 3. Grades stets einen exakten Wert für das Integral liefert.

A

**3.** Die Abbildung zeigt die Schaubilder K, $C_1$ und $C_2$ der ganzrationalen Funktionen f, $F_1$ und $F_2$, wobei $F_1$ und $F_2$ Stammfunktionen von f sind.

a) Welcher Zusammenhang besteht zwischen $F_1$ und $F_2$?

b) Lassen sich $F_1$ und $F_2$ als Integralfunktionen auffassen?

c) Sind alle Stammfunktionen von f auch Integralfunktionen?

d) Geben Sie eine Funktion g an, die Stammfunktionen besitzt, welche keine Integralfunktionen sind.

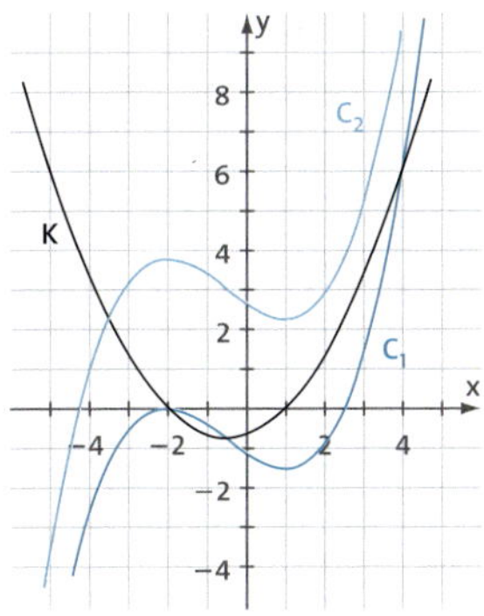


L

**3.** a) Es gilt $F_2(x) = F_1(x) + c,\ c \in \mathbb{R}$; die Schaubilder gehen also durch eine Verschiebung in y-Richtung auseinander hervor.

b) $F_1$ und $F_2$ sind Integralfunktionen bzgl. der jeweiligen Nullstellen.

Wegen $F_1(-2) = 0$ gilt: $F_1(x) = F_1(x) - F_1(-2) = \int_{-2}^{x} f(t)\,dt$

Während $F_1$ noch bezüglich der zweiten Stelle $x = 1$ als Integralfunktion aufgefasst werden kann, ist $F_2$ nur bezüglich einer Stelle Integralfunktion.

c) Alle Stammfunktionen von f sind hier Integralfunktionen, weil f offensichtlich eine quadratische Funktion ist, und damit alle Stammfunktionen ganzrationale Funktionen 3. Grades sind. Diese besitzen aber als über $\mathbb{R}$ stetige Funktionen und wegen ihres Verhaltens für $|x| \to \infty$ nach dem Nullstellensatz mindestens eine Nullstelle.

d) Zu g mit $g(x) = \cos x,\ x \in \mathbb{R}$ sind beispielsweise $G_1$ mit $G_1(x) = \sin x$, $x \in \mathbb{R}$ und $G_2$ mit $G_2(x) = 4 + \sin x,\ x \in \mathbb{R}$ Stammfunktionen.
Da $G_2$ keine Nullstelle besitzt, ist diese Stammfunktion keine Integralfunktion.

A

**4.** a) $f(x) = 6x^3 + 9x^2 - 6x + 5,\ x \in \mathbb{R}$
b) $f(x) = \frac{4x+2}{x^3},\ x \in \mathbb{R}\setminus\{0\}$
c) $f(x) = \sqrt{x} - \frac{8}{x},\ x \in \mathbb{R}^+$
d) $f(x) = -12(6x-2)^3,\ x \in \mathbb{R}$
e) $f(x) = \frac{10}{(1-2x)^6},\ x \in \mathbb{R}\setminus\left\{\frac{1}{2}\right\}$
f) $f(x) = 7e^{3x+1},\ x \in \mathbb{R}$
g) $f(x) = -2e^{4-2x},\ x \in \mathbb{R}$
h) $f(x) = 5\sin(\pi x + 1)$
i) $f(x) = -\cos(\pi - 9x)$
j) $f(x) = \frac{7}{7x-5},\ x \in \mathbb{R}\setminus\left\{\frac{5}{7}\right\}$

Überprüfen Sie Ihre Lösung jeweils durch Differenzieren der Stammfunktion. Beachten Sie die Kettenregel.

L

**4.** a) $F(x) = \frac{3}{2}x^4 - 3x^3 - 6x^2 + 5x$
b) $f(x) = \frac{4}{x^2} + \frac{2}{x^3} = 4x^{-2} + 2x^{-3},\ F(x) = -4x^{-1} - x^{-2} = -\frac{4}{x} - \frac{1}{x}$
c) $f(x) = x^{\frac{1}{2}} - \frac{8}{x},\ F(x) = \frac{2}{3}x^{\frac{3}{2}} - 8\ln(x) = \frac{2}{3}\sqrt{x^3} - 8\ln(x)$
d) $f(x) = -12 \cdot \frac{1}{4}(6x-2)^4 \cdot \frac{1}{6} = -\frac{1}{2}(6x-2)^4$
e) $f(x) = 10(1-2x)^{-6},\ F(x) = 10 \cdot \left(-\frac{1}{5}\right)(1-2x)^{-5} \cdot \left(-\frac{1}{2}\right) = (1-2x)^{-5} = \frac{1}{(1-2x)^5}$
f) $F(x) = 7e^{3x+1} \cdot \frac{1}{3} = \frac{7}{3}e^{3x+1}$
g) $F(x) = -2e^{4-2x} \cdot 1\left(-\frac{1}{2}\right) = e^{4-2x}$
h) $F(x) = 5(-\cos(\pi x + 1)) \cdot \frac{1}{\pi} = -\frac{5}{\pi}\cos(\pi x + 1)$
i) $F(x) = -\sin(\pi - 9x) \cdot \left(-\frac{1}{9}\right) = \frac{1}{9}\sin(\pi - 9x)$
j) $F(x) = 7\ln|7x-5| \cdot \frac{1}{7} = \ln|7x-5|$

A

**5.** Begründen Sie die Aussagen.
a) Jede Integralfunktion hat mindestens eine Nullstelle.
b) Jede ganzrationale Funktion geraden Grades besitzt ausschließlich Integralfunktionen als Stammfunktionen.
c) Bei der natürlichen Exponentialfunktion können die Stammfunktionen Integralfunktion sein oder auch nicht.

L

**5.** a) Für $F_a(x) = \int_a^x f(t)\,dt$ ist $F_a(a) = \int_a^a f(t)\,dt = 0$, folglich ist a Nullstelle.
b) Die Stammfunktionen sind ganzrationale Funktionen ungeraden Grades. Sie besitzen als über $\mathbb{R}$ stetige Funktionen und wegen ihres Verhaltens für $|x| \to \infty$ nach dem Nullstellensatz mindestens eine Nullstelle.
c) $F(x) = e^x,\ x \in \mathbb{R}$ ist Stammfunktion, jedoch keine Integralfunktion.
$G(x) = e^x - 1,\ x \in \mathbb{R}$ ist Integralfunktion bezüglich der Stelle 0.

**6.** a) Zeichnen Sie das Schaubild K der Funktion f mit $f(x) = \frac{4}{x}$, $x \in \mathbb{R}\setminus\{0\}$ für $1 \leq x \leq 4$. A

b) Begründen Sie, dass es zu f eine Integralfunktion $F_1$ gibt.

c) Bestimmen Sie $F_1(4)$ näherungsweise, indem Sie den entsprechenden orientierten Flächeninhalt durch Rechtecksinhalte nach oben und unten abschätzen und den Mittelwert bilden oder Einheitsquadrate auszählen.

**6.** a) L

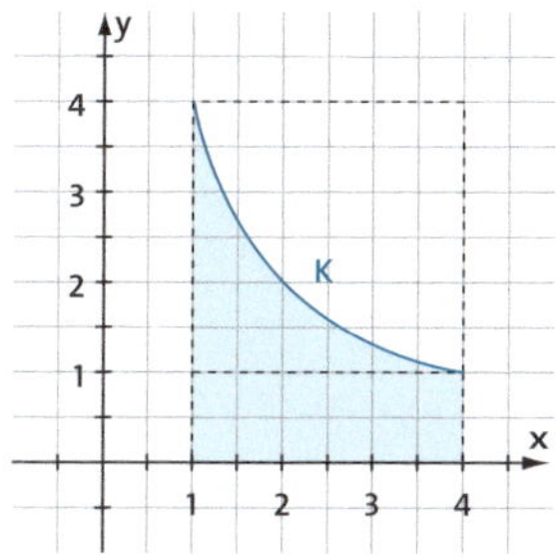


b) f ist insbesondere auf $[1; \infty[$ stetig und damit über $[1; \infty[$ integrierbar. Es existiert also die Integralfunktion $F_1$ mit

$$F_1(x) = \int_1^x \frac{4}{t}\,dt,\ x \in [1; \infty[.$$

c) Die Abbildung zeigt die zu $F_1(4)$ gehörende blaue Fläche.
Mit dem Mittelwert orientierter Rechtecksinhalte findet man
$F_1(4) \approx \frac{1}{2}[(3\cdot 1) + (3\cdot 4)] = 7{,}5.$
Durch Auszählen von Gitterquadraten erhält man $F_1(4) \approx 22 : 4 = 5{,}5.$

Anmerkung: Der exakte Wert ist $F_1(4) = \int_1^4 \frac{4}{t}\,dt = [4\ln|t|]_1^4 \approx 5{,}5.$

**7.** Berechnen Sie die Integrale. A

a) $\int_0^2 \left(x - \frac{1}{2}\right)^2 dx$ b) $\int_{-1}^1 (x^3 - x^2 + 4)\,dx$ c) $\int_1^2 \left(\frac{4}{x^2} - \frac{2}{x^3}\right) dx$ d) $\int_1^2 \left(\frac{3}{x} + \frac{1}{x^3}\right)^2 dx$

e) $\int_{-2}^0 e^{-\frac{3}{2}x}\,dx$ f) $\int_0^1 e^{4-2x}\,dx$ g) $\int_0^2 (e^{-x} + x - 2)\,dx$

**7.** L

a) $\int_0^2 \left(x^2 - x + \frac{1}{4}\right) dx = \left[\frac{1}{3}x^3 - \frac{1}{2}x^2 + \frac{1}{4}x\right]_0^2 = \frac{8}{3} - 2 + \frac{1}{2} - 0 = \frac{7}{6}$

b) $\left[\frac{1}{4}x^4 - \frac{1}{3}x^3 + 4x\right]_{-1}^1 = \frac{1}{4} - \frac{1}{3} + 4 - \left(\frac{1}{4} + \frac{1}{3} - 4\right) = 7\frac{1}{3}$

c) $\int_1^2 \left(\frac{4}{x^2} - \frac{2}{x^3}\right) dx = \int_1^2 (4x^{-2} - 2x^{-3})\,dx = [-4x^{-1} + x^{-2}]_1^2 = \left[-\frac{4}{x} + \frac{1}{x^2}\right]_1^2$

$= -2 + \frac{1}{4} - (-4 + 1) = 1\frac{1}{4}$

d) $\int_1^2 \left(\frac{9}{x^2} + \frac{6}{x^4} + \frac{1}{x^6}\right) dx = \int_1^2 (9x^{-2} + 6x^{-4} + x^{-6})\,dx = \left[-9x^{-1} - 2x^{-3} - \frac{1}{5}x^{-5}\right]_1^2$

$= \left[-\frac{9}{x} - \frac{2}{x^3} - \frac{1}{5x^5}\right]_1^2 = -\frac{9}{2} - \frac{1}{4} - \frac{1}{160} - \left(-9 - 2 - \frac{1}{5}\right) = 6\frac{71}{160} \approx 6{,}44$

e) $\left[-\frac{2}{3}e^{-\frac{3}{2}x}\right]_{-2}^{0} = -\frac{2}{3} - \left(-\frac{2}{3}e^3\right) = \frac{2}{3}(e^3 - 1) \approx 12{,}72$

f) $\left[-\frac{1}{2}e^{4-2x}\right]_0^1 = -\frac{1}{2}e^2 - \left(-\frac{1}{2}e^4\right) = \frac{1}{2}(e^4 - e^2) \approx \frac{1}{2}e^2\cdot(e^2 - 1) \approx 23{,}60$

g) $\left[-e^{-x} + \frac{x^2}{2} - 2x\right]_0^2 = -\frac{1}{e^2} + 2 - 4 - (-1) = -1 - \frac{1}{e^2} \approx -1{,}14$

A

**8.** Das Diagramm stellt den zeitlichen Verlauf der momentanen Änderungsrate V′ des Wasservolumens V in einem kleinen eiszeitlichen See dar ($V'$ in $\frac{m^3}{s}$, t in h).
Die Nullstellen von V′ seien $t_1, t_2, t_3$.
Zum Zeitpunkt $t = 0$ hatte das Wasser im See ein Volumen $V(0) = 84\,000\,m^3$.

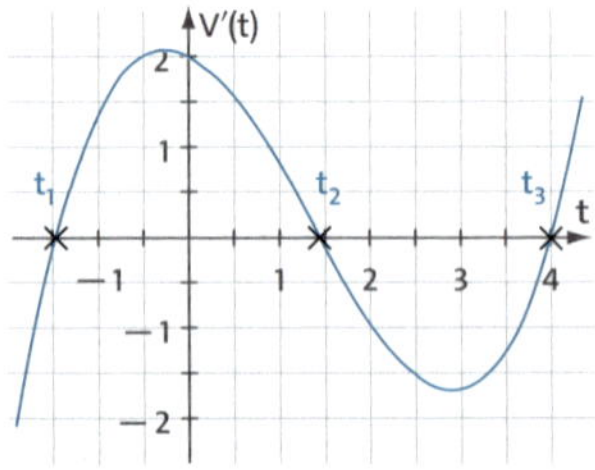


a) Wann tritt zum ersten Mal ein Maximum des Volumens auf? Wie groß ist es? Schätzen Sie die Zunahme des Volumens bis zu diesem Zeitpunkt anhand des Diagramms ab.

b) Welchen Näherungswert für das Volumen von einer Stunde kann man mithilfe des Diagramms ermitteln? Begründen Sie auch mit der zu V′ gehörenden Integralfunktion $F_0$, dass das Volumen vor einer Stunde geringer war.

c) Begründen Sie, dass das anfängliche Volumen V (0) auch zu einem Zeitpunkt $t > t_3$ nochmals erreicht wird.

L

**8.** a) Da die momentane Änderungsrate zwischen 0 und $t_2$ positiv ist, erfolgt in diesem Zeitraum ein Volumenzuwachs. Erst nach dem Zeitpunkt $t_2$ nimmt das Volumen vorübergehend wieder ab. Also tritt zum Zeitpunkt $t_2$ zum ersten Mal ein Maximum des Volumens auf.

$V(t_2) = 84\,000 + \int_0^{t_2} V'(t)\,dt$. Durch Auszählen von Flächeneinheiten einer etwa gleich großen Dreiecksfläche findet man

$\int_0^{t_2} V'(t)\,dt \approx \frac{1}{2}\cdot\frac{3}{2}\cdot 2\cdot 3600 = 5400 \Rightarrow V_{max} \approx 84\,000 + 5400 = 89\,400.$

Das Maximum des Volumens beträgt etwa $89\,400\,m^3$.

b) $V(-1) = 84\,000 + \int_0^{-1} V'(t)\,dt$

Mit dem orientierten Inhalt einer etwa gleich großen Rechtecksfläche erhält man $\int_0^{-1} V'(t)\,dt = -2\cdot 1\cdot 3600 = -7200 \Rightarrow V(-1) \approx 84\,000 - 7200 = 76\,800$

Vor einer Stunde war das Volumen ungefähr $76\,800\,m^3$.

Die Integralfunktion $F_0$ mit $F_0(x) = \int_0^x V'(t)\,dt$ beschreibt die Zu- oder Abnahme des Volumens bezüglich des Zeitpunktes $t = 0$. Sie nimmt für $x = -1$ einen negativen Wert an, denn die Integrandfunktion $V'$ hat über dem Intervall $[0; -1]$ nur positive Werte, die orientierte Intervalllänge von $[0; -1]$ ist jedoch negativ, weil die obere Grenze kleiner als die untere ist.

c) Auf die Zunahme bis zum Zeitpunkt $t_2$ folgt eine Abnahme bis zum Zeitpunkt $t_3$. Letztere ist aber betragsmäßig größer (Flächenvergleich), sodass sich zum Zeitpunkt $t_3$ mit Sicherheit weniger Wasser im See befindet als zu Beginn. Durch die ab dem Zeitpunkt $t_3$ einsetzende Volumenzunahme wird das vorübergehende Defizit wieder ausgeglichen und somit wird das anfängliche Volumen nochmals erreicht.

**9.** Die folgenden Abbildungen zeigen die Schaubilder einer Integrandfunktion f und der dazu gehörenden Integralfunktion $F_{-1}$. A

a) Beschreiben Sie den veranschaulichten Zusammenhang zwischen f und $F_{-1}$.

b) Bestimmen Sie den Inhalt der Fläche zwischen dem Schaubild von f und der t-Achse im Intervall [1; 2] näherungsweise durch geeignetes Ablesen aus der Abbildung.

c) Begründen Sie, warum $F_{-1}$ für $x < -1$ negative Werte besitzt.

d) Welchen Wert hat $F_{-1}$ an der Stelle $-2$? Was bedeutet dieser Wert?

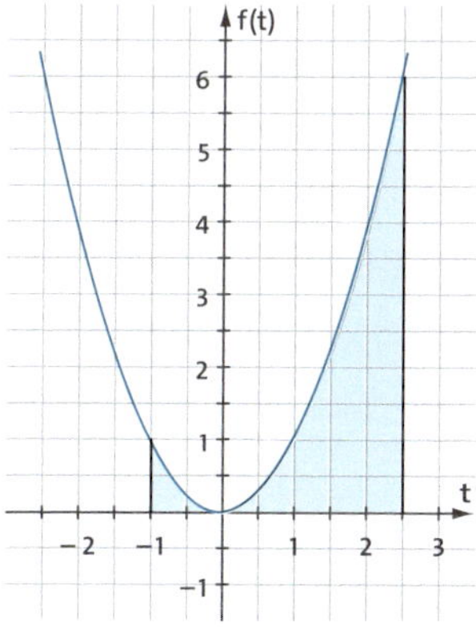


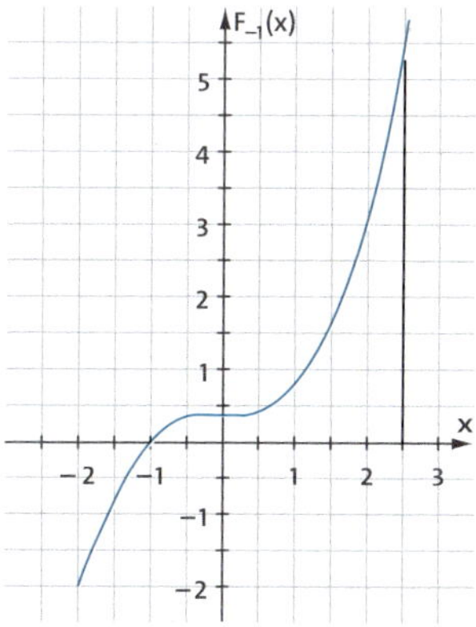


**9.** a) $F_{-1}(2,5)$ wird beim Schaubild von f als Flächeninhalt dargestellt,beim Schaubild von $F_{-1}$ als Streckenlänge mit gleicher Maßzahl. L

b) Da $F_{-1}$ eine Stammfunktion von f ist, gilt nach dem Hauptsatz:

$$\int_1^2 f(t)\,dt = F_{-1}(2) - F_{-1}(1) \approx 3{,}5 - 0{,}7 = 2{,}8$$

c) Für $x < -1$ ist bei der Integralfunktion die obere Grenze x kleiner als die untere Grenze $-1$, während für $t < -1$, $f(t) > 0$ ist. Hieraus ergibt sich die negative Orientierung der Integrale.

d) Man liest $F_{-1}(-2) = -2$ ab. Das bedeutet: $\int_{-1}^{-2} f(t)\,dt = -2$

### 1.5.2 Integrationstechniken

**Wissen** Im Zusammenhang mit Integrationstechniken nennt man eine Stammfunktion F zu f auch unbestimmtes Integral und schreibt dann $\int f(x)\,dx$ statt $F(x)$.
Zur Bestimmung von Stammfunktionen benötigt man häufig die
**Produktintegration** $\int u(x)\cdot v'(x)\,dx = u(x)\cdot v(x)\,dx - \int u'(x)\cdot v(x)\,dx$ und die
**Substitution** $\int f(g(x))\cdot g'(x)\,dx = \int f(u)\,du$ mit $u = g(x)$.
Ein wichtiger Spezialfall der Substitution ist die
**lineare Substitution** $\int f(ax+b)\,dx = \frac{1}{a}\cdot F(ax+b)$ für $a \neq 0$.

A

**1.** Zeigen Sie:

a) $\int \frac{h'(x)}{h(x)}\,dx = \ln|h(x)|$ für $h(x) \neq 0$  b) $\int \frac{a}{bx+c}\,dx = \frac{a}{b}\ln|bx+c|$ für $b \neq 0$

L

**1.** Die Ableitung der Stammfunktion muss die Integrandfunktion ergeben.

a) Ist $h(x) > 0$, dann ist $\ln|h(x)| = \ln(h(x))$ und $\ln(h(x))' = \frac{1}{h(x)}\cdot h'(x) = \frac{h'(x)}{h(x)}$ nach der Kettenregel.

Ist $h(x) < 0$, dann ist $\ln|h(x)| = \ln(-h(x))$ und
$\left(\ln(-h(x))\right)' = \frac{1}{-h(x)}\cdot(-h'(x)) = \frac{h'(x)}{h(x)}$.

b) Ist $bx+c > 0$, dann ist $\frac{a}{b}\ln|bx+c| = \frac{a}{b}\ln(bx+c)$ und
$\left(\frac{a}{b}\ln(bx+c)\right)' = \frac{a}{b}\cdot\frac{1}{bx+c}\cdot b = \frac{a}{bx+c}$ nach der Kettenregel.
Entsprechend zeigen Sie den anderen Fall.

A

**2.** Bestimmen Sie eine Stammfunktion zu f, wenn:

a) $f(x) = \frac{3}{x-1}$  b) $f(x) = \frac{5}{4-2x}$  c) $f(x) = \frac{x}{x^2+1}$

d) $f(x) = \frac{6e^x}{e^x+2}$  e) $f(x) = \frac{e^x - 2e^{-2x}}{e^{-2x}+e^x}$  f) $f(x) = \frac{\cos x}{4-\sin x}$

L

**2.** Mithilfe der Regeln aus Aufgabe 1 erhält man:

a) $\int \frac{3}{x-1}\,dx = 3\int \frac{1}{x-1}\,dx = 3\ln|x-1|$

b) $\int \frac{5}{4-2x}\,dx = -\frac{5}{2}\int \frac{-2}{4-2x}\,dx = -\frac{5}{2}\ln|4-2x|$

c) $\int \frac{x}{x^2+1}\,dx = \frac{1}{2}\int \frac{2x}{x^2+1}\,dx = \frac{1}{2}\ln|x^2+1| = \frac{1}{2}\ln(x^2+1)$

d) $\int \frac{6e^x}{e^x+2}\,dx = 6\int \frac{e^x}{e^x+2}\,dx = 6\ln|e^x+2| = 6\ln(e^x+2)$

e) $\int \frac{e^x - 2e^{-2x}}{e^{-2x}+e^x}\,dx = \ln|e^{-2x}+e^x| = \ln(e^{-2x}+e^x)$

f) $\int \frac{\cos x}{4-\sin x}\,dx = -\int \frac{-\cos x}{4-\sin x}\,dx = -\ln|4-\sin x| = -\ln(4-\sin x)$

**3.** Bestimmen Sie mittels Produktintegration eine Stammfunktion zu f, wenn: A

a) $f(x) = x e^{-x}$ b) $f(x) = \frac{1}{2} x \ln x$ c) $f(x) = \sin x \cos x$ d) $f(x) = \frac{\ln x}{x^2}$

**3.** a) $\int x e^{-x} dx$, setze $u = x$, $v' = e^{-x}$ L

$$\int \underbrace{x}_{u} \cdot \underbrace{e^{-x}}_{v'} dx = \underbrace{x}_{u} \cdot \underbrace{(-e^{-x})}_{v} - \int \underbrace{1}_{u'} \cdot \underbrace{(-e^{-x})}_{v} dx = -x e^{-x} + \int e^{-x} dx = -x e^{-x} - e^{-x} = -e^{-x}(x+1)$$

b) $\int \frac{1}{2} x \ln x \, dx = \frac{1}{2} \int x \ln x \, dx$, setze $u = \ln x$, $v' = x$

$$\frac{1}{2} \int \underbrace{(\ln x)}_{u} \cdot \underbrace{x}_{v'} dx = \frac{1}{2}\left( \underbrace{(\ln x)}_{u} \cdot \underbrace{\frac{1}{2} x^2}_{v} - \int \underbrace{\frac{1}{x}}_{u'} \cdot \underbrace{\frac{1}{2} x^2}_{v} dx \right) = \frac{1}{2}\left( \frac{1}{2} x^2 \ln x - \int \frac{1}{2} x \, dx \right)$$

$$= \frac{1}{2}\left( \frac{1}{2} x^2 \ln x - \frac{1}{4} x^2 \right) = \frac{1}{4} x^2 \left( \ln x - \frac{1}{2} \right)$$

c) $\int \sin x \cos dx$, setze $u = \sin x$, $v' = \cos x$

$$\int \underbrace{\sin x}_{u} \cdot \underbrace{\cos x}_{v'} dx = \underbrace{\sin x}_{u} \cdot \underbrace{\sin x}_{v} - \int \underbrace{\cos x}_{u'} \cdot \underbrace{\sin x}_{v} dx$$

Da das ursprüngliche Integral erneut auftritt, gilt:

$2 \int \sin x \cos dx = \sin^2 x$ und $\int \sin x \cos dx = \frac{1}{2} \sin^2 x$

Anmerkung: $\sin^2 x = (\sin x)^2$

d) $\int \frac{\ln x}{x^2} = \int (\ln x) \cdot \frac{1}{x^2} dx$, setze $u = \ln x$, $v' = \frac{1}{x^2}$

$$\int \underbrace{(\ln x)}_{u} \cdot \underbrace{\frac{1}{x^2}}_{v'} dx = \underbrace{(\ln x)}_{u} \cdot \underbrace{\left(-\frac{1}{x}\right)}_{v} - \int \underbrace{\frac{1}{x}}_{u'} \cdot \underbrace{\left(-\frac{1}{x}\right)}_{v} dx = -\frac{1}{x} \ln x + \int \frac{1}{x^2} dx = -\frac{1}{x} \ln x - \frac{1}{x} = -\frac{1}{x}(\ln x + 1)$$

Zusatzübung: Bestätigen Sie die gefundenen Stammfunktionen durch Differenzieren.

A

**4.** Bestimmen Sie mittels Substitutionsregel eine Stammfunktion zu h, wenn:

a) $h(x) = \frac{1}{3}(5x-7)^8,\; x \in \mathbb{R}$

b) $h(x) = \sin(\pi - x),\; x \in \mathbb{R}$

c) $h(x) = \frac{x}{4-x},\; x \in \mathbb{R}\setminus\{4\}$

d) $h(x) = x\,e^{3-x^2},\; x \in \mathbb{R}$

e) $h(x) = \frac{\ln 3x}{2x},\; x \in \mathbb{R}$

f) $h(x) = \frac{e^{2x}}{1+e^x},\; x \in \mathbb{R}$

L

**4.** a) $\frac{1}{3}\int(5x-7)^8\,dx = \frac{1}{15}\int\underbrace{(5x-7)^8}_{f(g(x))}\cdot\underbrace{5}_{g'(x)}\,dx = \frac{1}{15}\int u^8\,du = \frac{1}{15}\cdot\frac{1}{9}u^9 = \frac{1}{135}(5x-7)^9,$

oder man setzt $5x-7=u$, also $\frac{du}{dx}=5 \Leftrightarrow dx=\frac{du}{5}$ und erhält

$\frac{1}{3}\int u^8\cdot\frac{du}{5} = \frac{1}{15}\int u^8\,du = \frac{1}{15}\cdot\frac{1}{9}\cdot u^9 = \frac{1}{135}(5x-7)^9.$

b) $\int\sin(\pi-x)\,dx = -\int\underbrace{\sin(\pi-x)}_{f(g(x))}\cdot\underbrace{(-1)}_{g'(x)}\,dx = -\int\sin u\,du = \cos u = \cos(u-x)$

oder man setzt $\pi-x=u$, also $\frac{du}{dx}=-1 \Leftrightarrow dx=-du$ und erhält

$\int\sin u\cdot(-1)\,du = -\int\sin u\,du = \cos u = \cos(\pi-x).$

c) Bei $\int\frac{x}{4-x}dx$ setzt man $4-x=u \Leftrightarrow x=4-u$, also $\frac{du}{dx}=-1 \Leftrightarrow dx=-du$ und erhält $\int\frac{4-u}{u}(-1)\,du = \int\frac{u-4}{u}du = \left(1-\frac{4}{u}\right)du = u-4\ln|u| = 4-x-4\ln|4-x|.$

d) $\int x\,e^{3-x^2}dx = -\frac{1}{2}\int\underbrace{e^{3-x^2}}_{f(g(x))}\cdot\underbrace{(-2x)}_{g'(x)}\,dx = -\frac{1}{2}\int e^u\,du = -\frac{1}{2}e^u = -\frac{1}{2}e^{3-x^2}$

e) Bei $\int\frac{\ln 3x}{2x}dx$ setzt man $\ln 3x = u$, also $\frac{du}{dx}=\frac{1}{x} \Leftrightarrow du=\frac{dx}{x}$ und erhält

$\int\frac{u}{2}du = \frac{u^2}{4} = \frac{1}{4}(\ln 3x)^2.$

f) Bei $\int\frac{e^{2x}}{1+e^x}dx$ setzt man $1+e^x=u \Leftrightarrow e^x=u-1,$

$\frac{du}{dx}=e^x \Leftrightarrow \frac{du}{e^x}=dx \Leftrightarrow dx=\frac{du}{u-1}$ und erhält

$\int\frac{(u-1)^2}{u}\cdot\frac{du}{u-1} = \int\frac{u-1}{u}du = \int\left(1-\frac{1}{u}\right)du = u-\ln|u| = 1+e^x-\ln|1+e^x|$

$= 1+e^x-\ln(1+e^x).$

Zusatzübung: Bestätigen Sie die gefundenen Stammfunktionen durch Differenzieren.

# 1.6 Flächeninhalt und Rauminhalt

Wissen

Inhalte **krummlinig** begrenzter Flächen und Körper lassen sich mit Integralen exakt und beispielsweise mit der KEPLER'schen Fassregel näherungsweise berechnen. Wenn die Fläche oder der Körper ins Unendliche reicht und der Inhalt dennoch endlich ist, bestimmt man ihn durch Einführung einer Hilfsintegrationsgrenze u mit anschließender Grenzwertbetrachtung. Es gibt zwei Fälle:

Das **Integrationsintervall** ist (hier nach links) **unbeschränkt**.

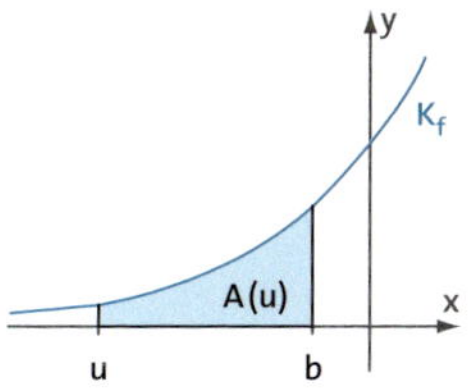


$$A(u) = \int_u^b f(x)\,dx,\ A = \lim_{u \to -\infty} A(u).$$

Die **Integrandfunktion** ist (hier bei Annäherung an die Stelle 0) **unbeschränkt**.

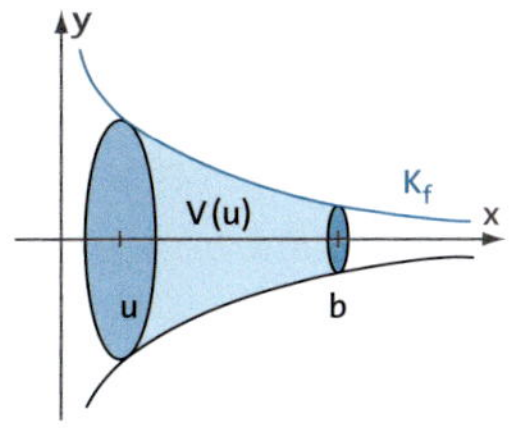


$$V(u) = \pi\int_u^b (f(x))^2\,dx,\ V = \lim_{u \to 0+} V(u).$$

**1.** Geben Sie den absoluten Inhalt der farbigen Flächen als Summe oder Differenz von geeigneten Integralen an. Dabei seien $K_f$ und $K_g$ die Schaubilder der nicht näher zu bestimmenden Funktionen f und g. A

a)

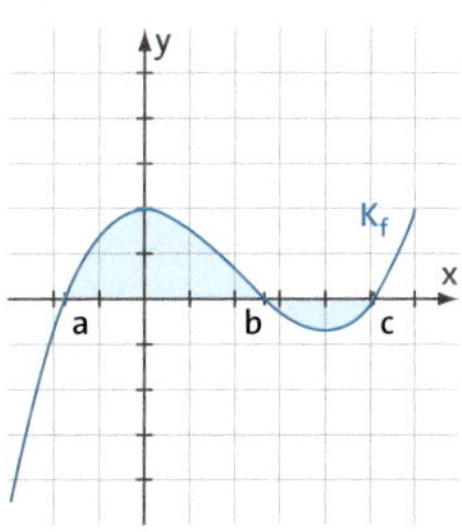


b)

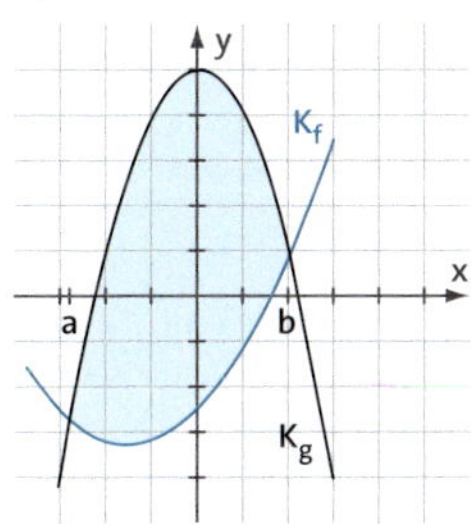


c)

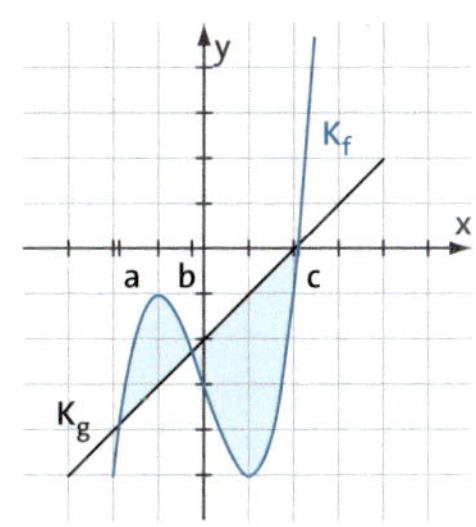


**1.** a) $A = \int_a^b f(x)\,dx - \int_b^c f(x)\,dx$, da $\int_b^c f(x) < 0$, oder: $A = \left|\int_a^b f(x)\,dx\right| + \left|\int_b^c f(x)\,dx\right|$ L

b) $A = \int_a^b [g(x) - f(x)]\,dx$, da $g(x) \geq f(x)$ für alle $x \in [a; b]$

c) $A = \int_a^b [f(x) - g(x)]\,dx + \int_b^c [g(x) - f(x)]\,dx$, da $f(x) \geq g(x)$ für alle $x \in [a; b]$ und $g(x) \geq f(x)$ für alle $x \in [b; c]$

A

**2.** a) $K_f$ sei das Schaubild der Funktion f. In Abhängigkeit von a und b ist das Volumen des Drehkörpers anzugeben, der entsteht, wenn $K_f$ für $a \le x \le b$ um die x-Achse rotiert.

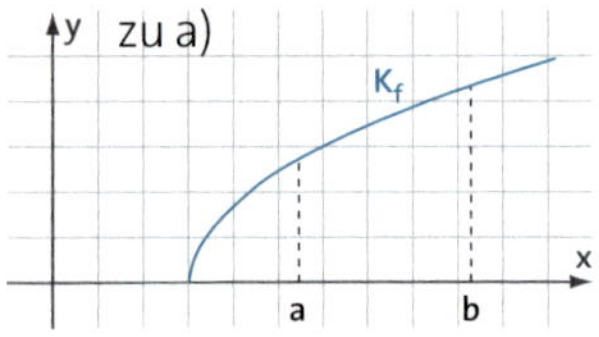


b) Die Schaubilder $K_f$ und $K_g$ der Funktionen f und g begrenzen mit der y-Achse eine Fläche. Geben Sie in Abhängigkeit von a das Volumen des Körpers an, der entsteht, wenn diese Fläche um die x-Achse rotiert.

c) Die Schaubilder $K_f$ und $K_g$ der Funktionen f und g begrenzen mit der x-Achse eine Fläche. Geben Sie in Abhängigkeit von a und b das Volumen des Drehkörpers an, der bei Rotation der Fläche um die x-Achse entsteht.

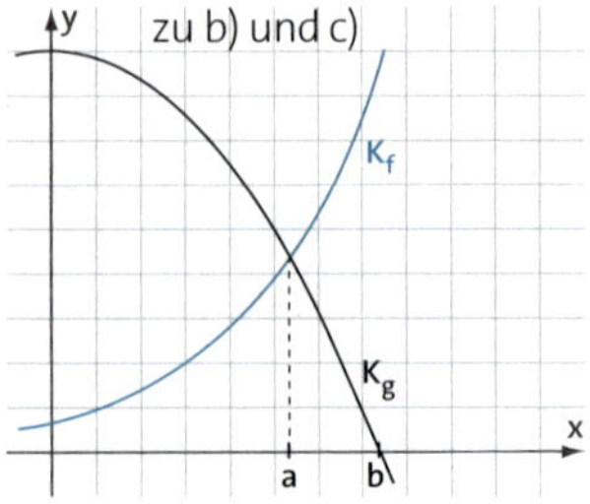


L

**2.** a) $V = \pi \int_a^b [f(x)]^2 \, dx$

b) $V = \pi \int_0^a [g(x)]^2 \, dx - \pi \int_0^a [f(x)]^2 \, dx$

c) $V = \pi \int_0^a [f(x)]^2 \, dx + \pi \int_a^b [g(x)]^2 \, dx$

A

**3.** Berechnen Sie den absoluten Inhalt der Fläche, den das Schaubild von f mit der x-Achse begrenzt, wenn f gegeben ist durch $f(x) = x^3 + 2x^2 - x - 2, \; x \in \mathbb{R}$. Skizzieren Sie die Fläche.

L

**3. Integrationsgrenzen**

$f(x) = 0$ führt durch Erkennen einer Nullstelle und Polynomdivision auf die Nullstellen $-2, -1, 1$.

**Flächeninhalt**

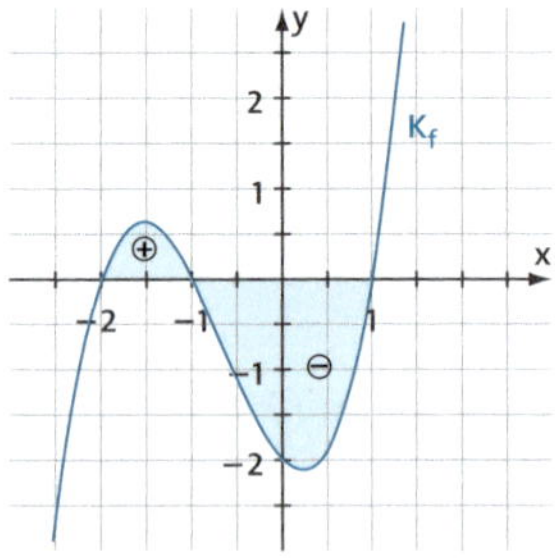


$$A = \int_{-2}^{-1} f(x) \, dx - \int_{-1}^{1} f(x) \, dx$$

$$= \left[\frac{x^4}{4} + \frac{2}{3}x^3 - \frac{x^2}{2} - 2x\right]_{-2}^{-1} - \left[\frac{x^4}{4} + \frac{2}{3}x^3 - \frac{x^2}{2} - 2x\right]_{-1}^{1}$$

$$= \frac{1}{4} - \frac{2}{3} - \frac{1}{2} + 2 - \left(4 - \frac{16}{3} - 2 + 4\right) - \left[\frac{1}{4} + \frac{2}{3} - \frac{1}{2} - 2 - \left(\frac{1}{4} - \frac{2}{3} - \frac{1}{2} + 2\right)\right]$$

$$= \frac{5}{12} - \left(-\frac{8}{3}\right) = \frac{37}{12} \approx 3{,}08$$

**4.** Berechnen Sie den Inhalt der Fläche, die die Schaubilder von f und g begrenzen, wenn $f(x) = -x^3 + 2x^2 + 1,\ x \in \mathbb{R},\ g(x) = x + 1,\ x \in \mathbb{R}$. Skizzieren Sie die Fläche.

A

**4. Integrationsgrenzen**

L

$$f(x) = g(x) \Leftrightarrow -x^3 + 2x^2 + 1 = x + 1$$
$$\Leftrightarrow -x^3 + 2x^2 - x = 0$$
$$\Leftrightarrow -x(x^2 - 2x + 1) = 0$$
$$\Leftrightarrow -x(x-1)^2 = 0$$
$$\Leftrightarrow x = 0 \lor x = 1$$

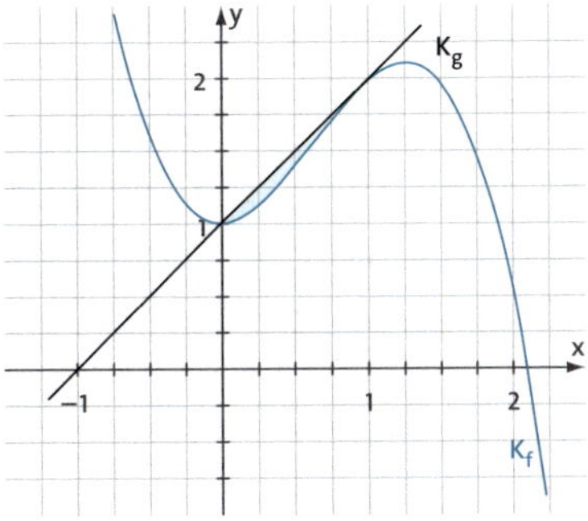


**Flächeninhalt**

$$A = \int_0^1 [g(x) - f(x)]\,dx = \int_0^1 (x^3 - 2x^2 + x)\,dx$$
$$= \left[\frac{x^4}{4} - \frac{2}{3}x^3 + \frac{x^2}{2}\right]_0^1 = \frac{1}{4} - \frac{2}{3} + \frac{1}{2} - 0 = \frac{1}{12}$$

**5.** Berechnen Sie den Inhalt der Fläche, den die Schaubilder von f und g mit der y-Achse begrenzen, wenn $f(x) = -x^3 + 2x^2 - x,\ x \in \mathbb{R},\ g(x) = x - 1,\ x \in \mathbb{R}$. Skizzieren Sie die Fläche.

A

**5. Integrationsgrenzen**

L

$$f(x) = g(x) \Leftrightarrow -x^3 + 2x^2 - x = x - 1$$
$$\Leftrightarrow -x^3 + 2x^2 - 2x + 1 = 0$$
$$\Leftrightarrow x^3 - 2x^2 + 2x - 1 = 0$$

$x_1 = 1$ ist Lösung dieser Gleichung.
Polynomdivision liefert:

$$(x^3 - 2x^2 + 2x - 1) : (x - 1) = x^2 - x + 1$$
$$\underline{-(x^3 - x^2)}$$
$$-x^2 + 2x - 1$$
$$\underline{-(-x^2 + x\quad)}$$
$$x - 1$$
$$\underline{-(x-1)}$$
$$0$$

Da $x^2 - x + 1 = 0$ keine Lösung besitzt, ist $x_1 = 1$ die einzige Lösung der ursprünglichen Gleichung.

**Flächeninhalt**

$$A = \int_0^1 (f(x) - g(x))\,dx = \int_0^1 (-x^3 + 2x^2 - 2x + 1)\,dx$$
$$= \left[-\frac{x^4}{4} + \frac{2}{3}x^3 - x^2 + x\right]_0^1$$
$$= -\frac{1}{4} + \frac{2}{3} - 1 + 1 - 0 = \frac{5}{12}$$

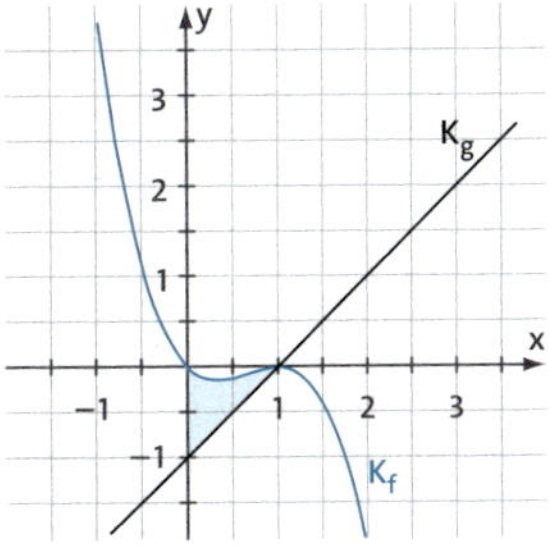

A

**6.** Berechnen Sie den Inhalt der Fläche, die von den Schaubildern von f und g sowie der x-Achse begrenzt wird, wenn $f(x) = \frac{8}{3x^2} - \frac{2}{3}$, $x \in \mathbb{R}\setminus\{0\}$, $g(x) = 2x^2$, $x \in \mathbb{R}$. Skizzieren Sie die Fläche.

L

**6. Integrationsgrenzen**

$f(x) = 0 \Leftrightarrow x = -2 \vee x = 2$

$g(x) = 0 \Leftrightarrow x = 0$

$f(x) = g(x) \Leftrightarrow \frac{8}{3x^2} - \frac{2}{3} = 2x^2 \Leftrightarrow 8 - 2x^2 = 6x^4 \Leftrightarrow x^4 + \frac{1}{3}x^2 - \frac{4}{3} = 0$

Man setzt $x^2 = u$ und erhält: $u^2 + \frac{1}{3}u - \frac{4}{3} = 0$, $u_{1,2} = -\frac{1}{6} \pm \sqrt{\frac{1}{36} + \frac{48}{36}} = -\frac{1}{6} \pm \frac{7}{6}$,

$u_1 = 1$ liefert $x_{1,2} = \pm 1$, $u_2 = -\frac{4}{3}$ liefert keine Lösung.

**Flächeninhalt**

Unter Berücksichtigung der Symmetrie gilt:

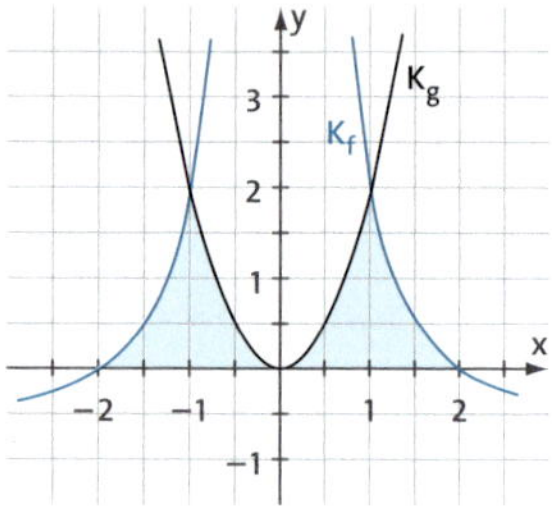


$$A = 2\int_0^1 g(x)\,dx + 2\int_1^2 f(x)\,dx = 2\int_0^1 2x^2\,dx + 2\int_1^2 \left(\frac{8}{3x^2} - \frac{2}{3}\right)dx$$

$$= 2\left[\frac{2}{3}x^3\right]_0^1 + 2\left[-\frac{8}{3x} - \frac{2}{3}x\right]_1^2$$

$$= 2\cdot\frac{2}{3} + 2\left[-\frac{4}{3} - \frac{4}{3} - \left(-\frac{8}{3} - \frac{2}{3}\right)\right]$$

$$= \frac{4}{3} + 2\cdot\frac{2}{3} = \frac{8}{3}$$

A

**7.** Berechnen Sie den Inhalt A der ins Unendliche reichenden Fläche im 1. Feld, welche durch die Koordinatenachsen und das Schaubild der Funktion f mit $f(x) = e^{-\frac{1}{2}x}$, $x \in \mathbb{R}$ begrenzt wird. Fertigen Sie eine Skizze an.

L

**7.** Mit der Hilfsintegrationsgrenze u erhält man:

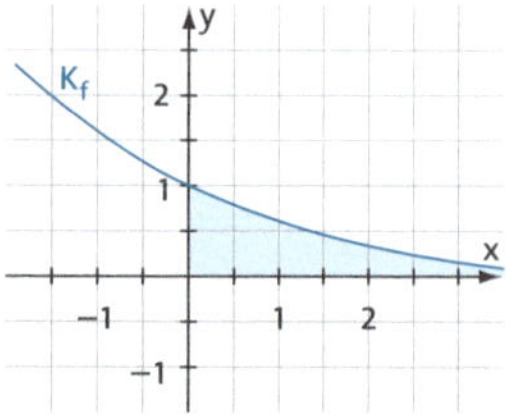


$$A(u) = \int_0^u e^{-\frac{1}{2}x}\,dx = \left[-2e^{-\frac{1}{2}x}\right]_0^u = -2e^{-\frac{1}{2}u} + 2,$$

$$A = \lim_{u \to \infty} A(u) = 2.$$

A

**8.** Gegeben ist die Funktion f mit $f(x) = \frac{2}{1-x}$, $x \in \mathbb{R}\setminus\{1\}$. Ihr Schaubild sei $K_f$.

a) Skizzieren Sie $K_f$ samt vertikaler Asymptote a.

b) $K_f$ begrenzt mit den Geraden $g: x = 2$ und $h: x = 4$ sowie der x-Achse eine Fläche.
Berechnen Sie deren Inhalt näherungsweise mit der KEPLER'schen Fassregel.
Welchen Wert liefert der GTR?

c) Die Fläche aus Teilaufgabe b) rotiere um die x-Achse. Berechnen Sie den Inhalt des entstehenden Drehkörpers.

d) Welche zu g parallele Gerade i zerlegt bei Rotation um die x-Achse den Drehkörper aus Teilaufgabe c) in zwei volumengleiche Teile?

**8.** a) L

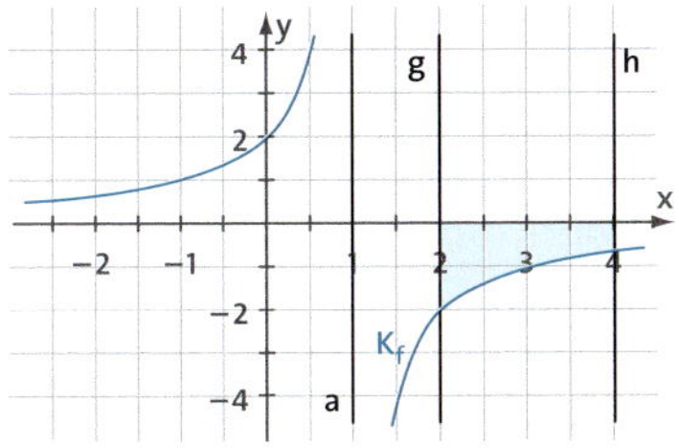


b) Da die Fläche unterhalb der x-Achse liegt (negative Orientierung), gilt:

$$A = -\int_2^4 f(x)\,dx \approx -\frac{4-2}{6}\cdot[f(2) + 4f(3) + f(4)] = -\frac{1}{3}\left(-2 + 4\cdot(-1) - \frac{2}{3}\right) = \frac{20}{9}$$

c) $V = \pi\int_2^4 \frac{4}{(1-x)^2}\,dx = 4\pi\int_2^4 (1-x)^{-2}\,dx = 4\pi\left[(1-x)^{-1}\right]_2^4 = 4\pi\left[\frac{1}{1-x}\right]_2^4 = 4\pi\left(-\frac{1}{3} - (-1)\right) = \frac{8}{3}\pi$

d) i: x = a sei die gesuchte Gerade. Es muss gelten:

$$\pi\int_2^a \frac{4}{(x-1)^2}\,dx = \frac{4}{3}\pi \Leftrightarrow 4\pi\left[-\frac{1}{x-1}\right]_2^a = \frac{4}{3}\pi \Leftrightarrow 4\pi\left(-\frac{1}{a-1} + 1\right) = \frac{4}{3}\pi$$

$$\Leftrightarrow 1 - \frac{1}{a-1} = \frac{1}{3} \Leftrightarrow -\frac{1}{a-1} = -\frac{2}{3} \Leftrightarrow a - 1 = \frac{3}{2} \Leftrightarrow a = \frac{5}{2}$$

i: $x = \frac{5}{2}$

**9.** Das Schaubild der Funktion f mit $f(x) = e^{2-\frac{1}{2}x}$, $x \in \mathbb{R}$ rotiere im Bereich $1 \le x \le 3$ um die x-Achse. A

a) Skizzieren Sie das Schaubild von f.

b) Berechnen Sie das Volumen des entstehenden Drehkörpers, sowohl mit Integration als auch näherungsweise mit der KEPLER'schen Fassregel. Welche prozentuale Abweichung liegt vor?

**9.** a) L

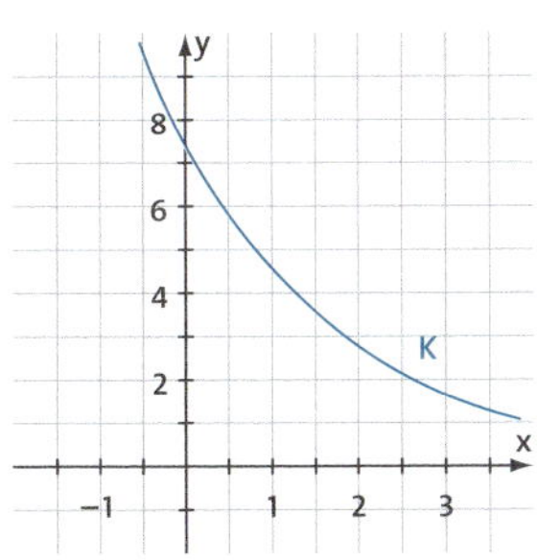


b) Durch Integration ergibt sich:

$$V = \pi\int_1^3 \left(e^{2-\frac{1}{2}x}\right)^2 dx = \pi\int_1^3 e^{4-x}\,dx = \pi\left[-e^{4-x}\right]_1^3$$

$$= \pi(-e + e^3) \approx 54{,}56$$

Die KEPLER'sche Fassregel liefert:

$$\pi\int_1^3 e^{4-x}\,dx \approx \frac{1}{3}\pi(e^3 + 4e^2 + e) \approx 54{,}83$$

Die prozentuale Abweichung beträgt

$$p\,\% \approx \frac{54{,}83 - 54{,}56}{54{,}56}\cdot 100\,\% \approx 0{,}5\,\%.$$

A

**10.** Gegeben ist die Funktion f mit $f(x) = 1 - e^x,\ x \in \mathbb{R}$. Ihr Schaubild K begrenzt mit der Asymptote a, der y-Achse und der Geraden $g: x = u\ (u < 0)$ eine Fläche.

a) Skizzieren Sie K und a sowie die beschriebene Fläche.

b) Berechnen Sie den Flächeninhalt A(u). Existiert $\lim\limits_{u \to -\infty} A(u)$?

c) Berechnen Sie das Volumen V(u) des Drehkörpers, der entsteht, wenn diese Fläche um die x-Achse rotiert. Existiert $\lim\limits_{u \to -\infty} V(u)$?

L

**10.** a)

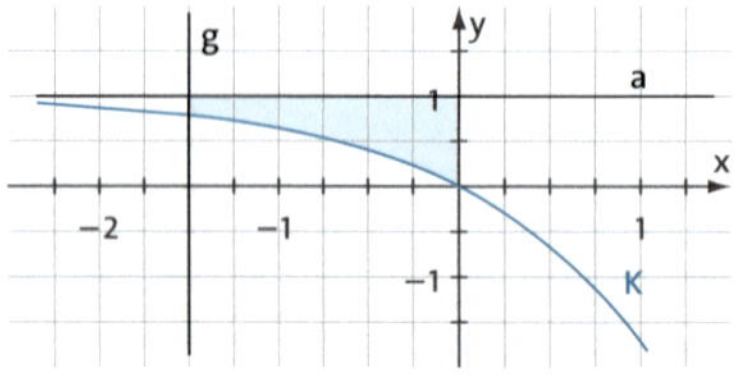


b) $A(u) = \int\limits_u^0 [1 - f(x)]\,dx = \int\limits_u^0 e^x\,dx = [e^x]_u^0 = 1 - e^u$

$\lim\limits_{u \to -\infty} A(u) = 1$

c) Der Drehkörper ist ein Zylinder mit Volumen $-\pi u$ (Grundkreisradius 1 und Höhe $-u$, da $u < 0$), aus dem ein Körper herausgebohrt wird, der durch Rotation eines Teils von K um die x-Achse entsteht. Also gilt:

$$\begin{aligned}
V(u) &= -\pi u - \pi \int\limits_u^0 f(x)^2\,dx \\
&= -\pi u - \pi \int\limits_u^0 (1 - 2e^x + e^{2x})\,dx \\
&= -\pi u - \pi \left[x - 2e^x + \tfrac{1}{2}e^{2x}\right]_u^0 \\
&= -\pi u - \pi \left[-2 + \tfrac{1}{2} - \left(u - 2e^u + \tfrac{1}{2}e^{2u}\right)\right] \\
&= \tfrac{3}{2}\pi + 2\pi e^u - \tfrac{\pi}{2}e^{2u}
\end{aligned}$$

$\lim\limits_{u \to -\infty} V(u) = \tfrac{3}{2}\pi$

## 1.7 Extremwertprobleme

**Wissen**

Sehr oft tritt die Frage auf, wann eine Größe unter gewissen **Nebenbedingungen** extremal wird. Bei der Problemlösung ist eine Funktion mit **geeignetem Definitionsbereich** zu bestimmen, welche die Größe in Abhängigkeit von nur **einer** Variablen beschreibt. Dies gelingt mithilfe der Nebenbedingungen. Anschließend muss die gefundene Funktion auf Extremstellen und -werte untersucht und das Ergebnis interpretiert werden.

A

**1.** Eine zylinderförmige Getränkedose soll so hergestellt werden, dass sie einen Liter fassen kann und der Blechverbrauch möglichst gering wird.

a) Zeichnen Sie eine Skizze des Körpers.

b) Welche Größen werden benötigt? Notieren Sie entsprechende Formeln.

c) Stellen Sie eine Funktion O auf, die den Blechverbrauch in Abhängigkeit von nur einer Variablen beschreibt.

d) Bestimmen Sie die Extremstelle und den Extremwert von O.

e) Formulieren Sie einen Antwortsatz.

L

**1.** a)

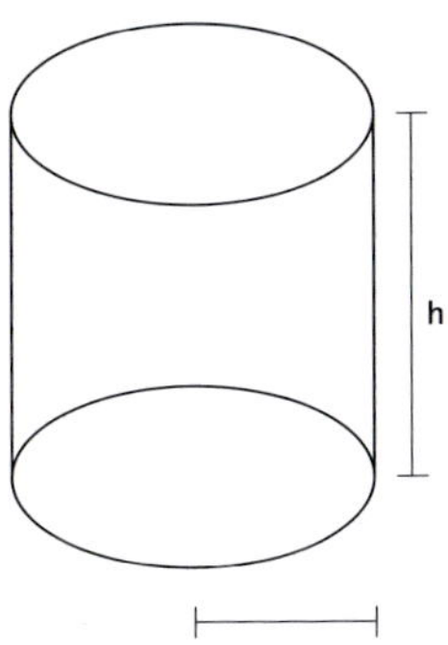


b) $V = \pi r^2 h = 1\,dm^3$, denn $1\ell = 1\,dm^3$

$O = 2\pi r\,(r + h)$

c) Da die Formel für die Oberfläche zwei Variablen enthält, muss eine Variable unter Verwendung der Nebenbedingung $V = 1\,dm^3$ eliminiert werden.

$\pi r^2 h = 1 \Leftrightarrow h = \frac{1}{\pi r^2}$ (*)

Einsetzen liefert:

$O(r) = 2\pi r\left(r + \frac{1}{\pi r^2}\right) = 2\pi r^2 + \frac{2}{r},\; r > 0$

d) $O'(r) = 4\pi r - \frac{2}{r^2},\; O''(r) = 4\pi + \frac{4}{r^3}$

$O'(r) = 0 \Leftrightarrow 4\pi r = \frac{2}{r^2} \Leftrightarrow 4\pi r^3 = 2 \Leftrightarrow r^3 = \frac{1}{2\pi} \Leftrightarrow r = \sqrt[3]{\frac{1}{2\pi}} \approx 0{,}542$

$O''\left(\sqrt[3]{\frac{1}{2\pi}}\right) = 4\pi + \frac{4}{\frac{1}{2\pi}} = 12\pi > 0$

Wegen $O(r) \to \infty$ für $r \to 0+$ und $O(r) \to \infty$ für $r \to \infty$ ist $O\left(\sqrt[3]{\frac{1}{2\pi}}\right)$ absolutes Minimum.

$O\left(\sqrt[3]{\frac{1}{2\pi}}\right) = 2\pi\left(\frac{1}{2\pi}\right)^{\frac{2}{3}} + \frac{2}{\sqrt[3]{\frac{1}{2\pi}}} \approx 5{,}54$

Die zugehörige Höhe ergibt sich aus (*):

$h = \frac{1}{\pi\left(\frac{1}{2\pi}\right)^{\frac{2}{3}}} \approx 1{,}08$

e) Wählt man den Radius mit etwa 0,54 dm und die Höhe mit etwa 1,08 dm, dann ist die Oberfläche der zylindrischen Dose mit ungefähr 5,54 $dm^2$ am kleinsten.
Anmerkung: Die nebenstehende Abbildung zeigt das Schaubild der Funktion O und den optimalen Radius.

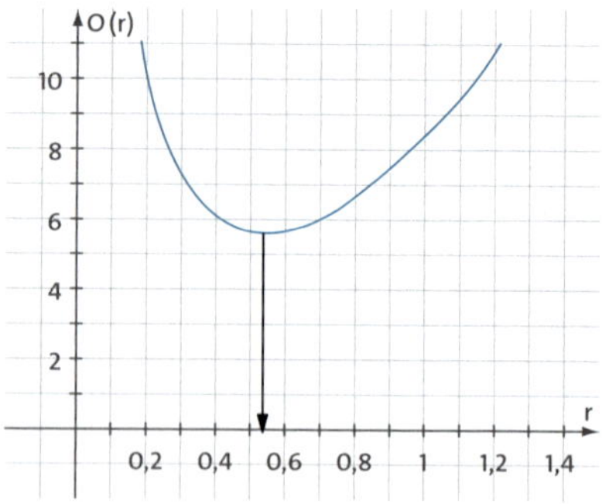


A

**2.** Gegeben ist die Funktion f mit $f(x) = -x^2 + 4x,\ x \in \mathbb{R}$. Ihr Schaubild ist die Kurve K. Die Punkte $O(0\,|\,0)$, $Q(a\,|\,0)$ und der Kurvenpunkt $P(a\,|\,f(a))$ mit $0 < a < 4$ bilden ein Dreieck.

a) Wie muss a gewählt werden, damit der Inhalt des Dreiecks OPQ maximal wird?
Geben Sie den maximalen Flächeninhalt an.

b) Bei welchem Dreieck ist die Hypotenuse am längsten?

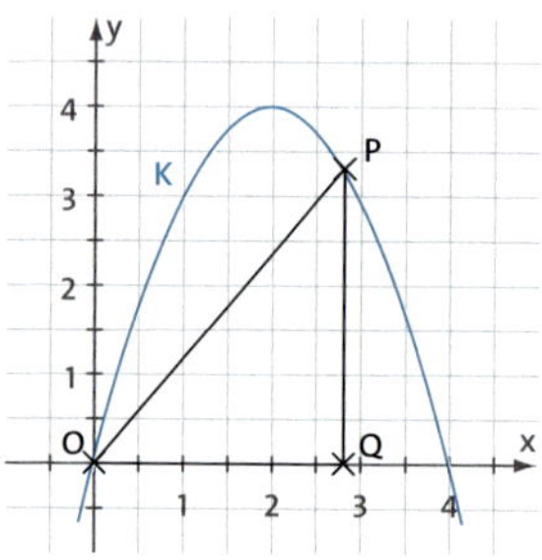


L

**2.** a) Da der Punkt P auf K liegt, gilt für den Flächeninhalt A des rechtwinkligen Dreiecks:

$A(a) = \frac{1}{2}a \cdot f(a) = \frac{1}{2}a(-a^2 + 4a) = -\frac{1}{2}a^3 + 2a^2,\ 0 < a < 4$

$A'(a) = -\frac{3}{2}a^2 + 4a,\ A''(a) = -3a + 4$

$A'(a) = 0 \Leftrightarrow a\left(-\frac{3}{2}a + 4\right) = 0 \Leftrightarrow a = 0 \vee a = \frac{8}{3}$

Die Lösung $a = 0$ entfällt, da sie nicht im Intervall $]0; 4[$ liegt.

Wegen $A''\left(\frac{8}{3}\right) = -4 < 0$, $A(a) \to 0$ für $a \to 0+$ und $A(a) \to 0$ für $a \to 4-$ ist $A\left(\frac{8}{3}\right) = \frac{128}{27} \approx 4{,}74$ absolutes Maximum des Flächeninhalts.

Es ist also $a = \frac{8}{3}$ zu wählen.

b) $\overline{OP}$ ist die Hypotenuse.

Für den Abstand zweier Punkte $P_1(x_1\,|\,y_1)$ und $P_2(x_2\,|\,y_2)$ gilt:

$\left|\overline{P_1P_2}\right| = \sqrt{(x_2 - x_1)^2 + (y_2 - y_1)^2}$,

also hier: $\left|\overline{OP}\right| = \sqrt{a^2 + (f(a))^2} = \sqrt{a^2 + (-a^2 + 4a)^2} = \sqrt{a^2 + a^4 - 8a^3 + 16a^2}$
$= \sqrt{a^4 - 8a^3 + 17a^2}$

Betrachte die Hilfsfunktion h mit $h(a) = a^4 - 8a^3 + 17a^2,\ 0 < a < 4$.

$h'(a) = 4a^3 - 24a^2 + 34a = 4a(a^2 - 6a + 8{,}5a),\ h''(a) = 12a^2 - 48a + 34$

$h'(a) = 0$ führt auf:

$a_1 = 0$, entfällt wegen $0 < a < 4$.

$a_{2/3} = 3 \pm \sqrt{9 - 8{,}5} = 3 \pm \sqrt{0{,}5}$

$a_2 \approx 3{,}71$ mit $h''(3{,}71) \approx 21 > 0$ und $\lim\limits_{a \to 4-} h(a) = 16$

$a_3 \approx 2{,}29$ mit $h''(2{,}29) \approx -13 < 0$ und $h(2{,}29) \approx 20{,}6 > 16$

Also ist die Hypotenuse für $a \approx 2{,}29$ am längsten.

Wegen $f(2{,}29) \approx 3{,}92$ bilden die Punkte $O(0\,|\,0)$, $P(2{,}29\,|\,3{,}92)$, $Q(2{,}29\,|\,0)$ das gesuchte Dreieck.

**3.** Gegeben ist die Funktion mit $f(x) = -x^2 + 4,\ x \in \,]-2;\,2[$ Die nebenstehende Abbildung zeigt ihr Schaubild. Dem Schaubild wird ein achsenparalleles Rechteck einbeschrieben, wobei der Punkt P einer der Eckpunkte des Rechtecks ist.

A

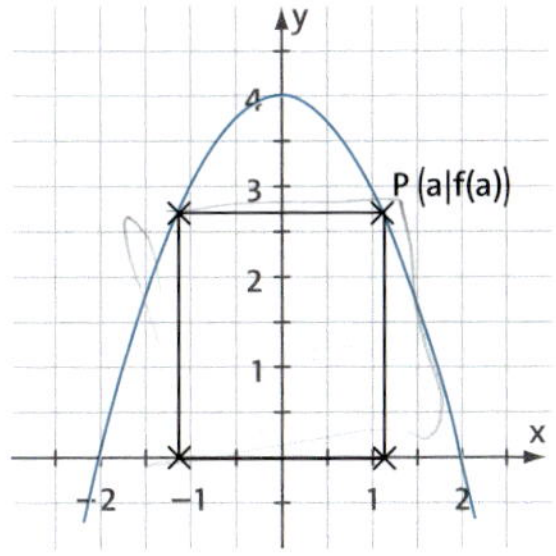


Wie müssen die Koordinaten des Punktes P gewählt werden, damit

a) der Umfang des Rechtecks maximal wird?

b) der Inhalt des Rechtecks maximal wird?

c) das Volumen des Drehkörpers, der bei einer Rotation des Rechtecks um die y-Achse entsteht, extremal wird?

d) das Volumen des Drehkörpers, der bei einer Rotation des Rechtecks um die x-Achse entsteht, extremal wird?

Veranschaulichen Sie Ihre Lösungen zu den Teilaufgaben a) bis d) in geeigneter Weise.

**3.** a) Da P auf dem Schaubild von f liegt, ist

L

$U(a) = 4a + 2f(a) = 4a - 2a^2 + 8 = -2a^2 + 4a + 8.$

Aus Symmetriegründen betrachtet man $0 < a < 2$.

$U'(a) = -4a + 4,\ U''(a) = -4,\ U'(a) = 0 \Leftrightarrow a = 1$

Wegen $U''(1) = -4 < 0$ ist $U(1)$ zunächst relatives Maximum des Umfangs.

$U(1)$ ist jedoch auch absolutes Maximum, denn es gilt:

$\lim\limits_{a \to 0+} U(a) = \lim\limits_{a \to 2-} U(a) = 8$ und $U(1) = 10 > 8$

Am Rand des Definitionsbereichs treten also nicht noch größere Werte für U auf. Man wählt $P(1\,|\,3)$.

b) $A(a) = 2a \cdot f(a) = 2a(-a^2 + 4) = -2a^3 + 8a,\ 0 < a < 2$

$A'(a) = -6a^2 + 8,\ A''(a) = -12a,\ A'(a) = 0 \Leftrightarrow a^2 = \frac{4}{3} \Leftrightarrow a = \frac{2}{\sqrt{3}} \vee a = \frac{-2}{\sqrt{3}}$

Die Lösung $a = -\frac{2}{\sqrt{3}}$ entfällt, denn sie liegt nicht im Intervall $0 < a < 2$.

$A''\left(\frac{2}{\sqrt{3}}\right) = -\frac{24}{\sqrt{3}} < 0$

Wegen $\lim\limits_{a \to 0+} A(a) = \lim\limits_{a \to 2-} A(a) = 0$ ist

$A\left(\frac{2}{\sqrt{3}}\right) = -2 \cdot \frac{8}{3\sqrt{3}} + \frac{16}{\sqrt{3}} = -\frac{16}{3\sqrt{3}} + \frac{48}{3\sqrt{3}} = \frac{32}{3\sqrt{3}} \approx 6{,}16$ absolutes Maximum des Flächeninhalts. Man wählt $P\left(\frac{2}{\sqrt{3}}\,\middle|\,\frac{8}{3}\right) \approx P(1{,}15\,|\,2{,}67)$.

c) Es entsteht ein Zylinder mit der Höhe f (a) und dem Radius a.
$V(a) = \pi a^2 \cdot f(a) = \pi a^2(-a^2 + 4) = -\pi a^4 + 4\pi a^2,\ 0 < a < 2$
$V'(a) = -4\pi a^3 + 8\pi a,\ V''(a) = -12\pi a^2 + 8\pi$
$V'(a) = 0 \Leftrightarrow 4\pi a(-a^2 + 2) = 0 \Leftrightarrow a = 0 \vee a = \sqrt{2} \vee a = -\sqrt{2}$
Die Lösungen $a = -\sqrt{2}$ und $a = 0$ entfallen, denn sie liegen nicht im Intervall $0 < a < 2$.
Wegen $V''(\sqrt{2}) = -24\pi + 8\pi = -16\pi < 0$ und $\lim\limits_{a \to 0+} V(a) = \lim\limits_{a \to 2-} V(a) = 0$
ist $V(\sqrt{2}) = 4\pi \approx 12{,}57$ absolutes Maximum des Volumens.
Man wählt $P(\sqrt{2} \mid 2) \approx P(1{,}41 \mid 2)$.

d) Es entsteht ein Zylinder mit der Höhe 2a und dem Radius f (a).
$V(a) = \pi(-a^2 + 4)^2 \cdot 2a = 2\pi a^5 - 16\pi a^3 + 32\pi a,\ 0 < a < 2$
$V'(a) = 10\pi a^4 - 48\pi a^2 + 32\pi$
$V''(a) = 40\pi a^3 - 96\pi a$
$V'(a) = 0 \Leftrightarrow 2\pi(5a^4 + 24a^2 + 16) = 0 \Leftrightarrow a^4 - \frac{24}{5}a^2 + \frac{16}{5} = 0$
Mit $a^2 = u$ ergibt sich: $u^2 - \frac{24}{5}u + \frac{16}{5} = 0$ und $u_{1,2} = \frac{12}{5} \pm \sqrt{\frac{144}{25} - \frac{80}{25}} = \frac{12}{5} \pm \frac{8}{5}$
$u_1 = 4,\ u_2 = \frac{4}{5}$, also $a = 2 \vee a = -2 \vee a = \frac{2}{\sqrt{5}} \vee a = -\frac{2}{\sqrt{5}}$
Unter Berücksichtigung von $0 < a < 2$ ist $a = \frac{2}{\sqrt{5}}$ die einzige mögliche Lösung.
Da $V''\left(\frac{2}{\sqrt{5}}\right) = 40\pi \cdot \frac{8}{5\sqrt{5}} - 96\pi \cdot \frac{2}{\sqrt{5}} = \frac{320\pi - 960\pi}{5\sqrt{5}} = -\frac{640}{5\sqrt{5}}\pi < 0$
und $\lim\limits_{a \to 0+} V(a) = \lim\limits_{a \to 2-} V(a) = 0$, ist $V\left(\frac{2}{\sqrt{5}}\right)$ absolutes Maximum des Volumens.
Wegen $f\left(\frac{2}{\sqrt{5}}\right) = -\left(\frac{2}{\sqrt{5}}\right)^2 + 4 = -\frac{4}{5} + 4 = \frac{16}{5}$ ist $P\left(\frac{2}{\sqrt{5}} \,\middle|\, \frac{16}{5}\right) \approx P(0{,}89 \mid 3{,}2)$ zu wählen.

Anmerkung: Die Abbildungen zeigen die Schaubilder der zu untersuchenden Funktionen, aus denen die Extremstellen und -werte zu entnehmen sind.

a) **Umfang**
$U(a) = -2a^2 + 4a + 8;\ 0 < a < 2$

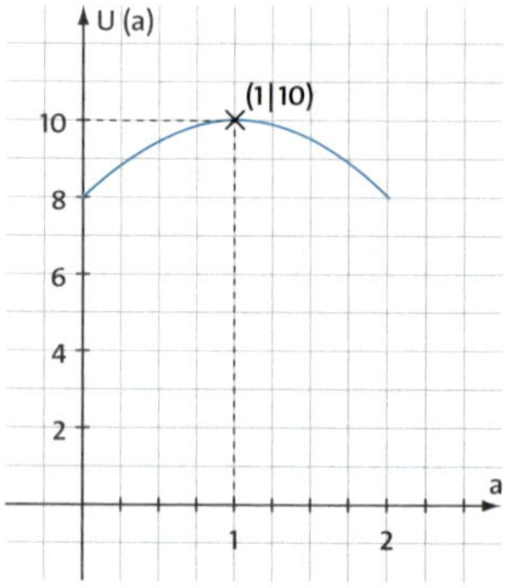


$a = 1;\ U(1) = 10$ LE

b) **Flächeninhalt**
$A(a) = -2a^3 + 8a;\ 0 < a < 2$

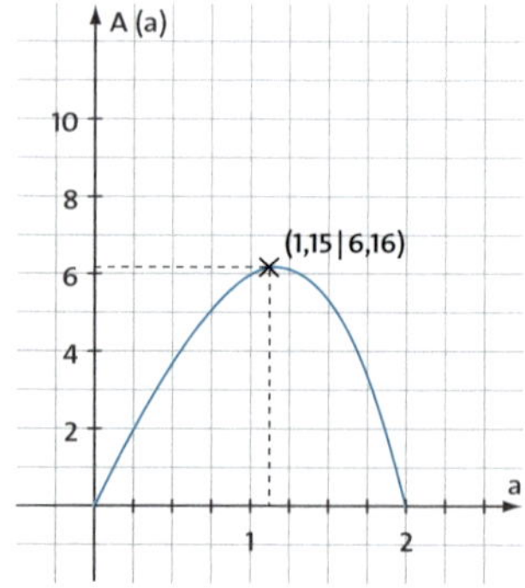


$a = \frac{2}{3}\sqrt{3} \approx 1{,}15;\ A\left(\frac{2}{3}\sqrt{3}\right) = \frac{32}{9}\sqrt{3} \approx 6{,}16$ FE

c) **Volumen** (Drehkörper um die y-Achse)
$V(a) = -\pi a^4 + 4\pi a^2;\ 0 < a < 2$

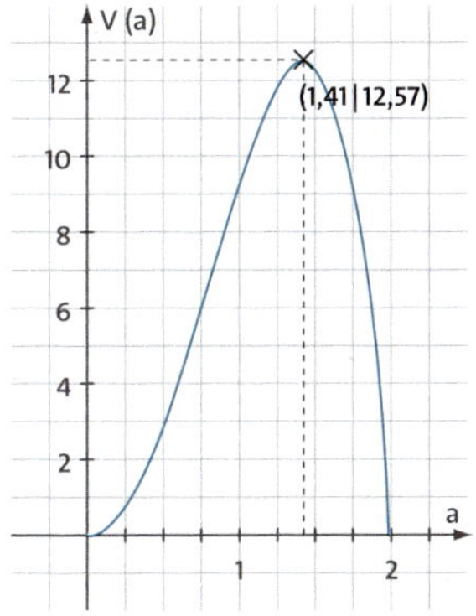


$a = \sqrt{2} \approx 1{,}41;\ V(\sqrt{2}) = 4\pi \approx 12{,}6\,\text{VE}$

d) **Volumen** (Drehkörper um die x-Achse)
$V(a) = 2\pi a^5 - 16\pi a^3 + 32\pi a;\ 0 < a < 2$

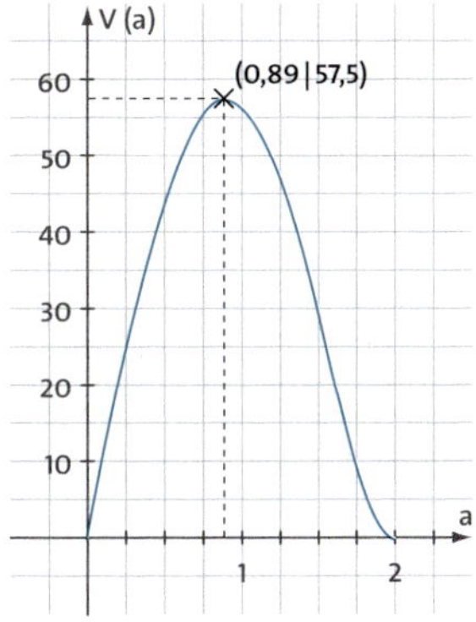


$a = \frac{2}{5}\sqrt{5} \approx 0{,}89;$
$V\left(\frac{2}{5}\sqrt{5}\right) = \frac{1024}{25 \cdot \sqrt{5}} \cdot \pi \approx 57{,}5\,\text{VE}$

**4.** Einem Kegel mit Grundkreisradius $R = 5\,\text{cm}$ und der Höhe $H = 10\,\text{cm}$ ist ein Zylinder so einzubeschreiben, dass er ein möglichst großes Volumen hat. A

**4.** Man zeichnet eine räumliche und eine ebene Längsschnitt-Skizze. Das Volumen des Zylinders hängt zunächst von zwei Variablen r und h ab: $V(r, h) = \pi \cdot r^2 \cdot h$. Mithilfe des 2. Strahlensatzes kann eine der beiden eliminiert werden: L

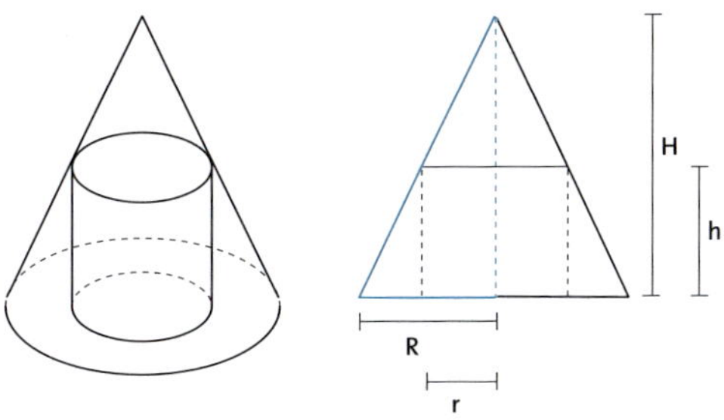


Es gilt nämlich: $\frac{H}{H-h} = \frac{R}{r}$, also hier: $\frac{10}{10-h} = \frac{5}{r} \Leftrightarrow r = \frac{50-5h}{10} \Leftrightarrow h = 10 - 2r$ (*)

Das Zylindervolumen lässt sich nun beschreiben durch die Funktion V mit
$V(r) = \pi r^2 \cdot (10 - 2r),\ 0 < r < 5.$
$V(r) = 10\pi r^2 - 2\pi r^3,\ V'(r) = 20\pi r - 6\pi r^2,\ V''(r) = 20\pi - 12\pi r$
$V'(r) = 0 \Leftrightarrow 2\pi(10r - 3r^2) = 0 \Leftrightarrow r(10 - 3r) = 0 \Leftrightarrow r = 0 \vee r = \frac{10}{3}.$
Die Lösung $r = 0$ entfällt, da sie nicht im Bereich $0 < r < 5$ liegt.
Wegen $V''\left(\frac{10}{3}\right) = 20\pi - 40\pi = -20\pi < 0$
und $\lim\limits_{r \to 0+} V(r) = \lim\limits_{r \to 5-} V(r) = 0$ ist $V\left(\frac{10}{3}\right)$ absolutes Maximum.
Die zum Radius $r = \frac{10}{3}$ gehörende Höhe h ergibt sich aus (*): $h = 10 - \frac{20}{3} = \frac{10}{3}$.
Beim Zylinder mit maximalem Volumen messen Radius und Höhe jeweils $3\frac{1}{3}\,\text{cm}$.
Das maximale Volumen beträgt $V\left(\frac{10}{3}\right) = \frac{1000}{27}\pi \approx 37\pi \approx 116{,}4\,\text{VE}$.

## 1.8 Funktionenscharen

**Wissen** Bei Funktionenscharen treten im Funktionsterm neben der Funktionsvariablen auch noch sogenannte Scharparameter auf.

A

**1.** Gegeben ist die Funktionenschar $f_t$ durch $f_t(x) = x^3 + \frac{1}{t}x^2 - t,\ x \in \mathbb{R},\ (t > 0)$.
$K_t$ sei das Schaubild von $f_t$.
a) Untersuchen Sie $K_t$ auf Extrem- und Wendepunkte.
b) Auf welchen Ortslinien liegen die Extrempunkte aller $K_t$?

L

**1.** $f_t'(x) = 3x^2 + \frac{2}{t}x,\ f_t''(x) = 6x + \frac{2}{t},\ f_t'''(x) = 6$

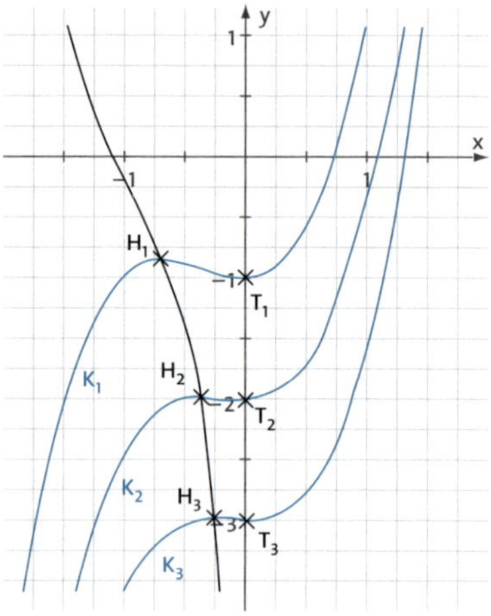


a) **Extrempunkte**

$f_t'(x) = 0 \Leftrightarrow x\left(3x + \frac{2}{t}\right) = 0$

$\Leftrightarrow x = 0 \lor x = -\frac{2}{3t}$

$f_t''(0) = \frac{2}{t} > 0,\ f_t(0) = -t \Rightarrow T_t(0|-t)$

$f_t''\left(-\frac{2}{3t}\right) = -\frac{2}{t} < 0,\ f_t\left(-\frac{2}{3t}\right) = \frac{4}{27t^3} - t$

$\Rightarrow H_t\left(-\frac{2}{3t} \middle| \frac{4}{27t^3} - t\right)$

**Wendepunkt**

$f_t''(x) = 0 \Leftrightarrow x = -\frac{1}{3t},\ f_t'''\left(-\frac{1}{3t}\right) = 6 \neq 0,$

$f_t\left(-\frac{1}{3t}\right) = \frac{2}{27t^3} - t \Rightarrow W_t\left(-\frac{1}{3t} \middle| \frac{2}{27t^3} - t\right)$

b) **Ortslinien der Extrempunkte**

Für die Tiefpunkte $T_t(0|-t)$ gilt: $x = 0$ und $y = -t$
Die Tiefpunkte liegen auf der negativen y-Achse.
Für die Hochpunkte $H_t\left(-\frac{2}{3t} \middle| \frac{4}{27t^3} - t\right)$ gilt:

$x = -\frac{2}{3t} \Leftrightarrow t = -\frac{2}{3x}$ und $y = \frac{4}{27t^3} - t$

Durch Einsetzen erhält man: $y = \frac{4}{27\left(-\frac{2}{3x}\right)^3} + \frac{2}{3x} = -\frac{1}{2}x^3 + \frac{2}{3x}$

Die Hochpunkte liegen auf der Ortslinie mit der Gleichung $y = -\frac{1}{2}x^3 + \frac{2}{3x},\ x < 0$.

A

**2.** Gegeben sind die Funktionen $f_t$ mit $f_t(x) = \frac{t}{x^2} + \frac{1}{t},\ x \in \mathbb{R}\setminus\{0\},\ (t > 0)$.
$K_t$ sei das Schaubild von $f_t$.
a) Zeichnen Sie $K_1$ für $-3 \leq x \leq 3$ samt Asymptoten.
b) Geben Sie die Asymptoten von $K_t$ an.
c) Jede Kurve $K_t$ begrenzt mit den Geraden $g: x = 1$ und $h: x = 2$ sowie der x-Achse ein Flächenstück mit Inhalt $A(t)$. Wie ist t zu wählen, damit der Inhalt $A(t)$ am kleinsten wird? Welchen Wert hat er dann?

**2.** a) L

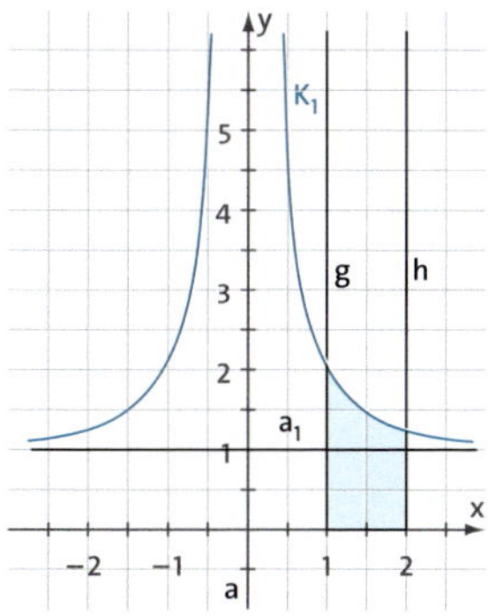


b) **Asymptoten** sind $a_t\colon y = \frac{1}{t}$ und $a\colon x = 0$.

c) **Minimaler Flächeninhalt**

$A(t) = \int_1^2 f_t(x)\,dx = \left[-\frac{t}{x} + \frac{x}{t}\right]_1^2 = -\frac{t}{2} + \frac{2}{t} - \left(-t + \frac{1}{t}\right) = \frac{t}{2} + \frac{1}{t},\ t \in \mathbb{R}^+$

$A'(t) = \frac{1}{2} - \frac{1}{t^2},\ A''(t) = \frac{2}{t^3}$

$A'(t) = 0 \Leftrightarrow t^2 = 2 \Leftrightarrow t = \sqrt{2} \vee t = -\sqrt{2}$

Die negative Lösung entfällt.

Wegen $A''(\sqrt{2}) = \frac{2}{2\sqrt{2}} = \frac{1}{\sqrt{2}} > 0,\ A(\sqrt{2}) = \frac{\sqrt{2}}{2} + \frac{1}{\sqrt{2}} = \frac{2}{\sqrt{2}} = \sqrt{2}$,

$A'(t) \to \infty$ für $t \to 0+$ und $A(t) \to \infty$ für $t \to \infty$ ist $\sqrt{2}$ absolutes Minimum.

Für $t = \sqrt{2}$ ist der Flächeninhalt am kleinsten, er hat dann den Wert $\sqrt{2}$ FE.

**3.** Gegeben sind die Funktionen $f_t$ mit $f_t(x) = \frac{1}{t}e^{-tx},\ x \in \mathbb{R},\ (t > 0)$. A

$K_t$ sei das Schaubild von $f_t$.

a) Zeichnen Sie das Schaubild von $f_{\frac{1}{2}}$ für $-\frac{3}{2} \le x \le 3$.

b) $P_t$ sei ein Punkt auf dem Schaubild von $f_t$ im 1. Quadranten. Die Parallelen zu den Koordinatenachsen durch $P_t$ bilden mit den Koordinatenachsen ein Rechteck. Untersuchen Sie, ob $P_t$ so gewählt werden kann, dass der Rechtecksinhalt extremal wird. Welcher Art ist das Extremum? Welchen Wert hat es?

**3.** a) L

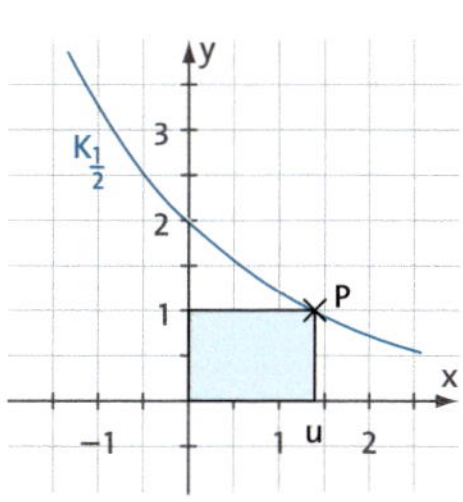

b) **Extremaler Rechtecksinhalt**

$A_t(u) = u \cdot f_t(u) = \frac{1}{t} u e^{-tu}, \ u \in \mathbb{R}^+$

$A_t'(u) = \frac{1}{t}\left(e^{-tu} - t u e^{-tu}\right) = \frac{1}{t} e^{-tu}(1 - tu)$

$A_t'(u) = 0 \ \Leftrightarrow \ 1 - tu = 0 \ \Leftrightarrow \ u = \frac{1}{t} > 0$

$A_t'$ wechselt an der Stelle $\frac{1}{t}$ das Vorzeichen von + nach −.

Außerdem ist $\lim\limits_{u \to \infty} A_t(u) = \lim\limits_{u \to 0+} A_t(u) = 0$.

Es ist $f_t\left(\frac{1}{t}\right) = \frac{1}{t} e^{-t \cdot \frac{1}{t}} = \frac{1}{et}$ und $A_t\left(\frac{1}{t}\right) = \frac{1}{t} \cdot \frac{1}{t} e^{-t \cdot \frac{1}{t}} = \frac{1}{et^2}$

Also liegt für $P_t\left(\frac{1}{t} \,\middle|\, \frac{1}{et}\right)$ ein absolutes Maximum des Flächeninhalts vor.

Es hat den Wert $\frac{1}{et^2}$.

A

**4.** Gegeben sind die Funktionen $f_t$ mit $f_t(x) = \frac{1}{3}x^3 - 2tx^2 + (4t^2 + 1)x, \ x \in \mathbb{R}, \ (t > 0)$.
$K_t$ sei das Schaubild von $f_t$.

a) Bestimmen Sie die Ortslinie der Wendepunkte aller $K_t$.

b) Zeigen Sie: Alle Funktionen $f_t$ sind streng monoton wachsend.

c) Untersuchen Sie die Anzahl der Schnittpunkte von $K_{t_1}$ und $K_{t_2}$ für $t_1 \neq t_2$.

d) Zeichnen Sie $K_1$ und $K_2$ für $-1 \le x \le 6$ in ein gemeinsames Achsenkreuz. Wählen Sie geeignete Längeneinheiten auf den Koordinatenachsen.

L

**4.** $f_t'(x) = x^2 - 4tx + 4t^2 + 1, \ f_t''(x) = 2x - 4t, \ f_t'''(x) = 2$

a) **Wendepunkte**

$f_t''(x) = 0 \ \Leftrightarrow \ 2x - 4t = 0 \ \Leftrightarrow \ x = 2t$

$f_t'''(2t) = 2 \neq 0, \ f_t(2t) = \frac{1}{3} \cdot 8t^3 - 2t \cdot 4t^2 + (4t^2 + 1)2t = \frac{8}{3}t^3 + 2t$

$\Rightarrow \ W_t\left(2t \,\middle|\, \frac{8}{3}t^3 + 2t\right)$

**Ortslinie**

$x = 2t \ \Leftrightarrow \ t = \frac{x}{2}$ und $y = \frac{8}{3}t^3 + 2t$

Durch Einsetzen erhält man $y = \frac{8}{3}\left(\frac{x}{2}\right)^3 + x$.

Die Ortslinie der Wendepunkte hat die Gleichung $y = \frac{1}{3}x^3 + x, \ x > 0$.

b) Es ist zu zeigen: $f_t'(x) > 0$ für alle $x \in \mathbb{R}$ und alle $t > 0$.

$f_t'(x) = x^2 - 4tx + 4t^2 + 1 = (x - 2t)^2 + 1 > 0$.

c) Es sei $t_1 \neq t_2$

$$f_{t_1}(x) = f_{t_2}(x) \ \Leftrightarrow \ \frac{1}{3}x^3 - 2t_1x^2 + \left(4t_1^2 + 1\right)x = \frac{1}{3}x^3 - 2t_2x^2 + \left(4t_2^2 + 1\right)x$$

$$\Leftrightarrow \ (2t_2 - 2t_1)x^2 + \left(4t_1^2 - 4t_2^2\right)x = 0 \ \Leftrightarrow \ x\left[2(t_2 - t_1)x + 4\left(t_1^2 - t_2^2\right)\right] = 0$$

$$\Leftrightarrow \ x = 0 \ \vee \ x = -\frac{4\left(t_1^2 - t_2^2\right)}{2(t_2 - t_1)} = 2(t_1 + t_2)$$

Wegen $2(t_1 + t_2) > 0$ gibt es stets zwei Schnittpunkte von $K_{t_1}$ und $K_{t_2}$.

d)

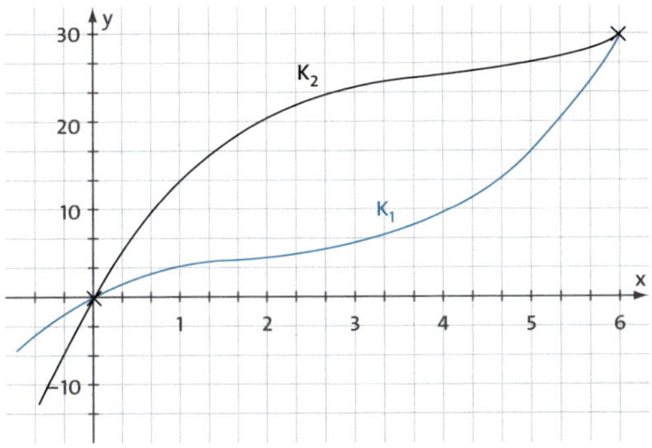


**5.** a) Bestimmen Sie die ganzrationalen Funktionen dritten Grades, deren Schaubilder die x-Achse in N (2 | 0) berühren und einen Wendepunkt mit der Abszisse 1 besitzen.

b) Welches dieser Schaubilder verläuft durch S (0 | 1)?

A

**5.** a) $f(x) = ax^3 + bx^2 + cx + d, \; f'(x) = 3ax^2 + 2bx + c, \; f''(x) = 6ax + 2b$

Die Bedingungen führen auf ein lineares Gleichungssystem:

1. $f(2) = 0 \Leftrightarrow 8a + 4b + 2c + d = 0$
2. $f'(2) = 0 \Leftrightarrow 12a + 4b + c = 0$
3. $f''(1) = 0 \Leftrightarrow 6a + 2b = 0$

Hieraus ergibt sich: $b = -3a, \; c = 0, \; d = 4a$

Die Funktionen $f_a$ mit $f_a(x) = ax^3 - 3ax^2 + 4a, \; x \in \mathbb{R}$ erfüllen die Bedingungen.

b) $f_a(0) = 1$ liefert: $4a = 1 \Leftrightarrow a = \frac{1}{4}$

Also verläuft das Schaubild von $f_{\frac{1}{4}}$ durch S.

L

## 1.9 Vollständige Induktion

**Wissen** Die **vollständige Induktion** ist eine Beweismethode dafür, dass eine Aussageform A(n) für alle (oder fast alle) natürlichen Zahlen n wahr ist.
Sie umfasst den **Induktionsanfang** und den **Induktionsschluss**.
Der Induktionsanfang besteht aus dem Nachweis, dass A(1) eine wahre Aussage ist.
Beim Induktionsschluss ist zu zeigen, dass aus der angenommenen Gültigkeit von A(n) (**Induktionsannahme**) auch die Gültigkeit von A(n + 1) (**Induktionsbehauptung**) folgt.
Damit ist A(n) für alle natürlichen Zahlen n eine wahre Aussage, wie das folgende Schema zeigt:

$\xrightarrow{\text{Induktionsanfang}}$ A(1) ist wahr $\xrightarrow{\text{Induktionsschluss}}$ A(2) ist wahr

$\xrightarrow{\text{Induktionsschluss}}$ A(3) ist wahr $\xrightarrow{\text{Induktionsschluss}}$ u.s.w.

Bemerkung: Wenn die Aussageform erst ab einem Index $k > 1$ wahre Aussagen liefert, dann ist beim Induktionsanfang zu zeigen, dass A(k) für diesen Index wahr ist und der Induktionsschluss wird unter der Bedingung $n \geq k$ vollzogen.

A

**1.** Zeigen Sie: $3 + 7 + 11 + ... + 4n - 1 = n(2n + 1)$ für alle $n \in \mathbb{N}$.

L

**1.** Vollständige Induktion $A(n)$: $3 + 7 + 11 + ... + 4n - 1 = n(2n + 1)$

**1. Induktionsanfang:** $A(1)$: $3 = 1 \cdot (2 \cdot 1 + 1)$ ist eine wahre Aussage.

**2. Induktionsschluss:** Zu zeigen ist:

$A(n) \Rightarrow A(n + 1): 3 + 7 + 11 + ... + (4n - 1) + (4(n + 1) - 1) = (n + 1)[2(n + 1) + 1]$

Dazu rechnen Sie beide Seiten der Gleichung unter der Annahme, dass A(n) gültig ist, aus:

Linke Seite: $3 + 7 + 11 + ... + (4n - 1) + (4(n + 1) - 1)$

$= \underbrace{n(2n + 1)}_{\text{nach Induktionsannahme}} + 4(n + 1) - 1 = 2n^2 + n + 4n + 3 = 2n^2 + 5n + 3$

Rechte Seite: $(n + 1)[2(n + 1) + 1] = (n + 1)(2n + 3) = 2n^2 + 5n + 3$

Beide Seiten ergeben denselben Term. Also ist A(n) für alle natürlichen Zahlen n wahr.

A

**2.** Zeigen Sie: $7^n - 1$ ist für alle $n \in \mathbb{N}$ durch 6 teilbar.

L

**2.** Vollständige Induktion $A(n)$: $7^n - 1$ ist für alle $n \in \mathbb{N}$ durch 6 teilbar.

**1. Induktionsanfang:** $A(1)$: $7^1 - 1$ ist durch 6 teilbar. Dies ist eine wahre Aussage, da 6 durch 6 teilbar ist.

**2. Induktionsschluss:** Zu zeigen ist:
$A(n) \Rightarrow A(n+1)$:
$7^n - 1$ ist für alle $n \in \mathbb{N}$ durch 6 teilbar $\Rightarrow$ $7^{n+1} - 1$ ist durch 6 teilbar.
Es gilt: $7^{n+1} - 1 = 7 \cdot 7^n - 1 = 7 \cdot 7^n - 7 + 6 = 7 \cdot (7^n - 1) + 6$.
Der letzte Term besteht aus den Summanden $7 \cdot (7^n - 1)$ und 6, die beide durch 6 teilbar sind, der erste nach Induktionsannahme, der zweite offensichtlich. Also ist auch die Summe durch 6 teilbar.

**3.** Gegeben ist die Funktion f mit $f(x) = x\,e^{2-x}$, $x \in \mathbb{R}$. A

a) Bestimmen Sie die ersten vier Ableitungen von f.
Welche Gesetzmäßigkeit vermuten Sie?

b) Beweisen Sie Ihre Vermutung aus Teilaufgabe a).

**3.** a) $f'(x) = 1 \cdot e^{2-x} + x \cdot e^{2-x} \cdot (-1) = e^{2-x} - x\,e^{2-x} = (1-x)\,e^{2-x}$ L

$f''(x) = -1 \cdot e^{2-x} + (1-x)\,e^{2-x} \cdot (-1) = -e^{2-x} + (x-1)\,e^{2-x} = (x-2)\,e^{2-x}$

$f'''(x) = (3-x)\,e^{2-x}$

$f^{(4)}(x) = (x-4)\,e^{2-x}$

Hieraus ergibt sich die Vermutung: $f^{(n)}(x) = (-1)^n (x-n)\,e^{2-x}$

b) **Vollständige Induktion:** $A(n)$: $f^{(n)}(x) = (-1)^n (x-n)\,e^{2-x}$ für alle $n \in \mathbb{N}$.

**1. Induktionsanfang:** $A(1)$: $f'(x) = (-1)^1 (x-1)\,e^{2-x}$ ist eine wahre Aussage, da $(-1)^1 (x-1)\,e^{2-x} = (1-x)\,e^{2-x}$

**2. Induktionsschluss:** $A(n+1)$: $f^{(n+1)}(x) = (-1)^{n+1} [x - (n+1)]\,e^{2-x}$

$A(n) \Rightarrow A(n+1)$, denn

$$f^{(n+1)}(x) = \left[f^{(n)}(x)\right]' = \underbrace{\left[(-1)^n (x-n)\,e^{2-x}\right]'}_{\text{nach Induktionsannahme}}$$

$$= (-1)^n \left(1 \cdot e^{2-x} + (x-n)e^{2-x} \cdot (-1)\right) \quad | \text{ Produkt- und Kettenregel}$$
$$= (-1)^n \left(e^{2-x} - (x-n)\,e^{2-x}\right) \quad | \text{ vereinfacht}$$
$$= (-1)^n (1 - x + n)\,e^{2-x} \quad | \; e^{2-x} \text{ ausgeklammert}$$
$$= (-1)^n \cdot (-1)(x - n - 1)\,e^{2-x} \quad | \; (-1) \text{ ausgeklammert}$$
$$= (-1)^{n+1} (x - (n+1))\,e^{2-x} \quad | \text{ Potenzgesetz}$$

**4.** Zeigen Sie: $2^n > n^2$ für alle $n \in \mathbb{N}$ mit $n \geq 5$. A

**4. Vollständige Induktion:** $A(n)$: $2^n > n^2$ für alle $n \in \mathbb{N}$ mit $n \geq 5$. L

**1. Induktionsanfang:** $A(5)$: $2^5 > 5^2$ ist eine wahre Aussage, denn $32 > 25$.

**2. Induktionsschluss:** $A(n+1)$: $2^{n+1} > (n+1)^2$

$A(n) \Rightarrow A(n+1)$, denn $2^{n+1} = 2 \cdot 2^n > 2 \cdot \underbrace{n^2}_{\text{nach Induktionsannahme}} = n^2 + n^2 > n^2 + 2n + 1 = (n+1)^2$ für $n > 2$.

Also ist $2^{n+1} > (n+1)^2$ für $n \geq 5$.

## 1.10 Test zum Verständnis wichtiger Begriffe und Sätze

A

**1.** Gegeben ist das Schaubild $K_{f'}$ einer ganzrationalen Ableitungsfunktion f'.
Entscheiden Sie, ob die folgenden Aussagen wahr oder falsch sind. Begründen Sie geeignet.

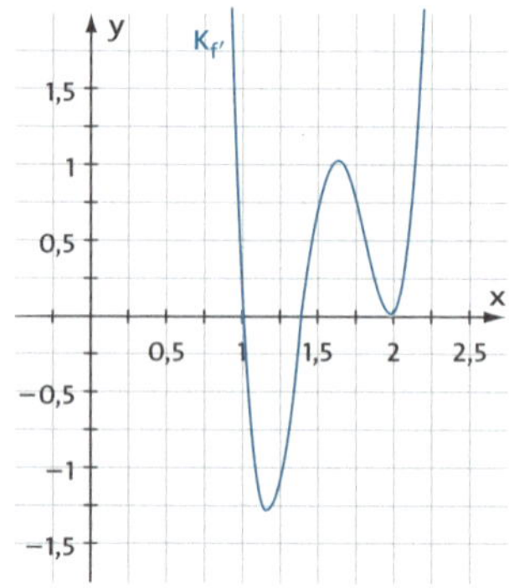


a) Das Schaubild von f hat im Intervall [0,9; 2,2] drei Extrempunkte.
b) $f''(1) > 0$
c) $f''(2) = 0$
d) Es gibt zwei Stellen, an denen die dritte Ableitung null ist.
e) $f(2) < f(1{,}5)$
f) Das Schaubild von f ist für $x < 1$ links gekrümmt.
g) Das Schaubild von f hat drei Wendepunkte.
h) $\int_{1,5}^{1} f'(x)\,dx$ ist negativ.
i) f' ist für $x > 2$ streng monoton wachsend.
j) f' ist eine ganzrationale Funktion dritten Grades.

L

**1.** a) Die Aussage ist falsch, da f' nur zwei Nullstellen mit Vorzeichenwechsel besitzt.
b) Die Aussage ist falsch, denn aus $f''(1) > 0$ würde folgen, dass f' an der Stelle 1 lokal wächst, f' fällt dort jedoch.
c) Die Aussage ist wahr, da f' die Extremstelle 2 besitzt. Hierfür notwendig ist, dass die 1. Ableitung von f', also f'', an der Stelle 2 den Wert null annimmt.
d) Die Aussage ist wahr, weil das Schaubild von f' zwei Wendepunkt hat. Notwendig hierfür ist, dass die 2. Ableitung von f', also f''', an zwei Stellen null wird.
e) Die Aussage ist falsch, denn f' ist für $x > 1{,}5$ nur mit der Ausnahme 2 stets positiv. Aus dem Monotoniesatz folgt, dass f dort streng monoton wächst, also ist $f(2) > f(1{,}5)$.
f) Die Aussage ist falsch, da f' für $x < 1$ streng monoton fällt. Dann ist das Schaubild von f aber rechtsgekrümmt.
g) Die Aussage ist wahr, denn f' besitzt genau drei Extremstellen, diese sind die Wendestellen von f. Also hat das Schaubild von f drei Wendepunkte.
h) Die Aussage ist falsch, weil die unterhalb der x-Achse liegende Teilfläche dem Betrag nach größer ist als die oberhalb liegende, also wäre $\int_{1}^{1,5} f(x)\,dx$ negativ.
Die Integrationsgrenzen sind jedoch vertauscht. Das vorgegebene Integral ist damit positiv.

i) Die Aussage ist wahr, wie man sofort an den zunehmenden Funktionswerten von f′ sieht.

j) Die Aussage ist falsch, obwohl f′ drei Nullstellen hat, also mindestens dritten Grades sein muss. Wegen $f'(x) \to \infty$ für $x \to \infty$ und für $x \to -\infty$ kann aber f′ nur einen geraden Grad haben, muss also mindestens vierten Grades sein.

Bemerkung: Die Abbildung zeigt das Schaubild $K_{f'}$ von f′ und ein mögliches Schaubild $K_f$ von f.

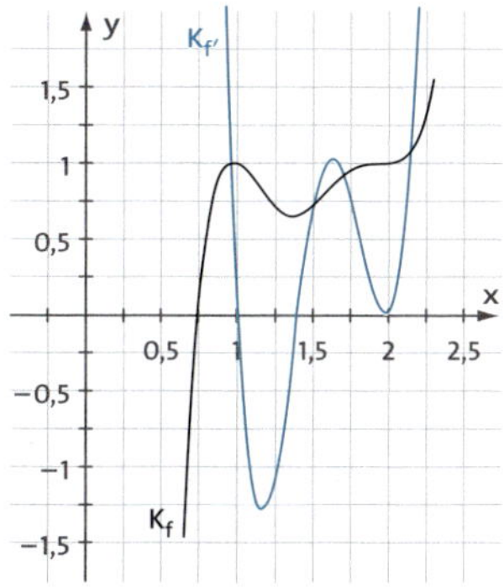


**2.** Die Funktion f mit dem Schaubild K sei dreimal differenzierbar auf ihrer Definitionsmenge D. Es sei $x_0 \in D$ und I eine Teilmenge von D. Entscheiden Sie, ob die folgenden Aussagen wahr oder falsch sind. Begründen Sie geeignet. **A**

a) $f'(x_0) = 0 \Rightarrow x_0$ ist Extremstelle von f.

b) $f''(x) < 0$ für alle $x \in I \Rightarrow$ K ist rechtsgekrümmt.

c) $f''(x) < 0$ für alle $x \in I \Rightarrow$ f ist streng monoton wachsend.

d) f ist streng monoton wachsend auf $I \Rightarrow f'(x) > 0$ für alle $x \in \mathbb{R}$.

e) $f(x_0) = 0$ und $f''(x_0) = 0$ und $f'''(x_0) = 1 \Rightarrow P(x_0 | 0)$ ist Wendepunkt von K.

f) $f'(x) < 0$ für $x < x_0$ und $f'(x) > 0$ für $x > x_0 \Rightarrow f(x_0)$ ist absolutes Minimum von f.

g) $P(x_0 | f(x_0))$ ist Extrempunkt von $K \Rightarrow f''(x_0) \neq 0$.

h) $f(x_0) = f'(x_0) = f''(x_0) = 0 \Rightarrow P(x_0 | 0)$ ist kein Extrempunkt von K.

i) $f(x_0) = -1$ und $f'(x_0) = 2 \Rightarrow$ Die Gerade $t: y = 2(x - x_0) - 1$ ist Tangente an K.

j) $f'(x_0) = -\frac{2}{3} \Rightarrow$ Die Normale im Punkt $P(x_0 | f(x_0))$ hat die Steigung $\frac{3}{2}$.

**2.** **L**

a) Die Aussage ist falsch, denn $f'(x_0) = 0$ ist bei einer differenzierbaren Funktion zwar notwendig, aber nicht hinreichend für die Existenz einer Extremstelle. Betrachten Sie die Funktion f mit $f(x) = x^3$ an der Stelle $x_0 = 0$.

b) Die Aussage ist wahr, denn aus $f''(x) < 0$ folgt, dass f′ auf I streng monoton fällt, die Tangentensteigung also abnimmt. Damit ist K rechtsgekrümmt.

c) Die Aussage ist falsch, denn aus $f''(x) < 0$ kann nur die Rechtskrümmung von K gefolgert werden. Es gibt aber sowohl streng monoton wachsende als auch streng monoton fallende Funktionen mit rechtsgekrümmten Schaubildern.

d) Die Aussage ist falsch, denn f mit $f(x) = x^3$ ist auf $I = \mathbb{R}$ streng monoton wachsend, doch es ist $f'(0) = 0$. Betrachten Sie das Schaubild von f.

e) Die Aussage ist wahr, denn $f''(x_0) = 0$ und $f'''(x_0) = 1 \neq 0$ ist hinreichend für die Wendestelle $x_0$. Aus $f(x_0) = 0$ ergibt sich dann der Wendepunkt $P(x_0 | 0)$ von K.

f) Die Aussage ist falsch, denn der Vorzeichenwechsel der Ableitungsfunktion an der Stelle $x_0$ von – nach + sichert nur, dass $f(x_0)$ ein relatives Minimum ist.

g) Die Aussage ist falsch, denn das Schaubild von f mit $f(x) = x^4$ besitzt den Tiefpunkt $P(0\,|\,0)$. Dennoch ist $f''(0) = 0$.

h) Die Aussage ist falsch, denn bei f mit $f(x) = x^4$ sind die drei Bedingungen für $x_0 = 0$ erfüllt. Aber $P(0\,|\,0)$ ist Tiefpunkt von K.

i) Die Aussage ist wahr, denn $f'(x_0) = 2$ ist die Steigung der Tangente im Punkt P von K. Mit der Punkt-Steigungsform einer Geraden erhält man die angegebene Geradengleichung.

j) Die Aussage ist wahr, denn die negativ-reziproke Tangentensteigung $-\frac{1}{f'(x_0)} = \frac{3}{2}$ ist die Steigung der Normalen in $P(x_0\,|\,f(x_0))$.

A

**3.** Gegeben ist die Funktion f mit $f(x) = \frac{1}{2}x^2 - 2$, $x \in \mathbb{R}$ und ihr Schaubild K.
$F_{-1}$ sei die Integralfunktion zu f bezüglich der Stelle −1.

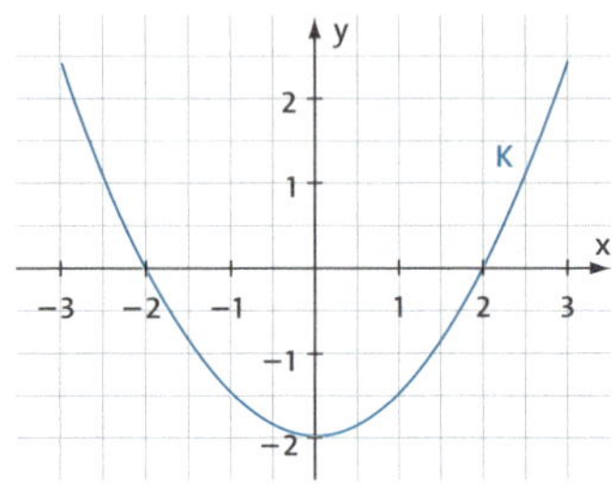


a) Begründen Sie: $F_{-1}$ besitzt genau drei Nullstellen.

b) Begründen Sie: $F_{-1}$ besitzt genau zwei Extremstellen und genau eine Wendestelle.

c) Skizzieren Sie den groben Verlauf das Schaubilds I von $F_{-1}$ für $-4 \le x \le 4$ unter Berücksichtigung der Aussagen in den Teilaufgaben a) und b).

d) Stellen Sie die Termdarstellung von $F_{-1}$ auf.

L

**3.** a) Zunächst ist die untere Grenze $x_1 = -1$ Nullstelle der Integralfunktion. Summiert man dann die orientierten Flächeninhalte für $x > -1$ auf, dann gehen diese bis zur Stelle 2 negativ (Werte von f sind negativ und obere Grenze x ist größer als die untere Grenze −1), danach ausschließlich positiv (Werte von f sind positiv und obere Grenze x ist größer als die unter Grenze −1) in die Summe ein. Also gibt es eine Stelle $x_2 > 2$ mit $F_{-1}(x_2) = 0$.

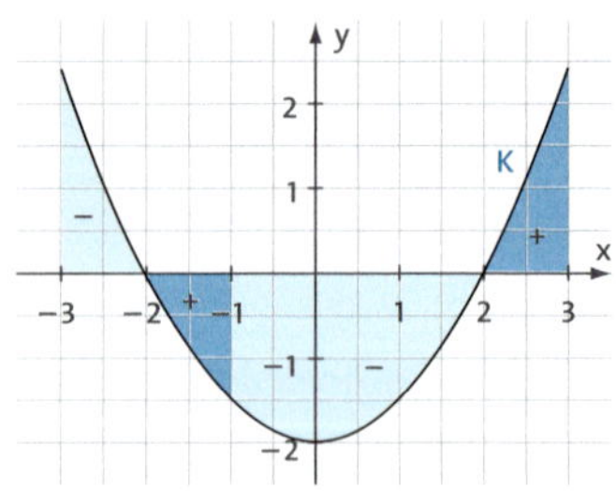


Summiert man schließlich die orientierten Flächeninhalte für $x < -1$ auf, dann gehen diese bis zur Stelle −2 positiv (Werte von f sind negativ und obere Grenze ist kleiner als die untere Grenze −1), danach ausschließlich negativ (Werte von f sind positiv und obere Grenze x ist kleiner als untere Grenze −1) in die Summe ein. Also gibt es eine Stelle $x_3 < -2$ mit $F_{-1}(x_3) = 0$.

b) $F'_{-1}(x) = f(x) = \frac{1}{2}x^2 - 2$
$F''_{-1}(x) = f'(x) = x$
Wegen $F'_{-1}(x) = 0 \Leftrightarrow x = 2 \lor x = -2$ sowie $F''_{-1}(2) = 2 > 0$ und $F''_{-1}(-2) = -2 < 0$ sind 2 und −2 die beiden einzigen Extremstellen von $F_{-1}$.

Wegen $F''_{-1}(x) = 0 \Leftrightarrow x = 0$ und des Vorzeichenwechsels von $F''_{-1}$ an der Stelle 0 gibt es nur diese eine Wendestelle von $F_{-1}$.

c) 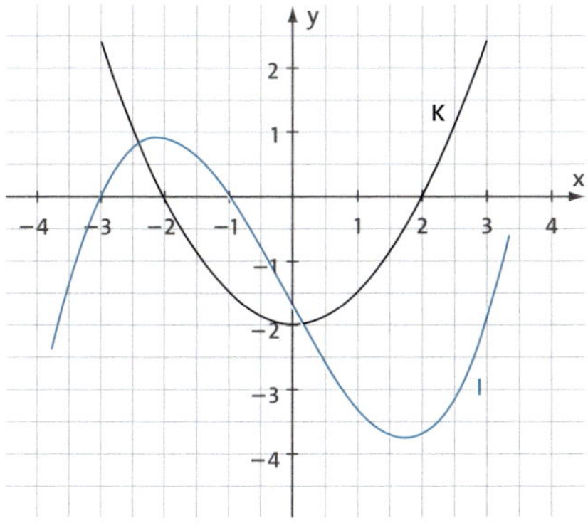


d) $F_{-1}$ ist diejenige Stammfunktion von f, die an der Stelle −1 den Wert 0 annimmt. Aus $F(x) = \frac{1}{6}x^3 - 2x + c$ und $F(-1) = 0$ ergibt sich sofort $c = -\frac{11}{6}$ und damit $F_{-1}(x) = \frac{1}{6}x^3 - 2x - \frac{11}{6}$, $x \in \mathbb{R}$.

**4.** Die Abbildung zeigt das Schaubild $K_F$ einer Stammfunktion F zur Funktion f. Entscheiden Sie, ob die Aussagen wahr oder falsch sind. Begründen Sie geeignet.

A

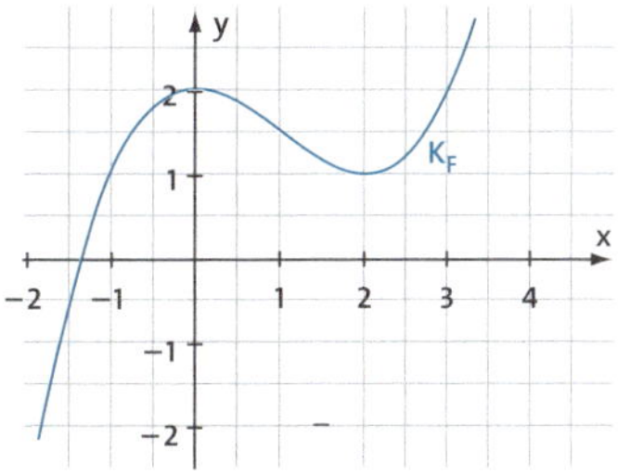


a) f ist für $-1 < x < 0$ monoton wachsend.
b) f besitzt im Zeichenbereich genau zwei Nullstellen.
c) $\int_0^2 f(x)\,dx < 0$
d) f′ besitzt keine Nullstelle.

**4.** a) $K_F$ ist für $-1 < x < 0$ rechtsgekrümmt, also ist $F''(x) = f'(x) < 0 \Rightarrow$ f ist streng monoton fallend, die Aussage damit falsch.

L

b) F besitzt genau zwei Extremstellen, also muss $F' = f$ genau zwei Nullstellen haben.
Die Aussage ist wahr.

c) $\int_0^2 f(x)\,dx = F(2) - F(0) = 1 - 2 = -1 < 0$
Die Aussage ist wahr.

d) Da F genau eine Wendestelle besitzt, muss $F'' = f'$ genau eine Nullstelle haben.
Die Aussage ist falsch.

## 1.11 Aufgaben wie im mündlichen Abitur

Die nachfolgende Aufgabenzusammenstellung stellt eine Checkliste sowohl für die schriftliche als auch die mündliche Abiturprüfung dar.
Angehende Abiturientinnen und Abiturienten sollten in der Lage sein, die Aufgaben unter korrekter Verwendung der Fachsprache zu bearbeiten und dazu passende grafische Darstellungen zu entwickeln.

**1. Gleichungslehre**

a) Geben Sie einen Überblick zu den bekannten Gleichungstypen und Lösungsverfahren.
b) Erläutern Sie das NEWTON-Verfahren.

**2. Differentialrechnung**

a) Wie ist die Ableitung einer Funktion f an der Stelle a ihres Definitionsbereiches definiert?
b) Welche geometrische Bedeutung haben die erste und die zweite Ableitung? Begründen Sie.
c) Erklären Sie die Begriffe Änderungsrate und momentane Änderungsrate.
d) Welche Ableitungsregeln kennen Sie? Geben Sie jeweils ein Beispiel an.

**3. Tangente und Normale**

a) Was versteht man unter der Tangente und der Normale in einem Punkt des Schaubilds einer Funktion. Vergleichen Sie diesen Tangentenbegriff mit demjenigen, den Sie im Zusammenhang mit Kreisen kennen.
b) Beschreiben Sie, wie man von einem Punkt, der nicht auf dem Funktionsschaubild liegt, die Tangente an das Funktionsschaubild legen kann.

**4. Funktionsuntersuchungen**

a) Erläutern Sie notwendige und hinreichende Kriterien für Extremstellen und Wendestellen von Funktionen.
b) Was versteht man unter Monotonie bei Funktionen?
Wie kann man diese Eigenschaft mit der Differentialrechnung nachweisen?
c) Stellen Sie die verschiedenen Arten von Definitionslücken bei gebrochenenrationalen Funktionen zusammen. Geben Sie Beispiele an.
d) Welche Arten von Asymptoten bei Funktionsschaubildern kennen Sie?
Zeigen Sie anhand von Beispielen, wie man Asymptotengleichungen aufstellen kann.
e) Was versteht man unter Extremwertaufgaben?
Erläutern Sie die prinzipielle Vorgehensweise beim Lösen solcher Aufgaben.

**5. Integralrechnung**

a) Wie ist das Integral einer Funktion f über einem Intervall [a; b] definiert?

b) Worin unterscheiden sich Stammfunktionen und Integralfunktionen?

c) Was besagt der Hauptsatz der Differential- und Integralrechnung?

d) Welche Integrationsregeln kennen Sie? Geben Sie Beispiele an.

e) Zeigen Sie, wie man mit der Integralrechnung Flächeninhalte berechnen kann. Geben Sie einen Überblick zu den auftretenden Fällen.

f) Begründen Sie, dass auch Drehkörpervolumina mit Integralen berechnet werden können. Geben Sie ein Beispiel an.

g) Welche Typen von uneigentlichen Integralen gibt es? Geben Sie jeweils ein Beispiel an.

## 1.12 Aufgaben wie im schriftlichen Abitur

**Wissen** In diesem Kapitel werden Aufgaben bearbeitet, die für die schriftliche Abiturprüfung typisch sind. Dabei geht jeder Lösung stets eine kurze Problemanalyse voran. Die Problemanalyse vermittelt einerseits den **Überblick**, der zuerst gewonnen werden sollte, ehe eine Aufgabe durchgerechnet wird. Andererseits stellt sie ein **Stichwortverzeichnis** dar, das Hinweise auf eventuell zu wiederholende Begriffe gibt.

### 1.12.1 Ganzrationale Funktionen

A

**1.** Gegeben ist die Funktion f mit $f(x) = \frac{1}{8}x^4 - 4x,\ x \in \mathbb{R}$. Ihr Schaubild sei K.

a) Untersuchen Sie K auf Schnittpunkte mit der x-Achse, Extrem- und Wendepunkte. Zeichnen Sie K für $-1 \le x \le 3{,}5$ (LE 1 cm).

b) K begrenzt mit der Normalen im Koordinatenursprung eine Fläche. Berechnen Sie deren Inhalt.

c) $P(u\,|\,v)$ sei ein Punkt auf K mit negativer Ordinate. Wie ist P zu wählen, damit das Dreieck $P(u\,|\,v)$, $Q(u\,|\,0)$ und $O(0\,|\,0)$ einen maximalen Flächeninhalt $A_2$ besitzt? Es genügt, die Abszisse von P anzugeben.

d) Gegeben ist die Funktionenschar $f_t$ durch $f_t(x) = t x^4 - \frac{x}{2t},\ x \in \mathbb{R}\ (t \neq 0)$.
Begründen Sie: f gehört zu $f_t$.
Zeigen Sie: Alle Schaubilder von $f_t$ verlaufen durch einen gemeinsamen Punkt und haben paarweise genau zwei gemeinsame Punkte.

L

**1. Problemanalyse**

a) Kurvendiskussion bei einer ganzrationalen Funktion
b) Normalengleichung, Fläche zwischen zwei Kurven, Einsatz des GTR
c) Extremwertaufgabe zu einem Dreieck, Einsatz des GTR
d) Koeffizientenvergleich, Schnittproblem mit Parameter

**Lösung**

**Schaubild**

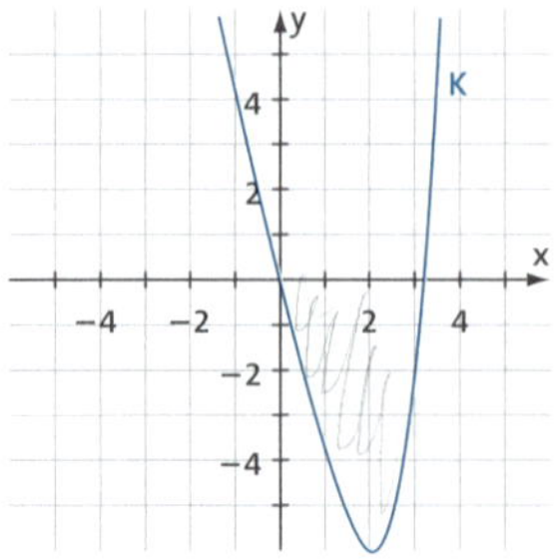


a) **Ableitungen**

$f'(x) = \frac{1}{2}x^3 - 4,\ f''(x) = \frac{3}{2}x^2,\ f'''(x) = 3x$

**Schnittpunkte mit der x-Achse**

$f(x) = 0 \Leftrightarrow \frac{1}{8}x^4 - 4x = 0 \Leftrightarrow x^4 - 32x = 0$
$\Leftrightarrow x(x^3 - 32) = 0$

$x_1 = 0 \Rightarrow N_1(0\,|\,0)$;

$x_2 = \sqrt[3]{32} \Rightarrow N_2(\sqrt[3]{32}\,|\,0) \approx N_2(3{,}17\,|\,0)$

**Extrempunkte**

$f'(x) = 0 \Leftrightarrow \frac{1}{2}x^3 - 4 = 0 \Leftrightarrow x^3 = 8 \Leftrightarrow x = 2;\ f(2) = 6 > 0,\ f(2) = -6 \Rightarrow T(2\,|\,-6)$

**Wendepunkte**

$f''(x) = 0 \Leftrightarrow \frac{3}{2}x^2 = 0 \Leftrightarrow x = 0$; $f'''(0)$ erlaubt keine Aussage.

Da $f''(x) > 0$ für alle $x \neq 0$, besitzt K keine Wendepunkte.

b) Die Normale im Ursprung ist festgelegt durch $m_n = -\frac{1}{f'(0)} = \frac{1}{4}$ und $O(0|0)$.

Sie hat also die Gleichung $n: y = \frac{1}{4}x$.

**Integrationsgrenzen** sind die Abszissen der Schnittpunkte von K und n.

Also muss gelten:

$\frac{1}{8}x^4 - 4x = \frac{1}{4}x \Leftrightarrow \frac{1}{8}x^4 - \frac{17}{4}x = 0 \Leftrightarrow x^4 - 34x = 0$

$\Leftrightarrow x(x^3 - 34) = 0$

$x_1 = 0,\ x_2 = \sqrt[3]{34} \approx 3{,}24$

**Skizze**

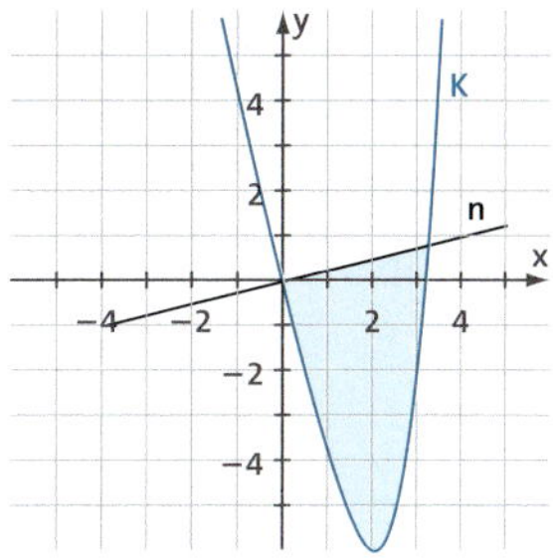


**Flächeninhalt**

$$A_1 = \int_0^{\sqrt[3]{34}} \left[\frac{1}{4}x - \left(\frac{1}{8}x^4 - 4x\right)\right] dx = \int_0^{\sqrt[3]{34}} \left(\frac{17}{4}x - \frac{1}{8}x^4\right) dx$$

$$= \left[\frac{17}{8}x^2 - \frac{1}{40}x^5\right]_0^{\sqrt[3]{34}} \approx 13{,}4$$

Der Flächeninhalt beträgt etwa 13,4 FE.

c) **Maximaler Dreiecksinhalt**

Wegen $f(u) < 0$ ist

$A_2(u) = -\frac{1}{2}\cdot f(u)\cdot u = -\frac{1}{2}\left(\frac{1}{8}u^4 - 4u\right)u = -\frac{1}{16}u^5 + 2u^2$,

$0 < u < \sqrt[3]{32}$

$A_2'(u) = -\frac{5}{16}u^4 + 4u$; $A_2''(u) = -\frac{5}{4}u^3 + 4$

$A_2'(u) = 0 \Leftrightarrow u\left(-\frac{5}{16}u^3 + 4\right) = 0 \Leftrightarrow u = 0 \lor u = \sqrt[3]{\frac{64}{5}}$

Da $u = 0$ nach Aufgabenstellung entfällt und

$A_2''\left(\sqrt[3]{\frac{64}{5}}\right) = -4 < 0$, ist $\sqrt[3]{\frac{64}{5}}$ die gesuchte Abszisse von P.

**Skizze**

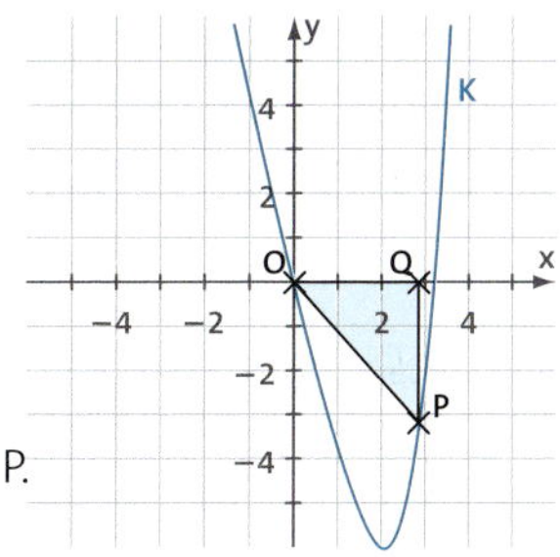


d) f gehört zu $f_t$, denn für $t = \frac{1}{8}$ ergibt sich

$f_{\frac{1}{8}}(x) = \frac{1}{8}x^4 - 4x = f(x)$.

**Gemeinsame Punkte aller $K_t$**

Es seien $t_1 \neq t_2$ beliebig gewählt. Gemeinsame Punkte existieren, wenn

$$f_{t_1}(x) = f_{t_2}(x) \Leftrightarrow t_1x^4 - \frac{1}{2t_1}x = t_2x^4 - \frac{1}{2t_2}x \Leftrightarrow (t_1 - t_2)x^4 + \left(\frac{1}{2t_2} - \frac{1}{2t_1}\right)x = 0$$

$$\Leftrightarrow x\left[(t_1 - t_2)x^3 + \frac{t_1 - t_2}{2t_1t_2}\right] = 0 \Leftrightarrow x = 0 \lor (t_1 - t_2)x^3 + \frac{t_1 - t_2}{2t_1t_2} = 0$$

$$\Leftrightarrow x = 0 \lor x^3 = -\frac{t_1 - t_2}{(2t_1t_2)(t_1 - t_2)} \Leftrightarrow x = 0 \lor x^3 = -\frac{1}{2t_1t_2}$$

$$\Leftrightarrow x = 0 \lor x = -\sqrt[3]{\frac{1}{2t_1t_2}}.$$

Das heißt aber: Für alle t gibt es den von t unabhängigen Schnittpunkt mit der Abszisse 0. Außerdem besitzen zwei Schaubilder wegen der stets eindeutig lösbaren Gleichung $x^3 = -\frac{1}{2t_1t_2}$ genau einen weiteren Schnittpunkt, der von $t_1$ und $t_2$ abhängt und von 0 verschieden ist.

A

**2.** Für jedes $t > 0$ ist eine Funktion $f_t$ gegeben durch $f_t(x) = x(tx-2)^2,\ x \in \mathbb{R}$.
$K_t$ ist das Schaubild von $f_t$.

a) Untersuchen Sie $K_t$ auf Schnittpunkte mit der x-Achse, Extrem- und Wendepunkte. Zeichnen Sie $K_1$ für $-1 \le x \le 3$.

b) $K_t$ begrenzt mit der x-Achse eine Fläche. Berechnen Sie deren Inhalt $A(t)$.
Begründen Sie: $A(t)$ kann alle positiven Werte annehmen, wenn t die zugelassenen Werte durchläuft.

c) Die Tangente im Hochpunkt begrenzt mit $K_1$ eine Fläche $A_1$.
Berechnen Sie deren Inhalt.

d) Zeigen Sie: Die Extrempunkte von $K_t$ liegen stets symmetrisch zum Wendepunkt.

L

**2. Problemanalyse**

a) Kurvendiskussion bei einer ganzrationalen Funktionenschar, Schaubild

b) Fläche zwischen Kurve und x-Achse

c) Tangentengleichung, Fläche zwischen zwei Kurven

d) Punktsymmetrie

**Lösung**

a) $f_t(x) = x(tx-2)^2 = t^2x^3 - 4tx^2 + 4x$

**Ableitungen**

$f_t'(x) = 3t^2x^2 - 8tx + 4,\ f_t''(x) = 6t^2x - 8t,\ f_t'''(x) = 6t^2$

**Schnittpunkte mit der x-Achse**

$f_t(x) = 0 \Leftrightarrow x(tx-2)^2 = 0,\ x_1 = 0 \Rightarrow N_1(0\,|\,0),\ x_2 = \frac{2}{t} \Rightarrow N_2\left(\frac{2}{t} > 0\,\middle|\,0\right)$

**Extrempunkte**

$f_t'(x) = 0 \Leftrightarrow 3t^2x^2 - 8tx + 4 = 0$

$\Leftrightarrow x^2 - \frac{8}{3t}x + \frac{4}{3t^2} = 0$

$x_{3,4} = \frac{4}{3t} \pm \sqrt{\frac{16}{9t^2} - \frac{12}{9t^2}} = \frac{4}{3t} \pm \frac{2}{3t}$

$x_3 = \frac{2}{t},\ f_t''\left(\frac{2}{t}\right) = 6t^2 \cdot \frac{2}{t} - 8t = 4t > 0,$

$f_t\left(\frac{2}{t}\right) = 0 \Rightarrow T\left(\frac{2}{t}\,\middle|\,0\right)$

$x_4 = \frac{2}{3t},\ f_t''\left(\frac{2}{3t}\right) = 6t^2 \cdot \left(\frac{2}{3t}\right) - 8t = -4t < 0,$

$f_t\left(\frac{2}{3t}\right) = \frac{32}{27t} \Rightarrow H\left(\frac{2}{3t}\,\middle|\,\frac{32}{27t}\right)$

**Schaubild**

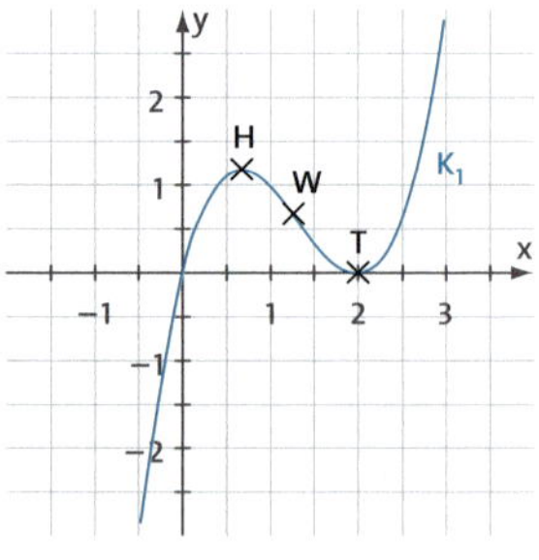


**Wendepunkte**

$f_t''(x) = 0 \Leftrightarrow 6t^2x - 8t = 0$

$x_5 = \frac{4}{3t},\ f'''\left(\frac{4}{3t}\right) = 6t^2 \neq 0$

$f_t\left(\frac{4}{3t}\right) = \frac{4}{3t}\left(\frac{4}{3} - 2\right)^2 = \frac{16}{27t} \Rightarrow W\left(\frac{4}{3t}\,\middle|\,\frac{16}{27t}\right)$

b) Die Nullstellen sind die **Integrationsgrenzen**.

**Flächeninhalt**

$$A(t) = \int_0^{\frac{2}{t}} f_t(x)\,dx = \int_0^{\frac{2}{t}} (t^2x^3 - 4tx^2 + 4x)\,dx = \left[\frac{t^2}{4}x^4 - \frac{4}{3}tx^3 + 2x^2\right]_0^{\frac{2}{t}}$$

$$= \frac{t^2}{4}\cdot\frac{16}{t^4} - \frac{4}{3}t\cdot\frac{8}{t^3} + 2\cdot\frac{4}{t^2} - 0 = \frac{4}{t^2} - \frac{32}{3t^2} + \frac{8}{t^2} = \frac{12}{t^2} - \frac{32}{3t^2} = \frac{36}{3t^2} - \frac{32}{3t^2} = \frac{4}{3t^2}$$

**Wertebereich der Flächeninhalte**

$A(t) = \frac{4}{3t^2}$ ist Term einer für $t > 0$ stetigen Funktion. Wegen $\lim\limits_{t\to\infty} A(t) = 0$ und $A(t) \to \infty$ für $t \to 0+$ nimmt $A(t)$ alle positiven Werte an.

c) Integrationsgrenzen sind die Abszissen der Schnittpunkte der Tangente im Hochpunkt mit $K_1$.

Die Tangente hat die Gleichung $y = \frac{32}{27}$. Also muss gelten:

$f_1(x) = \frac{32}{27} \Leftrightarrow x^3 - 4x^2 + 4x = \frac{32}{27} \Leftrightarrow x^3 - 4x^2 + 4x - \frac{32}{27} = 0$

Da die Tangente durch den Hochpunkt verläuft, ist die Lösung $x_1 = \frac{2}{3}$ bekannt.

Polynomdivision liefert:

$$\begin{aligned}
&\left(x^3 - 4x^2 + 4x - \tfrac{32}{27}\right) : \left(x - \tfrac{2}{3}\right) = x^2 - \tfrac{10}{3}x + \tfrac{16}{9}\\
&-\left(x^3 - \tfrac{2}{3}x^2\right)\\
&\quad -\tfrac{10}{3}x^2 + 4x - \tfrac{32}{27}\\
&\quad -\left(-\tfrac{10}{3}x^2 + \tfrac{20}{9}x\right)\\
&\qquad \tfrac{16}{9}x - \tfrac{32}{27}\\
&\qquad -\left(\tfrac{16}{9}x - \tfrac{32}{27}\right)\\
&\qquad\qquad 0
\end{aligned}$$

**Schaubild**

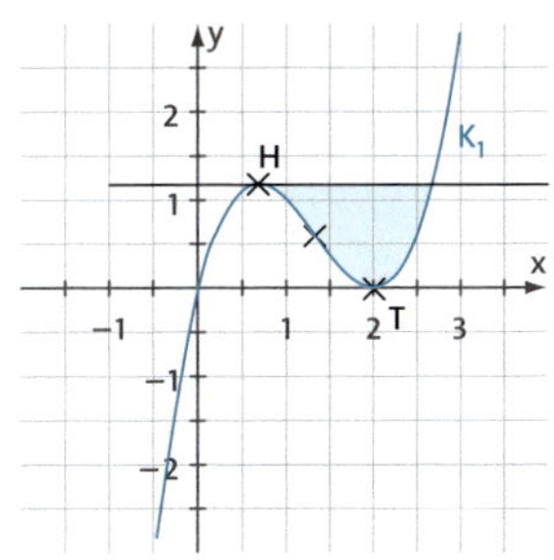


Die weitere Schnittstelle ergibt sich aus: $x^2 - \frac{10}{3}x + \frac{16}{9} = 0$,

$x_{2,3} = \frac{5}{3} \pm \sqrt{\frac{25}{9} - \frac{16}{9}} = \frac{5}{3} \pm 1$

$x_2 = \frac{2}{3} = x_1,\ x_3 = \frac{8}{3}$

**Flächeninhalt**

$$A_1 = \int_{\frac{2}{3}}^{\frac{8}{3}} \left(\frac{32}{27} - f_1(x)\right)dx = \int_{\frac{2}{3}}^{\frac{8}{3}} \left(\frac{32}{27} - x^3 + 4x^2 - 4x\right)dx = \left[-\frac{x^4}{4} + \frac{4}{3}x^3 - 2x^2 + \frac{32}{27}x\right]_{\frac{2}{3}}^{\frac{8}{3}} = \frac{4}{3}\,\text{FE}$$

d) Es ist zu zeigen: W ist der Mittelpunkt von $\overline{HT}$.

$$\frac{x_H + x_T}{2} = \frac{\frac{2}{3t} + \frac{2}{t}}{2} = \frac{\frac{8}{3t}}{2} = \frac{4}{3t} = x_W$$

$$\frac{y_H + y_T}{2} = \frac{\frac{32}{27t} + 0}{2} = \frac{16}{27t} = y_W$$

A

**3.** Das Schaubild K einer ganzrationalen Funktion f dritten Grades verläuft durch die Punkte P(0|4), Q(4|5), R(10|9) und hat den Wendepunkt W(5|$y_W$).

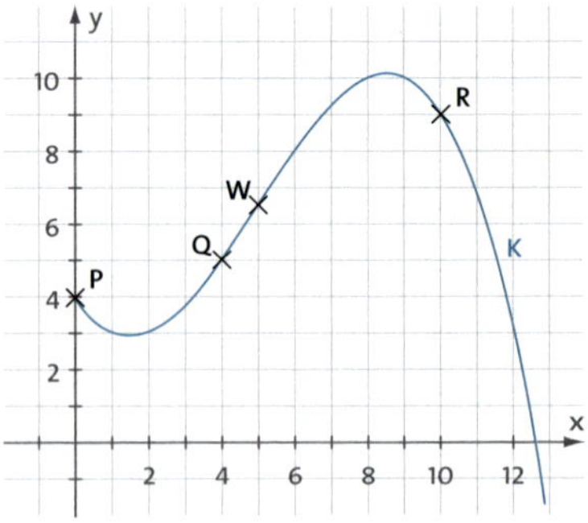


a) Bestimmen Sie eine Termdarstellung von f. K ist für $0 \le x \le 13$ abgebildet.

b) Zeigen Sie: f besitzt in [12; 13] eine Nullstelle. Berechnen Sie die Nullstelle mit dem NEWTON-Verfahren auf drei Dezimalen genau, indem Sie mit dem Wert 12,5 starten und abbrechen, wenn sich die 4. Dezimale nicht mehr ändert.

c) Berechnen Sie den Inhalt der Fläche, die von K, den Koordinatenachsen und der Geraden mit der Gleichung $x = 4$ begrenzt wird, exakt und anschließend näherungsweise mit der KEPLER'schen Fassregel.

d) Das gezeichnete Schaubild K stellt das Profil einer Landschaft dar. Dabei entspreche eine Längeneinheit 10 m. Vom unterirdisch liegenden Punkt $A\left(0 \,\middle|\, \frac{13}{6}\right)$ soll ein Stollen vorangetrieben werden, der möglichst steil ist, jedoch komplett unterirdisch verläuft. An welcher Stelle des Tales ist der Stollen direkt zugänglich? Wo endet der Stollen und wie lang ist er?

L

**3. Problemanalyse**

a) Bestimmung einer ganzrationalen Funktion

b) Nullstellensatz, NEWTON-Verfahren

c) Fläche zwischen Kurve und x-Achse, KEPLER'sche Fassregel

d) Tangentengleichung (Berührpunkt nicht bekannt)

**Lösung**

a) $f(x) = ax^3 + bx^2 + cx + d,\ f'(x) = 3ax^2 + 2bx + c,\ f''(x) = 6ax + 2b$

**Bedingungen**

(1) $f(0) = 4 \Leftrightarrow d = 4$

(2) $f(4) = 5 \Leftrightarrow 64a + 16b + 4c + d = 5$

(3) $f(10) = 9 \Leftrightarrow 1000a + 100b + 10c + d = 9$

(4) $f''(5) = 0 \Leftrightarrow 30a + 2b = 0$

Hieraus folgt: $a = -\frac{1}{24},\ b = \frac{5}{8},\ c = -\frac{19}{12},\ d = 4$,

somit ist $f(x) = -\frac{1}{24}x^3 + \frac{5}{8}x^2 - \frac{19}{12}x + 4,\ x \in \mathbb{R}$.

b) $f(x) = 0 \Leftrightarrow -\frac{1}{24}x^3 + \frac{5}{8}x^2 - \frac{19}{12}x + 4 = 0 \Leftrightarrow x^3 - 15x^2 + 38x - 96 = 0$

$f(12) \cdot f(13) = 3 \cdot \left(-\frac{5}{2}\right) = -\frac{15}{2} < 0$

Nach dem Nullstellensatz hat f in ]12; 13[ eine Nullstelle.

**NEWTON-Verfahren**

Wegen $f(x) = 0 \Leftrightarrow -\frac{1}{24}x^3 + \frac{5}{8}x^2 - \frac{19}{12}x + 4 = 0 \Leftrightarrow x^3 - 15x^2 + 38x - 96 = 0$
betrachtet man die Hilfsfunktion h mit $h(x) = x^3 - 15x^2 + 38x - 96 = 0$,

$h'(x) = 3x^2 - 30x + 38,\ x_{n+1} = x_n - \frac{h(x_n)}{h'(x_n)}$.

Mit $x_0 = 12{,}5$ und $x_{n+1} = x_n - \frac{x_n^3 - 15x_n^2 + 38x_n - 96}{3x_n^2 - 30x_n + 38}$ erhält man:

$x_1 \approx 12{,}588\,235,\ x_2 \approx 12{,}586\,94,\ x_3 \approx 12{,}586\,939 \Rightarrow x \approx 12{,}587$

c) **Flächeninhalt**

Mit Integral:

$$A = \int_0^4 f(x)\,dx = \int_0^4 \left(-\frac{1}{24}x^3 + \frac{5}{8}x^2 - \frac{19}{12}x + 4\right)dx = \left[-\frac{1}{96}x^4 + \frac{5}{24}x^3 - \frac{19}{24}x^2 + 4x\right]_0^4 = 14$$

Mit KEPLER'scher Fassregel:

$A \approx \frac{2}{3}[f(0) + 4 \cdot f(2) + f(4)] = 14$

Bemerkung: Die KEPLER'sche Fassregel liefert für ganzrationale Funktionen höchstens 3. Grades exakte Werte. Der Flächeninhalt beträgt 14 FE.

d) Von A ist die Tangente t an K zu legen.

**Skizze**

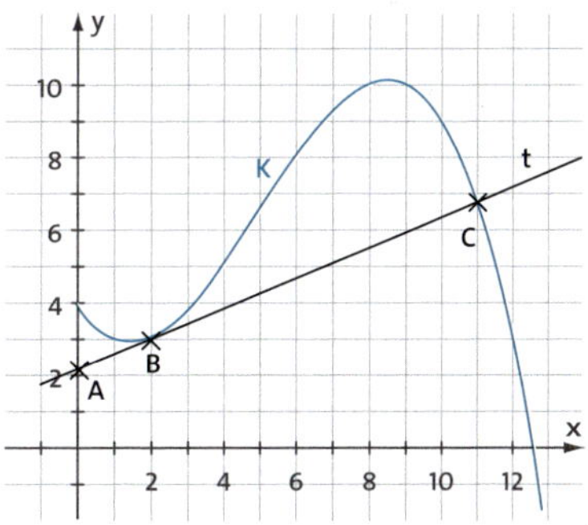


Es sei $B(u\,|\,f(u))$.

Die Punkt-Steigungsform liefert:

$t: y - f(u) = f'(u)(x - u)$

$t: y + \frac{1}{24}u^3 - \frac{5}{8}u^2 + \frac{19}{12}u - 4$
$= \left(-\frac{1}{8}u^2 + \frac{5}{4}u - \frac{19}{12}\right)(x - u)$

Aus $A\left(0\,\middle|\,\frac{13}{6}\right) \in t$ folgt:

$\frac{13}{6} + \frac{1}{24}u^3 - \frac{5}{8}u^2 + \frac{19}{12}u - 4 = \frac{1}{8}u^3 - \frac{5}{4}u^2 + \frac{19}{12}u$

$\Leftrightarrow -\frac{1}{12}u^3 + \frac{5}{8}u^2 - \frac{11}{6} = 0$

$\Leftrightarrow 2u^3 - 15u^2 + 44 = 0$

Durch Probieren findet man die Lösung $u_1 = 2,\ f(2) = 3 \Rightarrow B(2\,|\,3)$.

Die beiden anderen Lösungen (es gibt insgesamt drei Tangenten) interessieren nicht, da der Berührpunkt entweder außerhalb des betrachteten Bereichs oder aber zu einer Tangente gehört, die auch oberhalb von K verläuft. Also ist:

$t: y - f(2) = f'(2)(x - 2),\ t: y - 3 = \frac{5}{12}(x - 2),\ t: y = \frac{5}{12}x + \frac{13}{6}$

Der Punkt C ergibt sich aus dem Ansatz:

$f(x) = \frac{5}{12}x + \frac{13}{6} \Leftrightarrow -\frac{1}{24}x^3 + \frac{5}{8}x^2 - \frac{19}{12}x + 4 = \frac{5}{12}x + \frac{13}{6}$

$\Leftrightarrow -\frac{1}{24}x^3 + \frac{5}{8}x^2 - 2x + \frac{11}{6} = 0$

$\Leftrightarrow x^3 - 15x^2 + 48x - 44 = 0$

Da $x_1 = 2$ Lösung dieser Gleichung sein muss, führt eine Polynomdivision zum Ziel:

$$
\begin{array}{l}
(x^3 - 15x^2 + 48x - 44) : (x - 2) = x^2 - 13x + 22 \\
\underline{-(x^3 - 2x^2)} \\
\quad -13x^2 + 48x - 44 \\
\quad \underline{-(-13x^2 + 26x)} \\
\qquad\qquad 22x - 44 \\
\qquad\qquad \underline{-(22x - 44)} \\
\qquad\qquad\qquad 0
\end{array}
$$

Die weiteren Lösungen erhält man aus $x^2 - 13x + 22 = 0$ mit

$x_{2,3} = \frac{13}{2} \pm \sqrt{\frac{169}{4} - \frac{88}{4}} = \frac{13}{2} \pm \frac{9}{2}$, $x_2 = 2 = x_1$, $x_3 = 11$.

$f(11) = \frac{27}{4} \Rightarrow C\left(11 \,\middle|\, \frac{27}{4}\right)$, $|\overline{BC}| = \sqrt{9^2 + \left(\frac{15}{4}\right)^2} = \frac{39}{4} = 9{,}75$

Der Stollen ist im Punkt $B(2 \mid 3)$ zugänglich, hat eine Länge von 97,5 m und endet im Punkt $C\left(11 \,\middle|\, \frac{27}{4}\right)$.

A

**4.** Gegeben sind die Funktionen $f_a$ durch $f_a(x) = 2x^2\left(1 - \frac{x}{a}\right)$, $x \in \mathbb{R}$, $(a \in \mathbb{R}^+)$.
$K_a$ sei das Schaubild von $f_a$.

a) Untersuchen Sie $K_a$ auf Schnittpunkte mit der x-Achse, Extrem- und Wendepunkte. Zeichnen Sie $K_9$ im Bereich $-2 \leq x \leq 9$. Wählen Sie geeignete Längeneinheiten auf den Achsen.

b) Auf welcher Kurve liegen die Wendepunkte aller $K_a$?

c) Gegeben ist die Funktion g mit $g(x) = cx^2$, $x \in \mathbb{R}$, $(c > 0)$.
Wie ist c zu wählen, damit das Schaubild von g im Bereich $0 \leq x \leq 6$ unterhalb von $K_9$ verläuft?

d) Die Geraden g: $x = u$ $(0 < u < 4{,}5)$ schneidet die x-Achse in $P_1$ und $K_g$ in $P_4$, die Gerade h: $x = 2u$ schneidet die x-Achse in $P_2$ und $K_g$ in $P_3$.
Für welchen Wert von u wird der Inhalt des Vierecks $P_1P_2P_3P_4$ maximal? Geben Sie diesen größten Wert an.

L

**4. Problemanalyse**

a) Kurvendiskussion bei einer ganzrationalen Funktionenschar, Schaubild

b) Ortslinie

c) Schnittproblem

d) Extremwertaufgabe zu einem Trapez

**Lösung**

$f_a(x) = 2x^2\left(1 - \frac{x}{a}\right) = 2x^2 - \frac{2}{a}x^3$

**Ableitungen**

$f_a'(x) = 4x - \frac{6}{a}x^2$, $f_a''(x) = 4 - \frac{12}{a}x$, $f_a'''(x) = -\frac{12}{a}$

a) **Schnittpunkte mit der x-Achse**

$f_a(x) = 0 \Leftrightarrow x = 0 \lor x = a \Rightarrow N_1(0\,|\,0),\ N_2(a\,|\,0)$

**Extrempunkte**

$f_a'(x) = 0 \Leftrightarrow x\left(4 - \frac{6}{a}x\right) = 0 \Leftrightarrow x = 0 \lor x = \frac{2}{3}a$

$f_a''(0) = 4 > 0,\ f_a(0) = 0 \Rightarrow T(0\,|\,0)$

$f_a''\left(\frac{2}{3}a\right) = -4 < 0,\ f_a\left(\frac{2}{3}a\right) = 2 \cdot \frac{4}{9}a^2\left(1 - \frac{2}{3}\right) = \frac{8}{27}a^2 \Rightarrow H\left(\frac{2}{3}a\,\middle|\,\frac{8}{27}a^2\right)$

**Wendepunkt**

$f_a''(x) = 0 \Leftrightarrow x = \frac{1}{3}a$

$f_a'''\left(\frac{1}{3}a\right) = -\frac{12}{a} \neq 0,\ f_a\left(\frac{1}{3}a\right) = \frac{4}{27}a^2 \Rightarrow W\left(\frac{1}{3}a\,\middle|\,\frac{4}{27}a^2\right)$

**Schaubild**

$f_9(x) = 2x^2\left(1 - \frac{x}{9}\right)$, $K_9$ mit $N_1(0\,|\,0)$, $N_2(9\,|\,0)$, $T(0\,|\,0)$, $H(6\,|\,24)$, $W(3\,|\,12)$

Mit $1\text{ LE} = 1\text{ cm}$ auf der x-Achse und $1\text{ LE} = 0{,}25\text{ cm}$ auf der y-Achse ergibt sich das folgende Schaubild:

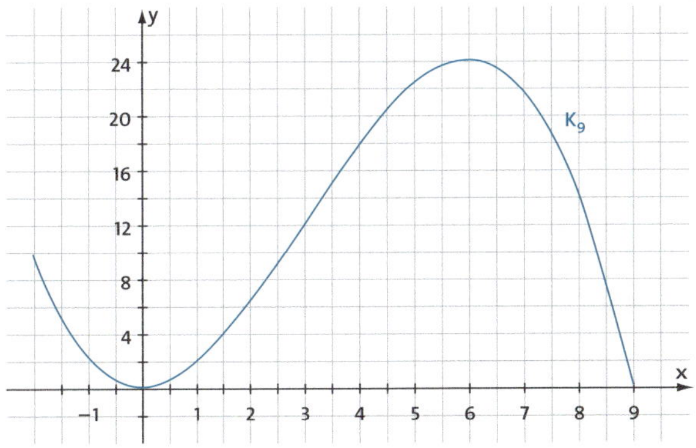


b) **Ortslinie der Wendepunkte**

$W\left(\frac{1}{3}a\,\middle|\,\frac{4}{27}a^2\right)$ bedeutet:

$x = \frac{1}{3}a \Leftrightarrow a = 3x$ und $y = \frac{4}{27}a^2$

Durch Einsetzen erhält man $y = \frac{4}{27}(3x)^2$ oder $y = \frac{4}{3}x^2$.

Die Wendepunkte liegen auf der Kurve (Parabel) mit der Gleichung $y = \frac{4}{3}x^2$.

c) Es ist c so zu bestimmen, dass das Schaubild von g die Kurve $K_9$ für $x = 0$ und $x = 6$ schneidet.

$f_9(x) = g(x) \Leftrightarrow 2x^2\left(1 - \frac{x}{9}\right) = cx^2 \Leftrightarrow 2x^2\left(1 - \frac{x}{9}\right) - cx^2 = 0 \Leftrightarrow x^2\left[2 \cdot \left(1 - \frac{x}{9}\right) - c\right] = 0$

$\Leftrightarrow x = 0 \lor 2 - \frac{2}{9}x - c = 0 \Leftrightarrow x = 0 \lor -\frac{2}{9}x = c - 2 \Leftrightarrow x = 0 \lor x = -\frac{9}{2}c + 9$

Wegen $x = 0$ und $x = 6$ muss gelten: $-\frac{9}{2}c + 9 = 6 \Leftrightarrow c = \frac{2}{3}$

d) **Maximaler Trapezinhalt**
**Skizze**

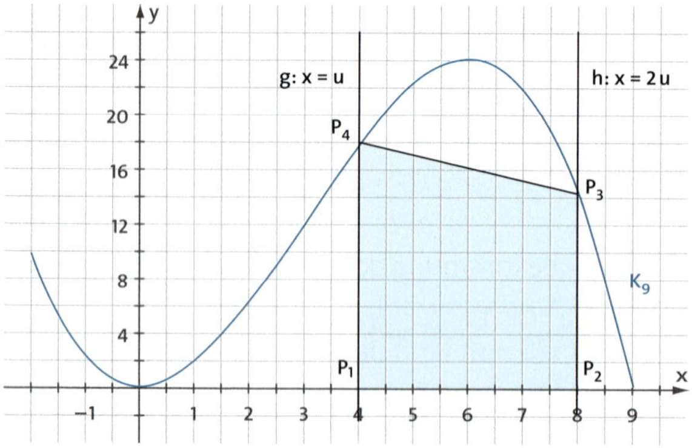


Für den Flächeninhalt A (u) des Trapezes gilt:

$A(u) = \frac{1}{2}(f_9(u) + f_9(2u)) \cdot (2u - u)$

$= \frac{1}{2}\left[2u^2\left(1 - \frac{u}{9}\right) + 8u^2\left(1 - \frac{2u}{9}\right)\right] \cdot u$

$= u^3\left[1 - \frac{u}{9} + 4\left(1 - \frac{2u}{9}\right)\right]$

$= u^3(5 - u) = -u^4 + 5u^3,\ u \in \left]0;\ \frac{9}{2}\right[$

$A'(u) = -4u^3 + 15u^2,\ A''(u) = -12u^2 + 30u$

$A'(u) = 0 \Leftrightarrow u^2(-4u + 15) = 0 \Leftrightarrow u = 0 \lor u = \frac{15}{4}$

Die Lösung $u = 0$ entfällt, denn $u \notin \left]0, \frac{9}{2}\right[$.

$A''\left(\frac{15}{4}\right) = -12 \cdot \frac{225}{16} + 30 \cdot \frac{15}{4} = -\frac{225}{4} < 0 \Rightarrow A\left(\frac{15}{4}\right) = \left(\frac{15}{4}\right)^3\left(5 - \frac{15}{4}\right) = \frac{3375}{64} \cdot \frac{5}{4} \approx 65{,}9$ ist relatives Maximum.

Da $\lim\limits_{u \to 0+} A(u) = 0 < 65{,}9$ und $\lim\limits_{u \to \frac{9}{2}-} A(u) = \frac{729}{16} \approx 45{,}6 < 65{,}9$

beträgt der absolut größte Flächeninhalt etwa 65,9 FE.

### 1.12.2 Gebrochenrationale Funktionen

A

**1.** Gegeben ist die Funktion f mit $f(x) = \frac{x^3 - 3x + 2}{(x+1)^2}$, $x \in \mathbb{R} \setminus \{-1\}$.
K ist das Schaubild der Funktion f.

a) Die Kurve K verläuft durch den Punkt $N_1(1\,|\,0)$. Untersuchen Sie K auf Asymptoten, Schnittpunkte mit den Koordinatenachsen, Extrem- und Wendepunkte. Zeichnen Sie K für $-4 \le x \le 5$ samt Asymptoten.
Hinweis: Verwenden Sie zur Bestimmung der Extremstellen eine Restbruchdarstellung der 1. Ableitung.

b) Die Kurve K schließt im 1. Quadranten mit den Koordinatenachsen eine Fläche ein. Berechnen Sie deren Inhalt. Wie groß ist die prozentuale Abweichung, wenn man das Schaubild der Funktion f durch eine Parabel 3. Ordnung ersetzt, die mit den Schnittpunkten von K mit der positiven x-Achse, der y-Achse und den Steigungen in diesen Punkten übereinstimmt?

c) Die y-Achse, die Kurve K, die schiefe Asymptote und die Gerade mit der Gleichung $h\colon x = z$ für $z > 0$ schließen eine Fläche ein. Bestimmen Sie deren Inhalt A(z). Bestimmen Sie den Grenzwert dieses Flächeninhalts für $z \to +\infty$.

d) Die schiefe Asymptote und die Gerade h aus Teilaufgabe c) schneiden sich in P. Weiter schneidet h die Kurve K in Q. R sei der Schnittpunkt der schiefen Asymptote mit der y-Achse. Bestimmen Sie den Flächeninhalt des Dreiecks PQR in Abhängigkeit von z. Für welchen Wert von z wird der Flächeninhalt extremal?

L

**1. Problemanalyse**

a) Kurvendiskussion bei einer gebrochenrationalen Funktion

b) Fläche zwischen Kurve und x-Achse, Bestimmung einer ganzrationalen Funktion, Prozentrechnung

c) Fläche zwischen zwei Kurven, uneigentliches Integral

d) Extremwertaufgabe zu einem Dreieck

**Lösung**

a) **Polynomdivision**

$$\begin{array}{l} (x^3 \qquad\quad - 3x + 2) : (x^2 + 2x + 1) = x - 2 + \frac{4}{x^2 + 2x + 1} \\ \underline{-(x^3 + 2x^2 + \;\; x)} \\ \qquad -2x^2 - 4x + 2 \\ \quad \underline{-(-2x^2 - 4x - 2)} \\ \qquad\qquad\qquad 4 \end{array}$$

Also ist $f(x) = x - 2 + \frac{4}{(x+1)^2} = x - 2 + 4(x+1)^{-2}$.

**Ableitungen**

$f'(x) = 1 - 8(x+1)^{-3} = 1 - \frac{8}{(x+1)^3}$, $f''(x) = 24(x+1)^{-4} = \frac{24}{(x+1)^4}$

**Asymptoten**

Wegen $f(x) \to \infty$ für $x \to -1$ ist $a_1\colon x = -1$ Asymptote parallel zur y-Achse.

Wegen $\lim\limits_{|x| \to \infty} [f(x) - (x-2)] = \lim\limits_{|x| \to \infty} \frac{4}{(x+1)^2} = 0$ ist $a_2\colon y = x - 2$ schiefe Asymptote.

**Schnittpunkte mit den Koordinatenachsen**

$f(x) = 0 \Leftrightarrow x^3 - 3x + 2 = 0$

Wegen $N_1(1\,|\,0)$ ist $x_1 = 1$.

**Polynomdivision liefert:**

$$\begin{array}{l} (x^3 \qquad - 3x + 2) : (x-1) = x^2 + x - 2 \\ \underline{-(x^3 - x^2)} \\ \qquad x^2 - 3x + 2 \\ \qquad \underline{-(x^2 - x\quad)} \\ \qquad\qquad -2x + 2 \\ \qquad\qquad \underline{-(-2x + 2)} \\ \qquad\qquad\qquad 0 \end{array}$$

$x^2 + x - 2 = 0$

$x_{2,3} = -\frac{1}{2} \pm \sqrt{\frac{1}{4} + \frac{8}{4}} = -\frac{1}{2} \pm \frac{3}{2}$

$x_2 = -2 \Rightarrow N_2(-2\,|\,0),\ x_3 = 1$

$\Rightarrow N_1(1\,|\,0),\ f(0) = 2 \Rightarrow S(0\,|\,2)$

**Schaubild**

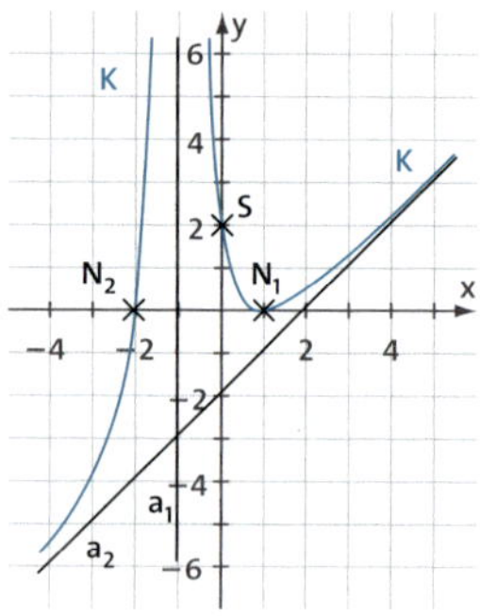


**Extrempunkte**

$f'(x) = 0 \Leftrightarrow 1 - \frac{8}{(x+1)^3} = 0 \Leftrightarrow (x+1)^3 = 8$

$\Leftrightarrow x + 1 = 2 \Leftrightarrow x = 1$

$f''(1) = \frac{24}{16} = \frac{3}{2} > 0,\ f(1) = 0 \Rightarrow T(1\,|\,0) = N_1$

**Wendepunkte**

Es gibt keine Wendepunkte, weil $f''(x) \neq 0$ für alle $x \in D$.

b) **Flächeninhalt**

$A = \int\limits_0^1 f(x)\,dx = \int\limits_0^1 \left(x - 2 + \frac{4}{(x+1)^2}\right) dx = \int\limits_0^1 \left(x - 2 + 4(x+1)^{-2}\right) dx$

$= \left[\frac{1}{2}x^2 - 2x - 4(x+1)^{-1}\right]_0^1 = \left[\frac{1}{2}x^2 - 2x - \frac{4}{(x+1)}\right]_0^1$

$= \frac{1}{2} - 2 - 2 - (-4) = \frac{1}{2}\,\text{FE}$

**Skizze**

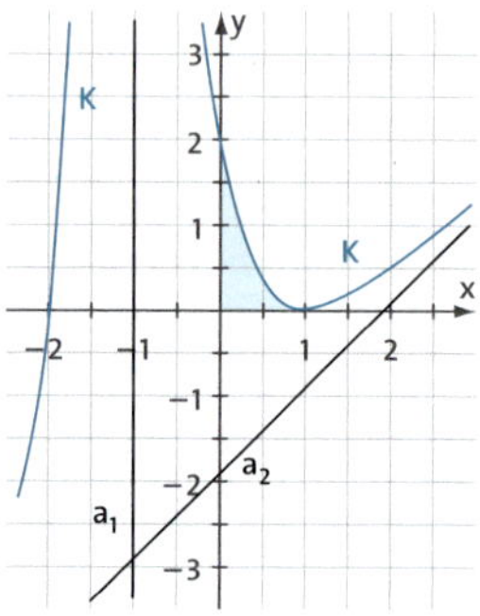


**Bestimmung der ganzrationalen Funktion 3. Grades**

$p(x) = ax^3 + bx^2 + cx + d,\ (a \in \mathbb{R} \neq 0;\ b, c, d \in \mathbb{R})$

$p'(x) = 3ax^2 + 2bx + c$

**Bedingungen**

(1) $p(0) = 2 \quad \Leftrightarrow \quad d = 2$

(2) $p'(0) = f'(0) \quad \Leftrightarrow \quad c = -7$

(3) $p(1) = 0 \quad \Leftrightarrow \quad a + b + c + d = 0$

(4) $p'(1) = 0 \quad \Leftrightarrow \quad 3a + 2b + c = 0$

Hieraus folgt $a = -3,\ b = 8,\ c = -7,\ d = 2$,
also $p(x) = -3x^3 + 8x^2 - 7x + 2$.

**Flächeninhalt**

$$A^* = \int_0^1 p(x)\,dx = \int_0^1 (-3x^3 + 8x^2 - 7x + 2)\,dx = \left[-\tfrac{3}{4}x^4 + \tfrac{8}{3}x^3 - \tfrac{7}{2}x^2 + 2x\right]_0^1$$

$$= -\tfrac{3}{4} + \tfrac{8}{3} - \tfrac{7}{2} + 2 = \tfrac{5}{12}\,\text{FE}$$

**Prozentuale Abweichung**

Absolute Abweichung $\Delta A = |A - A^*| = \left|\tfrac{1}{2} - \tfrac{5}{12}\right| = \tfrac{1}{12}$

Prozentuale Abweichung $p\,\% = \frac{\Delta A}{A} \cdot 100\,\% = \frac{\frac{1}{12}}{\frac{1}{2}} \cdot 100\,\% = \frac{1}{6} \cdot 100\,\% \approx 16{,}7\,\%$

c) **Flächeninhalt**

$$A(z) = \int_0^z (f(x) - a_2(x))\,dx = \int_0^z \left(x - 2 + \frac{4}{(x+1)^2} - (x-2)\right)dx$$

$$= \int_0^z \frac{4}{(x+1)^2}\,dx$$

$$= \int_0^z 4(x+1)^{-2}\,dx$$

$$= \left[-4(x+1)^{-1}\right]_0^z$$

$$= \left[-\frac{4}{x+1}\right]_0^z$$

$$= -\frac{4}{z+1} - (-4)$$

$$= 4 - \frac{4}{z+1}, \quad \lim_{z\to\infty} A(z) = 4$$

**Skizze**

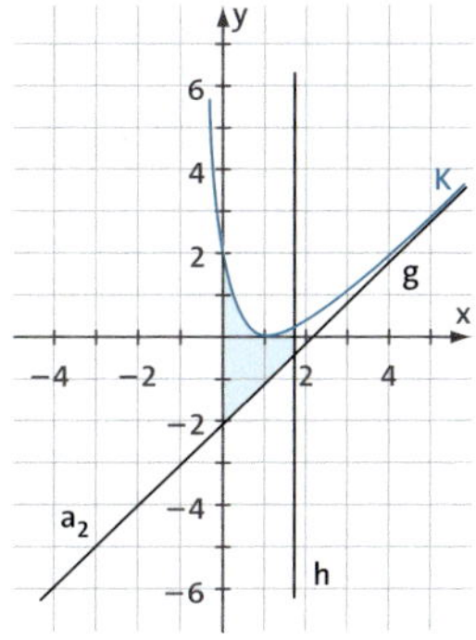


d) **Extremaler Dreiecksinhalt**

Beim Dreieck PQR hat die Grundseite die Länge $y_Q - y_P$. Die zugehörige Höhe ist $x_P = z$.
Mit $y_Q = y(z)$ und $y_P = a_2(z)$ ergibt sich:

$$F(z) = \tfrac{1}{2}(f(z) - a_2(z)) \cdot z = \tfrac{1}{2}z \cdot \frac{4}{(z+1)^2} = \frac{2z}{(z+1)^2}$$

$$F'(z) = \frac{2(z+1)^2 - 2z \cdot 2(z+1)}{(z+1)^4} = \frac{2(z+1) - 4z}{(z+1)^3} = \frac{-2z+2}{(z+1)^3}$$

$$F''(z) = \frac{-2(z+1)^3 - (-2z+2) \cdot 3(z+1)^2}{(z+1)^6} = \frac{-2(z+1) - (-6z+6)}{(z+1)^4}$$

$$= \frac{4z-8}{(z+1)^4}$$

**Skizze**

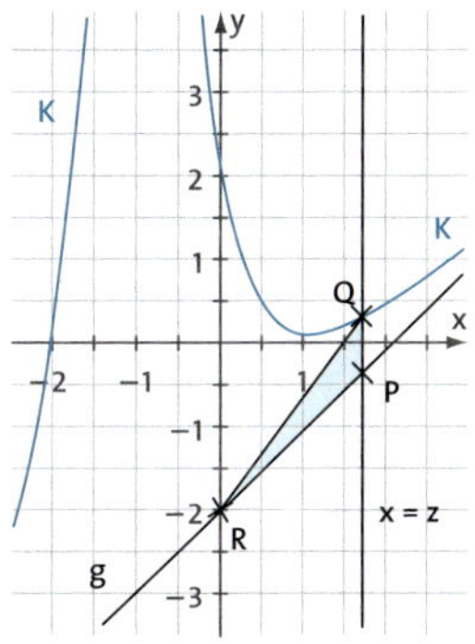


$F'(z) = 0 \Leftrightarrow z = 1,\; F''(1) = \frac{4-8}{2^4} = -\frac{1}{4} < 0$

Wegen $\lim\limits_{z\to\infty} F(z) = \lim\limits_{z\to 0+} F(z) = 0 < F(1) = \frac{1}{2}$ ist der Flächeninhalt für $z = 1$ absolut maximal und beträgt $\frac{1}{2}$FE.

A

**2.** Gegeben ist die Funktion f mit $f(x) = \frac{4x}{x^2+x-2}$, $x \in D$. Ihr Schaubild sei K.

a) Geben Sie die maximale Definitionsmenge von f an. Untersuchen Sie das Schaubild von f auf Schnittpunkte mit den Koordinatenachsen, Extrempunkte und Asymptoten. Zeichnen Sie K für $-5 \leq x \leq 4$ samt Asymptoten. Berechnen Sie den Wendepunkt mithilfe des NEWTON-Verfahrens auf zwei Dezimalen genau. Auf die hinreichende Bedingung für den Wendepunkt wird verzichtet.

b) Zeigen Sie: Die 1. Winkelhalbierende schneidet K in genau drei Punkten. Berechnen Sie die Weite des Winkels unter dem die 1. Winkelhalbierende das Schaubild K im Ursprung schneidet.

c) Die Gerade $g: x = u \ (u > 1)$ schneidet K in P und die x-Achse in Q. Für welchen Wert von u besitzt das Dreieck aus P, Q und dem Koordinatenursprung einen extremalen Flächeninhalt? Welche Werte kann der Flächeninhalt eines solchen Dreiecks annehmen?

d) Begründen Sie: An das Schaubild K kann man entweder zwei oder drei parallele Tangenten legen.

L

**2. Problemanalyse**

a) Definitionslücken, Kurvendiskussion bei einer gebrochenrationalen Funktion, NEWTON-Verfahren

b) Schnittproblem, Schnittwinkelweite

c) Extremwertaufgabe zu einem Dreieck, Wertemenge einer Funktion

d) Tangentenbegriff, Wertemenge der Ableitungsfunktion

**Lösung**

a) Die maximale Definitionsmenge ergibt sich aus den Nullstellen des Nenners (Definitionslücken).

$x^2 + x - 2 = (x+2)(x-1) = 0 \Leftrightarrow x = -2 \vee x = 1, \ D = \mathbb{R} \setminus \{-2; 1\}$

**Ableitungen**

$$f'(x) = \frac{4(x^2+x-2) - 4x \cdot (2x+1)}{(x^2+x-2)^2} = \frac{-4x^2-8}{(x^2+x-2)^2} = -4\,\frac{x^2+2}{(x^2+x-2)^2}$$

$$f''(x) = -4\,\frac{2x(x^2+x-2)^2 - (x^2+2)\,2(x^2+x-2)(2x+1)}{(x^2+x-2)^4}$$

$$= -4\,\frac{2x(x^2+x-2) - (x^2+2)(4x+2)}{(x^2+x-2)^3} = -4\,\frac{-2x^3-12x-4}{(x^2+x-21)^3} = 8\,\frac{x^3+6x+2}{(x^2+x-2)^3}$$

**Schnittpunkte mit den Koordinatenachsen**

$f(x) = 0 \Leftrightarrow 4x = 0 \Leftrightarrow x = 0 \Rightarrow N(0|0)$

**Extrempunkte**

Es gibt keine Extrempunkte, da $f'(x) \neq 0$ für alle $x \in D$.

**Asymptoten**

Die Definitionslücken −2 und 1 sind Polstellen. Hieraus ergeben sich die vertikalen Asymptoten $a_1: x = -2$ und $a_2: x = 1$.

**Schaubild**

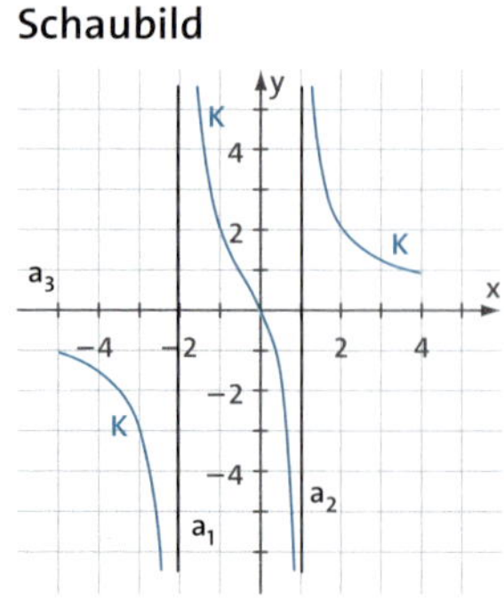

Wegen $\lim\limits_{x \to \infty} f(x) = 0$ ist $a_3\colon y = 0$ die horizontale Asymptote.

**Wendepunkt**

$f''(x) = 0 \Leftrightarrow x^3 + 6x + 2 = 0$

Man untersucht die Hilfsfunktion h mit $h(x) = x^3 + 6x + 2$ auf Nullstellen.

Es gilt: $h(0) \cdot h(-1) = 2 \cdot (-5) = -10 < 0$

Also gibt es eine Nullstelle im Intervall $]-1;\, 0[$. Sie ist die einzige, da h streng monoton wächst.

Dies folgt aus $h'(x) > 0$ für alle $x \in \mathbb{R}$.

**Newton-Verfahren**

$h'(x) = 3x^2 + 6,\; x_{n+1} = x_n - \frac{h(x_n)}{h'(x_n)} = x_n - \frac{x_n^3 + 6x_n + 2}{3x_n^2 + 6}$

Mit $x_0 = -0{,}5$ liefert der GTR:

$x_1 \approx -0{,}3333333,\; x_2 \approx -0{,}3274853,\; x_3 \approx -0{,}32748$

$x_W \approx -0{,}33 \Rightarrow y_W = f(x_W) \approx 0{,}59 \Rightarrow W(-0{,}33 \mid 0{,}59)$

b) **Schnittpunkte von K mit der 1. Winkelhalbierenden**

$f(x) = x \Leftrightarrow 4x = x(x^2 + x - 2) \Leftrightarrow 0 = x^3 + x^2 - 6x \Leftrightarrow x(x^2 + x - 6) = 0$

$x_1 = 0,\; x_{2,3} = -\frac{1}{2} \pm \sqrt{\frac{1}{4} + \frac{24}{4}} = -\frac{1}{2} \pm \frac{5}{2},\; x_2 = -3,\; x_3 = 2$

$\Rightarrow S_1(0 \mid 0),\; S_2(2 \mid 2),\; S_3(-3 \mid -3)$ sind die Schnittpunkte.

**Weite des Schnittwinkels**

$f'(0) = -2 = m_1,\; m_2 = 1$

$\tan \delta = \left| \frac{m_2 - m_1}{1 + m_1 m_2} \right| = \left| \frac{3}{1-2} \right| = |-3| = 3$

$\Rightarrow \delta \approx 71{,}6°$

c) **Extremaler Dreiecksinhalt**

**Skizze**

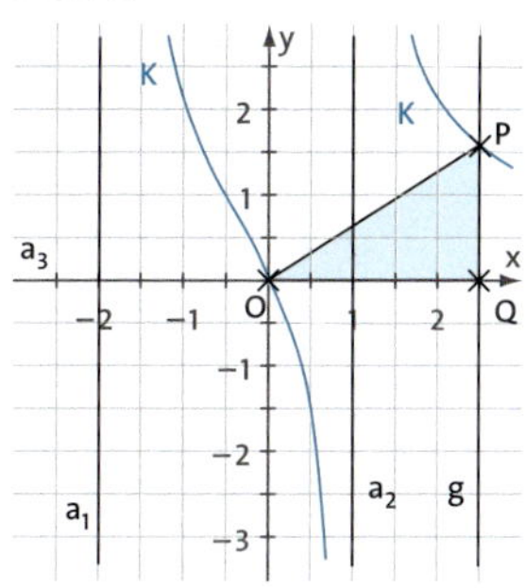


$A(u) = \frac{1}{2} u \cdot f(u) = \frac{2u^2}{u^2 + u - 2},\; u > 1$

$A'(u) = \frac{4u(u^2 + u - 2) - 2u^2(2u + 1)}{(u^2 + u - 2)^2}$

$= \frac{2u^2 - 8u}{(u^2 + u - 2)^2} = \frac{2u(u-4)}{(u^2 + u - 2)^2}$

$A'(u) = 0 \Leftrightarrow u = 0 \vee u = 4,\; u = 0$ entfällt, da $u < 1$.

Die Funktion A′ hat an der Stelle 4 einen Vorzeichenwechsel von – nach +, also ist A (4) relatives Minimum.

A (4) ist auch absolutes Minimum wegen

$A(u) \to \infty$ für $u \to 1+,\; \lim\limits_{u \to \infty} A(u) = 2$ und $A(4) = \frac{16}{9} < 2.$

Also besitzt das Dreick für $u = 4$ einen minimalen Inhalt.

Der Flächeninhalt A kann alle Werte aus dem Intervall $\left[\frac{16}{9};\, \infty\right[$ annehmen.

d) Am Schaubild von f erkennt man: Für $x > 1$ und für $x < -2$ nimmt f′ sämtliche Werte aus $\mathbb{R}^-$ an. Für $-2 < x < 1$ nimmt f′ sämtliche Werte aus $]-\infty;\, f'(x_W)]$ an. Also gibt es für die Steigungen m mit $-\infty < m \le f'(x_W) \approx -1{,}71$ drei parallele Tangenten, für $f'(x_W) < m < 0$ zwei parallele Tangenten.

A

**3.** Für jedes $t \in \mathbb{R}\setminus\{0\}$ ist eine Funktion $f_t$ gegeben mit $f_t(x) = \frac{12(x-t)}{tx^2}$, $x \in \mathbb{R}\setminus\{0\}$.
Die Kurve $K_t$ ist das Schaubild der Funktion $f_t$.

a) Untersuchen Sie $K_t$ auf Asymptoten, Schnittpunkte mit der x-Achse, Hoch-, Tief- und Wendepunkte. Zeichnen Sie $K_1$ für $-6 \leq x \leq 6$.
Welche Kurve bilden die Extrempunkte aller $K_t$?

b) Gegeben ist die Funktion g mit $g(x) = \frac{12}{x}$, $x \in \mathbb{R}\setminus\{0\}$.
Ihr Schaubild ist die Kurve C.
Die Kurve $K_1$, die Kurve C und die Geraden $h_1$: $x = 1$ und $h_2$: $x = z$ mit $z > 1$ schließen eine Fläche ein. Berechnen Sie deren Inhalt $A(z)$.
Welchen Grenzwert besitzt der Inhalt dieser Fläche für $z \to +\infty$?

c) Der Ursprung und der Hochpunkt der Kurve $K_t$ sind Eckpunkte eines achsenparallelen Rechtecks. Für welches $t > 0$ wird der Umfang des Rechtecks minimal?

d) Die Kurve $K_1$, die x-Achse und die Gerade mit der Gleichung $x = 4$ begrenzen eine Fläche. Rotiert diese Fläche um die x-Achse, so entsteht ein Drehkörper. Berechnen Sie dessen Volumen.

L

**3. Problemanalyse**

a) Kurvendiskussion bei einer gebrochenrationalen Funktionenschar, Ortslinie
b) Fläche zwischen zwei Kurven, uneigentliches Integral
c) Extremwertaufgabe zu einem Rechteck
d) Volumen eines Drehkörpers

**Lösung**

a) $f_t(x) = \frac{12}{t} \cdot \frac{x-t}{x^2} = \frac{12}{t}\left(\frac{1}{x} - \frac{t}{x^2}\right) = \frac{12}{t}(x^{-1} - tx^{-2})$

**Ableitungen**

$f_t'(x) = \frac{12}{t}(-x^{-2} + 2tx^{-3}) = -\frac{12}{t}\left(\frac{1}{x^2} - \frac{2t}{x^3}\right) = -\frac{12}{t} \cdot \frac{x-2t}{x^3}$

$f_t''(x) = \frac{12}{t}(2x^{-3} - 6tx^{-4}) = \frac{12}{t}\left(\frac{2}{x^3} - \frac{6t}{x^4}\right) = \frac{12}{t} \cdot \frac{2x-6t}{x^4}$, $f_t'''(x) = -\frac{72}{t} \cdot \frac{x-4t}{x^5}$

**Asymptoten**

Da 0 Polstelle, ist $a_1$: $x = 0$ vertikale Asymptote.
Wegen $\lim\limits_{|x| \to \infty} f(x) = 0$ ist $a_2$: $y = 0$ waagrechte Asymptote.

**Schnittpunkte mit der x-Achse**

$f_t(x) = 0 \Leftrightarrow (x-t) = 0 \Leftrightarrow x = t \Rightarrow N(t\,|\,0)$

**Extrempunkte**

$f_t'(x) = 0 \Leftrightarrow x - 2t = 0 \Leftrightarrow x = 2t$

$f_t''(2t) = \frac{12}{t} \cdot \frac{4t-6t}{16t^4} = -\frac{3}{2t^4} < 0$

$f_t(2t) = \frac{12}{t} \cdot \frac{t}{4t^2} = \frac{3}{t^2} \Rightarrow H\left(2t\,\middle|\,\frac{3}{t^2}\right)$

**Schaubild**

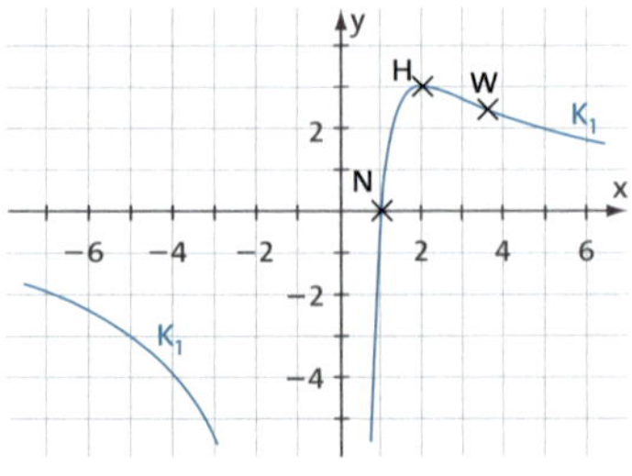

**Wendepunkte**

$f_t''(x) = 0 \Leftrightarrow 2x - 6t = 0 \Leftrightarrow x = 3t,\ f_t'''(3t) = \frac{72}{t} \cdot \frac{t}{243t^5} = \frac{8}{27t^5} \neq 0$

$f_t(3t) = \frac{8}{3t^2} \Rightarrow W\left(3t \,\middle|\, \frac{8}{3t^2}\right)$

**Wertetabelle zu $f_1$**

| x | −6 | −5 | −4 | −3 | 0,75 | 1,5 | 2,5 | 4 | 5 | 6 |
|---|---|---|---|---|---|---|---|---|---|---|
| $f_1(x)$ | −2,3 | −2,9 | −3,8 | −5,3 | −5,3 | 2,7 | 2,9 | 2,3 | 1,9 | 1,7 |

**Ortslinie der Hochpunkte**

$H\left(2t \,\middle|\, \frac{3}{t^2}\right)$ bedeutet $x = 2t \Leftrightarrow t = \frac{1}{2}x$ und $y = \frac{3}{t^2}$

Durch Einsetzen erhält man $y = \frac{3}{\left(\frac{1}{2}x\right)^2}$ oder $y = \frac{12}{x^2}$.

Die Hochpunkte liegen auf der Kurve (Hyperbel) mit der Gleichung $y = \frac{12}{x^2}$.

b) Wegen $f_1(x) = \frac{12}{x} \cdot \frac{x-1}{x} < \frac{12}{x} = g(x)$ für alle $x \geq 1$, gilt:

$$A(z) = \int_1^z (g(x) - f_1(x))\,dx = \int_1^z \left[\frac{12}{x} - \left(\frac{12}{x} - \frac{12}{x^2}\right)\right] dx$$

$$= \int_1^z \frac{12}{x^2}\,dx = \int_1^z 12x^{-2}\,dx = \left[-12x^{-1}\right]_1^z$$

$$= \left[-\frac{12}{x}\right]_1^z = -\frac{12}{z} - (-12) = 12 - \frac{12}{z}$$

$\lim\limits_{z \to \infty} A(z) = 12$

Der Flächeninhalt besitzt einen Grenzwert von 12 FE.

**Skizze**

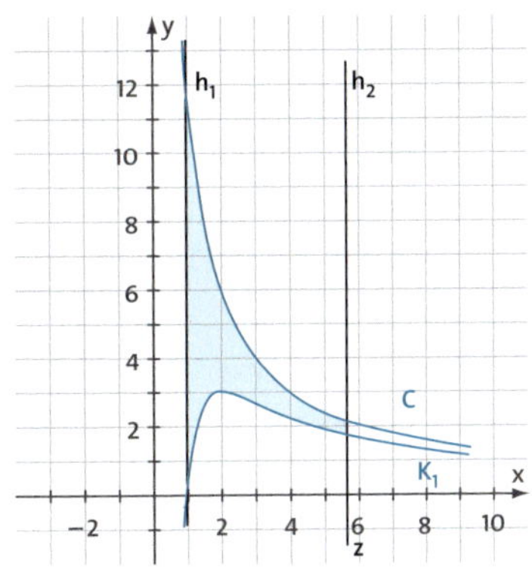


c) **Minimaler Rechtecksumfang**

Für den Umfang U(t) gilt:

$U(t) = 2 \cdot 2t + 2 \cdot \frac{3}{t^2} = 4t + \frac{6}{t^2},\ t > 0$

$U'(t) = 4 - \frac{12}{t^3},\ U''(t) = \frac{36}{t^4}$

$U'(t) = 0 \Leftrightarrow 4 - \frac{12}{t^3} = 0 \Leftrightarrow 4t^3 = 12 \Leftrightarrow t^3 = 3$

$\Leftrightarrow t = \sqrt[3]{3}$

$U''(\sqrt[3]{3}) = \frac{36}{(\sqrt[3]{3})^4} > 0$

**Skizze**

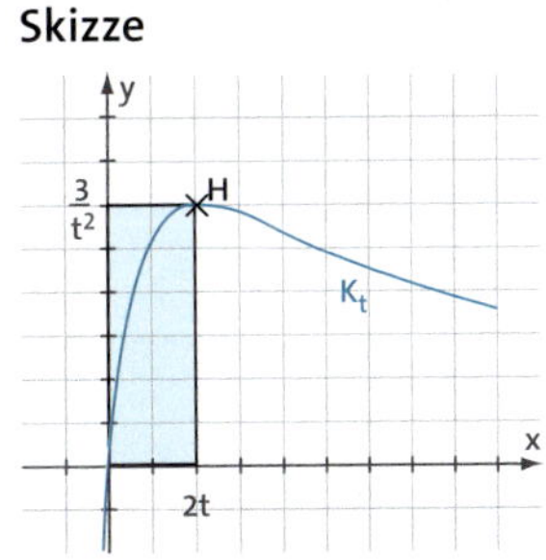


Wegen $U(t) \to \infty$ für $t \to 0+$ und für $t \to \infty$ ist der Umfang des Rechtecks für $t = \sqrt[3]{3}$ absolut minimal und beträgt $5 \cdot \sqrt[3]{3} \approx 7{,}2$ FE.

d) **Drehkörpervolumen**

Für das Volumen V des Drehkörpers gilt:

$$V = \pi \int_1^4 (f(x))^2\,dx = \pi \int_1^4 \left(12 \frac{x-1}{x^2}\right)^2 dx$$

$$= 144\pi \int_1^4 \frac{(x-1)^2}{x^4}\,dx = 144\pi \int_1^4 \left(\frac{1}{x^2} - \frac{2}{x^3} + \frac{1}{x^4}\right) dx$$

**Skizze**

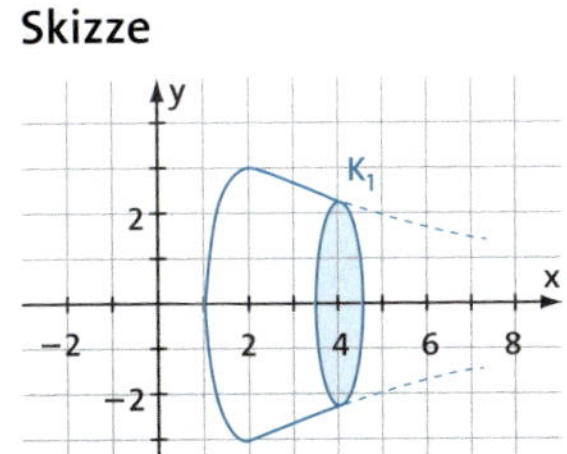

$$= 144\pi\left[-x^{-1} + x^{-2} - \tfrac{1}{3}x^{-3}\right]_1^4 = 144\pi\left[-\tfrac{1}{x} + \tfrac{1}{x^2} - \tfrac{1}{3x^3}\right]_1^4$$

$$= 144\pi\left[-\tfrac{1}{4} + \tfrac{1}{16} - \tfrac{1}{192} - \left(-1 + 1 - \tfrac{1}{3}\right)\right] = 144\pi \cdot \left(\tfrac{9}{64}\right) = \tfrac{81}{4}\pi$$

Der Körper hat ein Volumen von $\frac{81}{4}\pi$ VE.

A

**4.** Gegeben ist die Funktion f mit $f(x) = \frac{x^2}{2(x-2)}$, $x \in \mathbb{R}\setminus\{2\}$. Ihr Schaubild ist K.

a) Beschreiben Sie das Verhalten von f für $x \to 2$ und $|x| \to \infty$.
Untersuchen Sie K auf Extrempunkte und Asymptoten.
Zeichnen Sie K für $-6 \le x \le 8$ samt Asymptoten (LE 1 cm).

b) Zeigen Sie: K ist symmetrisch zum Schnittpunkt der Asymptoten.

c) K begrenzt mit den Geraden $g_1\colon x = 4$ und $g_2\colon x = 6$ sowie der x-Achse eine Fläche mit dem Inhalt A. Berechnen Sie A mithilfe einer Stammfunktion und mit der KEPLER'scher Fassregel. Um wie viel Prozent weicht der mit der Fassregel ermittelte Wert vom exakten ab? Runden Sie auf zwei Dezimalen.

d) Gegeben sind die Funktionen $f_a$ mit $f_a(x) = \frac{x^2}{x-a}$, $x \in \mathbb{R}\setminus\{a\}$ $(a \in \mathbb{R})$.
Beschreiben Sie den groben Verlauf der Schaubilder von $f_a$.
Gibt es Schaubilder ohne Extrempunkte?
Auf welcher Ortslinie liegen die Extrempunkte der Schaubilder von $f_a$?

L

**4. Problemanalyse**

a) Definitionslücken, Grenzwertuntersuchung, Kurvendiskussion bei einer gebrochenrationalen Funktion

b) Punktsymmetrie

c) Fläche zwischen Kurve und x-Achse, Integral, KEPLER'sche Fassregel, Prozentrechnung

d) Gebrochenrationale Funktionenschar, Fallunterscheidung, Ortslinie

**Lösung**

a) $f(x) = \frac{1}{2} \cdot \frac{x^2}{x-2}$

Polynomdivision:

$$x^2 : (x-2) = x + 2 + \frac{4}{x-2}$$
$$\underline{-(x^2 - 2x)}$$
$$2x$$
$$\underline{-(2x - 4)}$$
$$4$$

Also ist $f(x) = \frac{1}{2}x + 1 + \frac{2}{x-2}$

$f'(x) = \frac{1}{2} - \frac{2}{(x-2)^2}$, $f''(x) = \frac{4}{(x-2)^3}$

$f(x) \to \pm\infty$ für $x \to 2\pm$ $\Rightarrow$ 2 ist ein Pol mit Vorzeichenwechsel.

$f(x) \to \pm\infty$ für $x \to \pm\infty$, da der Zählergrad größer ist als der Nennergrad, und der Zähler stets positiv ist, der Nenner dagegen unterschiedliche Vorzeichen annimmt.

**Extrempunkte**

$f'(x) = 0 \Leftrightarrow \frac{1}{2} = \frac{2}{(x-2)^2}$

$\Leftrightarrow (x-2)^2 = 4$

$\Leftrightarrow |x-2| = 2$

$\Leftrightarrow x-2=2 \vee x-2=-2$

$\Leftrightarrow x=4 \vee x=0$

$f''(4) = \frac{1}{2} > 0, \quad f(4) = 4, \Rightarrow T(4|4)$

$f''(0) = -\frac{1}{2} < 0, \; f(0) = 0, \Rightarrow H(0|0)$

**Asymptoten**

$a_1\colon y = \frac{1}{2}x + 1, \; a_2\colon x = 2$

**Schaubild**

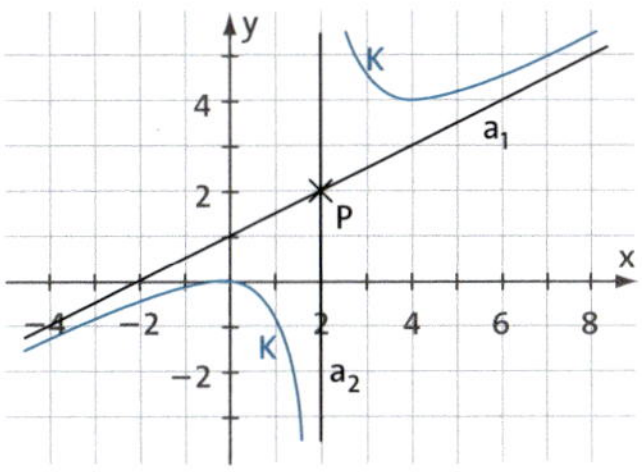


b) $P(2|2)$ ist der Schnittpunkt der Asymptoten $a_1$ und $a_2$.
Es ist zu zeigen: $f(x_p + h) + f(x_p - h) = 2 \cdot y_p$
für alle $h > 0$, also $f(2+h) + f(2-h) = 2 \cdot 2$.

$$f(2+h) + f(2-h) = \frac{(2+h)^2}{2h} + \frac{(2-h)^2}{-2h} = \frac{(2+h)^2 - (2-h)^2}{2h} = \frac{8h}{2h} = 4 = 2 \cdot 2$$

c) **Flächeninhalt**

mit Integralrechnung

$$A = \int_4^6 f(x)\,dx = \int_4^6 \left(\frac{1}{2}x + 1 + \frac{2}{x-2}\right) dx = \left[\frac{1}{4}x^2 + x + 2\ln|x-2|\right]_4^6$$

$$= 9 + 6 + 2\ln 4 - (4 + 4 + 2\ln 2) = 7 + 2\ln 2 \approx 8{,}38\,\text{FE}$$

mit KEPLER'scher Fassregel

$$A \approx \frac{6-4}{6}\big(f(4) + 4f(5) + f(6)\big) = \frac{1}{3}\left(4 + 4 \cdot \frac{25}{6} + \frac{9}{2}\right) = \frac{1}{3}\left(4 + \frac{50}{3} + \frac{9}{2}\right) = \frac{1}{3} \cdot \frac{24 + 100 + 27}{6} = \frac{151}{18}$$

$$\approx 8{,}39\,\text{FE}$$

**Prozentuale Abweichung**

$$p\,\% = \frac{\frac{151}{18} - (7 + 2\ln 2)}{7 + 2\ln 2} \cdot 100\,\% \approx 0{,}03\,\%$$

Der mit der KEPLER'schen Fassregel ermittelte Wert weicht um etwa 0,03 % vom exakten ab.

d) Für $a \neq 0$ haben die Schaubilder von $f_a$ den groben Verlauf von K aus Teilaufgabe a), besitzen also eine vertikale und eine schiefe Asymptote sowie zwei Extrempunkte.

Für $a = 0$ erhält man $f_0(x) = \frac{x^2}{x} = x, \; x \in \mathbb{R}\setminus\{0\}$.

Das Schaubild zu $f_0$ ist die 1. Winkelhalbierende ohne Koordinatenursprung. Es besitzt keinen Extrempunkt.

**Ortslinie der Extrempunkte**

$$f_a'(x) = \frac{2x(x-a) - x^2}{(x-a)^2} = \frac{x^2 - 2ax}{(x-a)^2} = \frac{x(x-2a)}{(x-a)^2}$$

$f_a'(x) = 0 \Leftrightarrow x = 0 \vee x = 2a$

Man sieht, dass $f_a'$ an den Stellen 0 und $2a$ immer das Vorzeichen wechselt.
Wegen $f_a(0) = 0$ und $f_a(2a) = 4a$ sind $E_1(0|0)$ und $E_2(2a|4a)$ die Extrempunkte. Sie liegen auf der Geraden $g\colon y = 2x$.

### 1.12.3 Exponentialfunktionen

Häufig lassen sich Wachstums- und Abnahmeprozesse durch Exponentialfunktionen beschreiben. Danach sollten sie zunächst im Überblick dargestellt werden.

Wissen **Wachstums- und Abnahmeprozesse**

Im Folgenden sei $f(t)$ der momentane Bestand, $f'(t)$ das momentane Wachstum (momentane Änderungsrate), G der Grenzwert und $G - f(t)$ das momentane Sättigungsdefizit.

1. **Lineares Wachstum/lineare Abnahme**
   Charakteristische Gleichung: $f'(t) = k$
   Das momentane Wachstum (die momentane Abnahme) ist konstant.
   Funktionsterm: $f(t) = kt + c$ mit $c \geq 0$
   Für $k > 0$ $(k < 0)$ liegt eine Wachstumsfunktion (Abnahmefunktion) vor.

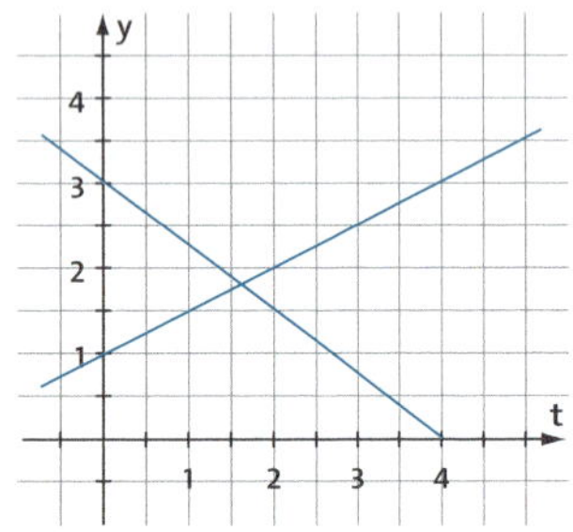


2. **Exponentielles Wachstum/exponentielle Abnahme**
   Charakteristische Gleichung: $f'(t) = k \cdot f(t)$.
   Das momentane Wachstum (die momentane Abnahme) ist proportional zum momentanen Bestand.
   Funktionsterm: $f(t) = a \cdot e^{kt}$ mit $a > 0$
   Für $k > 0$ $(k < 0)$ liegt eine Wachstumsfunktion (Abnahmefunktion) vor.

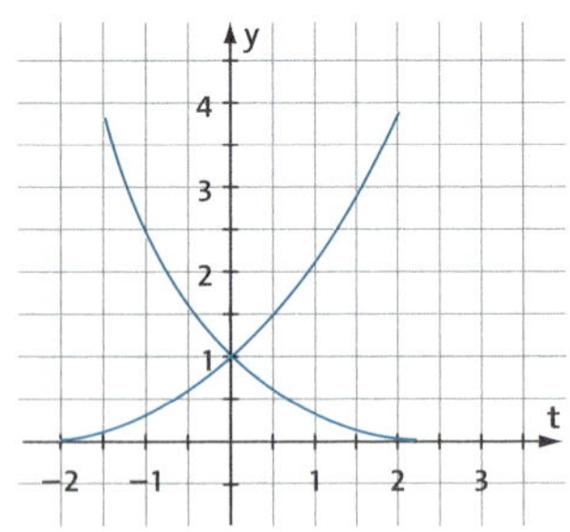


3. **Beschränktes exponentielles Wachstum/beschränkte exponentielle Abnahme**
   Charakteristische Gleichung:
   $f'(t) = k \cdot (G - f(t))$
   Das momentane Wachstum (die momentane Abnahme) ist proportional zum momentanen Sättigungsdefizit.

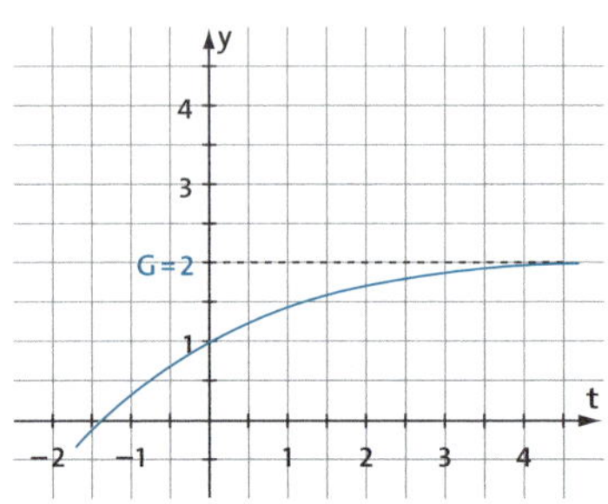


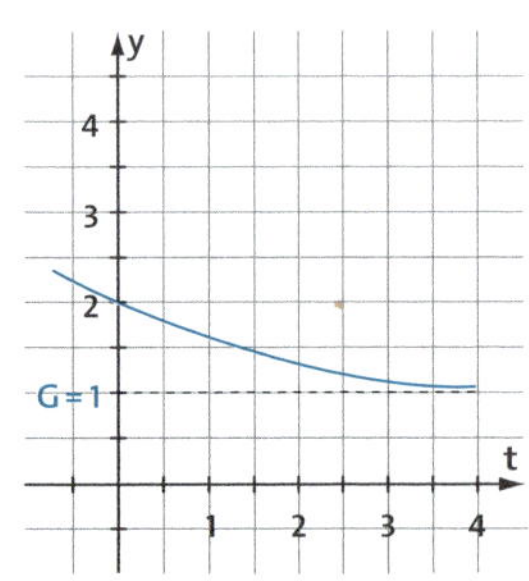


>> Funktionsterm: $f(t) = G - a \cdot e^{-kt}$ für $k > 0$ $\left(f(t) = G + a \cdot e^{-kt}$ für $k > 0\right)$ mit $a > 0$

**4. Logistisches Wachstum**

Charakteristische Gleichung: $f'(t) = k \cdot f(t) \cdot (G - f(t))$
Das momentane Wachstum ist sowohl zum momentanen Bestand als auch zum momentanen Sättigungsdefizit proportional.
Funktionsterm: $f(t) = \frac{a \cdot G}{a + e^{-Gkt}}$ oder $f(t) = \frac{G}{1 + b e^{-Gkt}}$ für $k > 0$

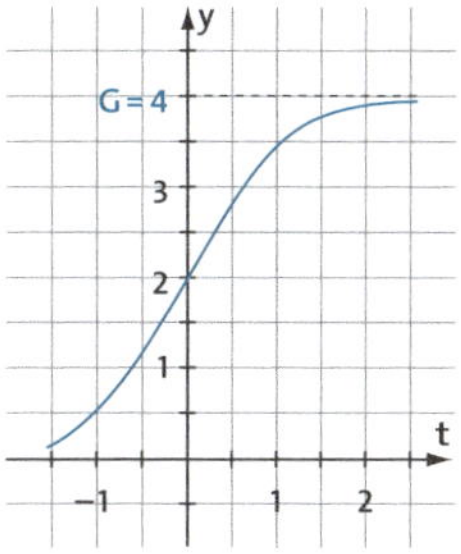


>> Wissen

**1.** Gegeben ist die Funktion f mit $f(x) = x - 2 + e^{1-x}$. Ihr Schaubild sei die Kurve K. **A**

a) Untersuchen Sie K auf Asymptoten sowie auf Hoch-, Tief- und Wendepunkte. Zeichnen Sie K und die Asymptote für $-1 \le x \le 4$ (LE 2 cm).

b) Die Kurve K schließt mit dem Koordinatenachsen im 1. Quadranten ein Flächenstück ein. Berechnen Sie dessen Inhalt A.

c) Die Kurve K, die y-Achse und die Geraden $g: x = z$ mit $z > 0$ und $a: y = x - 2$ schließen eine Fläche ein. Berechnen Sie deren Inhalt A(z) und den Grenzwert des Flächeninhaltes für $z \to \infty$.

d) Zur y-Achse und zur Gerade $a: y = x - 2$ gibt es jeweils eine Parallele durch den Kurvenpunkt $P(u \mid v)$ mit $u > 0$. Berechnen Sie den Inhalt der von den vier Geraden begrenzten Fläche in Abhängigkeit von u. Für welches u wird der Flächeninhalt extremal? Um welche Art eines Extremums handelt es sich?

**1. Problemanalyse** **L**

a) Kurvendiskussion bei einer Exponentialfunktion, Schaubild
b) Fläche zwischen Kurve und x-Achse
c) Fläche zwischen zwei Kurven, uneigentliches Integral
d) Extremwertaufgabe zu einem Parallelogramm

**Lösung**

a) $f(x) = x - 2 + e^{1-x}$

**Ableitungen**

$f'(x) = 1 - e^{1-x}$, $f''(x) = e^{1-x}$

**Asymptoten**

Wegen $\lim\limits_{x \to \infty} e^{1-x} = 0$ ist $a: y = x - 2$ Asymptote.

**Extrempunkte**

$f'(x) = 0 \Leftrightarrow 1 - e^{1-x} = 0 \Leftrightarrow e^{1-x} = 1 \Leftrightarrow x = 1$

$f''(1) = e^0 = 1 > 0$, $f(1) = 0$, $T(1 \mid 0)$

**Wendepunkte**

gibt es nicht, da $f''(x) > 0$ für alle $x \in \mathbb{R}$.

**Schaubild**

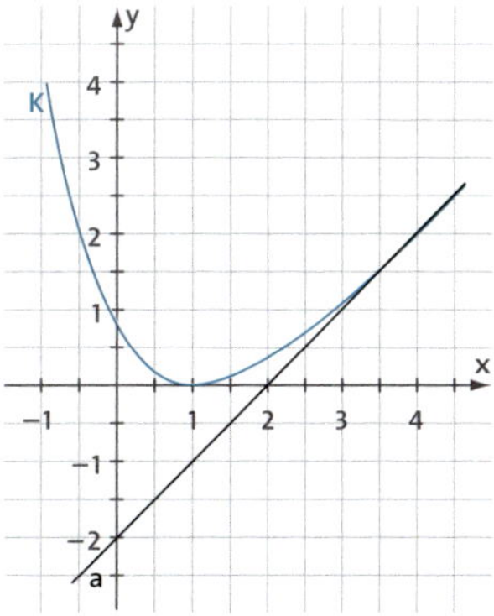

**Wertetabelle**

| x | −1 | −0,5 | 0 | 0,5 | 1 | 1,5 | 2 | 2,5 | 3 | 3,5 | 4 |
|---|---|---|---|---|---|---|---|---|---|---|---|
| f(x) | 4,4 | 2,0 | 0,7 | 0,1 | 0 | 0,1 | 0,4 | 0,7 | 1,1 | 1,6 | 2,0 |

b) **Flächeninhalt**

$$A = \int_0^1 f(x)\,dx$$
$$= \int_0^1 (x - 2 + e^{1-x})\,dx$$
$$= \left[\frac{x^2}{2} - 2x - e^{1-x}\right]_0^1$$
$$= \frac{1}{2} - 2 - 1 - (-e^1)$$
$$= e - \frac{5}{2} \approx 0{,}22$$

Die Fläche misst etwa 0,22 FE.

**Skizze**

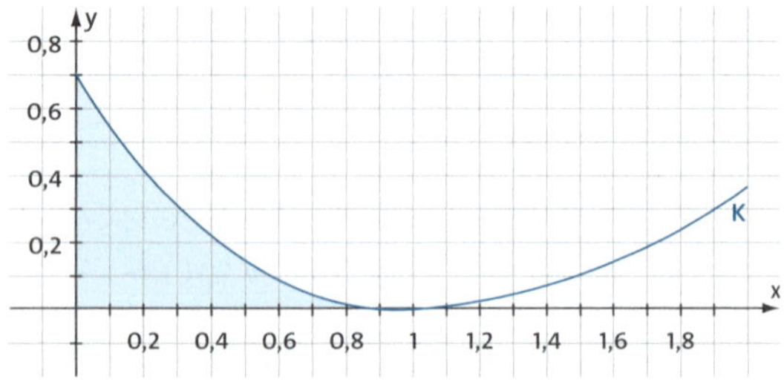


c) **Flächeninhalt**

$$A(z) = \int_0^z (f(x) - (x-2))\,dx = \int_0^z e^{1-x}\,dx$$
$$= [-e^{1-x}]_0^z = -e^{1-z} - (-e^1) = e - e^{1-z}$$

$$\lim_{z \to \infty} A(z) = e$$

Die ins Unendliche reichende Fläche hat einen Inhalt von e FE.

**Skizze**

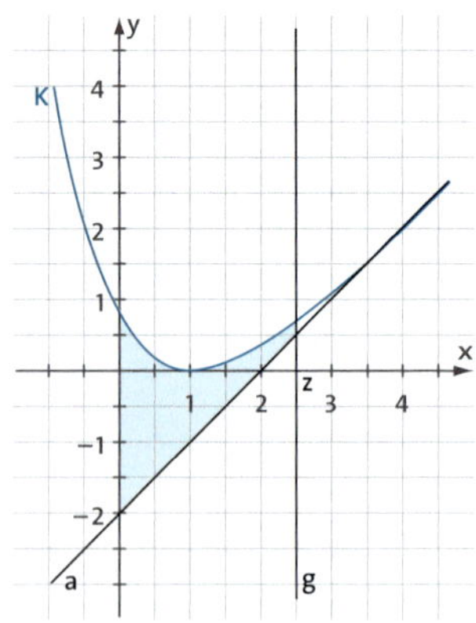


d) **Extremaler Parallelogramminhalt**

Mit $P(u\,|\,f(u))$ und $Q(u\,|\,u-2)$ erhält man die Grundseitenlänge $|\overline{PQ}|$ und die Höhe u des Parallelogramms. Dann gilt für den Flächeninhalt:

$$A(u) = |\overline{PQ}| \cdot u = (f(u) - (u-2)) \cdot u$$
$$= (u - 2 + e^{1-u} - (u-2)) \cdot u = u\,e^{1-u},\quad u \in \mathbb{R}^+$$

$$A'(u) = 1 \cdot e^{1-u} + u\,e^{1-u} \cdot (-1) = (1-u)\,e^{1-u}$$

$$A'(u) = 0 \Leftrightarrow u = 1$$

Da $e^{1-u} > 0$ für alle $u \in \mathbb{R}$, wechselt A′ an der Stelle 1 das Vorzeichen von + nach −.

Also ist $A(1) = 1$ relatives Maximum.

1 ist auch absolutes Maximum, denn

$$\lim_{u \to 0+} A(u) = \lim_{u \to \infty} A(u) = 0 < 1.$$

Für $u = 1$ wird der Flächeninhalt absolut maximal.

**Skizze**

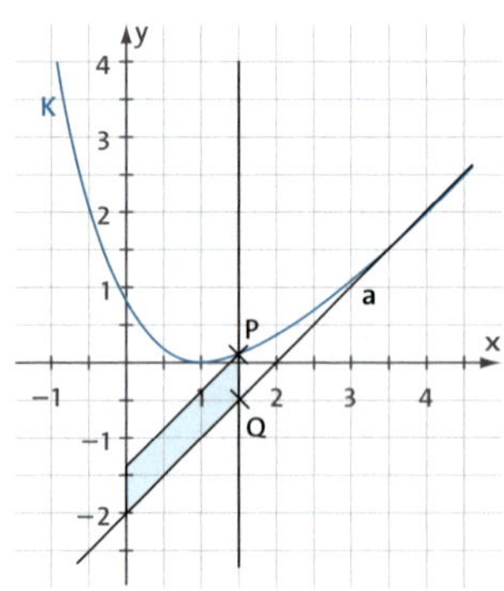


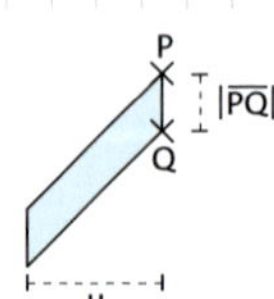

**2.** Gegeben ist die Funktion f mit $f(x) = 2xe^{-\frac{1}{2}x}$, $x \in \mathbb{R}$. Ihr Schaubild sei K. **A**

a) Untersuchen Sie K auf Schnittpunkte mit der x-Achse, Extrem- und Wendepunkte. Geben Sie die Asymptote von K an.
Zeichnen Sie K für $-1 \le x \le 8$ (LE 1cm).

b) K begrenzt mit der x-Achse eine ins Unendliche reichende Fläche.
Untersuchen Sie, ob deren Inhalt endlich ist.

c) Die Gerade g mit der Gleichung $x = z$, $z > 0$ schneidet K in P und die x-Achse in Q. O sei der Koordinatenursprung.
Bestimmen Sie z so, dass das Dreieck OPQ einen extremalen Flächeninhalt besitzt. Geben Sie Art und Wert des Extremums an.

d) Begründen Sie anhand von K: f nimmt an genau zwei Stellen $s_1$, $s_2$ den Funktionswert 1 an. Berechnen Sie die Stelle $s_1$ mit $s_1 < s_2$ mithilfe des NEWTON-Verfahrens auf drei Dezimalen.

**2. Problemanalyse** **L**

a) Kurvendiskussion bei einer Exponentialfunktion, Schaubild
b) Flächen zwischen Kurve und x-Achse, uneigentliches Integral
c) Extremwertaufgabe zu einem Dreieck
d) Schnittproblem, NEWTON-Verfahren

**Lösung**

a) $f(x) = 2xe^{-\frac{1}{2}x}$

**Ableitungen**

$f'(x) = 2e^{-\frac{1}{2}x} + 2xe^{-\frac{1}{2}x} \cdot \left(-\frac{1}{2}\right) = (2-x)e^{-\frac{1}{2}x}$

$f''(x) = -e^{-\frac{1}{2}x} + (2-x)e^{-\frac{1}{2}x} \cdot \left(-\frac{1}{2}\right) = -e^{-\frac{1}{2}x} - e^{-\frac{1}{2}x} + \frac{1}{2}xe^{-\frac{1}{2}x} = \left(\frac{1}{2}x - 2\right)e^{-\frac{1}{2}x}$

**Schnittpunkte mit der x-Achse**

$f(x) = 0 \Leftrightarrow x = 0 \qquad \Rightarrow N(0\,|\,0)$

**Extrempunkte**

$f'(x) = 0 \Leftrightarrow 2 - x = 0 \Leftrightarrow x = 2$

$f''(2) = -e^{-1} < 0 \quad f(2) = \frac{4}{e} \Rightarrow H\left(2\,\middle|\,\frac{4}{e}\right) \approx H(2\,|\,1{,}5)$

**Wendepunkte**

$f''(x) = 0 \Leftrightarrow \frac{1}{2}x - 2 = 0 \Leftrightarrow x = 4$

f'' wechselt an der Stelle 4 das Vorzeichen,

$f(4) = \frac{8}{e^2} \Rightarrow W\left(4\,\middle|\,\frac{8}{e^2}\right) \approx W(4\,|\,1{,}1)$

**Asymptote**

a: $y = 0$, da $\lim\limits_{x \to \infty} 2xe^{-\frac{1}{2}x} = 0$

**Schaubild**

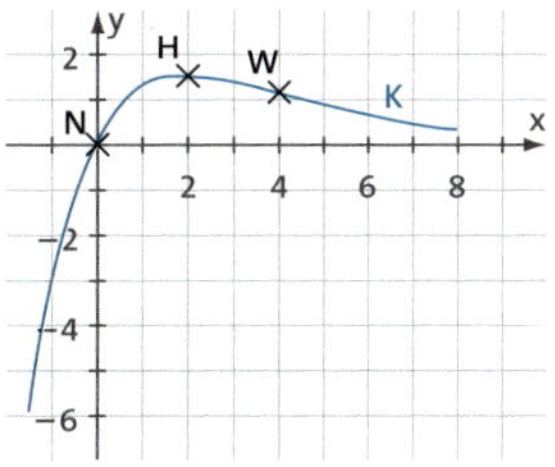


**Wertetabelle**

| x | −1 | 0 | 1 | 2 | 4 | 6 | 8 |
|---|---|---|---|---|---|---|---|
| f(x) | −3,3 | 0 | 1,2 | 1,5 | 1,1 | 0,6 | 0,3 |

b) Man bestimmt zuerst eine Stammfunktion mittels Produktintegration:

$$\int \underbrace{2x}_{u}\cdot\underbrace{e^{-\frac{1}{2}x}}_{v'}\,dx = \underbrace{2x}_{u}\cdot\underbrace{e^{-\frac{1}{2}x}\cdot(-2)}_{v} - \int \underbrace{2}_{u'}\cdot\underbrace{e^{-\frac{1}{2}x}\cdot(-2)}_{v}\,dx$$

$$= -4x\,e^{-\frac{1}{2}x} + 4\int e^{-\frac{1}{2}x}\,dx = -4x\,e^{-\frac{1}{2}x} - 8\,e^{-\frac{1}{2}x}$$

Skizze

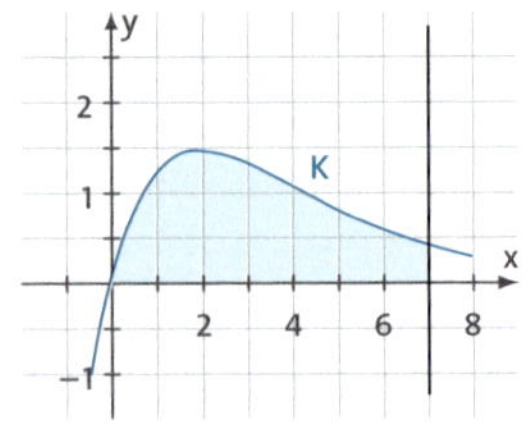


**Flächeninhalt**

$$A(u) = \int_0^u f(x)\,dx = \left[-4x\,e^{-\frac{1}{2}x} - 8\,e^{-\frac{1}{2}x}\right]_0^u$$

$$= \left[-4e^{-\frac{1}{2}x}(x+2)\right]_0^u = -4e^{-\frac{1}{2}u}(u+2) - (-4\cdot(2)) = -4e^{-\frac{1}{2}u}(u+2) + 8$$

$$= -4\frac{u+2}{e^{\frac{1}{2}u}} + 8$$

$$\lim_{u\to\infty} A(u) = \lim_{u\to\infty}\left(-4\frac{u+2}{e^{\frac{1}{2}u}} + 8\right) = 8$$

Die Fläche besitzt den endlichen Inhalt von 8 FE.

c) **Maximaler Dreiecksinhalt**

Skizze

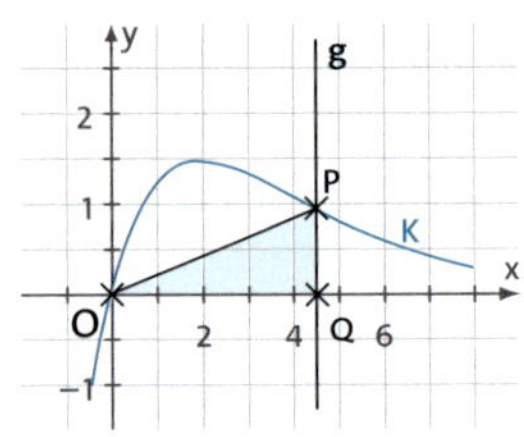


Wegen $g\colon x = z$ ist $P(z\,|\,f(z))$ und $Q(z\,|\,0)$.

So ergibt sich für den Flächeninhalt des Dreiecks:

$$A(z) = \tfrac{1}{2}\,|\overline{OQ}|\cdot|\overline{PQ}| = \tfrac{1}{2}z\cdot f(z) = z^2 e^{-\frac{1}{2}z},\ z \in \mathbb{R}^+$$

$$A'(z) = 2z\,e^{-\frac{1}{2}z} + z^2 e^{-\frac{1}{2}z}\cdot\left(-\tfrac{1}{2}\right) = \left(2z - \tfrac{1}{2}z^2\right)e^{-\frac{1}{2}z}$$

$$= z\left(2 - \tfrac{1}{2}z\right)e^{-\frac{1}{2}z}$$

$A'(z) = 0 \Leftrightarrow z = 0 \lor z = 4,\ z = 0 \notin \mathbb{R}^+$ entfällt.

A′ wechselt an der Stelle 4 das Vorzeichen von + nach –.

Somit ist $A(4) = \frac{16}{e^2}$ ein relatives Maximum.

Wegen $\lim\limits_{z\to 0+} A(z) = \lim\limits_{z\to\infty} A(z) = 0 < A(4) = \frac{16}{e^2}$ ist $\frac{16}{e^2}$ der absolut größte Dreiecksinhalt.

d) **Stellen mit Funktionswert 1**

Skizze

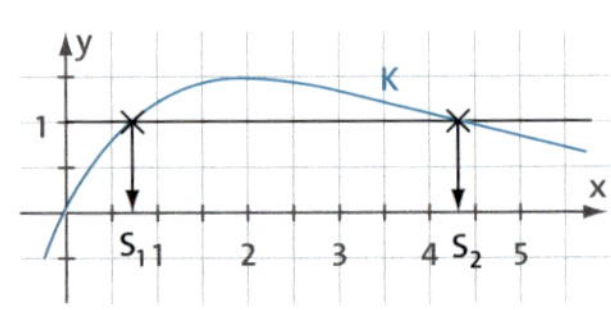


Aus der Wertetabelle entnimmt man $f(0) = 0$ und $f(2) \approx 1{,}5$. Wegen der Stetigkeit und strengen Monotonie muss f im Intervall $[0;\,2]$ den Zwischenwert 1 genau einmal annehmen. Da f im Intervall $[2;\,\infty[$ streng monoton gegen 0 fällt, tritt der Funktionswert 1 genau noch einmal auf. Für $x < 0$ sind alle Funktionswerte negativ.

$$f(x) = 1 \Leftrightarrow 2x\,e^{-\frac{1}{2}x} = 1 \Leftrightarrow 2x\,e^{-\frac{1}{2}x} - 1 = 0$$

**Newton-Verfahren**

$h(x) = 2x\,e^{-\frac{1}{2}x} - 1,\ h'(x) = (2 - x)\,e^{-\frac{1}{2}x}$ (Produktregel)

$$x_{n+1} = x_n - \frac{h(x_n)}{h'(x_n)} = x_n - \frac{2x_n\,e^{-\frac{1}{2}x_n} - 1}{(2-x)\,e^{-\frac{1}{2}x_n}} = x_n - \frac{2x_n - e^{\frac{1}{2}x_n}}{2 - x_n}$$

Mit dem Startwert $x_0 = 0{,}7$ erhält man:

$x_1 \approx 0{,}7146673,\ x_2 \approx 0{,}7148059,\ x_3 \approx 0{,}7148059 \Rightarrow s_1 \approx 0{,}715$

**3.** Gegeben ist die Funktion f mit $f(x) = 2e^x - e^{2x}$. Ihr Schaubild ist die Kurve K. **A**

a) Untersuchen Sie K auf Asymptoten, Schnittpunkte mit den Koordinatenachsen, Extrem- und Wendepunkte. Zeichnen Sie K für $-4 \leq x \leq 1$ (LE = 2 cm).

b) Die x-Achse, die y-Achse, die Kurve K und die Gerade mit der Gleichung $x = z$ mit $z < 0$ schließen eine Fläche ein. Berechnen Sie deren Inhalt $A(z)$ und den Grenzwert des Flächeninhalts für $z \to -\infty$.

c) Gegeben ist die Funktion g mit $g(x) = 2e^x$. Ihr Schaubild ist die Kurve C. Zeichnen Sie C in das Schaubild von Teilaufgabe a) ein.
Die Gerade $x = u$ mit $u < 0$ schneidet die Kurve K im Punkt P und die Kurve C im Punkt Q. Der Ursprung O sowie die Punkte P und Q bilden ein Dreieck.
Berechnen Sie den Inhalt des Dreiecks OPQ in Abhängigkeit von u.
Bestimmen Sie u so, dass der Inhalt des Dreiecks maximal wird.

d) Die y-Achse, die x-Achse und die Kurve K begrenzen eine Fläche. Durch Rotation dieser Fläche um die x-Achse entsteht ein Drehkörper.
Berechnen Sie dessen Volumen exakt und auf zwei Dezimalen gerundet.

**3. Problemanalyse** **L**

a) Kurvendiskussion bei einer Exponentialfunktion, Schaubild
b) Fläche zwischen Kurve und x-Achse, uneigentliches Integral
c) Extremwertaufgabe zu einem Dreieck
d) Drehkörpervolumen

**Lösung**

a) $f(x) = 2e^x - e^{2x}$

**Ableitungen**

$f'(x) = 2e^x - 2e^{2x}$, $f''(x) = 2e^x - 4e^{2x}$, $f'''(x) = 2e^x - 8e^{2x}$

**Asymptoten**

Wegen $\lim\limits_{x \to -\infty} f(x) = 0$ ist die x-Achse Asymptote.

**Schnittpunkte mit den Koordinatenachsen**

$f(x) = 0 \Leftrightarrow 2e^x - e^{2x} = 0 \Leftrightarrow e^x(2 - e^x) = 0 \Leftrightarrow 2 - e^x = 0 \Leftrightarrow e^x = 2 \Leftrightarrow x = \ln 2$

$\Rightarrow N(\ln 2 \mid 0) \approx N(0{,}39 \mid 0)$

$f(0) = 1 \Rightarrow S(0 \mid 1)$

**Extrempunkte**

$f'(x) = 0 \Leftrightarrow 2(e^x - e^{2x}) = 0 \Leftrightarrow 2e^x(1 - e^x) = 0 \Leftrightarrow 1 - e^x = 0 \Leftrightarrow e^x = 1 \Leftrightarrow x = 0$

$f''(0) = 2 - 4 = -2 < 0$, $f(0) = 1 \Rightarrow H(0 \mid 1) = S$

**Wendepunkte**

$f''(x) = 0 \Leftrightarrow 2(e^x - 2e^{2x}) = 0$

$\Leftrightarrow 2e^x(1 - 2e^x) = 0$

$\Leftrightarrow 1 - 2e^x = 0$

$\Leftrightarrow e^x = \frac{1}{2}$

$\Leftrightarrow x = \ln \frac{1}{2} = -\ln 2$

**Schaubild**

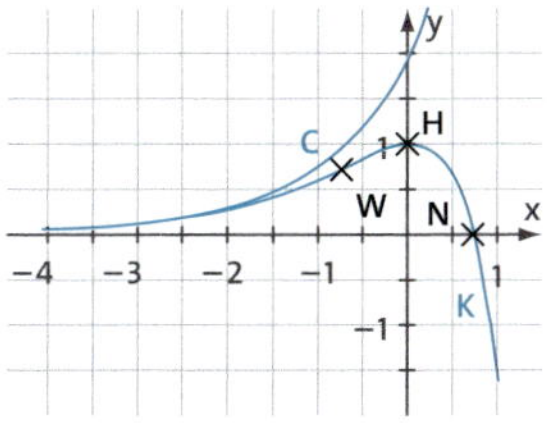

$f'''\left(\ln\frac{1}{2}\right) = 2e^{\ln\frac{1}{2}} - 8e^{2\ln\frac{1}{2}} = 2\cdot\frac{1}{2} - 8\cdot\left(e^{\ln\frac{1}{2}}\right)^2 = 1 - 8\cdot\frac{1}{4} = -1 \neq 0$

$f\left(\ln\frac{1}{2}\right) = 2e^{\ln\frac{1}{2}} - e^{2\ln\frac{1}{2}} = 2\cdot\frac{1}{2} - \frac{1}{4} = \frac{3}{4} \Rightarrow W\left(-\ln 2 \,\middle|\, \frac{3}{4}\right) \approx W(-0{,}69\,|\,0{,}75)$

**Wertetabelle**

| x | −4 | −3,5 | −3 | −2,5 | −2 | −1,5 | −1 | −0,5 | 0 | 0,5 | 1 |
|---|---|---|---|---|---|---|---|---|---|---|---|
| f(x) | 0,04 | 0,06 | 0,10 | 0,16 | 0,25 | 0,40 | 0,60 | 0,85 | 1 | 0,58 | −1,95 |

b) **Flächeninhalt**

**Skizze**

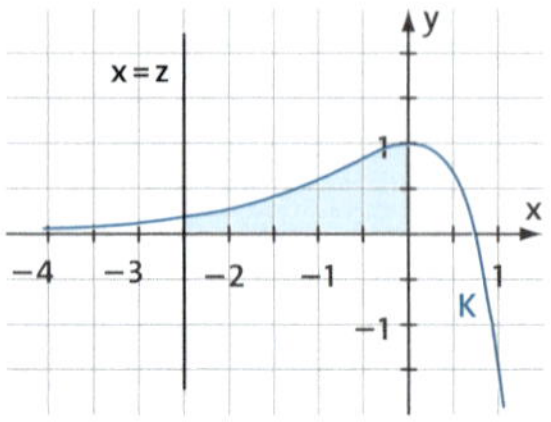


$A(z) = \int_z^0 f(x)\,dx = \int_z^0 (2e^x - e^{2x})\,dx = \left[2e^x - \frac{1}{2}e^{2x}\right]_z^0$

$= 2e^0 - \frac{1}{2}e^0 - \left(2e^z - \frac{1}{2}e^{2z}\right) = 2 - \frac{1}{2} - \left(2e^z - \frac{1}{2}e^{2z}\right)$

$= \frac{3}{2} - 2e^z + \frac{1}{2}e^{2z}$

$\lim\limits_{z\to-\infty} A(z) = \frac{3}{2}$

Die ins Unendliche reichende Fläche hat einen Inhalt von $\frac{3}{2}$FE.

c) **Maximaler Dreiecksinhalt**

**Skizze**

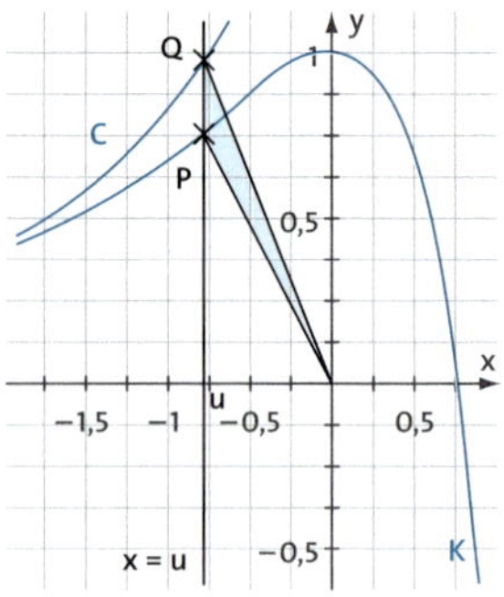


Bei der Berechnung des Dreiecksinhaltes A(u) betrachtet man die Strecke $\overline{PQ}$ als Grundseite mit der zugehörigen Höhe $-x_p = -u$.

$A(u) = \frac{1}{2}[g(u) - f(u)]\cdot(-u) = \frac{1}{2}e^{2u}\cdot(-u) = -\frac{1}{2}u\,e^{2u}$, $u \in \mathbb{R}^-$

$A'(u) = -\frac{1}{2}(1\cdot e^{2u} + u\,e^{2u}\cdot 2) = -\frac{1}{2}(e^{2u} + 2u\,e^{2u})$

$= -\frac{1}{2}e^{2u} - u\,e^{2u} = -\left(\frac{1}{2} + u\right)e^{2u}$

$A'(u) = 0 \Leftrightarrow \frac{1}{2} + u = 0 \Leftrightarrow u = -\frac{1}{2}$

Da A′ an der Stelle $-\frac{1}{2}$ das Vorzeichen von + nach − wechselt und $\lim\limits_{u\to 0-} A(u) = \lim\limits_{u\to-\infty} A(u) = 0$, ist der Flächeninhalt für $u = -\frac{1}{2}$ absolut maximal und beträgt $A\left(-\frac{1}{2}\right) = \frac{1}{4}\cdot e^{-1}$FE.

d) **Drehkörpervolumen**

**Skizze**

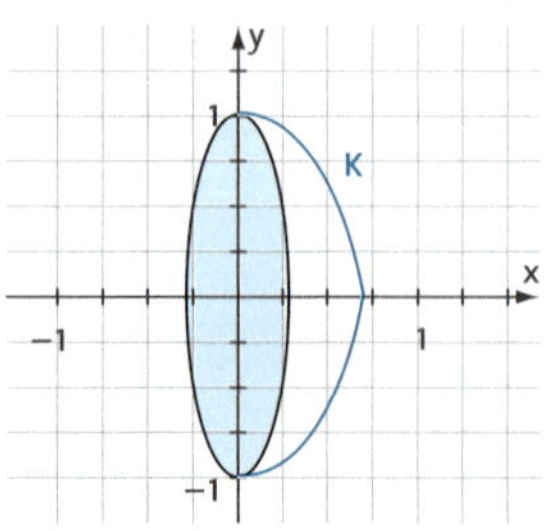


$V = \pi\int_0^{\ln 2} f(x)^2\,dx = \pi\int_0^{\ln 2} (2e^x - e^{2x})^2\,dx$

$= \pi\int_0^{\ln 2} (4e^{2x} - 4e^{3x} + e^{4x})\,dx$

$= \pi\left[2e^{2x} - \frac{4}{3}e^{3x} + \frac{1}{4}e^{4x}\right]_0^{\ln 2}$

$= \pi\left[2e^{2\ln 2} - \frac{4}{3}e^{3\ln 2} + \frac{1}{4}e^{4\ln 2} - \left(2 - \frac{4}{3} + \frac{1}{4}\right)\right]$

$= \pi\left(2\cdot 2^2 - \frac{4}{3}\cdot 2^3 + \frac{1}{4}\cdot 2^4 - \frac{11}{12}\right) = \pi\left(8 - \frac{32}{3} + 4 - \frac{11}{12}\right) = \frac{5}{12}\pi \approx 1{,}31$

Der Drehkörper hat ein Volumen von etwa 1,31VE.

**4.** GTR Gegeben ist die Funktion f mit $f(x) = \frac{e^x}{x^2}$, $x \in \mathbb{R}\setminus\{0\}$. $K_f$ sei das Schaubild von f. A

a) Bestimmen Sie die 1. Ableitungsfunktion von f.
Begründen Sie, dass f eine Polstelle ohne Vorzeichenwechsel besitzt.
Geben Sie das Verhalten von f für $|x| \to \infty$ an.

b) Berechnen Sie die Koordinaten des Tiefpunktes von $K_f$.
Erstellen Sie eine Wertetabelle zu f und zeichnen Sie damit $K_f$ im Bereich $-1 \le x \le 6$. Begründen Sie, dass f kein absolutes Minimum besitzt.

c) $K_f$ rotiere für $1 \le x \le 3$ um die x-Achse. Berechnen Sie das Volumen V des entstehenden Rotationskörpers auf zwei Dezimalen gerundet.

d) Im 1. Quadranten schneiden zwei zur y-Achse parallele Geraden g und h mit dem Abstand 2 LE das Schaubild $K_f$ in P und Q $(x_P > x_Q)$ sowie die x-Achse in R und S $(x_R < x_S)$.
Bestimmen Sie die Koordinaten von R und S so, dass das Viereck PQRS einen möglichst kleinen Flächeninhalt hat. Runden Sie auf drei Dezimalen.

**4. Problemanalyse** L

a) Anwendung der Quotientenregel, Begriff Polstelle, Wachstumsverhalten von Exponential- und Potenzfunktionen

b) Kriterien für Extremstellen einer Funktion, Begriffe absolutes und relatives Minimum, GTR-Einsatz

c) Formel für Drehkörpervolumina, GTR-Einsatz

d) Formel für den Flächeninhalt eines Trapezes, Extremwertaufgabe, GTR-Einsatz

**Lösung**

a) **Ableitungsfunktion**

$$f'(x) = \frac{e^x \cdot x^2 - e^x \cdot 2x}{x^4} = \frac{x\,e^x - 2\,e^x}{x^3} = \frac{e^x\,(x-2)}{x^3}$$

**Polstelle ohne Vorzeichenwechsel**

$f(x) \to \infty$ für $|x| \to 0$, denn der Nenner strebt gegen 0 und ist wegen des Quadrates stets positiv, der Zähler strebt gegen 1.

**Verhalten für $|x| \to \infty$**

$f(x) \to \infty$ für $x \to \infty$, da die natürliche Exponentialfunktion schneller wächst als die Quadratfunktion, $\lim\limits_{x \to -\infty} f(x) = 0$, weil der Zähler gegen 0 und der Nenner gegen $\infty$ strebt.

b) **Tiefpunkt**

Aus $f'(x) = 0$ schließt man aus der Produktdarstellung sofort $x = 2$. Außerdem hängt das Vorzeichen von $f'(x)$ nahe bei 2 nur vom Term $x - 2$ ab.

So erkennt man, dass f′ an der Stelle 2 das Vorzeichen von – nach + wechselt und damit $f(2) = \frac{e^2}{4}$ ein relatives Minimum ist. $\Rightarrow T\left(2 \,\middle|\, \frac{e^2}{4}\right)$

**Schaubild**

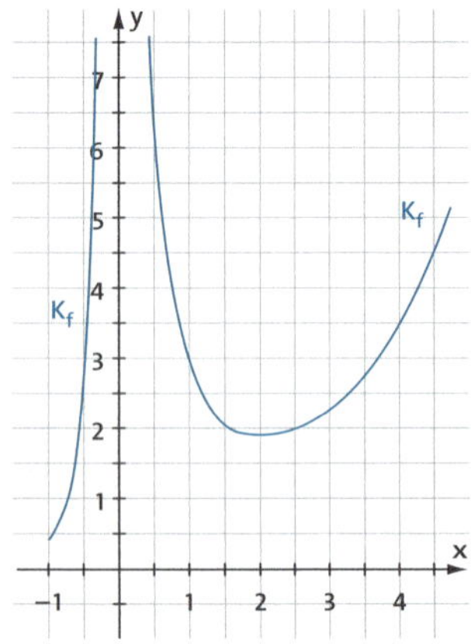


**Wertetabelle**

| x | −1 | 0 | 1 | 2 | 3 | 4 | 5 | 6 |
|---|---|---|---|---|---|---|---|---|
| f(x) | 0,37 | – | 2,72 | 1,85 | 2,23 | 3,41 | 5,94 | 11,21 |

**Absolutes Minimum**

Da f nur an der Stelle 2 das positive relative Minimum $\frac{e^2}{4}$ annimmt und für $x \to -\infty$ noch kleinere Funktionswerte auftreten, gibt es kein absolutes Minimum.

c) **Rotationskörpervolumen**

$$V = \pi \int_1^3 (f(x))^2 \, dx = \pi \int_1^3 \frac{e^{2x}}{x^4} \, dx$$

GTR liefert $V \approx 26{,}16$ VE.

**Skizze**

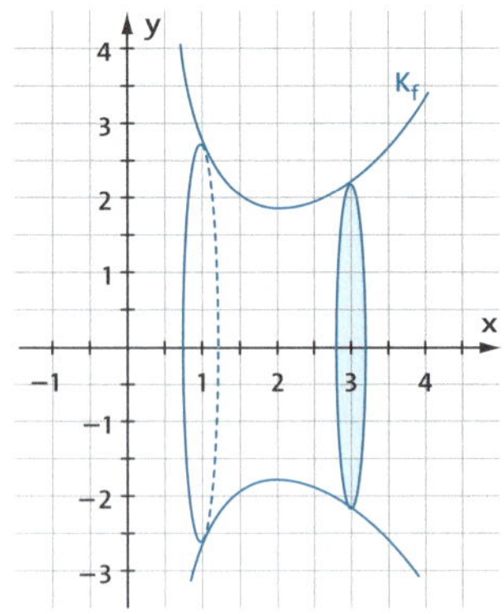


d) **Minimaler Trapezinhalt**

Der Flächeninhalt des Trapezes hängt von der Lage der Parallelen ab. Wegen des Abstandes 2 LE können die Parallelen durch die Geraden $g: x = u$ und $h: x = u + 2$ mit $u > 0$ beschrieben werden. Dann gilt für den Flächeninhalt $A(u)$ des Trapezes:

$$A(u) = \frac{1}{2}(f(u) + f(u+2)) \cdot 2 = f(u) + f(u+2)$$
$$= \frac{e^u}{u^2} + \frac{e^{u+2}}{(u+2)^2}$$

Mit GTR findet man die Extremstelle $u \approx 1{,}349$. Die gesuchten Punkte sind also $R(1{,}349 \mid 0)$ und $S(3{,}349 \mid 0)$.

**Skizze**

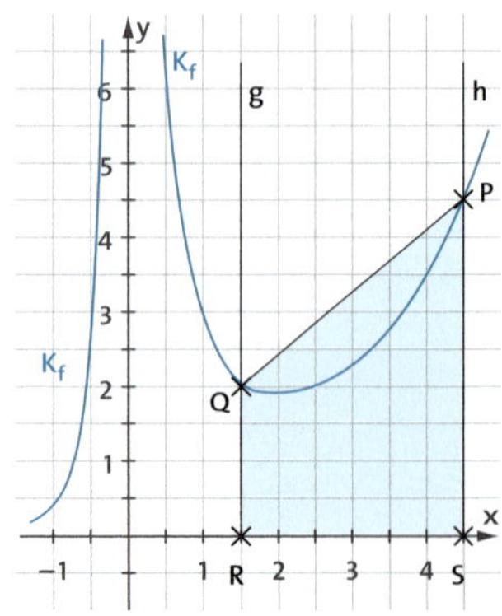

A

**5.** Gegeben ist die Funktion f mit $f(t) = 10\,000 - 10\,000\,e^{-0{,}05t}$, $t \in \mathbb{R}_0^+$.
Ihr Schaubild K ist abgebildet.

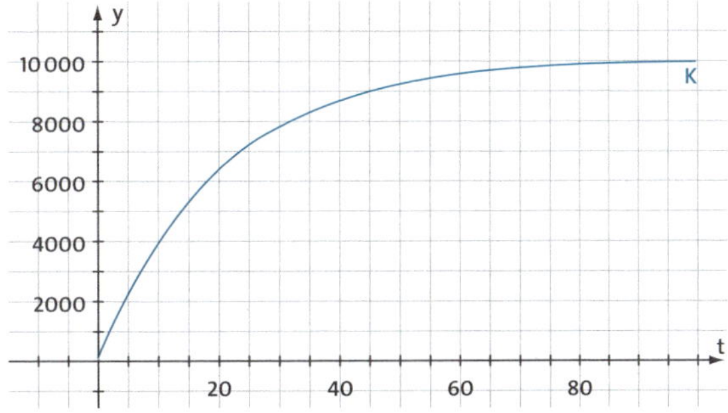


a) Zeigen Sie: f ist streng monoton steigend und besitzt keine Wendestelle.
Geben Sie die Gleichung der Asymptote von K an.

b) Berechnen Sie den Inhalt der ins Unendliche reichenden Fläche, die von K, der Asymptote und der y-Achse begrenzt wird.

c) Es sei g eine Parallele zur y-Achse, die K in P und die Asymptote in Q schneidet. R sei der Schnittpunkt von Asymptote und y-Achse.
Welche Parallele zur y-Achse ist zu wählen, damit der Flächeninhalt des Dreiecks PQR maximal wird?

d) Die Funktion f beschreibt die Anzahl der insgesamt verkauften Stücke eines neuen Produkts nach t Wochen. Um welche Art von Wachstum handelt es sich? Wie ist der Absatz in der 20. Woche? In welcher Woche liegt der Absatz erstmals unter 30 Stück? Nach wie vielen Wochen sind bereits 90 % der produzierten 10 000 Stück verkauft?

L

**5. Problemanalyse**

a) Monotonie, Wendestelle, Asymptote

b) Fläche zwischen zwei Kurven, uneigentliches Integral

c) Extremwertaufgabe zu einem Dreieck

d) Wachstumstypen, Funktions- und Ableitungsbegriff, Prozentrechnung.

**Lösung**

a) **Ableitungen**

$f'(t) = -10\,000\,e^{-0{,}05t} \cdot (-0{,}05) = 500\,e^{-0{,}05t}$, $f''(t) = -25\,e^{-0{,}05t}$

Wegen $f'(t) > 0$ und $f''(t) \neq 0$ für alle $t \in \mathbb{R}_0^+$ ist f streng monoton steigend und besitzt keine Wendestelle.

Asymptote ist $a{:}\ y = 10\,000$, denn $\lim\limits_{t \to \infty} f(t) = 10\,000$.

b) **Skizze**

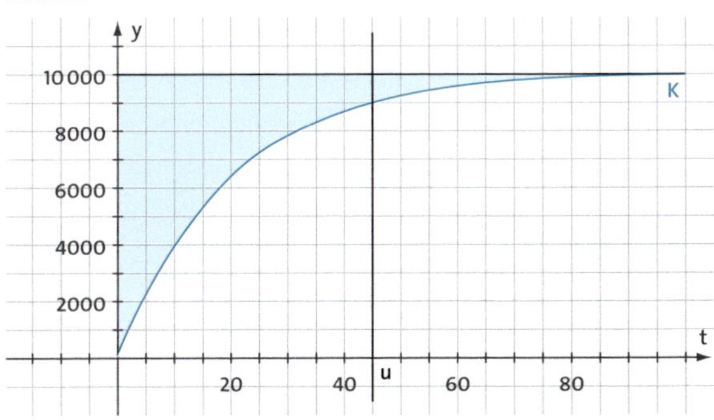

**Flächeninhalt**

$$A(u) = \int_0^u (10\,000 - f(t))\,dt = \int_0^u 10\,000\,e^{-0{,}05t}\,dt = \left[-200\,000\,e^{-0{,}05t}\right]_0^u$$

$$= -200\,000\,e^{-0{,}05u} - (-200\,000) = 200\,000 - 200\,000\,e^{-0{,}05u}$$

$$= 200\,000 \cdot (1 - e^{-0{,}05u})$$

$$\lim_{u \to \infty} A(u) = 200\,000$$

Die Fläche hat einen Inhalt von 200 000 FE.

c) **Skizze**

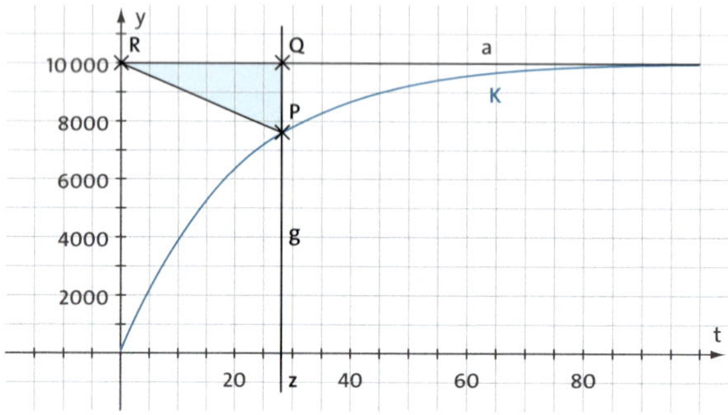


**Maximaler Dreiecksinhalt**

Mit $P(z\,|\,f(z))$ und $Q(z\,|\,10\,000)$ erhält man für den Flächeninhalt:

$$A(z) = \tfrac{1}{2}(10\,000 - f(z)) \cdot z,\ \ z \in \mathbb{R}^+ = \tfrac{1}{2}(10\,000\,e^{-0{,}05z}) \cdot z = 5000\,z\,e^{-0{,}05z}$$

$$A'(z) = 5000\left(1 \cdot e^{-0{,}05z} + z\,e^{-0{,}05z} \cdot (-0{,}05)\right) = 5000\,(1 - 0{,}05z)\,e^{-0{,}05z}$$

$$A'(z) = 0 \ \Leftrightarrow\ (1 - 0{,}05z) = 0 \ \Leftrightarrow\ z = 20$$

Da f′ an der Stelle 20 das Vorzeichen von + nach – wechselt und

$\lim\limits_{z \to 0^+} A(z) = \lim\limits_{z \to \infty} A(z) = 0$, ist $A(20)$ ein absolutes Maximum des Dreiecksinhalts.

Man muss also die Parallele $g\colon t = 20$ wählen.

d) $f(t) = 10\,000 - 10\,000\,e^{-0{,}05t}$, t in Wochen, f(t) Absatzmenge

Es handelt sich um beschränktes exponentielles Wachstum. In der zugehörigen Funktionsgleichung $f(t) = G - a\,e^{-kt}$ ist hier $G = a = 1000$ und $k = 0{,}05$.

$f(20) - f(19) \approx 6321{,}2 - 6132{,}6 \approx 188{,}6$

In der 20. Woche wurden 188 Stücke verkauft.

$$f'(t) = 30 \ \Leftrightarrow\ 500\,e^{-0{,}05t} = 30 \ \Leftrightarrow\ e^{-0{,}05t} = 0{,}06 \ \Leftrightarrow\ -0{,}05t = \ln 0{,}06$$

$$\Leftrightarrow\ t = \frac{\ln 0{,}06}{-0{,}05} \approx 56{,}3$$

Die Überprüfung $f(57) - f(56) \approx 9421{,}6 - 9391{,}8 \approx 29{,}66$ zeigt, dass in der 57. Woche der Absatz erstmals unter 30 Stücken liegt.

$$f(t) = 9000 \ \Leftrightarrow\ 10\,000 - 10\,000\,e^{-0{,}05t} = 9000$$

$$\Leftrightarrow\ 10\,000\,e^{-0{,}05t} = 1000 \ \Leftrightarrow\ 10\,e^{-0{,}05t} = 1 \ \Leftrightarrow\ e^{-0{,}05t} = 0{,}1$$

$$\Leftrightarrow\ -0{,}05t = \ln 0{,}1 \ \Leftrightarrow\ t = \frac{\ln 0{,}1}{-0{,}05} \approx 46{,}1$$

Nach etwa 46 Wochen sind bereits 90 % der produzierten Menge verkauft.

### 1.12.4 Trigonometrische Funktionen

Beim Modellieren periodischer Vorgänge werden trigonometrische Funktionen benötigt. Zunächst sollen die erforderlichen Grundkenntnisse vorgestellt werden.

**Wissen**

Die trigonometrischen Funktionen werden am **Einheitskreis** definiert. Zu jedem vorgegebenen **Winkelmaß** $\alpha$ und **Bogenmaß** $x = \frac{\pi}{180} \cdot \alpha$ gibt es einen Punkt P auf dem **Einheitskreis.**
Man nennt den x-Wert des Punktes P den **Cosinus von** $\alpha$ **bzw. Cosinus von x** und den y-Wert von P den **Sinus von** $\alpha$ **bzw. Sinus von x.**

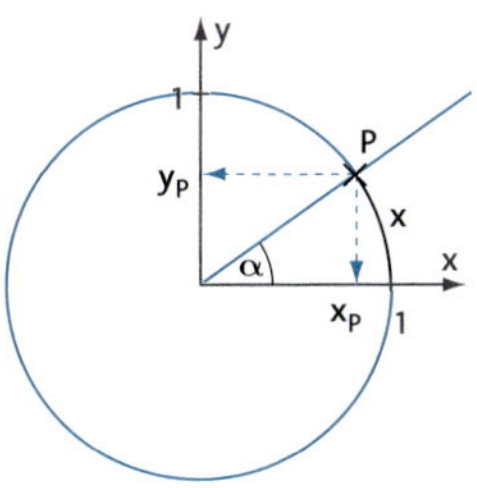


Kurz: $x_P = \cos x$
$y_P = \sin x$

**Schaubilder**

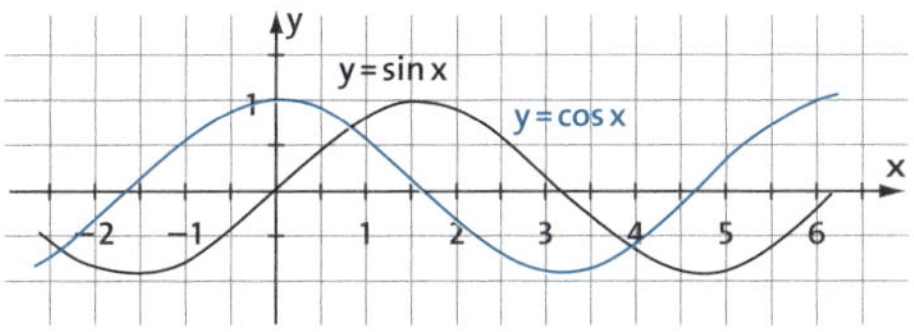


Standardwerte

| $\alpha$ | 0° | 30° | 45° | 60° | 90° |
|---|---|---|---|---|---|
| **x** | 0 | $\frac{\pi}{6}$ | $\frac{\pi}{4}$ | $\frac{\pi}{3}$ | $\frac{\pi}{2}$ |
| **sin x** | 0 | $\frac{1}{2}$ | $\frac{1}{2}\sqrt{2}$ | $\frac{1}{2}\sqrt{3}$ | 1 |
| **cos x** | 1 | $\frac{1}{2}\sqrt{3}$ | $\frac{1}{2}\sqrt{2}$ | $\frac{1}{2}$ | 0 |

Eigenschaften

| **f(x)** | **Nullstellen** | **Extremstellen** | **Wendestellen** | **Amplitude** | **Periodenlänge** |
|---|---|---|---|---|---|
| **sin x** | $k\pi$ | $\frac{\pi}{2} + k\pi$ | $k\pi$ | 1 | $2\pi$ |
| **cos x** | $\frac{\pi}{2} + k\pi$ | $k\pi$ | $\frac{\pi}{2} + k\pi$ | 1 | $2\pi$ |

$k \in \mathbb{Z}$

Ableitungs- und Stammfunktionen

| **f(x)** | **f′(x)** | **F(x)** |
|---|---|---|
| **sin x** | $\cos x$ | $-\cos x$ |
| **cos x** | $-\sin x$ | $\sin x$ |

**Die Funktionen f mit $f(x) = a \cdot \sin(bx + c) + d,\ x \in \mathbb{R}\ (a, b, c, d \in \mathbb{R},\ a \neq 0,\ b \neq 0)$**
Ihre Ableitungsfunktionen erhält man mit der Kettenregel, die Stammfunktionen durch lineare Substitution:
$f'(x) = ab \cdot \cos(bx + c)$
$f''(x) = -ab^2 \cdot \sin(bx + c)$
$f'''(x) = -ab^3 \cdot \cos(bx + c)$
$F(x) = -\frac{a}{b} \cdot \cos(bx + c) + dx + k,\ k \in \mathbb{R}$

Die Schaubilder der Funktionen f können durch geeignete Abbildungen aus dem Schaubild der Sinusfunktion erzeugt werden.
Dazu schreibt man zunächst den Funktionsterm um: $f(x) = a \cdot \sin\left[b\left(x + \frac{c}{b}\right)\right] + d$
Aus dieser Termdarstellung kann man die Abbildungen ablesen, welche die Sinuskurve in das Schaubild von f überführen:
- Streckung senkrecht zur x-Achse mit Faktor a, falls a positiv ist, andernfalls Streckung senkrecht zur x-Achse mit Faktor $|a|$ und Spiegelung an der x-Achse
- Streckung senkrecht zur y-Achse mit Faktor $\frac{1}{b}$, falls $\frac{1}{b}$ positiv ist, andernfalls Streckung senkrecht zur x-Achse mit Faktor $\left|\frac{1}{b}\right|$ und Spiegelung an der y-Achse
- Verschiebung in positiver x-Richtung um $\left|\frac{c}{b}\right|$ Einheiten, falls $\frac{c}{b}$ negativ ist, andernfalls Verschiebung um $\frac{c}{b}$ Einheiten in negativer x-Richtung
- Verschiebung in positiver y-Richtung um d Einheiten, falls d positiv ist, andernfalls Verschiebung um $|d|$ Einheiten in negativer y-Richtung

Bemerkung: Die Reihenfolge der Abbildungen ist nicht beliebig. Die Streckungen müssen zuerst ausgeführt werden. Durch die genannten Abbildungen entsteht aus der Amplitude 1 die Amplitude $|a|$ und aus der Periodenlänge $2\pi$ die Periodenlänge $\frac{2\pi}{|b|}$.

A

**1.** In der Abbildung ist neben der Sinuskurve noch ein weiteres Schaubild $K_f$ einer trigonometrischen Funktion f gezeichnet.

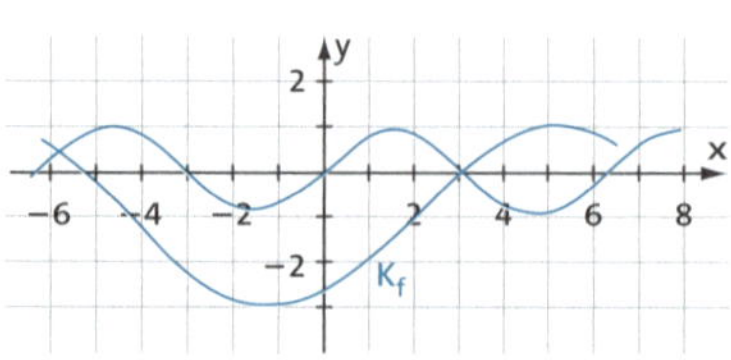


a) Die Periodenlänge von $K_f$ ist hier ein natürliches Vielfaches von $\pi$. Bestimmen Sie die Periodenlänge und die Amplitude von $K_f$ mithilfe der Abbildung.
b) Die Funktion f besitzt einen Term des Typs $f(x) = 2\sin\left(\frac{1}{2}(x + c)\right) + d$. Bestimmen Sie die ganzzahligen Parameter c und d.
c) $K_f$ begrenzt im 4. Quadranten mit den Koordinatenachsen eine Fläche mit Inhalt A. Berechnen Sie A. Runden Sie auf drei Dezimalen.
d) Bestimmen Sie die Extremstellen von f im Intervall $[-4; 6]$. Runden Sie auf zwei Dezimalen. Auf die hinreichende Bedingung wird verzichtet.

L

**1. Problemanalyse**

a) Periodenlänge und Amplitude am Schaubild erkennen
b) Abbildungen der Sinuskurve
c) Fläche zwischen Kurve und x-Achse
d) Begriff Extremstelle

**Lösung**

a) Die Periodenlänge von K ist etwas größer als 12. Der exakte Wert ist $4\pi$.
Die Amplitude beträgt 2.

b) Der Faktor 2 bedeutet eine Verdoppelung der Amplitude gegenüber der Standardsinuskurve. Der Faktor $\frac{1}{2}$ zeigt eine Verdoppelung der Periodenlänge an.
Man betrachtet jetzt die Funktion g mit $g(x) = 2\sin\left(\frac{1}{2}x\right)$. Ihr Schaubild $K_g$ geht aus der Standardsinuskurve durch eine Streckung senkrecht zur x-Achse mit Faktor 2 und eine Streckung senkrecht zur y-Achse mit Faktor 2 hervor. Auf $K_g$ müssen jetzt noch geeignete Verschiebungen in x- und y-Richtung angewendet werden, damit $K_g$ in $K_f$ übergeht.
Durch Vergleich der Hochpunkte beider Kurven erkennt man eine Verschiebung um 2 Längeneinheiten in positiver x-Richtung und 1 Längeneinheit in negativer y-Richtung.
Folglich ist $c = -2$ und $d = -1$.

**Skizze**

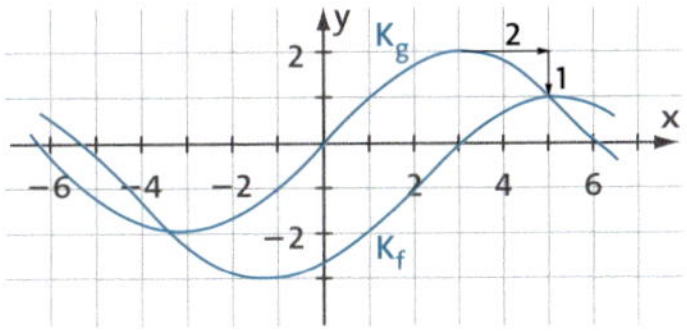


c) **Integrationsgrenzen** sind 0 und die erste positive Nullstelle von f. Man sieht dies an der zugehörigen Skizze.

**Skizze**

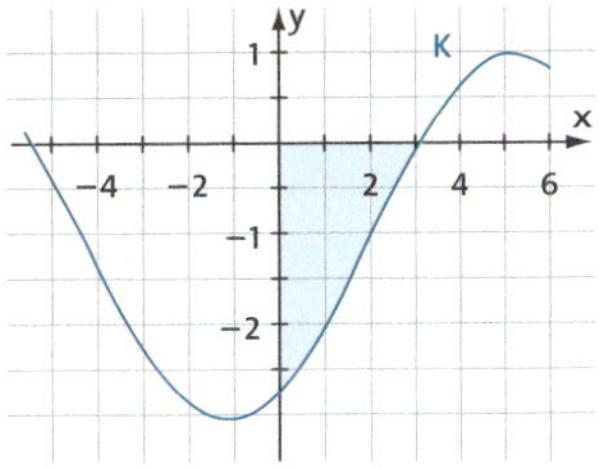


$$f(x) = 0 \Leftrightarrow 2\sin\left(\frac{1}{2}x - 1\right) - 1 = 0$$
$$\Leftrightarrow \sin\left(\frac{1}{2}x - 1\right) = \frac{1}{2}$$
$$\Leftrightarrow \frac{1}{2}x - 1 = \frac{\pi}{6} + 2k\pi$$
$$\vee\ \frac{1}{2}x - 1 = \frac{5}{6}\pi + 2k\pi$$

mit $k \in \mathbb{Z}$

Für $k = 0$ ergibt sich: $\frac{1}{2}x - 1 = \frac{\pi}{6} \Leftrightarrow x = 2 + \frac{\pi}{3} \approx 3{,}05$

**Flächeninhalt**

$$\int_0^{2+\frac{\pi}{3}} f(x)\,dx = \int_0^{2+\frac{\pi}{3}} \left[2\sin\left(\frac{1}{2}x - 1\right) - 1\right]dx = \left[-4\cos\left(\frac{1}{2}x - 1\right) - x\right]_0^{2+\frac{\pi}{3}}$$
$$= \left[-4\cdot\cos\left(\frac{1}{2}\left(2 + \frac{\pi}{3}\right) - 1\right) - \left(2 + \frac{\pi}{3}\right)\right] - [-4\cdot\cos(-1)]$$
$$= -4\cdot\cos\frac{\pi}{6} - \left(2 + \frac{\pi}{3}\right) + 4\cdot\cos(-1)$$
$$= -2\cdot\sqrt{3} - 2 - \frac{\pi}{3} + 4\cdot\cos(-1) \approx -4{,}350$$

$A \approx 4{,}350$ FE

d) Am Schaubild ist erkennbar, dass im vorgegebenen Intervall zwei Extremstellen $x_3$ und $x_4$ vorliegen. Deshalb kann auf die hinreichende Bedingung für Extremstellen verzichtet werden.

$f'(x) = \cos\left(\frac{1}{2}x - 1\right)$

$f'(x) = 0 \Leftrightarrow \frac{1}{2}x - 1 = \frac{\pi}{2} + k\pi,\ k \in \mathbb{Z}$

$\Leftrightarrow x = \pi + 2 + 2k\pi \Leftrightarrow x = 2 + (2k + 1)\cdot\pi$

Für $k = 0$ erhält man $x_3 \approx 5{,}14$, für $k = -1$ erhält man $x_4 \approx -1{,}14$.

Die Extremstellen sind 5,14 und −1,14.

A

**2.** Gegeben ist die Funktion f mit $f(x) = -1{,}5\sin(\pi x + 2\pi),\ x \in \mathbb{R}$. Ihr Schaubild sei K.

a) Beschreiben Sie, wie K aus der Standardsinuskurve durch geeignete Abbildungen hervorgeht. Welche Periodenlänge hat K?
Skizzieren Sie K im Intervall $[0; 4]$.

b) Berechnen Sie die Nullstellen von f im Intervall $[0; 4]$.
Geben Sie damit die Koordinaten der Hochpunkte von K für $-1 \le x \le 2$ an.

c) Welche Größe A hat die Fläche, welche K für $0 \le x \le 2$ mit der x-Achse begrenzt?

d) Die Normale im Punkt $P(2\,|\,0)$ begrenzt mit den Koordinatenachsen ein Dreieck. Berechnen Sie die längste Seite dieses Dreiecks.

L

**2. Problemanalyse**

a) Geometrische Bedeutung der im Funktionsterm auftretenden Variablen, Begriff Periodenlänge, Schaubild zeichnen

b) Begriff Nullstelle, Lösen einer trigonometrischen Gleichung

c) Begriff Normale, Satz des PYTHAGORAS

**Lösung**

a) K entsteht aus der Standardsinuskurve durch eine Streckung senkrecht zur x-Achse mit Faktor 1,5, eine Spiegelung an der x-Achse, eine Streckung senkrecht zur y-Achse mit Faktor $\frac{1}{5}$ und durch eine Verschiebung um 2 Einheiten in negativer x-Richtung. Dies erkennt man am umgeformten Funktionsterm $f(x) = -1{,}5\sin[(\pi(x + 2))]$. Die Periodenlänge ist $2\pi\cdot\frac{1}{\pi} = 2$.

**Skizze**

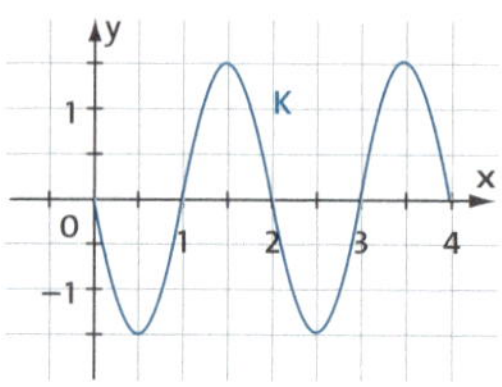

b) **Nullstellen**

$f(x) = 0 \Leftrightarrow \pi x + 2\pi = k\pi,\ k \in \mathbb{Z}$

$\Leftrightarrow x + 2 = k \Leftrightarrow x = k - 2$

Für $k = 2,\ k = 3,\ k = 4,\ k = 5$ und $k = 6$ erhält man die Nullstellen 0, 1, 2, 3, 4.
Da die Abzissen der Hochpunkte Mitten zweier Nullstellen sind, und die Periodenlänge 2 beträgt, liegen im vorgegebenen Intervall die Hochpunkte $H_1\left(-\frac{1}{2}\,\middle|\,\frac{3}{2}\right)$ und $H_2\left(\frac{3}{2}\,\middle|\,\frac{3}{2}\right)$.

c) **Flächeninhalt**

$$A = 2\cdot\int_1^2 f(x)\,dx = 2\left[\frac{1{,}5}{\pi}\cos(\pi x + 2\pi)\right]_1^2 = \frac{3}{\pi}\left[\cos(4\pi) - \cos(3\pi)\right] = \frac{3}{\pi}\left[1 - (-1)\right] = \frac{6}{\pi}\,\text{FE}$$

$\approx 1{,}91\,\text{FE}$

d) **Normale**

$f'(x) = -\frac{3}{2}\pi\cos(\pi x + 2\pi),\ f'(2) = -\frac{3}{2}\pi\cos(4\pi) = -\frac{3}{2}\pi \Rightarrow m_n = \frac{2}{3\pi}$,

$n\colon y = \frac{2}{3\pi}(x - 2)$ oder $n\colon\ y = \frac{2}{3\pi}x - \frac{4}{3\pi}$

**Längste Dreiecksseite**

Es handelt sich um ein rechtwinkliges Dreieck mit der Hypotenuse $\overline{PQ}$.
Dabei ist Q Schnittpunkt von n mit der y-Achse $\Rightarrow Q\left(0\,\middle|\,-\frac{4}{3\pi}\right)$.

$|\overline{PQ}| = \sqrt{(2+0)^2 + \left(0 + \frac{4}{3\pi}\right)^2} = \sqrt{4 + \frac{16}{9\pi^2}} \approx 2{,}04\,\text{LE}$

Die längste Dreiecksseite misst etwa 2,04 LE.

### 1.12.5 Anwendungsaufgaben

A

**1.** GTR Bei Fahrtenschreibern wird zu bestimmten Zeitpunkten die momentan gefahrene Geschwindigkeit eingetragen.
Die Tabelle zeigt die Aufzeichnungen für einen Lastkraftwagen.

| **Zeitpunkt** | 8:00 Uhr | 8:05 Uhr | 8:15 Uhr | 8:20 Uhr |
|---|---|---|---|---|
| **Geschwindigkeit** $\left(\frac{km}{h}\right)$ | 70 | 90 | 45 | 70 |

a) Welche Streckenlänge hätte der Lkw zwischen 8:00 Uhr und 8:20 Uhr zurückgelegt, wenn er die gemessenen Momentangeschwindigkeiten jeweils bis zum nächsten Messzeitpunkt beibehalten hätte? Runden Sie auf eine Dezimale.

b) Da sprunghafte Geschwindigkeitsänderungen realitätsfremd sind, soll die zurückgelegte Streckenlänge nun mithilfe einer differenzierbaren Funktion bestimmt werden. Stellen Sie diese Funktion auf.

c) Wie lang ist die Strecke, die der Lkw auf Grundlage des in Teilaufgabe b) entwickelten Modells zurücklegte? Runden Sie auf eine Dezimale.

d) Ermitteln Sie die im Beobachtungszeitraum gefahrene mittlere Geschwindigkeit mithilfe der Integralrechnung. Runden Sie auf eine Dezimale.

L

**1. Problemanalyse**

a) Berechnung der Summe der Wege bei angenommener gleichförmiger Geschwindigkeit in den einzelnen Zeitintervallen

b) Bestimmung einer ganzrationalen Funktion 3. Grades durch Lösen eines linearen Gleichungssystems oder Funktionsanpassung mittels GTR

c) Integral interpretiert als Streckenlänge

d) Berechnung des mittleren Funktionswerts mithilfe eines Integrals

**Lösung**

a) Da 5 Minuten $\frac{1}{12}$ h entsprechen, ergibt sich die Streckenlänge
$s_1 = (70 + 2 \cdot 90 + 45) \cdot \frac{1}{12} \approx 24{,}583.$
Der Lkw hätte etwa 24,6 km zurückgelegt.

b) Mit dem Ansatz
$f(x) = a x^3 + b x^2 + c x + d$
$\left(\text{Einheiten h und } \frac{km}{h}\right)$ erhält man das lineare Gleichungssystem:
8:00 Uhr:
(1) $f(0) = 70 \Leftrightarrow d = 70$

**Skizze**

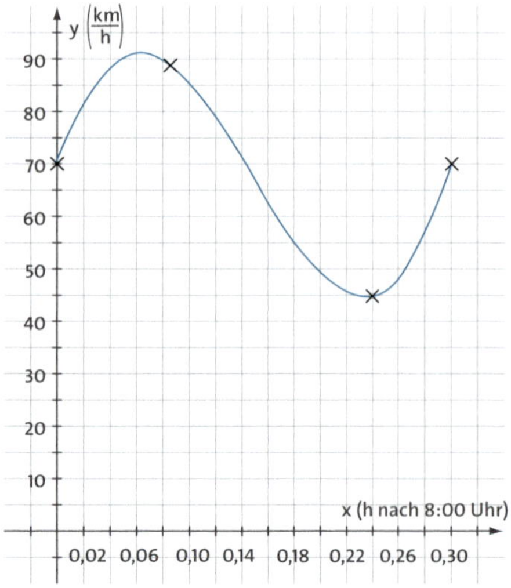

8:05 Uhr:

(2) $f\left(\frac{1}{12}\right) = 90 \Leftrightarrow \left(\frac{1}{12}\right)^3 a + \left(\frac{1}{12}\right)^2 b + \frac{1}{12}c + d = 90$

8:15 Uhr:

(3) $f\left(\frac{1}{4}\right) = 45 \Leftrightarrow \left(\frac{1}{4}\right)^3 a + \left(\frac{1}{4}\right)^2 b + \frac{1}{4}c + d = 45$

8:20 Uhr:

(4) $f\left(\frac{1}{3}\right) = 70 \Leftrightarrow \left(\frac{1}{3}\right)^3 a + \left(\frac{1}{3}\right)^2 b + \frac{1}{3}c + d = 70$

Hieraus erhält man f mit $f(x) = 12\,960\,x^3 - 6360\,x^2 + 680\,x + 70,\ x \in \left[0; \frac{1}{3}\right]$ und das zugehörige Schaubild.

c) Die Länge $s_2$ der zurückgelegten Strecke entspricht dem Inhalt der Fläche zwischen dem Schaubild von f und der x-Achse.

$$s_2 = \int_0^{\frac{1}{3}} f(x)\,dx = \int_0^{\frac{1}{3}} (12\,960\,x^3 - 6360\,x^2 + 680\,x + 70)\,dx \approx 22{,}59$$

Nach diesem Modell wurden etwa 22,6 km zurückgelegt.

d) Für den mittleren Funktionswert erhält man unter Berücksichtigung des Ergebnisses aus Teilaufgabe c) sofort:

$$\overline{v} = \frac{1}{\frac{1}{3} - 0} \cdot \int_0^{\frac{1}{3}} f(x)\,dx = 3 \int_0^{\frac{1}{3}} (12\,960\,x^3 - 6360\,x^2 + 680\,x + 70)\,dx \approx 67{,}78$$

Die mittlere gefahrene Geschwindigkeit während der 20-minütigen Zeitspanne beträgt etwa $67{,}8\,\frac{\text{km}}{\text{h}}$.

**2.** Die Abbildung zeigt den Querschnitt eines Entwässerungskanals mit den angegebenen Maßen. A

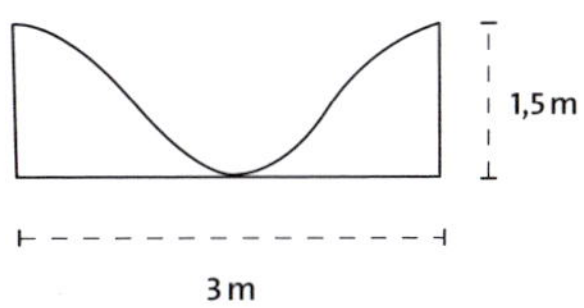


a) Stellen Sie eine trigonometrische Funktion f auf, welche den Querschnitt beschreiben kann.

b) Berechnen Sie die Größe der Querschnittsfläche.

c) Während eines Starkregens strömt Wasser 20 Minuten lang mit einer Geschwindigkeit von $45\,\frac{\text{km}}{\text{h}}$ durch den Kanal, der dabei bis zur halben Höhe gefüllt ist. Welche Wassermenge fließt insgesamt durch den Kanal ab?

L

**2. Problemanalyse**

a) Funktionsanpassung durch eine trigonometrische Funktion

b) Fläche zwischen Kurve und x-Achse

c) Fläche zwischen zwei Kurven, Volumen eines Körpers

**Lösung**

a) **Funktionsanpassung**

Der Abbildung entnimmt man die Periodenlänge 3 und die Amplitude $\frac{3}{4}$.
Mit dem gewählten Koordinatensystem bietet sich die Anpassung durch eine Cosinusfunktion des Typs f mit $f(x) = a\cos(bx) + cd$ an.
Aus Periodenlänge und Amplitude ergibt sich $a = \frac{3}{4}$ und $b = \frac{2\pi}{3}$. Damit die begrenzenden Hochpunkte auf der x-Achse liegen wählt man $d = -\frac{3}{4}$.
Somit ist $f(x) = \frac{3}{4}\cos\left(\frac{2\pi}{3}x\right) - \frac{3}{4} = \frac{3}{4}\left(\cos\left(\frac{2\pi}{3}\right)x - 1\right)$.

b) **Querschnittsfläche**

$$\int_0^3 f(x)\,dx = \frac{3}{4}\int_0^3 \left(\cos\left(\frac{2\pi}{3}x\right) - 1\right)dx = \frac{3}{4}\left[\frac{3}{2\pi}\sin\left(\frac{2\pi}{3}x\right) - x\right]_0^3$$

$$= \frac{3}{4}\left(\frac{3}{2\pi}\sin(2\pi) - 3 - \left(\frac{3}{2\pi}\sin(0) - 0\right)\right) = \frac{3}{4}(-3) = -\frac{9}{4}$$

Die Querschnittsfläche misst $2{,}25\,m^2$.

c) **Wassermenge**

Das Wasser strömt in 20 Minuten 15 km weit. Man kann sich also einen Körper mit einer durch ein Integral zu berechnenden Querschnittsfläche und der Länge 15 000 m vorstellen. Der Kanal ist bis zur halben Höhe gefüllt, wenn f den Funktionswert $-\frac{3}{4}$ annimmt.

**Skizze**

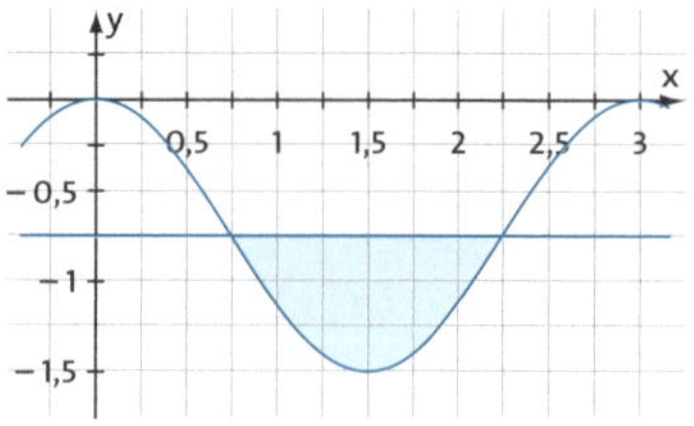


**Integrationsgrenzen**

$f(x) = -\frac{3}{4} \Leftrightarrow \frac{3}{4}\cos\left(\frac{2\pi}{3}x\right) - \frac{3}{4} = -\frac{3}{4} \Leftrightarrow \cos\left(\frac{2\pi}{3}x\right) = 0 \Leftrightarrow \frac{2\pi}{3}x = \frac{\pi}{2} + k\pi,\ k \in \mathbb{Z}$

Für $k = 1$: $\frac{2\pi}{3}x_1 = \frac{\pi}{2} \Leftrightarrow x_1 = \frac{3}{4}$

Für $k = 2$: $\frac{2\pi}{3}x_2 = \frac{3\pi}{2} \Leftrightarrow x_2 = \frac{9}{4}$

**Integral**

$$\int_{\frac{3}{4}}^{\frac{9}{4}} \left(-\frac{3}{4} - f(x)\right)dx = \int_{\frac{3}{4}}^{\frac{9}{4}} \left(-\frac{3}{4}\cos\left(\frac{2\pi}{3}x\right)\right)dx$$

$$= \left[-\frac{3}{4}\cdot\frac{3}{2\pi}\sin\left(\frac{2\pi}{3}x\right)\right]_{\frac{3}{4}}^{\frac{9}{4}}$$

$$= -\frac{9}{8\pi}\sin\left(\frac{3\pi}{2}\right) - \left(-\frac{9}{8\pi}\sin\left(\frac{\pi}{2}\right)\right) = \frac{9}{8\pi} + \frac{9}{8\pi} = \frac{9}{4\pi}$$

Für das Volumen V des Wassers gilt: $V = \frac{9}{4\pi}\cdot 15\,000\,m^3 = \frac{33\,750}{\pi}\,m^3$

Insgesamt fließen etwa $10\,743\,m^3$ Wasser durch den Kanal.

**3.** GTR Gegeben ist die Funktion f mit $f(x) = 0{,}01x^2 e^{-0{,}1x}$, $x \in \mathbb{R}$. K sei ihr Schaubild. A

a) Untersuchen Sie, ob f absolute Extrema besitzt.
Skizzieren Sie K für $-10 \leq x \leq 60$.
Die Funktion f sei nun eingeschränkt auf das Intervall $\mathbb{R}_0^+$ und beschreiben Sie die momentane Wachstumsrate eines Baumes $\left(\text{in } \frac{\text{m}}{\text{Jahr}}\right)$, der als Setzling 0,5 m hoch war.

b) Welche Höhe kann der Baum theoretisch nicht überschreiten? Nach wie vielen Jahren ist der Baum zu 85 % ausgewachsen?

c) Wann ist die momentane Wachstumsrate kleiner als $0{,}2\,\frac{\text{m}}{\text{Jahr}}$?

d) Welche Bedeutung hat die Zahl $0{,}1\int_{20}^{30} f(x)\,dx$? Berechnen Sie diese auf zwei Dezimalen gerundet.

**3. Problemanalyse** L

a) Ableiten mit der Produktregel, Bestimmung der Extremwerte im Inneren der Definitionsmenge mittels Ableitungsfunktion und am Rand mittels Grenzwertbetrachtung, Skizze des Schaubilds unter Verwendung des GTR

b) Integralfunktion, Integral interpretiert als theoretische Baumhöhe, Berechnung des Integrals mittels Produktintegration und Grenzwertbildung, Lösen einer Gleichung mit GTR

c) .Lösen einer Gleichung mit GTR

d) Mittelwert der Funktionswerte, Berechnung eines Integrals mit GTR

**Lösung**

a) **Absolute Extrema**

$f'(x) = 0{,}02x\,e^{-0{,}1x} + 0{,}01x^2 e^{-0{,}1x}(-0{,}1)$
$= (0{,}02x - 0{,}001x^2)\,e^{-0{,}1x}$
$= 0{,}001x(20 - x)\,e^{-0{,}1x}$

$f'(x) = 0 \Leftrightarrow x = 0 \lor x = 20$

Da f′ an der Stelle 0 das Vorzeichen von – nach + wechselt, ist $f(0) = 0$ ein relatives Minimum von f.
Da f′ an der Stelle 20 das Vorzeichen von + nach – wechselt, ist $f(20) \approx 0{,}541$ ein relatives Maximum von f.

**Skizze**

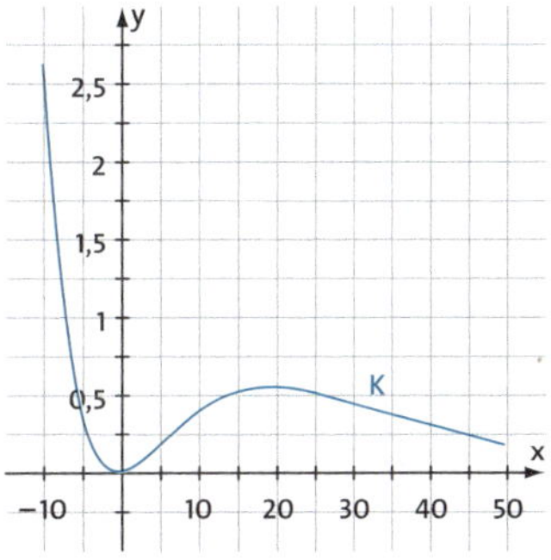


Wegen $\lim\limits_{x \to \infty} f(x) = 0$ und $f(x) \to \infty$ für $x \to \infty$ ist 0 das absolute Minimum von f. Ein absolutes Maximum existiert aber nicht.

b) Die Funktion H mit $H(x) = 0{,}5 + \int\limits_0^x f(t)\,dt,\ x \in \mathbb{R}_0^+$ beschreibt die Höhe des Baumes in Metern nach x Jahren.

**Stammfunktion**

Sie ist mit der Produktintegration zu bestimmen.
Dabei wird der Faktor 0,01 zunächst vernachlässigt.

$$\int x^2 e^{-0{,}1x}\,dx = x^2 e^{-0{,}1x} \cdot (-10) - \int 2x e^{-0{,}1} \cdot (-10)\,dx = -10x^2 e^{-0{,}1x} + 20\int x e^{-0{,}1x}\,dx$$
$$= -10x^2 e^{-0{,}1x} + 20\left(-10x e^{-0{,}1x} - \int -10 e^{-0{,}1x}\,dx\right)$$
$$= -10x^2 e^{-0{,}1x} - 200x e^{-0{,}1x} - 2000 e^{-0{,}1x}$$

**Baumhöhen-Funktion**

$$H(x) = 0{,}5 + \left[-0{,}1t^2 e^{-0{,}1t} - 2t e^{-0{,}1t} - 20 e^{-0{,}1t}\right]_0^x$$
$$= 0{,}5 - 0{,}1x^2 e^{-0{,}1x} - 2x e^{-0{,}1x} - 20 e^{-0{,}1x} + 20$$
$$= 20{,}5 - 0{,}1x^2 e^{-0{,}1x} - 2x e^{-0{,}1x} - 20 e^{-0{,}1x}$$
$$= 20{,}5 - (0{,}1x^2 + 2x + 20) \cdot e^{-0{,}1x}$$

$\lim\limits_{x \to \infty} H(x) = 20{,}5$

Die theoretisch nicht zu überschreitende Baumhöhe ist 20,5 m.

$H(x) = 0{,}85 \cdot 20{,}5$

$\Leftrightarrow\ 20{,}5 + (-0{,}1x^2 - 2x - 20) \cdot e^{-0{,}1x} = 17{,}425$

Der GTR liefert für $x \approx 46{,}86$.

Nach knapp 47 Jahren ist der Baum zu 85 % ausgewachsen.

**Skizze**

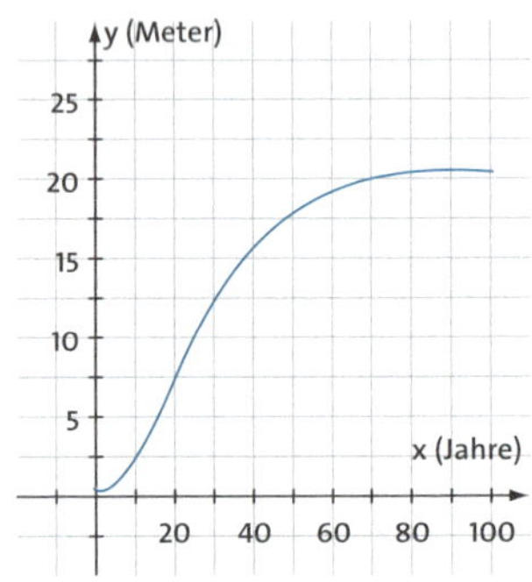


c) $f(x) < 0{,}2$

Mit dem GTR erhält man von K die nebenstehende Skizze. Hieran erkennt man, dass die zugehörige Ungleichung $f(x) < 0{,}2$ zwei Lösungsintervalle hat.

Der GTR liefert die Lösungen $x_1 \approx 6{,}05$ und $x_2 \approx 47{,}07$.

Die momentane Wachstumsrate ist ungefähr in den ersten 6 Jahren und ab dem 48. Jahr kleiner als $0{,}2\frac{m}{Jahr}$.

**Skizze**

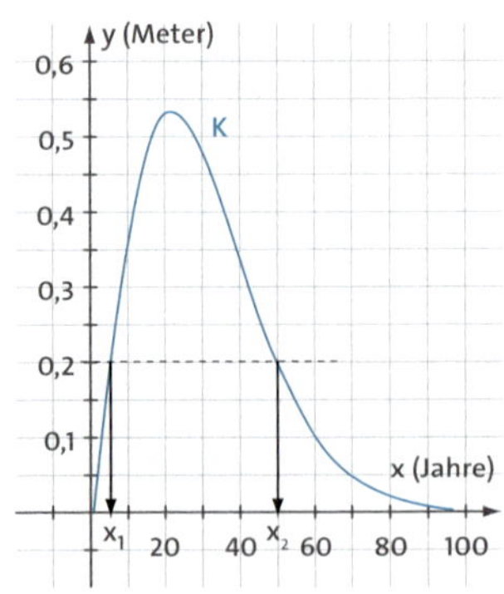


d) $\frac{1}{30-20} \cdot \int\limits_{20}^{30} f(x)\,dx = 0{,}1\int\limits_{20}^{30} f(x)\,dx$ ist Mittelwert der Funktionswerte im Intervall [20; 30], also die mittlere momentane Wachstumsrate im 3. Jahrzehnt nach der Pflanzung des Baumes.

Mit dem GTR erhält man $0{,}1\int\limits_{20}^{30} f(x)\,dx \approx 0{,}51$.

Im 3. Jahrzehnt wächst der Baum mit durchschnittlich $0{,}51\frac{m}{Jahr}$.

**4.** GTR Gegeben ist die Funktion f mit $f(x) = \frac{0{,}2\,x}{(x+1)^2}$, $x \in \mathbb{R}_0^+$. Ihr Schaubild sei K. A

a) Skizzieren Sie den groben Verlauf von K mithilfe des GTR.

b) K schließt mit den Koordinatenachsen und der Geraden $g{:}\ x = 10$ eine Fläche ein. Berechnen Sie ihren Inhalt mithilfe des GTR auf 3 Dezimalen genau.

Nun beschreibe f die Konzentration eines Medikaments im Blut eines Patienten (x in Stunden seit der Verabreichung des Medikaments).

c) Wie groß ist die mittlere Konzentration zwischen 2 und 6 Stunden nach der Einnahme? Geben Sie das Ergebnis auf zehntel Prozent gerundet an.

d) Wann ist die Konzentration am höchsten? Wie groß ist die maximale Konzentration?

e) Wann ist die Konzentration nur halb so groß wie die maximale? Runden Sie auf 2 Dezimalen.

f) Wann nimmt die Konzentration am schnellsten ab?

**4. Problemanalyse** L

a) Zeichnen des Schaubilds einer Funktion

b) Flächeninhalt mit Integral berechnen

c) Mittelwert der Funktionswerte

d) Bestimmung von Extremstelle und Maximum einer Funktion

e) Stellen mit speziellem Funktionswert bestimmen

f) Berechnung einer Wendestelle

**Lösung**

a) Mit dem GTR erhält man eine Skizze von K.

**Skizze**

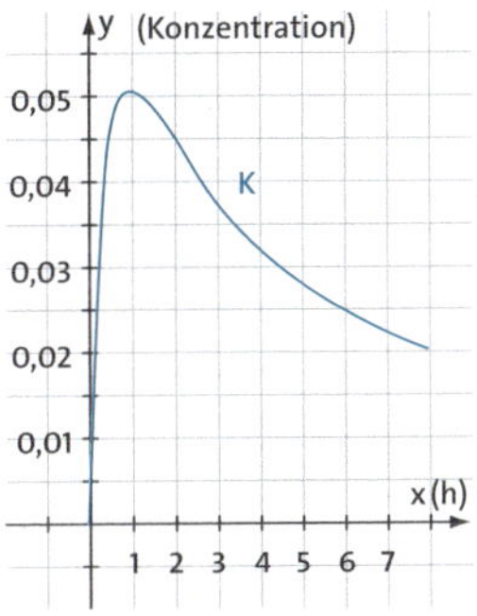


b) Mit dem GTR ergibt sich $A = \int_0^{10} f(x)\,dx \approx 0{,}298\,\text{FE}$.

Der Flächeninhalt beträgt etwa 0,298 FE.

c) $m = \frac{1}{6-2}\int_2^6 f(x)\,dx \approx 0{,}033 = 3{,}3\,\%$.

Zwischen 2 und 6 Stunden nach Einnahme besteht eine mittlere Konzentration von etwa 3,3 %.

d) Mit der Quotienten- und der Kettenregel findet man

$f'(x) = 0{,}2 \cdot \frac{1 \cdot (x+1)^2 - x \cdot 2 \cdot (x+1)}{(x+1)^4} = 0{,}2 \cdot \frac{1-x}{(x+1)^3}$.

Man sieht sofort, dass $f'(x)$ nur für $x = 1$ den Wert 0 annimmt.

Außerdem wechselt f′ dort das Vorzeichen von + nach –.

Also ist die Konzentration nach einer Stunde am höchsten.

Wegen $f(1) = 0{,}05$ beträgt die maximale Konzentration 5 %.

e) Der Ansatz $f(x) = 0{,}025$ führt auf die Gleichung $\frac{0{,}2\,x}{(x+1)^2} = 0{,}025$.
Bei der Betrachtung von K erkennt man, dass es zwei Lösungen gibt.
Mit dem GTR findet man $x_1 \approx 0{,}17$ und $x_2 \approx 5{,}83$.
Nach etwa 0,17 und 5,83 Stunden ist die Konzentration halb so hoch wie die maximale.

f) Am Zähler des Terms $f''(x) = \frac{0{,}4\,(x-2)}{(x+1)^4}$ ist sofort erkennbar, dass 2 die einzige Wendestelle von f ist.
Folglich nimmt die Konzentration nach 2 Stunden am schnellsten ab.

A

**5.** GTR Nach dem Tod eines Organismus zerfällt die ursprünglich vorhandene Menge $C^{14}$ mit einer Halbwertszeit von 5730 Jahren. Es sei eine Ausgangsmenge von 250 mg angenommen.

a) Bestimmen Sie eine Funktion f mit $f(t) = a \cdot e^{kt}$, $t \in \mathbb{R}_0^+$ $(a \in \mathbb{R}^+,\ k \in \mathbb{R}\backslash\{0\})$, die den Zerfallsprozess beschreibt. Skizzieren Sie das Schaubild von f für $0 \le t \le 20\,000$. Wählen Sie sinnvolle Längeneinheiten auf den Koordinatenachsen.

b) Welche Menge $C^{14}$ ist nach 2000 Jahren noch vorhanden?
Wie viel Prozent der ursprünglich vorhandenen $C^{14}$-Menge ist nach 20 000 Jahren zerfallen?
Berechnen Sie das exakte Alter einer Probe, bei der nur noch 60 mg $C^{14}$ nachgewiesen werden.
In welchem Jahrtausend nach Zerfallsbeginn nimmt der $C^{14}$-Anteil erstmals um weniger als 5 mg ab?

c) Bestimmen Sie für den Zeitraum von 6000 bis 12 000 Jahre nach Zerfallsbeginn einen mittleren Wert für die bereits zerfallene $C^{14}$-Menge.

d) Zeigen Sie: Die Funktionenschar aus Teilaufgabe a) erfüllt die Differentialgleichung $f'(t) = k \cdot f(t)$. Welche Wachstumsform wird dadurch beschrieben?

L

**5. Problemanalyse**

a) Bestimmung einer Exponentialfunktion,
Skizze des Schaubilds mithilfe eines GTR

b) Funktionsbegriff, Prozentrechnung, lösen einer Exponentialgleichung

c) Mittelwert der Funktionswerte, Integral

d) Ableitungsregeln, Differentialgleichung, Wachstumsformen

**Lösung**

a) **Funktionsbestimmung**

$f(t) = a \cdot e^{kt}$, t in Jahren,

f(t) in mg

$f(0) = 250 \Leftrightarrow a = 250$

$f(5730) = \frac{1}{2}a$

$\Leftrightarrow a \cdot e^{5730k} = \frac{1}{2}a$

$\Leftrightarrow e^{5730k} = \frac{1}{2}$

$\Leftrightarrow 5730k = \ln\left(\frac{1}{2}\right)$

$\Leftrightarrow k = -\frac{\ln 2}{5730} \approx -1{,}21 \cdot 10^{-4} \frac{1}{\text{Jahre}}$

Damit ist f mit

$f(t) = 250 \cdot e^{-\frac{\ln 2}{5730}t}$

**Skizze**

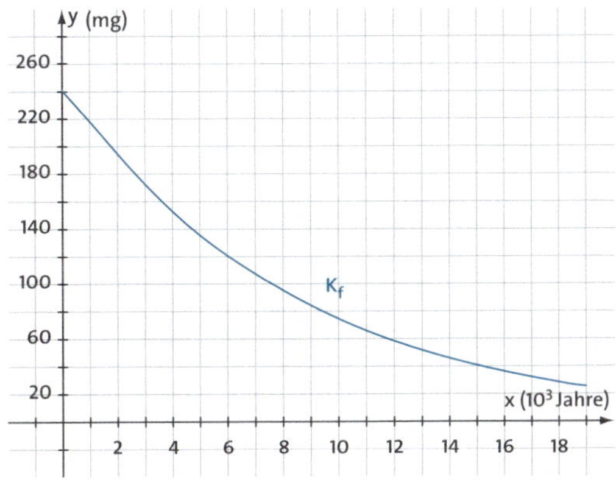


die gesuchte Funktion. Wegen $e^{\ln 2} = 2$ kann der Funktionsterm auch umgeformt werden zu $f(t) = 250 \cdot 2^{-\frac{t}{5730}}$.

b) **$C^{14}$-Menge nach 2000 Jahren**

$f(2000) = 250 \cdot 2^{-\frac{2000}{5730}} \approx 196{,}3$

Nach 2000 Jahren sind noch 196,3 mg $C^{14}$ vorhanden.

**Zerfallener $C^{14}$-Anteil nach 20 000 Jahren**

$f(20\,000) \approx 22{,}2$

$250 - 22{,}2 = 227{,}8$

$p \approx \frac{227{,}8}{250} \cdot 100 \approx 91{,}1$

Nach 20 000 Jahren sind etwa 91 % der ursprünglich vorhandenen $C^{14}$-Menge zerfallen.

**Alter der Probe**

$$f(t) = 60 \Leftrightarrow 250 \cdot 2^{-\frac{t}{5730}} = 60$$
$$\Leftrightarrow 2^{-\frac{t}{5730}} = \frac{6}{25}$$
$$\Leftrightarrow \ln\left(2^{-\frac{t}{5730}}\right) = \ln\frac{6}{25}$$
$$\Leftrightarrow -\frac{t}{5730}\ln 2 = \ln\frac{6}{25}$$
$$\Leftrightarrow t = -5730\,\frac{\ln\frac{6}{25}}{\ln 2} \approx 11\,797$$

Die Probe ist also knapp 12 000 Jahre alt.

**Jahrtausend**

$f(t) - f(t+1000) = 5 \Leftrightarrow 250 \cdot 2^{-\frac{t}{5730}} - 250 \cdot 2^{-\frac{t+1000}{5730}} = 5 \Leftrightarrow 2^{-\frac{t}{5730}} - 2^{-\frac{t+1000}{5730}} = \frac{1}{50}$

Der GTR liefert $t \approx 14\,383$, wobei der Startwert 12 000 anhand des Schaubilds grob geschätzt wurde. Da im Zeitraum [14 383; 15 383] die Abnahme nach obiger Rechnung genau 5 mg beträgt, muss die $C^{14}$-Menge erstmals im 16. Jahrtausend nach Zerfallsbeginn um weniger als 5 mg abnehmen.

c) **Mittelwert**

Der mittlere Funktionswert gibt die im Mittel noch vorhandenen $C^{14}$-Menge an. Weil aber die mittlere bereits zerfallene $C^{14}$-Menge zu bestimmen ist, gilt:

$$M = 250 - \frac{1}{6000}\int_{6000}^{12\,000} f(t)\,dt = 250 - \frac{1}{6000}\int_{6000}^{12\,000} 250 \cdot 2^{-\frac{t}{5730}}\,dt$$

$$= 250 - \frac{1}{24}\int_{6000}^{12\,000} 2^{-\frac{t}{5730}}\,dt = 250 - \frac{1}{24}\int_{6000}^{12\,000} e^{-\frac{\ln 2}{5730}t}\,dt$$

$$\approx 250 + 344{,}4 \cdot \left[e^{-\frac{\ln 2}{5730}\cdot t}\right]_{6000}^{12\,000}$$

$$\approx 250 + 344 \cdot (-0{,}2497)$$

$$\approx 164{,}0$$

Während des Zeitraums $[6000;\,120\,000]$ sind im Mittel bereits etwa 164 mg $C^{14}$ zerfallen.

d) **Differentialgleichung und Wachstumsform**

Aus $f(t) = a \cdot e^{kt}$ folgt sofort $f'(t) = a \cdot e^{kt} \cdot k = k\,a\,e^{kt} = k \cdot f(t)$

Für $k > 0$ wird exponentielles Wachstum, für $k < 0$ exponentielle Abnahme beschrieben.

**6.** GTR Gegeben ist die Funktion f mit $f(x) = \frac{15}{2} x e^{2-\frac{1}{2}x}$, $x \in \mathbb{R}$. A
Ihr Schaubild sei K.

a) Skizzieren Sie K für $0 \le x \le 10$. Verwenden Sie geeignete Längeneinheiten.
Bestimmen Sie den Extrempunkt und den Wendepunkt von K.

b) Bestimmen Sie den x-Wert des Punktes P auf K, der vom Punkt $Q(2\,|\,0)$ den kleinsten Abstand hat.
Wie groß ist der Abstand in diesem Fall?
Runden Sie jeweils auf zwei Dezimalen.

c) Die im gesamten Definitionsbereich differenzierbare Funktion g mit

$$g(x) = \begin{cases} \frac{15}{2} x e^{2-\frac{1}{2}x} & \text{für } 0 \le x \le 6 \\ a x + b & \text{für } 6 < x \le c \end{cases}$$

beschreibt die Niederschlagsintensität eines Gewitterregens (x in 10-Minuten-Intervallen, g (x) in Liter pro Quadratmeter und Stunde). Der Regen endet zum Zeitpunkt c.
Bestimmen Sie a, b und c exakt.
[Kontrollergebnis: $a = -15e^{-1}$, $b = 135e^{-1}$]
Auf einem asphaltierten Platz kann der Niederschlag mit einer Rate von 30 Liter pro Quadratmeter und Stunde ablaufen.
Wie viele Minuten staut sich das Regenwasser auf dem Platz?

d) Gegeben ist die Funktion h mit $h(x) = x e^{2-\frac{1}{2}x}$
Zeigen Sie mit vollständiger Induktion:
Die n-te Ableitung $h^{(n)}$ von h hat für alle $n \in \mathbb{N}$ den Term
$h^{(n)}(x) = \left(-\frac{1}{2}\right)^n (x - 2n) e^{2-\frac{1}{2}x}$.

**6. Problemanalyse** L

a) Skizze eines Funktionsschaubilds mit GTR, Extrem- und Wendepunkt mit oder ohne GTR
b) Abstand zweier Punkte, Extremwertaufgabe
c) Abschnittsweise definierte Funktion, Differenzierbarkeit an einer Stelle, Anwendung des Integralbegriffs
d) Vollständige Induktion

**Lösung**

a) **Skizze von K**

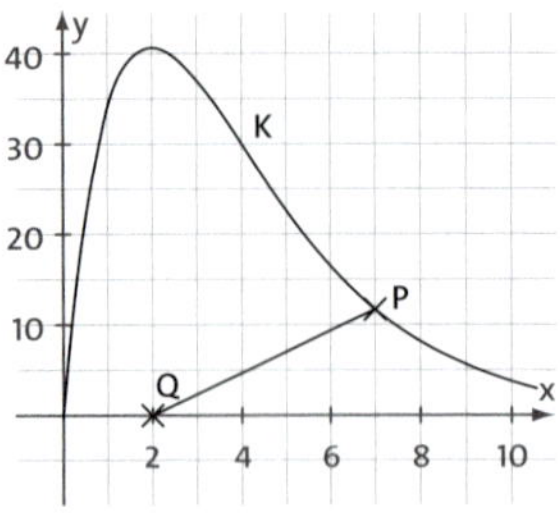


$f'(x) = \frac{15}{2}\left(1 - \frac{1}{2}x\right) \cdot e^{2-\frac{1}{2}x}$,

$H(2|15e)$, $W(4|30)$ (GTR oder symbolische Rechnung)

b) **Kleinster Abstand**

**Skizze** (vgl. Teilaufgabe a))

$P(u|f(u))$, $Q(2|0)$, $d(u) = |\overline{PQ}|$

$d(u) = \sqrt{(u-2)^2 + f(u)^2}$, $u > 0$

Der Abstand ist für $u \approx 9{,}60$ am kleinsten und beträgt ungefähr 8,77 LE. (GTR)

c) **Bestimmung der Variablen**

$$g'(x) = \begin{cases} \frac{15}{2}\left(1 - \frac{1}{2}x\right) \cdot e^{2-\frac{1}{2}x} & \text{für } 0 \le x < 6 \\ a & \text{für } 6 < x \le c \end{cases}$$

Damit g auch an der Stelle 6 differenzierbar ist, muss gelten:

$g(6) = \lim\limits_{x \to 6} g(x)$ und $\lim\limits_{x \to 6-} g'(x) = \lim\limits_{x \to 6+} g'(x)$,

also $\frac{45}{e} = 6a + b$ und $\frac{-15}{e} = a \Rightarrow a = -15e^{-1}$, $b = 135e^{-1}$

somit $g(x) = \begin{cases} \frac{15}{2}xe^{2-\frac{1}{2}x} & \text{für } 0 \le x \le 6 \\ -\frac{15}{e}x + \frac{135}{e} & \text{für } 6 < x \le c \end{cases}$, $g(x) = 0$ ergibt $c = 9$.

**Stauwasser**

**Skizze**

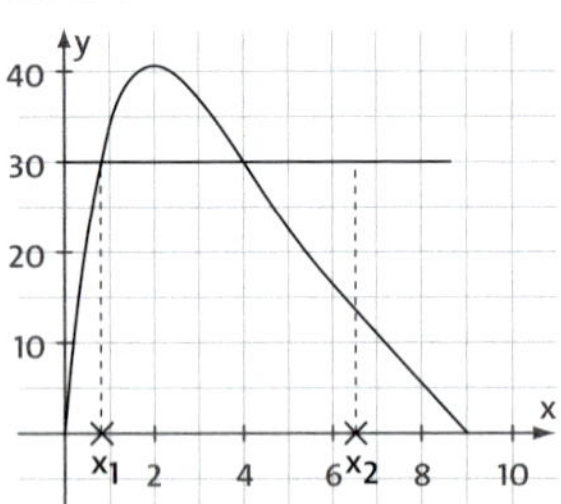


Es muss gelten: $\int\limits_{x_1}^{6} (f(x) - 30)\,dx - \int\limits_{6}^{x_2} (30 - g(x))\,dx = 0$

Mit dem GTR findet man die Schnittstelle $x_1 \approx 0{,}81$ und die obere Integrationsgrenze $x_2 \approx 6{,}53$.

Es ist $x_2 - x_1 \approx 5{,}72$. Somit steht das Stauwasser etwa 57,2 Minuten.

d) **Vollständige Induktion**

Es ist zu zeigen:

Für $h(x) = x e^{2-\frac{1}{2}x}$ ist $h^{(n)}(x) = \left(-\frac{1}{2}\right)^n (x - 2n) e^{2-\frac{1}{2}x}$.

Induktionsanfang

Mit den Ableitungsregeln erhält man:

$$\begin{aligned} h'(x) &= e^{2-\frac{1}{2}x} + x e^{2-\frac{1}{2}x} \cdot \left(-\frac{1}{2}\right) \\ &= e^{2-\frac{1}{2}x}\left(1 - \frac{1}{2}x\right) = \left(-\frac{1}{2}\right)(x-2) e^{2-\frac{1}{2}x} \\ &= \left(-\frac{1}{2}\right)^1 (x - 2 \cdot 1) e^{2-\frac{1}{2}x} \\ &= h^{(1)}(x) \end{aligned}$$

Induktionsschluss

Es sei $h^{(n)}(x) = \left(-\frac{1}{2}\right)^n (x - 2n) e^{2-\frac{1}{2}x}$.

Dann folgt mit den Ableitungsregeln:

$$\begin{aligned} \left(h^{(n)}\right)'(x) &= \left(-\frac{1}{2}\right)^n \left[e^{2-\frac{1}{2}x} + (x-2n) e^{2-\frac{1}{2}x} \cdot \left(-\frac{1}{2}\right)\right] \\ &= \left(-\frac{1}{2}\right)^n \cdot \left(-\frac{1}{2}\right)\left[-2 e^{2-\frac{1}{2}x} + (x-2n) e^{2-\frac{1}{2}x}\right] \\ &= \left(-\frac{1}{2}\right)^{n+1}\left[(x-2n-2) e^{2-\frac{1}{2}x}\right] \\ &= \left(-\frac{1}{2}\right)^{n+1}\left[(x-2(n+1)) e^{2-\frac{1}{2}x}\right] \\ &= h^{(n+1)}(x) \end{aligned}$$

# Überblick: Rund um eine Funktion

## Funktion f mit

$f(x) = e^2 - e^{-\frac{1}{2}x},\ x \in \mathbb{R}$

### Schaubild von f

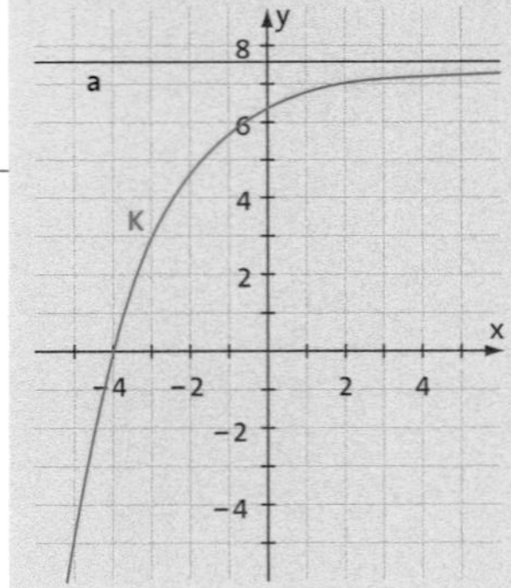


### Kurvendiskussion

1) Verhalten für $|x| \to \infty$ (Asymptoten):
$f(x) \to -\infty$ für $x \to -\infty$; $\lim\limits_{x \to \pm\infty} f(x) = e^2 \Rightarrow$ a: $y = e^2$ ist die Asymptote von K.
2) Schnittpunkte mit den Koordinatenachsen
$f(x) = 0 \Leftrightarrow e^2 - e^{-\frac{1}{2}x} = 0 \Leftrightarrow e^2 = e^{-\frac{1}{2}x} \Leftrightarrow 2 = -\frac{1}{2}x \Leftrightarrow x = -4 \Rightarrow N(-4\,|\,0)$
$f(0) = e^2 - 1 \approx 6{,}4 \Rightarrow S(0\,|\,e^2 - 1)$
3) Extrempunkte
$f'(x) = 0 \Leftrightarrow \frac{1}{2}e^{-\frac{1}{2}x} = 0$ ist unerfüllbar $\Rightarrow$ K besitzt keine Extrempunkte
4) Wendepunkte
$f''(x) = 0 \Leftrightarrow -\frac{1}{4}e^{-\frac{1}{2}x} = 0$ ist unerfüllbar $\Rightarrow$ K besitzt keine Wendepunkte
5) Ergänzende Wertetabelle

| x | −5 | −3 | −2 | −1 | 2 | 4 | 6 |
|---|---|---|---|---|---|---|---|
| f(x) | −4,8 | 2,9 | 4,7 | 5,7 | 7,0 | 7,3 | 7,4 |

### Ableitungen

$f'(x) = \frac{1}{2}e^{-\frac{1}{2}x}$ $\quad f''(x) = -\frac{1}{4}e^{-\frac{1}{2}x}$

$f'''(x) = \frac{1}{8}e^{-\frac{1}{2}x}$

### Tangente und Normale

Bestimmen Sie die Gleichung der Tangente und der Normalen im Schnittpunkt von K mit der x-Achse.

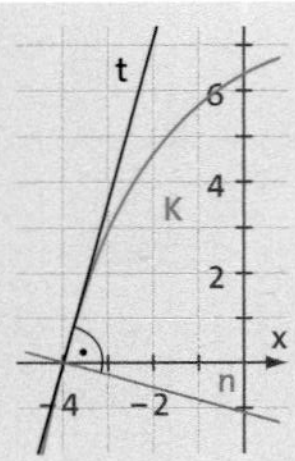


$m_t = f'(-4) = \frac{1}{2}e^2$

Punktprobe für $N(-4\,|\,0)$ in

$y = \frac{1}{2}e^2 \cdot x + c$ liefert

### Stammfunktion

$F(x) = e^2 x + 2e^{-\frac{1}{2}x},\ x \in \mathbb{R}$

### Flächenberechnung

Berechnen Sie den Inhalt A(u) der Fläche, den K, a, die y-Achse und die Gerade g: $x = u$ mit $u > 0$ einschließen. Existiert $\lim\limits_{u \to \infty} A(u)$?

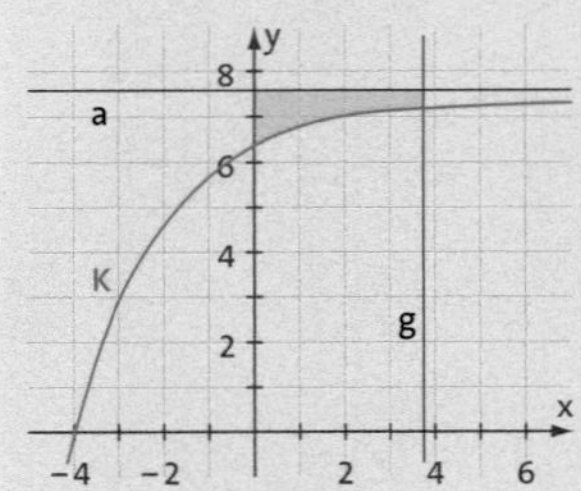


### Beschränktes Wachstum

f beschreibt für $x \geq -4$ ein beschränktes exponentielles Wachstum in 1000 Einheiten, das vor 4 Zeiteinheiten begann.

$0 = -2e^2 + c \Leftrightarrow c = 2e^2$

$\Rightarrow$ t: $y = \frac{1}{2}e^2 \cdot x + 2e^2$

$m_n = -\frac{1}{m_t} = -\frac{2}{e^2}$

Punktprobe für N(−4 | 0) in

$y = -\frac{2}{e^2} \cdot x + c$ liefert $0 = \frac{8}{e^2} + c \Leftrightarrow$

$c = -\frac{8}{e^2} \Rightarrow$ n: $y = -\frac{2}{e^2} \cdot x - \frac{8}{e^2}$

**Extremwertproblem**

$P(0 \mid e^2)$ und der Kurvenpunkt $Q(u \mid v)$ sind Eckpunkte eines achsenparallelen Rechtecks. Wie muss $u > 0$ gewählt werden, damit der Inhalt des Rechtecks maximal wird?

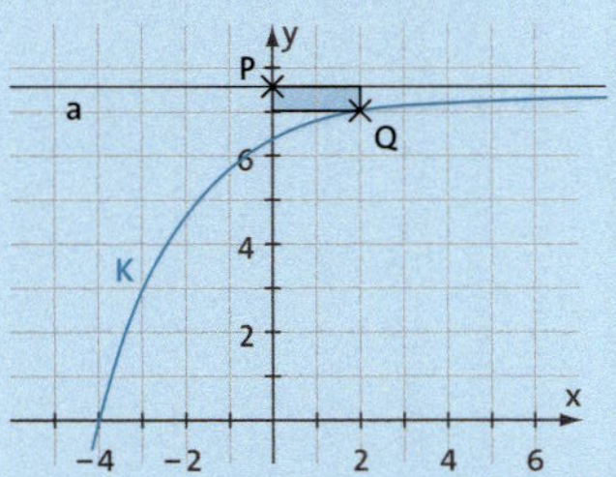


$A(u) = u \cdot [e^2 - f(u)] = u \cdot e^{-\frac{1}{2}u}, \; u \in \mathbb{R}^+$

$A'(u) = 1 \cdot e^{-\frac{1}{2}u} + u \cdot e^{-\frac{1}{2}u} \cdot \left(-\frac{1}{2}\right)$

$= \left(1 - \frac{1}{2}u\right) \cdot e^{-\frac{1}{2}u}$

$A'(u) = 0 \Leftrightarrow u = 2$

Da $A'(u) > 0$ für $u < 2$, $A'(u) < 0$ für $u > 2$ und $\lim_{u \to 0+} A(u) = \lim_{u \to \infty} A(u) = 0$ ist $A(2) = \frac{2}{e}$ der absolut größte Inhalt.

1) Wie groß ist der Bestand 5 Zeiteinheiten nach Beobachtungsbeginn?
Da $f(1) = 6{,}78$ betrug der Bestand 6780 Einheiten.

2) Wann wird das Sättigungsdefizit 1% betragen?

$f(x) = \frac{99}{100}e^2$

$\Leftrightarrow e^2 - e^{-\frac{1}{2}x} = \frac{99}{100}e^2$

$\Leftrightarrow \frac{1}{100}e^2 = e^{-\frac{1}{2}x}$

$\Leftrightarrow -\frac{1}{2}x = \ln\left(\frac{1}{100}e^2\right)$

$\Leftrightarrow x = -2 \cdot \ln\left(\frac{1}{100}e^2\right) \approx 5{,}2$

Etwa 9,2 Zeiteinheiten nach Beobachtungsbeginn beträgt das Sättigungsmanko 1%.

3) Wie groß ist das momentane Wachstum?
$f'(0) = \frac{1}{2}$ Das momentane Wachstum beträgt 500 Einheiten pro Zeiteinheit.

4) Wie groß war der mittlere Bestand in den ersten 4 Zeiteinheiten?

$\overline{B} = \frac{1}{4}\int_{-4}^{0}\left(e^2 - e^{-\frac{1}{2}x}\right) dx$

$= \frac{1}{4} \cdot \left[e^2 \cdot x + 2 \cdot e^{-\frac{1}{2}x}\right]_{-4}^{0}$

$= \frac{1}{4}\left[2 - (-2e^2)\right] \approx 4{,}195$

Er betrug 4195 Einheiten.



$A(u) = \int_0^u e^2 - \left(e^2 - e^{-\frac{1}{2}x}\right) dx = \int_0^u e^{-\frac{1}{2}x} dx$

$= \left[-2e^{-\frac{1}{2}x}\right]_0^u = -2e^{-\frac{1}{2}u} - (-2e^0)$

$= 2 - 2e^{-\frac{1}{2}u}$

$\lim_{u \to \infty} A(u) = 2$

**Volumen eines Drehkörpers**

Die Kurve K, die x-Achse und die y-Achse schließen eine Fläche ein. Rotiert diese Fläche um die x-Achse, so entsteht ein Drehkörper. Berechnen Sie sein Volumen.

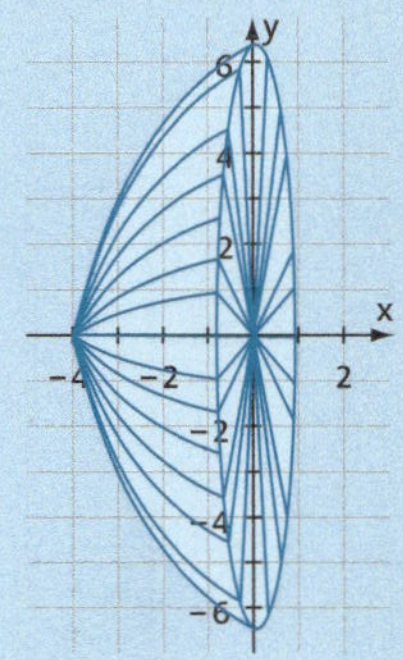


$V = s \cdot \int_{-4}^{0}\left(e^2 - e^{-\frac{1}{2}x}\right)^2 dx$

$= s \cdot \int_{-4}^{0}\left(e^4 - 2e^2e^{-\frac{1}{2}x} + e^{-x}\right) dx$

$= s \cdot \left[e^4x + 4e^2e^{-\frac{1}{2}x} - e^{-x}\right]_{-4}^{0}$

$= s \cdot [4e^2 - 1 - (-4e^4 + 4e^4$

$= s \cdot (e^4 + 4e^2 - 1) \approx 261\,VE$

# 2 Analytische Geometrie

*In der analytischen Geometrie werden geometrische Probleme mithilfe der Vektorrechnung gelöst.*
*Dabei spielen lineare Gleichungssysteme eine wesentliche Rolle.*

## 2.1 Grundlagen

### 2.1.1 Lineare Gleichungssysteme

Wissen

Zum Lösen von linearen Gleichungssystemen gibt es drei verschiedene Lösungsverfahren:

- **Gleichsetzungsverfahren:** Es bietet sich besonders an, wenn bei zwei Gleichungen mit zwei Unbekannten beide Gleichungen nach derselben Unbekannten aufgelöst vorgegeben sind.
- **Einsetzungsverfahren:** Man verwendet es bevorzugt, wenn bereits eine der Gleichungen nach einer der Unbekannten aufgelöst angegeben ist, oder dies leicht zu erreichen ist.
- **Additionsverfahren**: Man verwendet es bei zwei Gleichungen mit zwei Unbekannten, wenn keine der Gleichungen nach einer der Unbekannten aufgelöst ist.

Bei Gleichungssystemen mit mehr als zwei Unbekannten führt das Additionsverfahren zusammen mit dem **GAUSS-Algorithmus** schnell zur Lösung. Beim GAUSS-Algorithmus (oder GAUSS-Verfahren) versucht man das Gleichungssystem mithilfe von Äquivalenzumformungen so weit wie möglich auf Diagonalgestalt zu bringen, d. h. in der ersten Gleichung steht nur noch $x_1$, in der zweiten nur noch $x_2$ usw.

**Lösbarkeit von linearen Gleichungssystemen**

- Das Gleichungssystem ist unlösbar, d. h. $L = \{\ \}$, wenn man bei den Äquivalenzumformungen eine unerfüllbare Aussage erhält.
- Lässt sich das Gleichungssystem vollständig auf Diagonalgestalt bringen, so ist es eindeutig lösbar.
- Andernfalls besitzt das Gleichungssystem unendlich viele Lösungen.

**1.** Bestimmen Sie die Lösungsmenge mithilfe des Gleichsetzungsverfahrens. A

a) $\left|\begin{array}{l} x_1 = 2x_2 + 6 \\ x_1 = -3x_2 + 1 \end{array}\right|$ b) $\left|\begin{array}{l} x_1 = 8x_2 + 1 \\ x_1 = -4x_2 + 7 \end{array}\right|$ c) $\left|\begin{array}{l} x_1 = 3x_2 - 3 \\ x_1 = -3x_2 + 1 \end{array}\right|$ d) $\left|\begin{array}{l} x_1 = -6x_2 - 1 \\ x_1 = 2x_2 + 1 \end{array}\right|$

e) $\left|\begin{array}{l} x_2 = 5x_1 - 1 \\ x_2 = 15x_1 - 7 \end{array}\right|$ f) $\left|\begin{array}{l} x_2 = 9x_1 + 2 \\ x_2 = -3x_1 \end{array}\right|$ g) $\left|\begin{array}{l} x_2 = -4x_1 + 4 \\ x_2 = 4x_1 - 6 \end{array}\right|$ h) $\left|\begin{array}{l} x_2 = -3x_1 + 4 \\ x_2 = -3x_1 - 5 \end{array}\right|$

i) $\left|\begin{array}{l} 2x_1 = 7x_2 - 11 \\ 2x_1 = -2x_2 + 7 \end{array}\right|$ j) $\left|\begin{array}{l} 5x_2 = 8x_1 + 2 \\ 5x_2 = -4x_1 + 8 \end{array}\right|$ k) $\left|\begin{array}{l} -x_2 = -3x_1 + 1 \\ x_2 = 2x_1 + 3 \end{array}\right|$ l) $\left|\begin{array}{l} 4x_2 = 3x_1 - 9 \\ 3x_2 = -2x_1 + 6 \end{array}\right|$

**1.** a) (1) $x_1 = 2x_2 + 6$ L

(2) $x_1 = -3x_2 + 1$

Aus (1) und (2) folgt: $2x_2 + 6 = -3x_2 + 1 \Leftrightarrow 5x_2 = -5 \Leftrightarrow x_2 = -1$

In (1): $x_1 = 2 \cdot (-1) + 6 \Leftrightarrow x_1 = 4 \Rightarrow L = \{(4|-1)\}$

b) $L = \left\{\left(5 \,\middle|\, \frac{1}{2}\right)\right\}$ c) $L = \left\{\left(-1 \,\middle|\, \frac{2}{3}\right)\right\}$ d) $L = \left\{\left(\frac{1}{2} \,\middle|\, -\frac{1}{4}\right)\right\}$ e) $L = \left\{\left(\frac{3}{5} \,\middle|\, 2\right)\right\}$

f) $L = \left\{\left(-\frac{1}{6} \,\middle|\, \frac{1}{2}\right)\right\}$ g) $L = \left\{\left(\frac{5}{4} \,\middle|\, -1\right)\right\}$ h) $L = \{\ \}$ i) $L = \left\{\left(\frac{3}{2} \,\middle|\, 2\right)\right\}$

j) $L = \left\{\left(\frac{1}{2} \,\middle|\, \frac{6}{5}\right)\right\}$ k) $L = \{(4|11)\}$ l) $L = \{(3|0)\}$

**2.** Bestimmen Sie die Lösungsmenge mit dem Einsetzungsverfahren. A

a) $\left|\begin{array}{l} x_1 = 4x_2 - 2 \\ 3x_1 - x_2 = 5 \end{array}\right|$ b) $\left|\begin{array}{l} x_1 = x_2 + 5 \\ 2x_1 - 7x_2 = -10 \end{array}\right|$ c) $\left|\begin{array}{l} x_1 = 2x_2 - 1 \\ 3x_1 + 6x_2 = 0 \end{array}\right|$

d) $\left|\begin{array}{l} x_2 = 3x_1 - 5 \\ 6x_1 = -5x_2 + 3 \end{array}\right|$ e) $\left|\begin{array}{l} x_2 = 5x_1 - 2 \\ 10x_1 + 7x_2 - 4 = 0 \end{array}\right|$ f) $\left|\begin{array}{l} x_2 = 5x_1 - 3 \\ 7x_1 + 4x_2 = 6 \end{array}\right|$

g) $\left|\begin{array}{l} x_2 = -3x_1 + 1 \\ -9x_1 + 5x_2 = 9 \end{array}\right|$ h) $\left|\begin{array}{l} x_2 = 7x_1 + 2 \\ 7x_1 + 2x_2 = 7 \end{array}\right|$ i) $\left|\begin{array}{l} 2x_1 = 3x_2 - 16 \\ 2x_1 + x_2 = 8 \end{array}\right|$

j) $\left|\begin{array}{l} 5x_1 = 4x_2 \\ 10x_1 + 4x_2 = 9 \end{array}\right|$ k) $\left|\begin{array}{l} -3x_2 = 8x_1 - 10 \\ 16x_1 - 3x_2 = -16 \end{array}\right|$ l) $\left|\begin{array}{l} 7x_2 = 6x_1 - 6 \\ 15x_1 - 14x_2 = 17 \end{array}\right|$

**2.** a) (1) $x_1 = 4x_2 - 2$ L

(2) $3x_1 - x_2 = 5$

(1) in (2): $3(4x_2 - 2) - x_2 = 5 \Leftrightarrow 12x_2 - 6 - x_2 = 5 \Leftrightarrow 11x_2 = 11 \Leftrightarrow x_2 = 1$ in (1):

$x_1 = 4 \cdot 1 - 2 \Leftrightarrow x_1 = 2 \Rightarrow L = \{(2|1)\}$

b) $L = \{(9|4)\}$ c) $L = \left\{\left(-\frac{1}{2} \,\middle|\, \frac{1}{4}\right)\right\}$ d) $L = \left\{\left(\frac{4}{3} \,\middle|\, -1\right)\right\}$ e) $L = \left\{\left(\frac{2}{5} \,\middle|\, 0\right)\right\}$

f) $L = \left\{\left(\frac{2}{3} \,\middle|\, \frac{1}{3}\right)\right\}$ g) $L = \left\{\left(-\frac{1}{6} \,\middle|\, \frac{3}{2}\right)\right\}$ h) $L = \left\{\left(\frac{1}{7} \,\middle|\, 3\right)\right\}$ i) $L = \{(1|6)\}$

j) $L = \left\{\left(\frac{3}{5} \,\middle|\, \frac{3}{4}\right)\right\}$ k) $L = \left\{\left(-\frac{1}{4} \,\middle|\, 4\right)\right\}$ l) $L = \left\{\left(\frac{5}{3} \,\middle|\, \frac{4}{7}\right)\right\}$

A

**3.** Bestimmen Sie die Lösungsmenge mit dem Additionsverfahren.

a) $\left|\begin{array}{l} 5x_1 + 4x_2 = 2 \\ 3x_1 + 5x_2 = 9 \end{array}\right|$ b) $\left|\begin{array}{l} x_1 - 4x_2 = 5 \\ 5x_1 + x_2 = 4 \end{array}\right|$ c) $\left|\begin{array}{l} -x_1 + x_2 = 2 \\ 7x_1 - 2x_2 = 1 \end{array}\right|$ d) $\left|\begin{array}{l} x_1 + 2x_2 = 13 \\ 4x_1 - 5x_2 = 0 \end{array}\right|$

e) $\left|\begin{array}{l} 3x_1 + 2x_2 = -2 \\ 9x_1 + 5x_2 = 1 \end{array}\right|$ f) $\left|\begin{array}{l} 4x_1 - 5x_2 = 0 \\ 11x_1 + 3x_2 = 0 \end{array}\right|$ g) $\left|\begin{array}{l} 8x_1 - 5x_2 = 9 \\ 2x_1 + 4x_2 = -3 \end{array}\right|$ h) $\left|\begin{array}{l} 3x_1 - 2x_2 = 1 \\ -9x_1 + 4x_2 = -4 \end{array}\right|$

i) $\left|\begin{array}{l} 4x_1 - 12x_2 = 1 \\ -6x_1 + 18x_2 = 0 \end{array}\right|$ j) $\left|\begin{array}{l} x_1 + x_2 = 1 \\ 4x_1 - 3x_2 = 0 \end{array}\right|$

L

**3.** a)

$$\left|\begin{array}{l} 5x_1 + 4x_2 = 2 \\ 3x_1 + 5x_2 = 9 \end{array}\right| \begin{array}{l} |\cdot 3 \\ |\cdot(-5) \end{array} \rceil + \quad \Leftrightarrow \left|\begin{array}{rl} 5x_1 + 4x_2 = & 2 \\ -13x_2 = & -39 \end{array}\right| \; |:(-13)$$

$$\Leftrightarrow \left|\begin{array}{r} 5x_1 + 4x_2 = 2 \\ x_2 = 3 \end{array}\right| \; |\cdot(-4) \rceil + \quad \Leftrightarrow \left|\begin{array}{rr} 5x_1 \quad = & -10 \\ x_2 = & 3 \end{array}\right| \; |:5$$

$$\Leftrightarrow \left|\begin{array}{rr} x_1 \quad = & -2 \\ x_2 = & 3 \end{array}\right|$$

$\Rightarrow L = \{(-2\,|\,3)\}$

b) $L = \{(1\,|\,3)\}$ c) $L = \{(5\,|\,4)\}$ d) $L = \{(4\,|-7)\}$ e) $L = \{(0\,|\,0)\}$

f) $L = \left|\left\{\left(\frac{1}{2}\,\middle|-1\right)\right\}\right|$ g) $L = \left\{\left(\frac{2}{3}\,\middle|\,\frac{1}{2}\right)\right\}$ h) $L = \{\ \}$ i) $L = \left\{\left(\frac{3}{7}\,\middle|\,\frac{4}{7}\right)\right\}$

A

**4.** Bestimmen Sie die Lösungsmenge mit dem GAUSS-Algorithmus.

a) $\left|\begin{array}{l} 6x_1 - 3x_2 = 5 \\ 8x_1 - 4x_2 = 2 \end{array}\right|$ b) $\left|\begin{array}{l} x_1 + 2x_2 - 3x_3 = 1 \\ 3x_1 - 2x_2 + x_3 = -5 \\ 5x_1 - 6x_2 + 5x_3 = -11 \end{array}\right|$ c) $\left|\begin{array}{l} 4x_1 + 2x_2 - x_3 = 1 \\ -4x_1 + 2x_2 + 2x_3 = 0 \\ 7x_1 + 3x_2 - 2x_3 = 1 \end{array}\right|$

d) $\left|\begin{array}{l} 2x_1 + 5x_2 + 3x_3 = 3 \\ 3x_1 - 2x_2 - 4x_3 = -1 \\ 5x_1 + x_2 - 3x_3 = 0 \end{array}\right|$ e) $\left|\begin{array}{l} x_1 + 4x_2 - 5x_3 = 2 \\ 2x_1 - 2x_2 - 9x_3 = 5 \\ 2x_1 + 7x_2 - 6x_3 = 8 \end{array}\right|$ f) $\left|\begin{array}{l} 3x_1 - 4x_2 - 4x_3 = 4 \\ 2x_1 + 9x_2 + x_3 = -11 \\ -x_1 + 3x_2 + 3x_3 = 7 \end{array}\right|$

g) $\left|\begin{array}{l} 2x_1 + 4x_2 - 6x_3 = -2 \\ -3x_1 + x_2 - 2x_3 = -7 \\ 5x_1 + 3x_2 - 4x_3 = 2 \end{array}\right|$ h) $\left|\begin{array}{l} x_1 - 5x_2 - 7x_3 = 0 \\ -2x_1 + 4x_2 + 5x_3 = 0 \\ 3x_1 - x_2 = 0 \end{array}\right|$ i) $\left|\begin{array}{l} 2x_1 + x_2 + x_3 = 3 \\ -x_1 + x_2 = 3 \\ 3x_1 + 7x_2 + 4x_3 = 5 \end{array}\right|$

j) $\left|\begin{array}{l} 8x_1 + x_2 + 6x_3 = 18 \\ 2x_1 - x_2 + 4x_3 = 2 \\ 4x_1 + 3x_2 - 2x_3 = 14 \end{array}\right|$ k) $\left|\begin{array}{l} x_1 - 6x_2 + 5x_3 = -4 \\ 4x_1 - 10x_2 - x_3 = -2 \\ 7x_1 + 10x_2 - 4x_3 = 11 \end{array}\right|$ l) $\left|\begin{array}{l} 7x_1 + 3x_2 + 6x_3 = 0 \\ -x_1 + x_2 + x_3 = 1 \\ 3x_1 + 5x_2 - x_3 = -3 \end{array}\right|$

m) $\left|\begin{array}{l} 2x_1 + x_2 - 2x_3 = 7 \\ x_1 - x_2 - x_3 = -1 \\ -3x_1 + 2x_2 + 3x_3 = 0 \end{array}\right|$ n) $\left|\begin{array}{l} 4x_1 + 3x_2 + 3x_3 = -3 \\ 2x_1 - x_2 - x_3 = 1 \\ 7x_1 + 2x_2 + 2x_3 = -2 \end{array}\right|$ o) $\left|\begin{array}{l} x_1 + 2x_2 - x_3 = 4 \\ 2x_1 + 5x_2 - 2x_3 = 5 \\ x_1 + x_2 - x_3 = 1 \end{array}\right|$

L

**4.** a) $\left|\begin{array}{l} 6x_1 - 3x_2 = 5 \\ 8x_1 - 4x_2 = 2 \end{array}\right| \begin{array}{l} \cdot 4 \\ \cdot(-3) \end{array} \Big]+ \quad \Leftrightarrow \quad \left|\begin{array}{c} 6x_1 - 3x_2 = 5 \\ 0 = 14 \end{array}\right|$ (falsche Aussage)

$\Rightarrow L = \{\ \}$

b)

$$\left|\begin{array}{rcl} x_1 + 2x_2 - 3x_3 &=& 1 \\ 3x_1 - 2x_2 + x_3 &=& -5 \\ 5x_1 - 6x_2 + 5x_3 &=& -11 \end{array}\right| \begin{array}{l} \cdot(-3)\ \big]+ \quad \cdot(-5)\ \big]+ \\ \\ \\ \end{array} \Leftrightarrow \left|\begin{array}{rcl} x_1 + 2x_2 - 3x_3 &=& 1 \\ -8x_2 + 10x_3 &=& -8 \\ -16x_2 + 20x_3 &=& -16 \end{array}\right| \begin{array}{l} \cdot 4\ \big]+ \\ \cdot(-2)\ \big]+ \\ \\ \end{array}$$

$$\Leftrightarrow \left|\begin{array}{rcl} 4x_1 - 2x_3 &=& -4 \\ -8x_2 + 10x_3 &=& -8 \\ 0 &=& 0 \end{array}\right| \begin{array}{l} +2x_3 \\ -10x_3 \\ \\ \end{array} \Leftrightarrow \left|\begin{array}{rcl} 4x_1 &=& -4 + 2x_3 \\ -8x_2 &=& -8 - 10x_3 \\ & & \end{array}\right| \begin{array}{l} :4 \\ :(-8) \\ \\ \end{array}$$

$$\Leftrightarrow \left|\begin{array}{l} x_1 = -1 + \frac{1}{2}x_3 \\ x_2 = 1 + \frac{5}{4}x_3 \end{array}\right|$$

Mit $x_3 = 4s \Rightarrow L = \{(-1 + 2s \mid 1 + 5s \mid 4s),\ s \in \mathbb{R}\}$

c)

$$\left|\begin{array}{rcl} 4x_1 + 2x_2 - x_3 &=& 1 \\ -4x_1 + 2x_2 + 2x_3 &=& 0 \\ 7x_1 + 3x_2 - 2x_3 &=& 1 \end{array}\right| \begin{array}{l} \big]+ \quad \cdot(-7)\ \big]+ \\ \\ \cdot 4 \end{array} \Leftrightarrow \left|\begin{array}{rcl} 4x_1 + 2x_2 - x_3 &=& 1 \\ 4x_2 + x_3 &=& 1 \\ -2x_2 - x_3 &=& -3 \end{array}\right| \begin{array}{l} \cdot(-2)\ \big]+ \\ \quad\big]+ \\ \cdot 2 \end{array}$$

$$\Leftrightarrow \left|\begin{array}{rcl} -8x_1 + 3x_3 &=& -1 \\ 4x_2 + x_3 &=& 1 \\ -x_3 &=& -5 \end{array}\right| \begin{array}{l} \big]+ \\ \big]+ \\ \cdot 3 \end{array} \Leftrightarrow \left|\begin{array}{rcl} -8x_1 &=& -16 \\ 4x_2 &=& -4 \\ -x_3 &=& -5 \end{array}\right| \begin{array}{l} \cdot(-8) \\ :4 \\ :(-1) \end{array}$$

$$\Leftrightarrow \left|\begin{array}{rcl} x_1 &=& 2 \\ x_2 &=& -1 \\ x_3 &=& 5 \end{array}\right|$$

$\Rightarrow L = \{(2 \mid -1 \mid 5)\}$

d) $L = \{(3 \mid -3 \mid 4)\}$

e) $L = \{(7 \mid 0 \mid 1)\}$

f) $L = \{(8 \mid -4 \mid 9)\}$

g) $L = \{\ \}$

h) $L = \{(r \mid 3r \mid -2r),\ r \in \mathbb{R}\}$

i) $L = \{(8 \mid 11 \mid -24)\}$

j) $L = \{(2 - t \mid 2 + 2t \mid t),\ t \in \mathbb{R}\}$

k) $L = \left\{\left(\frac{2}{3} \,\middle|\, \frac{1}{2} \,\middle|\, -\frac{1}{3}\right)\right\}$

l) $L = \left\{\left(-\frac{1}{2} \,\middle|\, -\frac{1}{6} \,\middle|\, \frac{2}{3}\right)\right\}$

m) $L = \{(2 + s \mid 3 \mid s),\ s \in \mathbb{R}\}$

n) $L = \{(0 \mid -1 - t \mid t),\ t \in \mathbb{R}\}$

o) $L = \{\ \}$

## 2.1.2 Punkte im Koordinatensystem

**Wissen** Bisher haben wir die Lage von Punkten in der Ebene mithilfe eines Zahlenpaares, den Koordinaten, in einem zweidimensionalen Koordinatensystem angegeben.
Für den dreidimensionalen Anschauungsraum benötigen wir ein Zahlentripel. Wählt man ein kartesisches Koordinatensystem, so verlaufen die drei Koordinatenachsen paarweise zueinander orthogonal durch den Ursprung O.

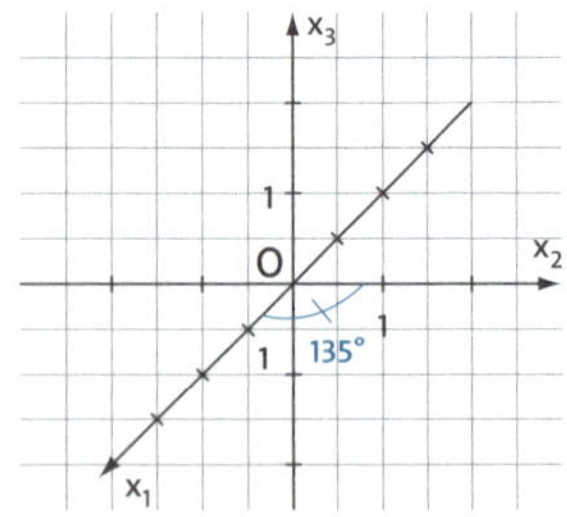


Bilden im Schrägbild die $x_1$- und die $x_2$-Achse einen Winkel der Weite 135°, so wird der Verkürzungsfaktor $\frac{1}{2}\sqrt{2}$ gewählt.

**Mittelpunkt und Länge einer Strecke**

Für die Strecke $\overline{AB}$ mit den Endpunkten $A(a_1|a_2|a_3)$ und $B(b_1|b_2|b_3)$ gilt:

- $M\left(\frac{a_1+b_1}{2}\middle|\frac{a_2+b_2}{2}\middle|\frac{a_3+b_3}{2}\right)$ ist der Mittelpunkt von $\overline{AB}$.
- $|\overline{AB}| = \sqrt{(a_1-b_1)^2+(a_2-b_2)^2+(a_3-b_3)^2}$ ist die Länge von $\overline{AB}$.

**A**

**1.** Zeichnen Sie die nachfolgenden Punkte in ein kartesisches Koordinatensystem ein.

a) $P(2|-2|3)$, $Q(3|2|-1)$, $R(1|3|2)$

b) $A(4|3|1)$, $B(-3|0{,}5|-3)$, $C(0|2{,}5|1)$, $D(1|2|2)$, $E(3|0|3)$, $F(-2|-3|0)$, $G(-2|-3|-2)$, $H(1|0|-1)$

c) $A(-1|0|-2)$, $B(4|4|1)$, $C(2|3|2)$, $D(3|2|3)$, $E(0|-1|1)$, $F(3|-1|3)$, $G(-4|-4|-3)$, $H(0|-1|-1)$.

**L**

**1.** a) Hinweis: Die eingezeichneten Hilfslinien sind nicht unbedingt erforderlich.
Möchte man jedoch die Koordinaten von Punkten aus dem Koordinatensystem ablesen, so ist dies ohne die Hilfslinien unmöglich.

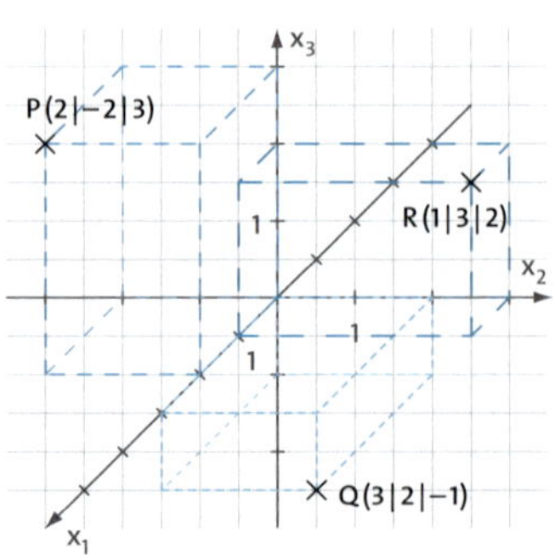

b) 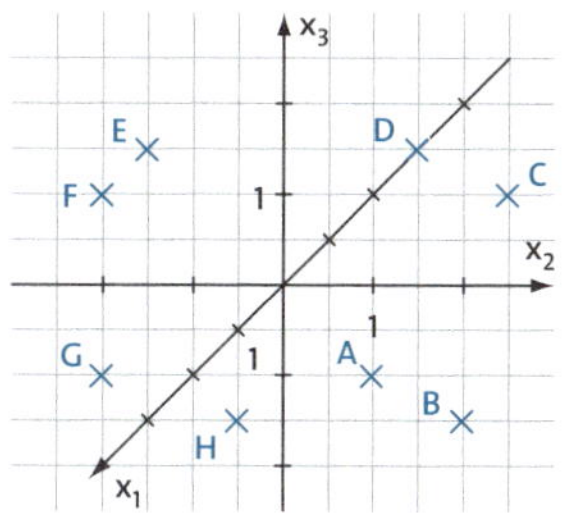


c) 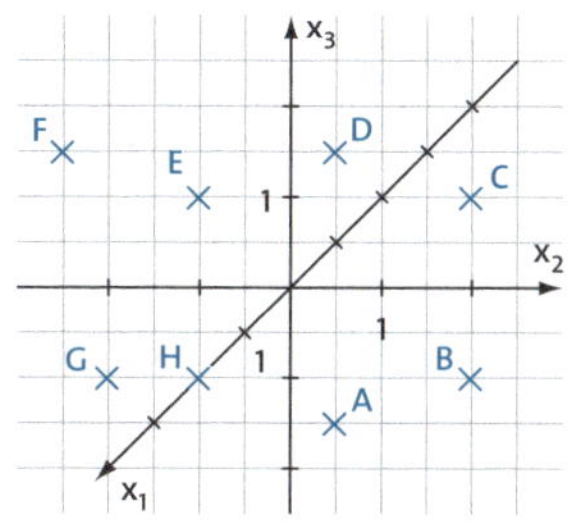


**2.** Geben Sie für die eingezeichneten Punkte jeweils drei verschiedene mögliche Koordinaten an.
Beispiel: P(3|2|0) bzw.
P(1|1|−1) bzw.
P(−3|−1|−3)

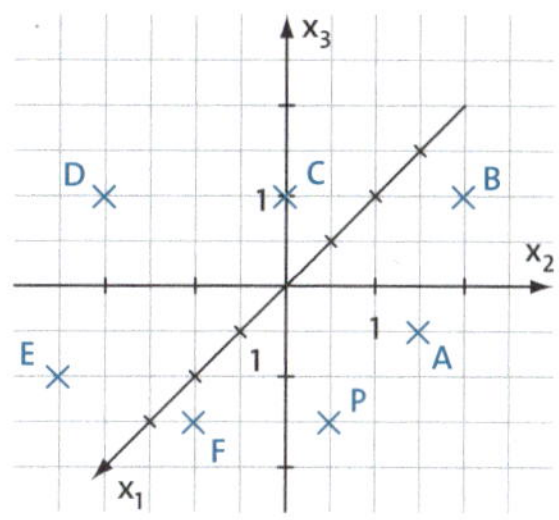


A

**2.** a) A(1|2|0), A(3|3|1), A(−3|0|−2)
b) B(−2|1|0), B(0|2|1), B(2|3|2)
c) C(0|0|1), C(4|2|3), C(−3|−1,5|−0,5)
d) D(4|0|3), D(2|−1|2), D(−4|−4|−1)
e) E(3|−1|0,5), E(2|−1,5|0), E(−1|−3|−1,5)
f) F(4|1|0,5), F(2|0|−0,5), F(−1|−1,5|−2)
Hinweis: Die Lösung ist nicht eindeutig. Die angegebenen Koordinaten sind mögliche Koordinaten für die eingezeichneten Punkte.

L

**3.** Lesen Sie die Koordinaten der eingezeichneten Punkte ab, wenn diese in der
a) $x_1$-$x_2$-Ebene
b) $x_2$-$x_3$-Ebene
c) $x_1$-$x_3$-Ebene
liegen.

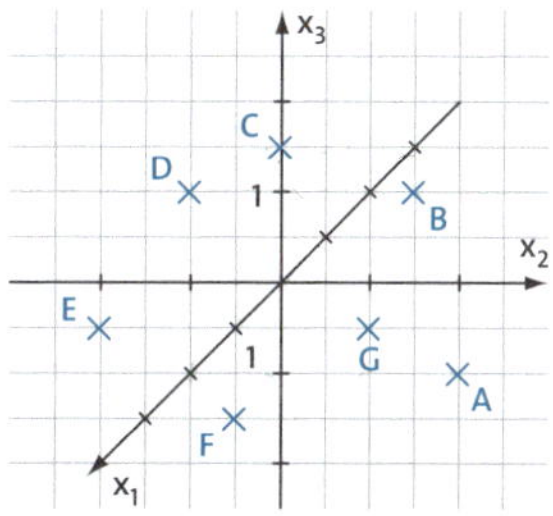


A

**3.** a) A(2|3|0), B(−2|0,5|0), C(−3|−1,5|0), D(−2|−2|0), E(1|−1,5|0), F(3|1|0), G(1|1,5|0)
b) A(0|2|−1), B(0|1,5|1), C(0|0|1,5), D(0|−1|1), E(0|−2|−0,5), F(0|−0,5|−1,5), G(0|1|−0,5)
c) A(−4|0|−3), B(−3|0|−0,5), C(0|0|1,5), D(2|0|2), E(4|0|1,5), F(1|0|−1), G(−2|0|−1,5)

L

A

**4.** a) Die Punkte A(3|−5|5), B(8|9|3), C(−3|7|−7), D(−8|−7|−5) und S(−4|3|3) bilden eine Pyramide. Zeichnen Sie die Pyramide.

b) Die Punkte A(0|0|0), B(8|−4|1), C(12|3|−3), D(4|7|−4), E(1|4|8), F(9|0|9), G(13|7|5) und H(5|11|4) bilden einen Würfel. Zeichnen Sie den Würfel.

Beachten Sie: Um verdeckte Linien gestrichelt zeichnen zu können, muss man wissen, welche Linien im Vordergrund und welche im Hintergrund verlaufen. Aufschluss hierüber gibt die $x_1$-Koordinate. Punkte mit der größeren $x_1$-Koordinate liegen im Vordergrund, Punkte mit der kleineren $x_1$-Koordinate im Hintergrund.

L

**4.** a)

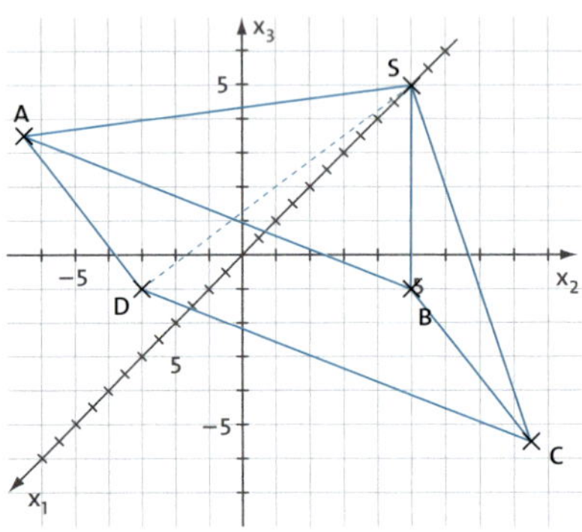


b)

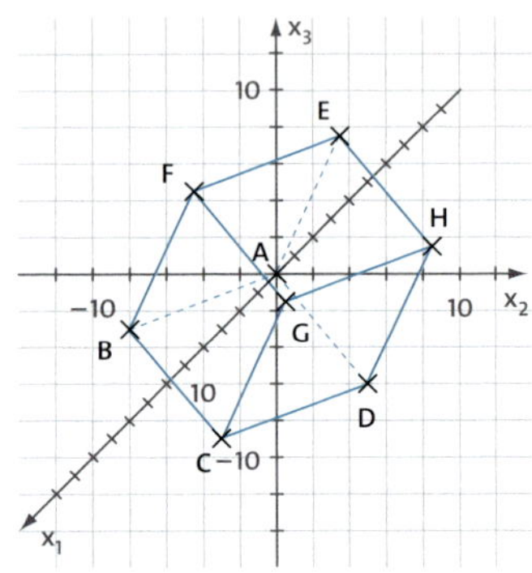


A

**5.** Bestimmen Sie die Koordinaten des Mittelpunktes von $\overline{AB}$.

a) A(−1|3|−5), B(1|3|−9)
b) A(4|0|−2), B(1|1|8)
c) A(−2|9|11), B(6|5|−1)
d) A(0|−3|−1), B(4|3|7)
e) A(−1|8|8), B(1|−4|−11)
f) A(9|0|2), B(6|−10|−9)

L

**5.** a) A(−1|3|−5), B(1|3|−9) $\Rightarrow$ $M\left(\frac{-1+1}{2}\,\middle|\,\frac{3+3}{2}\,\middle|\,\frac{-5+(-9)}{2}\right) = M(0|3|-7)$

b) M(2,5|0,5|3)
c) M(2|7|5)
d) M(2|0|3)
e) M(0|2|−1,5)
f) M(7,5|−5|−3,5)

A

**6.** Bestimmen Sie die Länge von $\overline{AB}$.

a) A(−1|3|−5), B(1|4|−7)
b) A(1|0|−4), B(7|−6|3)
c) A(−3|8|10), B(6|0|−2)
d) A(27|−13|−8), B(1|5|7)
e) A(−1|7|4), B(0|6|−1)
f) A(3|1|2), B(2|−6|−3)

L

**6.** a) A(−1|3|−5), B(1|4|−7) $\Rightarrow$ $|\overline{AB}| = \sqrt{(-1-1)^2 + (3-4)^2 + [-5-(-7)]^2}$

$= \sqrt{(-2)^2 + (-1)^2 + 2^2} = \sqrt{9} = 3$

b) 11 c) 17 d) 35 e) $3 \cdot \sqrt{3} \approx 5{,}20$ f) $5 \cdot \sqrt{3} \approx 8{,}66$

**7.** Berechnen Sie die Seitenlängen des Dreiecks ABC. Um welche besondere Art eines Dreiecks handelt es sich dabei? Berechnen Sie seinen Flächeninhalt. A

a) $A(1|0|-1)$, $B(3|4|-1)$, $C(10|-2|5)$
b) $A(1|3|2)$, $B(8|4|2)$, $C(4|7|7)$
c) $A(3|1|0)$, $B(0|-2|12)$, $C(4|5|8)$
d) $A(-8|3|5)$, $B(10|9|6)$, $C(-6|-3|5)$
e) $A(6|2|8)$, $B(0|8|-9)$, $C(6|-2|6)$
f) $A(4|1|2)$, $B(3|2|6)$, $C(4|4|-1)$

**7.** L

a) $c = |\overline{AB}| = \sqrt{20} = 2 \cdot \sqrt{5} \approx 4{,}47\,\text{LE}$, $a = |\overline{BC}| = 11$, $b = |\overline{AC}| = 11$
$\Rightarrow$ $\Delta ABC$ ist gleichschenklig, jedoch nicht rechtwinklig, da $a = b > c$.
$M_c(2|2|-1)$, $h_c = |\overline{CM_c}| = \sqrt{116} = 2 \cdot \sqrt{29} \approx 10{,}77\,\text{LE}$
$\Rightarrow$ $F_{\Delta ABC} = \frac{1}{2} \cdot c \cdot h_c = 2 \cdot \sqrt{145} \approx 24{,}1\,\text{FE}$

b) $|\overline{AB}| = |\overline{BC}| = |\overline{AC}| = \sqrt{50} = 5 \cdot \sqrt{2} \approx 7{,}07\,\text{LE}$ $\Rightarrow$ $\Delta ABC$ ist gleichseitig.
$M_a(6|5{,}5|4{,}5)$, $h_a = |\overline{AM_a}| = \frac{5}{2} \cdot \sqrt{6} \approx 6{,}12\,\text{LE}$ $\Rightarrow$ $F_{\Delta ABC} = \frac{1}{2} \cdot a \cdot h_a = \frac{25}{2} \cdot \sqrt{3} \approx 21{,}7\,\text{FE}$

c) $c = |\overline{AB}| = \sqrt{162} = 9 \cdot \sqrt{2} \approx 12{,}73\,\text{LE}$, $a = |\overline{BC}| = 9$, $b = |\overline{AC}| = 9$
$\Rightarrow$ $\Delta ABC$ ist gleichschenklig und rechtwinklig, da weiterhin $c^2 = a^2 + b^2$.
$\Rightarrow$ $F_{\Delta ABC} = \frac{1}{2} \cdot a \cdot b = 40{,}5\,\text{FE}$

d) $c = |\overline{AB}| = \sqrt{361} = 19$, $a = |\overline{BC}| = \sqrt{401} \approx 20{,}02\,\text{LE}$, $b = |\overline{AC}| = \sqrt{40} = 2 \cdot \sqrt{10} \approx 6{,}32\,\text{LE}$
$\Rightarrow$ $\Delta ABC$ ist rechtwinklig, da $a^2 = b^2 + c^2$.
$\Rightarrow$ $F_{\Delta ABC} = \frac{1}{2} \cdot b \cdot c = 19 \cdot \sqrt{10} \approx 60{,}1\,\text{FE}$

e) $c = |\overline{AB}| = 19$, $a = |\overline{BC}| = 19$, $b = |\overline{AC}| = \sqrt{20} = 2 \cdot \sqrt{5} \approx 4{,}47\,\text{LE}$
$\Rightarrow$ $\Delta ABC$ ist gleichschenklig, jedoch nicht rechtwinklig, da $a = c > b$.
$M_b(6|0|7)$, $h_b = |\overline{BM_b}| = \sqrt{356} = 2 \cdot \sqrt{89} \approx 18{,}87\,\text{LE}$
$\Rightarrow$ $F_{\Delta ABC} = \frac{1}{2} \cdot b \cdot h_b = 2 \cdot \sqrt{445} \approx 42{,}2\,\text{FE}$

f) $c = |\overline{AB}| = \sqrt{18} = 3 \cdot \sqrt{2} \approx 4{,}24\,\text{LE}$, $a = |\overline{BC}| = 3 \cdot \sqrt{6} \approx 7{,}35\,\text{LE}$,
$b = |\overline{AC}| = \sqrt{18} = 3 \cdot \sqrt{2} \approx 4{,}24\,\text{LE}$
$\Rightarrow$ $\Delta ABC$ ist gleichschenklig, jedoch nicht rechtwinklig, da $b^2 + c^2 \neq a^2$.
$M_a(3{,}5|3|2{,}5)$, $h_a = |\overline{AM_a}| = \frac{3}{2} \cdot \sqrt{2} \approx 2{,}12\,\text{LE}$ $\Rightarrow$ $F_{\Delta ABC} = \frac{1}{2} \cdot a \cdot h_a = \frac{9}{2} \cdot \sqrt{3} \approx 7{,}8\,\text{FE}$

### 2.1.3 Vektoren

Wissen

**Addition von Vektoren**

$$\vec{a} + \vec{b} = \begin{pmatrix} a_1 \\ a_2 \\ a_3 \end{pmatrix} + \begin{pmatrix} b_1 \\ b_2 \\ b_3 \end{pmatrix} = \begin{pmatrix} a_1 + b_1 \\ a_2 + b_2 \\ a_3 + b_3 \end{pmatrix}$$

**Subtraktion von Vektoren**

$$\vec{a} - \vec{b} = \begin{pmatrix} a_1 \\ a_2 \\ a_3 \end{pmatrix} - \begin{pmatrix} b_1 \\ b_2 \\ b_3 \end{pmatrix} = \begin{pmatrix} a_1 - b_1 \\ a_2 - b_2 \\ a_3 - b_3 \end{pmatrix}$$

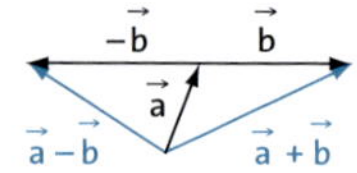


**S-Multiplikation** (Vervielfachen von Vektoren)

$$r \cdot \vec{a} = r \cdot \begin{pmatrix} a_1 \\ a_2 \\ a_3 \end{pmatrix} = \begin{pmatrix} r \cdot a_1 \\ r \cdot a_2 \\ r \cdot a_3 \end{pmatrix}, \quad r \in \mathbb{R}:$$

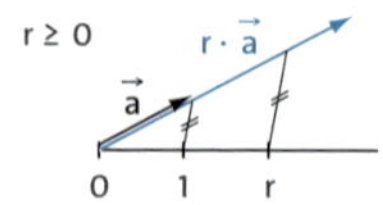


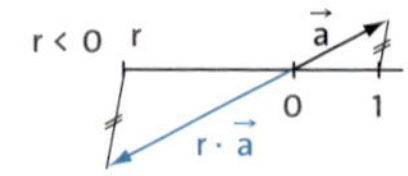


Eine Summe von Vielfachen von Vektoren bezeichnet man als **Linearkombination**.

**Länge**

$$|\vec{a}| = \left| \begin{pmatrix} a_1 \\ a_2 \\ a_3 \end{pmatrix} \right| = \sqrt{a_1^2 + a_2^2 + a_3^2}$$

Wenn $|\vec{a}| = 1$, dann ist $\vec{a}$ **Einheitsvektor**.

**Skalarprodukt**

$$\vec{a} \cdot \vec{b} = \begin{pmatrix} a_1 \\ a_2 \\ a_3 \end{pmatrix} \cdot \begin{pmatrix} b_1 \\ b_2 \\ b_3 \end{pmatrix} = a_1 b_1 + a_2 b_2 + a_3 b_3$$

Wenn $\vec{a} \cdot \vec{b} = 0$, dann sind $\vec{a}$ und $\vec{b}$ **orthogonal**.

**Eingeschlossener Winkel**

$$\cos\alpha = \frac{\vec{a} \cdot \vec{b}}{|\vec{a}| \cdot |\vec{b}|}$$

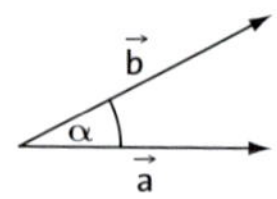


**Kreuzprodukt**

$$\vec{a} \times \vec{b} = \begin{pmatrix} a_1 \\ a_2 \\ a_3 \end{pmatrix} \times \begin{pmatrix} b_1 \\ b_2 \\ b_3 \end{pmatrix} = \begin{pmatrix} a_2 b_3 - a_3 b_2 \\ a_3 b_1 - a_1 b_3 \\ a_1 b_2 - a_2 b_1 \end{pmatrix}$$

Wenn $\vec{a} \times \vec{b} = 0$, dann sind a und b **parallel**.

A

**1.** Gegeben sind zwei beliebige Punkte $A(a_1 | a_2 | a_3)$, $B(b_1 | b_2 | b_3)$ und der Koordinatenursprung $O(0|0|0)$. Bestimmen Sie den Verbindungsvektor von A zu B, den Gegenvektor zu $\overrightarrow{AB}$, den Ortsvektor zum Punkt A und den Nullvektor $\vec{o}$.

L

**1.** $\overrightarrow{AB} = \begin{pmatrix} b_1 - a_1 \\ b_2 - a_2 \\ b_3 - a_3 \end{pmatrix}$, $-\overrightarrow{AB} = \overrightarrow{BA} = \begin{pmatrix} a_1 - b_1 \\ a_2 - b_2 \\ a_3 - b_3 \end{pmatrix}$, $\overrightarrow{OA} = \begin{pmatrix} a_1 \\ a_2 \\ a_3 \end{pmatrix}$, $\vec{o} = \overrightarrow{AA} = \begin{pmatrix} 0 \\ 0 \\ 0 \end{pmatrix}$

**2.** Bestimmen Sie die Koordinaten des Verbindungsvektors $\overrightarrow{PQ}$ und seines Gegenvektors $\overrightarrow{QP}$. **A**

a) $P(1|-4|2)$, $Q(7|3|-4)$ b) $P(0|0|0)$, $Q(-1|-3|8)$ c) $P(-6|4|0)$, $Q(0|4|7)$
d) $P(3|4|3)$, $Q(-2|8|8)$ e) $P(1|-2|3)$, $Q(-4|5|6)$ f) $P(4|4|-2)$, $Q(3|1|5)$
g) $P(0|-1|1)$, $Q(7|3|1)$ h) $P(9|1|-5)$, $Q(8|-2|3)$

**2.** a) $P(1|-4|2),\ Q(7|3|-4) \Rightarrow \overrightarrow{PQ} = \begin{pmatrix} 7-1 \\ 3-(-4) \\ -4-2 \end{pmatrix} = \begin{pmatrix} 6 \\ 7 \\ -6 \end{pmatrix}$ und $\overrightarrow{QP} = \begin{pmatrix} 1-7 \\ -4-3 \\ 2-(-4) \end{pmatrix} = \begin{pmatrix} -6 \\ -7 \\ 6 \end{pmatrix}$ **L**

b) $\begin{pmatrix} -1 \\ -3 \\ 8 \end{pmatrix}$ und $\begin{pmatrix} 1 \\ 3 \\ -8 \end{pmatrix}$ c) $\begin{pmatrix} 6 \\ 0 \\ 7 \end{pmatrix}$ und $\begin{pmatrix} -6 \\ 0 \\ -7 \end{pmatrix}$ d) $\begin{pmatrix} -5 \\ 4 \\ 5 \end{pmatrix}$ und $\begin{pmatrix} 5 \\ -4 \\ -5 \end{pmatrix}$ e) $\begin{pmatrix} -5 \\ 7 \\ 3 \end{pmatrix}$ und $\begin{pmatrix} 5 \\ -7 \\ -3 \end{pmatrix}$

f) $\begin{pmatrix} -1 \\ -3 \\ 7 \end{pmatrix}$ und $\begin{pmatrix} 1 \\ 3 \\ -7 \end{pmatrix}$ g) $\begin{pmatrix} 7 \\ 4 \\ 0 \end{pmatrix}$ und $\begin{pmatrix} -7 \\ -4 \\ 0 \end{pmatrix}$ h) $\begin{pmatrix} -1 \\ -3 \\ 8 \end{pmatrix}$ und $\begin{pmatrix} 1 \\ 3 \\ -8 \end{pmatrix}$

**3.** Bestimmen Sie durch Zeichnung und Rechnung. **A**

a) $\begin{pmatrix} 1 \\ 2{,}5 \end{pmatrix} + \begin{pmatrix} 2 \\ -1{,}5 \end{pmatrix}$ b) $\begin{pmatrix} -3 \\ 0 \end{pmatrix} + \begin{pmatrix} 0 \\ -2 \end{pmatrix}$ c) $\begin{pmatrix} 1 \\ -2 \end{pmatrix} + \begin{pmatrix} 2 \\ 2 \end{pmatrix}$ d) $\begin{pmatrix} -2 \\ -2{,}5 \end{pmatrix} + \begin{pmatrix} -1 \\ 1 \end{pmatrix}$

**3.** a) $\begin{pmatrix} 1 \\ 2{,}5 \end{pmatrix} + \begin{pmatrix} 2 \\ -1{,}5 \end{pmatrix} = \begin{pmatrix} 3 \\ 1 \end{pmatrix}$ b) $\begin{pmatrix} -3 \\ -2 \end{pmatrix}$ c) $\begin{pmatrix} 3 \\ 0 \end{pmatrix}$ **L**

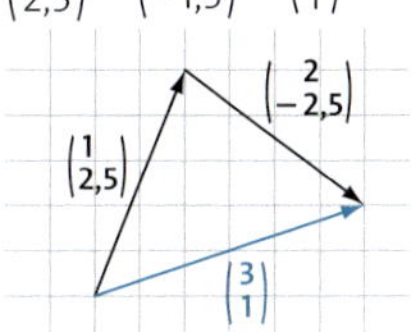


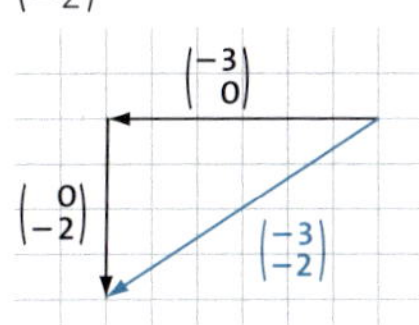


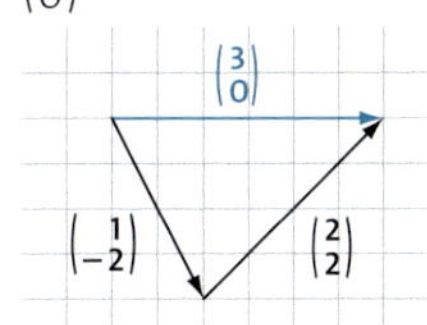


2 Kästchen ≙ 1 Einheit

d) $\begin{pmatrix} 1 \\ 2 \end{pmatrix}$

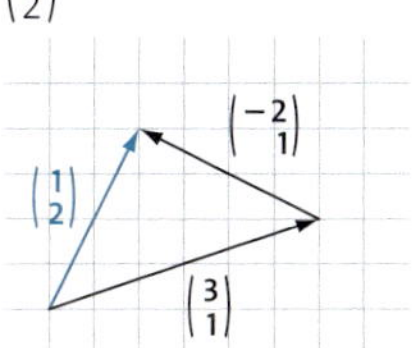


**4.** Berechnen Sie. **A**

a) $1{,}5 \cdot \begin{pmatrix} 4 \\ -6 \end{pmatrix}$ b) $-3 \cdot \begin{pmatrix} -5 \\ 2 \\ -1 \end{pmatrix}$ c) $\frac{2}{3} \cdot \begin{pmatrix} 6 \\ 6 \\ 15 \end{pmatrix}$ d) $-\frac{3}{4} \cdot \begin{pmatrix} 8 \\ -2 \\ -4 \end{pmatrix}$ e) $\frac{7}{5} \cdot \begin{pmatrix} 3 \\ 4 \\ 4 \end{pmatrix}$

**4.** a) $1{,}5 \cdot \begin{pmatrix} 4 \\ -6 \end{pmatrix} = \begin{pmatrix} 1{,}5 \cdot 4 \\ 1{,}5 \cdot (-6) \end{pmatrix} = \begin{pmatrix} 6 \\ -9 \end{pmatrix}$ b) $\begin{pmatrix} 15 \\ -6 \\ 3 \end{pmatrix}$ c) $\begin{pmatrix} 4 \\ 4 \\ 10 \end{pmatrix}$ **L**

d) $\begin{pmatrix} -6 \\ 1{,}5 \\ 3 \end{pmatrix}$ e) $\begin{pmatrix} 4{,}2 \\ 5{,}6 \\ 5{,}6 \end{pmatrix}$

A

**5.** Lesen Sie aus nebenstehender Abbildung die Koordinaten der Vektoren $\vec{a}$, $\vec{b}$, $\vec{c}$ und $\vec{d}$ ab. Bestimmen Sie durch Zeichnung und Rechnung die nachfolgenden Linearkombinationen. Unter einer Linearkombination von Vektoren versteht man die Summe von Vielfachen von Vektoren.

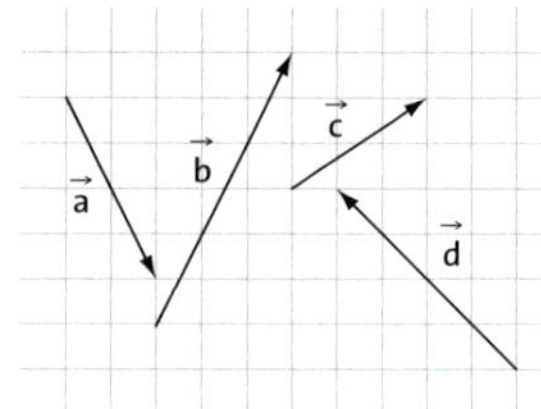


a) $-\frac{2}{3}\vec{b} + 2\vec{c}$

b) $\vec{c} - \frac{3}{2}\vec{d}$

c) $\frac{1}{2}\vec{a} + \vec{c} + \frac{3}{4}\vec{d}$

d) $-\frac{1}{2}\vec{a} + 2\vec{c} - \frac{2}{3}\vec{b} - \frac{1}{4}\vec{d}$

L

**5.** a) $\vec{a} = \begin{pmatrix} 1 \\ -2 \end{pmatrix}$, $\vec{b} = \begin{pmatrix} 1{,}5 \\ 3 \end{pmatrix}$, $\vec{c} = \begin{pmatrix} 1{,}5 \\ 1 \end{pmatrix}$, $\vec{d} = \begin{pmatrix} -2 \\ 2 \end{pmatrix}$

$-\frac{2}{3}\vec{b} + 2\vec{c} = -\frac{2}{3} \cdot \begin{pmatrix} 1{,}5 \\ 3 \end{pmatrix} + 2 \cdot \begin{pmatrix} 1{,}5 \\ 1 \end{pmatrix} = \begin{pmatrix} -1 \\ -2 \end{pmatrix} + \begin{pmatrix} 3 \\ 2 \end{pmatrix} = \begin{pmatrix} 2 \\ 0 \end{pmatrix}$

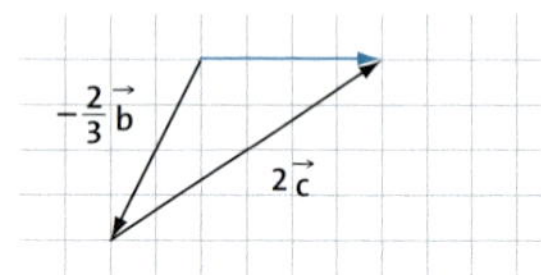


b) $\begin{pmatrix} 1{,}5 \\ 1 \end{pmatrix} - \frac{3}{2}\begin{pmatrix} -2 \\ 2 \end{pmatrix} = \begin{pmatrix} 4{,}5 \\ -2 \end{pmatrix}$

c) $\frac{1}{2}\begin{pmatrix} 1 \\ -2 \end{pmatrix} + \begin{pmatrix} 1{,}5 \\ 1 \end{pmatrix} + \frac{3}{4}\begin{pmatrix} -2 \\ 2 \end{pmatrix} = \begin{pmatrix} 0{,}5 \\ 1{,}5 \end{pmatrix}$

d) $-\frac{1}{2}\begin{pmatrix} 1 \\ -2 \end{pmatrix} + 2\begin{pmatrix} 1{,}5 \\ 1 \end{pmatrix} - \frac{2}{3}\begin{pmatrix} 1{,}5 \\ 3 \end{pmatrix} - \frac{1}{4}\begin{pmatrix} -2 \\ 2 \end{pmatrix} = \begin{pmatrix} 2 \\ 0{,}5 \end{pmatrix}$

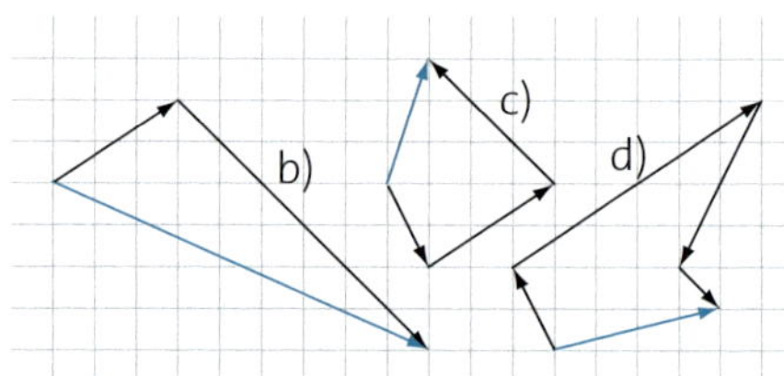


A

**6.** Gegeben ist das Dreieck ABC. Die Punkte D, E und F sind die jeweiligen Seitenmitten.

Beispiel zu a): $\overrightarrow{AF} = -\vec{a} + \frac{1}{2}\vec{b}$

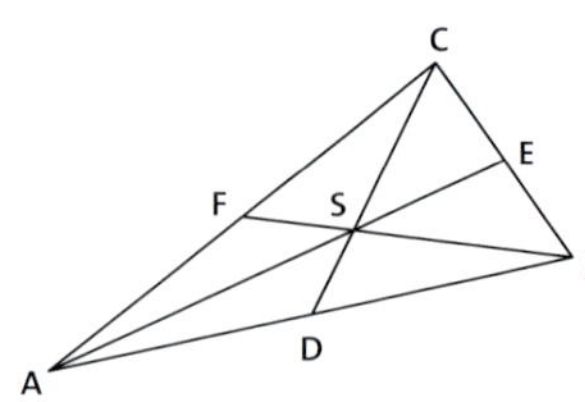


a) Stellen Sie die Vektoren $\overrightarrow{CD}$, $\overrightarrow{AE}$, $\overrightarrow{FS}$ und $\overrightarrow{BS}$ als Linearkombination der Vektoren $\vec{a} = \overrightarrow{BD}$ und $\vec{b} = \overrightarrow{BC}$ dar.

b) Stellen Sie die Vektoren $\overrightarrow{AB}$, $\overrightarrow{EB}$, $\overrightarrow{AF}$ und $\overrightarrow{FE}$ als Linearkombination der Vektoren $\vec{c} = \overrightarrow{SD}$ und $\vec{d} = \overrightarrow{SB}$ dar.

L

**6.** a) $\overrightarrow{CD} = -\vec{b} + \vec{a}$, $\overrightarrow{AE} = -2\vec{a} + \frac{1}{2}\vec{b}$,

$\overrightarrow{FS} = \overrightarrow{FA} + \overrightarrow{AS} = \frac{1}{2}\overrightarrow{CA} + \frac{2}{3}\overrightarrow{AE} = \frac{1}{2}(-b + 2a) + \frac{2}{3}\left(-2a + \frac{1}{2}b\right) = -\frac{1}{3}\vec{a} - \frac{1}{6}\vec{b}$,

$\overrightarrow{BS} = \frac{2}{3}\vec{a} + \frac{1}{3}\vec{b}$

b) $\overrightarrow{AB} = -2\vec{c} + 2\vec{d}$, $\overrightarrow{EB} = \vec{c} + \frac{1}{2}\vec{d}$, $\overrightarrow{AF} = \frac{1}{2}\vec{d} - 2\vec{c}$, $\overrightarrow{FE} = -\vec{c} + \vec{d}$

**7.** Erläutern Sie die Begriffe *lineare Abhängigkeit* bzw. *lineare Unabhängigkeit von Vektoren*. Welche Eigenschaften besitzen zwei bzw. drei vom Nullvektor linear abhängige Vektoren? A

**7.** Unter der trivialen Darstellung des Nullvektors aus vorgegebenen Vektoren versteht man eine Linearkombination, die den Nullvektor ergibt, wobei alle Summanden aus dem 0-fachen der Vektoren bestehen. Bei einer nicht trivialen Darstellung des Nullvektors bestehen nicht alle Summanden aus dem 0-fachen der Vektoren. Ist der Nullvektor aus vorgegebenen Vektoren nur trivial darstellbar, dann nennt man die Vektoren linear unabhängig. Existiert auch eine nicht triviale Darstellung des Nullvektors, so nennt man die Vektoren linear abhängig. L
Zwei vom Nullvektor verschiedene Vektoren sind genau dann linear abhängig, wenn der eine ein Vielfaches des anderen ist, wenn er also die gleiche oder die entgegengesetzte Richtung aufweist. Andernfalls sind sie linear unabhängig.
Drei vom Nullvektor verschiedene Vektoren sind linear abhängig, wenn sich einer der Vektoren als Linearkombination der anderen darstellen lässt. Von einem Punkt aus angetragen spannen sie lediglich eine Ebene oder gar nur eine Gerade auf.

**8.** Untersuchen Sie am Quader ABCDEFGH mit $\overrightarrow{DP} = \frac{1}{3}\overrightarrow{DG}$ und $\overrightarrow{GQ} = \frac{1}{2}\overrightarrow{GF}$ die folgenden Vektoren auf lineare Abhängigkeit. A

a) $\overrightarrow{AB}, \overrightarrow{BE}, \overrightarrow{PQ}$ b) $\overrightarrow{DC}, \overrightarrow{QF}$ c) $\overrightarrow{AD}, \overrightarrow{CF}$
d) $\overrightarrow{AH}, \overrightarrow{AB}, \overrightarrow{BC}$ e) $\overrightarrow{AP}, \overrightarrow{AG}, \overrightarrow{EF}$

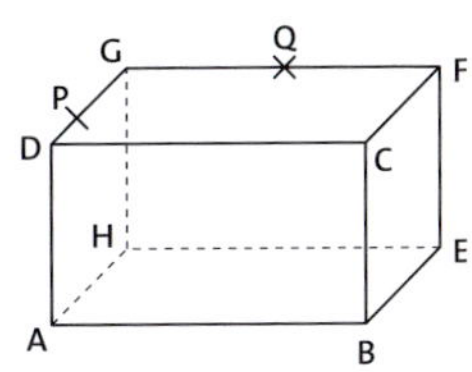


**8.** a) Sind $\overrightarrow{AB}, \overrightarrow{BE}$, und $\overrightarrow{PQ}$ linear abhängig? L
Aus $\overrightarrow{PQ} = \frac{2}{3}\overrightarrow{DG} + \frac{1}{2}\overrightarrow{GF} = \frac{2}{3}\overrightarrow{BE} + \frac{1}{2}\overrightarrow{AB}$ folgt $\vec{o} = \frac{2}{3}\cdot\overrightarrow{BE} + \frac{1}{2}\cdot\overrightarrow{AB} - 1\cdot\overrightarrow{PQ}$
$\Rightarrow$ Es existiert eine nicht triviale Darstellung des Nullvektors mit den Vektoren $\overrightarrow{AB}, \overrightarrow{BE}, \overrightarrow{PQ}$.
Die vorgegebenen Vektoren sind somit linear abhängig.

b) Es gilt $\overrightarrow{QF} = \frac{1}{2}\overrightarrow{DC}$, also $\vec{o} = \frac{1}{2}\cdot\overrightarrow{DC} - 1\cdot\overrightarrow{QF}$
$\Rightarrow$ Die Vektoren sind linear abhängig.

c) Der Nullvektor ist hier nur in der Form $\vec{o} = 0\cdot\overrightarrow{AD} + 0\cdot\overrightarrow{CF}$ darstellbar.
$\Rightarrow$ Die Vektoren sind linear unabhängig.

d) Der Nullvektor ist hier nur in der Form $\vec{o} = 0\cdot\overrightarrow{AH} + 0\cdot\overrightarrow{AB} + 0\cdot\overrightarrow{BC}$ darstellbar.
$\Rightarrow$ Die Vektoren sind linear unabhängig.

e) Aus $\overrightarrow{EF} = \overrightarrow{AD} = \overrightarrow{AG} + \overrightarrow{GD} = \overrightarrow{AG} + \frac{3}{2}\overrightarrow{GP} = \overrightarrow{AG} + \frac{3}{2}(\overrightarrow{GA} + \overrightarrow{AP}) = \overrightarrow{AG} - \frac{3}{2}\overrightarrow{AG} + \frac{3}{2}\overrightarrow{AP}$
$= -\frac{1}{2}\overrightarrow{AG} + \frac{3}{2}\overrightarrow{AP}$
folgt $\vec{o} = -\frac{1}{2}\cdot\overrightarrow{AG} + \frac{3}{2}\cdot\overrightarrow{AP} - 1\cdot\overrightarrow{EF}$
$\Rightarrow$ Die Vektoren sind linear abhängig.

A

**9.** Untersuchen Sie die folgenden Vektoren auf lineare Abhängigkeit.

a) $\vec{a} = \begin{pmatrix} 1 \\ 2 \\ -1 \end{pmatrix}, \vec{b} = \begin{pmatrix} 0 \\ 1 \\ 0 \end{pmatrix}, \vec{c} = \begin{pmatrix} 1 \\ 1 \\ 1 \end{pmatrix}$ b) $\vec{a} = \begin{pmatrix} 4 \\ 1 \\ -2 \end{pmatrix}, \vec{b} = \begin{pmatrix} -12 \\ -3 \\ 6 \end{pmatrix}$

c) $\vec{a} = \begin{pmatrix} 1 \\ 5 \\ 4 \end{pmatrix}, \vec{b} = \begin{pmatrix} 0 \\ 0 \\ 0 \end{pmatrix}$ d) $\vec{a} = \begin{pmatrix} 4 \\ 5 \\ 9 \end{pmatrix}, \vec{b} = \begin{pmatrix} 7 \\ -6 \\ -6 \end{pmatrix}$

e) $\vec{a} = \begin{pmatrix} 3 \\ 1 \\ 0 \end{pmatrix}, \vec{b} = \begin{pmatrix} 4 \\ 2 \\ -1 \end{pmatrix}, \vec{c} = \begin{pmatrix} 10 \\ 4 \\ -1 \end{pmatrix}$

L

**9.** a) $\vec{a} = \begin{pmatrix} 1 \\ 2 \\ -1 \end{pmatrix}, \vec{b} = \begin{pmatrix} 0 \\ 1 \\ 0 \end{pmatrix}, \vec{c} = \begin{pmatrix} 1 \\ 1 \\ 1 \end{pmatrix}$

Da zu entscheiden ist, ob der Nullvektor durch die vorgegebenen Vektoren $\vec{a}$, $\vec{b}, \vec{c}$ auch nicht trivial darstellbar ist, ergibt sich der Ansatz:

$$x_1 \cdot \vec{a} + x_2 \cdot \vec{b} + x_3 \cdot \vec{c} = \vec{o} \Leftrightarrow x_1 \cdot \begin{pmatrix} 1 \\ 2 \\ -1 \end{pmatrix} + x_2 \cdot \begin{pmatrix} 0 \\ 1 \\ 0 \end{pmatrix} + x_3 \cdot \begin{pmatrix} 1 \\ 1 \\ 1 \end{pmatrix} = \begin{pmatrix} 0 \\ 0 \\ 0 \end{pmatrix}$$

$$\left| \begin{array}{l} x_1 + x_3 = 0 \\ 2x_1 + x_2 + x_3 = 0 \\ -x_1 + x_3 = 0 \end{array} \right| \begin{array}{l} \cdot(-2) \\ + \\ + \end{array} \Leftrightarrow \left| \begin{array}{l} x_1 + x_3 = 0 \\ x_2 - x_3 = 0 \\ 2x_3 = 0 \end{array} \right| \begin{array}{l} \\ \\ :2 \end{array}$$

$$\Leftrightarrow \left| \begin{array}{l} x_1 + x_3 = 0 \\ x_2 - x_3 = 0 \\ x_3 = 0 \end{array} \right| \begin{array}{l} + \\ + \\ \cdot(-1) \end{array} \Leftrightarrow \left| \begin{array}{l} x_1 = 0 \\ x_2 = 0 \\ x_3 = 0 \end{array} \right|$$

Der Nullvektor lässt sich somit nur auf triviale Weise als Linearkombination der Vektoren $\vec{a}, \vec{b}, \vec{c}$ darstellen $\Rightarrow$ Die Vektoren sind linear unabhängig.

b) Es ist $-3 \cdot \vec{a} = \vec{b} \Leftrightarrow \vec{o} = 3 \cdot \vec{a} + \vec{b} \Rightarrow$ Die Vektoren $\vec{a}$ und $\vec{b}$ sind linear abhängig.

c) Es gilt beispielsweise: $\vec{o} = 0 \cdot \vec{a} + 1 \cdot \vec{b} \Rightarrow$ Die Vektoren a und b sind linear abhängig.

d) Der Nullvektor ist hier nur in der Form $\vec{o} = 0 \cdot \vec{a} + 0 \cdot \vec{b}$ darstellbar $\Rightarrow$ Die Vektoren sind linear unabhängig.

e) Da z.B. $2 \cdot \vec{a} + 1 \cdot \vec{b} - 1 \cdot \vec{c} = \vec{o}$, lässt $\vec{o}$ sich auf nicht triviale Weise als Linearkombination der Vektoren $\vec{a}, \vec{b}, \vec{c}$ darstellen $\Rightarrow$ Die Vektoren sind linear abhängig.

A

**10.** Was versteht man unter dem Teilverhältnis einer Strecke?

L

**10.** Liegt der Punkt T auf der Strecke $\overline{AB}$ und gilt $\overline{AT} = t \cdot \overline{TB}$ mit $t \in \mathbb{R}_0^+$, dann nennt man t das *Teilverhältnis* von T bezüglich der Strecke $\overline{AB}$.

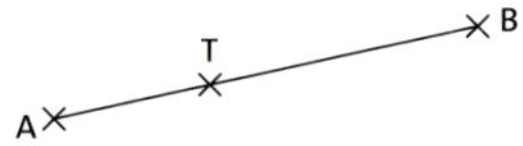


A

**11.** Es ist $\overrightarrow{AT} = k \cdot \overrightarrow{AB}$. Bestimmen Sie das Teilverhältnis t für

a) $k = \frac{4}{5}$ b) $k = \frac{3}{4}$ c) $k = \frac{2}{7}$ d) $k = 0{,}2$ e) $k = 0{,}5$

L

**11.** a) Ist $\overrightarrow{AT} = \frac{4}{5} \cdot \overrightarrow{AB}$, so ist $\overrightarrow{TB} = \frac{1}{5} \cdot \overrightarrow{AB} \Rightarrow t = \frac{4}{5} : \frac{1}{5} = 4:1$

b) $t = 3:1$ c) $t = 2:5$ d) $t = 1:4$ e) $t = 1:1$

**12.** Gegeben ist das Dreieck ABC. Der Punkt D teilt die Strecke $\overline{AC}$ im angegebenen Verhältnis. Die Schwerelinie $\overline{AM}$ und die Strecke $\overline{BD}$ schneiden sich im Punkt T. In welchem Verhältnis teilt T die Schwerelinie?

A

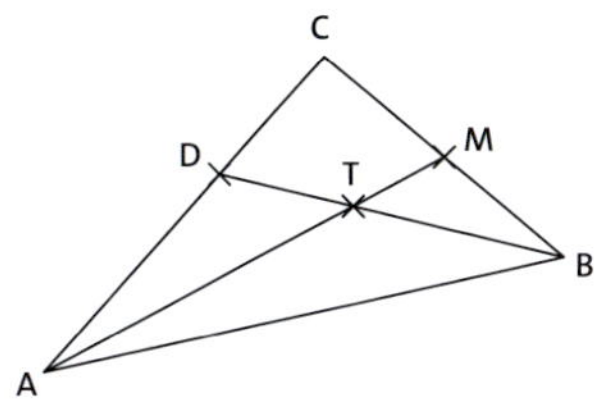


a) D teilt $\overline{AC}$ im Verhältnis 5 : 3.

b) D teilt $\overline{AC}$ im Verhältnis 1 : 1.

c) D teilt $\overline{AC}$ im Verhältnis 1 : 2.

**12.** a) D teilt $\overline{AC}$ im Verhältnis 5 : 3.

L

Wir wählen zwei linear unabhängige Vektoren z. B. $\vec{a} = \overrightarrow{AB}$ und $\vec{b} = \overrightarrow{AC}$.

Nach Voraussetzung ist $\overrightarrow{AD} = \frac{5}{8}\overrightarrow{AC}$ und $\overrightarrow{CM} = \frac{1}{2}\overrightarrow{CB}$.

Das Verfahren des geschlossenen Vektorzuges, welcher den Punkt T enthalten muss, liefert:

$\overrightarrow{AT} + \overrightarrow{TB} + \overrightarrow{BA} = \vec{o} \Leftrightarrow x_1 \cdot \overrightarrow{AM} + x_2 \cdot \overrightarrow{DB} + \overrightarrow{BA} = \vec{o}$

$\Leftrightarrow x_1 \cdot \left(\frac{1}{2}\overrightarrow{AB} + \frac{1}{2}\overrightarrow{AC}\right) + x_2 \cdot \left(\frac{5}{8}\overrightarrow{CA} + \overrightarrow{AB}\right) + \overrightarrow{BA} = \vec{o}$

$\Leftrightarrow x_1 \cdot \left(\frac{1}{2}\vec{a} + \frac{1}{2}\vec{b}\right) + x_2 \cdot \left(-\frac{5}{8}\vec{b} + \vec{a}\right) - \vec{a} = \vec{o}$

$\Leftrightarrow \left(\frac{1}{2}x_1 + x_2 - 1\right) \cdot \vec{a} + \left(\frac{1}{2}x_1 - \frac{5}{8}x_2\right) \cdot \vec{b} = \vec{o}$

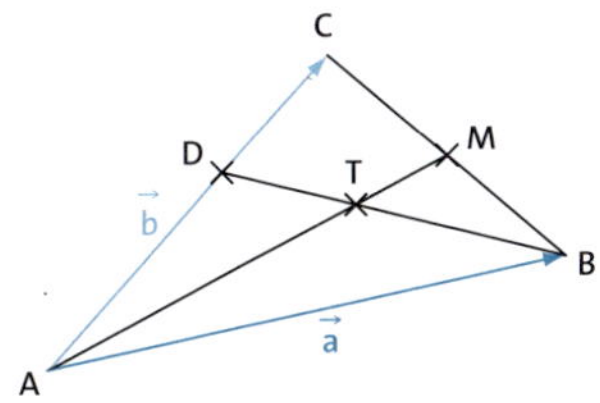


Wegen der linearen Unabhängigkeit von $\vec{a}$ und $\vec{b}$ ist der Nullvektor nur trivial durch $\vec{a}$ und $\vec{b}$ darstellbar.

Es muss also gelten:

(1) $\frac{1}{2}x_1 + x_2 - 1 = 0$

(2) $\frac{1}{2}x_1 - \frac{5}{8}x_2 = 0 \Leftrightarrow \frac{1}{2}x_1 = \frac{5}{8}x_2 \Leftrightarrow$ (3) $x_1 = \frac{5}{4}x_2$

(3) eingesetzt in (1): $\frac{1}{2} \cdot \left(\frac{5}{4}x_2\right) + x_2 - 1 = 0 \Leftrightarrow \frac{5}{8}x_2 + x_2 = 1 \Leftrightarrow \frac{13}{8}x_2 = 1 \Leftrightarrow x_2 = \frac{8}{13}$

in (3): $x_1 = \frac{5}{4} \cdot \frac{8}{13} \Leftrightarrow x_1 = \frac{10}{13}$

Aus $\overrightarrow{AT} = \frac{10}{13}\overrightarrow{AM}$ folgt $\overrightarrow{TM} = \frac{3}{13}\overrightarrow{AM}$ und $t = 10 : 3$.

Somit teilt T die Schwerelinie im Verhältnis 10 : 3.

b) $t = 2 : 1$ (T = Schwerpunkt S)

c) $t = 1 : 1$

**13.** Im Trapez ABCD ist $\overrightarrow{DC} = k \cdot \overrightarrow{AB}$. Die Diagonalen schneiden sich im Punkt T. In welchem Verhältnis teilt T die Strecken $\overline{AC}$ und $\overline{BD}$?

A

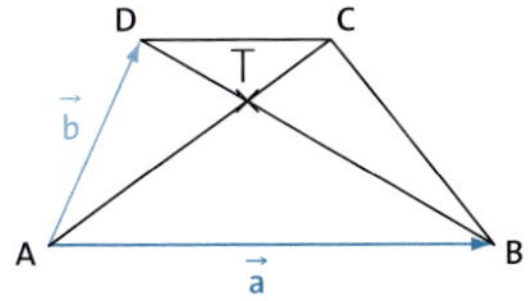


a) $\overrightarrow{DC} = \frac{1}{3}\overrightarrow{AB}$

b) $\overrightarrow{DC} = \frac{1}{2}\overrightarrow{AB}$

c) $\overrightarrow{DC} = \frac{3}{4}\overrightarrow{AB}$

L

**13.** a) $\overrightarrow{DC} = \frac{1}{3}\overrightarrow{AB}$

Wählen Sie zwei linear unabhängige Vektoren wie z. B. $\vec{a} = \overrightarrow{AB}$ und $\vec{b} = \overrightarrow{AD}$.

Dann gilt:

$\overrightarrow{AT} + \overrightarrow{TD} + \overrightarrow{DA} = \vec{o} \Leftrightarrow x_1 \cdot \overrightarrow{AC} + x_2 \cdot \overrightarrow{BD} + \overrightarrow{DA} = \vec{o}$

$\Leftrightarrow x_1 \cdot \left(\vec{b} + \frac{1}{3}\vec{a}\right) + x_2 \cdot (-\vec{a} + \vec{b}) - \vec{b} = \vec{o} \Leftrightarrow \left(\frac{1}{3}x_1 - x_2\right) \cdot \vec{a} + (x_1 + x_2 - 1) \cdot \vec{b} = \vec{o}$

Wegen der linearen Unabhängigkeit von $\vec{a}$ und $\vec{b}$ ist der Nullvektor nur trivial durch $\vec{a}$ und $\vec{b}$ darstellbar. Es muss also gelten:

(1) $\frac{1}{3}x_1 - x_2 = 0$ und

(2) $x_1 + x_2 - 1 = 0 \Leftrightarrow$ (3) $x_2 = 1 - x_1$

(3) in (1): $\frac{1}{3}x_1 - (1 - x_1) = 0 \Leftrightarrow \frac{1}{3}x_1 - 1 + x_1 = 0 \Leftrightarrow \frac{4}{3}x_1 = 1 \Leftrightarrow x_1 = \frac{3}{4}$

In (3): $x_2 = 1 - \frac{3}{4} \Leftrightarrow x_2 = \frac{1}{4}$

Aus $\overrightarrow{AT} = \frac{3}{4} \cdot \overrightarrow{AC} \Rightarrow \overrightarrow{TC} = \frac{1}{4}\overrightarrow{AC} \Rightarrow t = \frac{3}{4} : \frac{1}{4} = 3:1$ und

aus $\overrightarrow{DT} = \frac{1}{4} \cdot \overrightarrow{DB} \Rightarrow \overrightarrow{TB} = \frac{3}{4}\overrightarrow{DB} \Rightarrow t = \frac{3}{4} : \frac{1}{4} = 3:1$

T teilt $\overline{AC}$ im Verhältnis $3:1$ und $\overline{BD}$ im Verhältnis $3:1$ (vgl. Strahlensatz).

b) $\overrightarrow{AT} = 2 \cdot \overrightarrow{TC}$, $\overrightarrow{DT} = \frac{1}{2} \cdot \overrightarrow{TB}$, $|\overline{AT}| : |\overline{TC}| = 2:1$, $|\overline{BT}| : |\overline{TB}| = 2:1$

c) $\overrightarrow{AT} = \frac{4}{3} \cdot \overrightarrow{TC}$, $\overrightarrow{DT} = \frac{3}{4} \cdot \overrightarrow{TB}$; $|\overline{AT}| : |\overline{TC}| = 4:3$, $|\overline{BT}| : |\overline{TB}| = 3:4$

A

**14.** Erläutern Sie, wie man zeichnerisch einen Näherungswert für das Skalarprodukt bestimmen kann. Begründen Sie die Vorgehensweise bei der Konstruktion.

L

**14.** Das Skalarprodukt zweier Vektoren ist stets eine reelle Zahl. Diese Zahl kann, wenn die Längen der Vektoren und die Weite des von ihnen eingeschlossenen Winkels bekannt sind, mittels orthogonaler Projektion bestimmt werden.

Aus $\cos\alpha = \frac{p}{|\vec{b}|}$ folgt $p = |\vec{b}| \cdot \cos\alpha$.

Es gilt demnach $\vec{a} \cdot \vec{b} = |\vec{a}| \cdot |\vec{b}| \cdot \cos\alpha = |\vec{a}| \cdot p$.

Das Skalarprodukt der Vektoren $\vec{a}$ und $\vec{b}$ ist somit das Produkt aus der Länge des Vektors $\vec{a}$ und der zugehörigen Projektionszahl p. Dabei gilt:

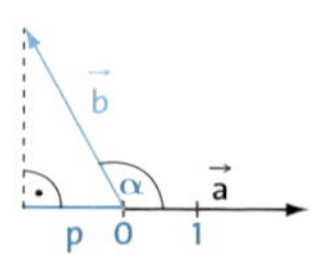


- Die Projektionszahl p ist positiv, wenn der Winkel $\alpha < 90°$ ist.
- Sie hat den Wert 0 für $\alpha = 90°$.
- Die Projektionszahl ist negativ, wenn der Winkel $90° < \alpha \leq 180°$ ist.

Vereinfacht wird die zeichnerische Bestimmung des Skalarprodukts, wenn man den Vektor, auf den die Projektion erfolgt, mit einem Zahlenstrahl bzw. Maßstab unterlegt.

A

**15.** Bestimmen Sie durch Zeichnung einen Näherungswert für das Skalarprodukt. Vergleichen Sie ihr Ergebnis mit dem, welches man durch Rechnung erhält.

a) $|\vec{a}| = 3;\ |\vec{b}| = 2{,}7;\ \alpha = 56°$

b) $|\vec{a}| = 2;\ |\vec{b}| = 2{,}6;\ \alpha = 119°$

c) $|\vec{a}| = 3{,}75;\ |\vec{b}| = 2{,}3;\ \alpha = 90°$

d) $|\vec{a}| = 3{,}4;\ |\vec{b}| = 2{,}4;\ \alpha = 66°$

e) $|\vec{a}| = 4;\ |\vec{b}| = 3{,}5;\ \alpha = 40°$

L

**15.** a) $|\vec{a}| = 3;\ |\vec{b}| = 2{,}7;\ \alpha = 56°$

Die Zeichnung liefert: $\vec{a} \cdot \vec{b} \approx 3 \cdot 1{,}5 = 4{,}5$

Durch Rechnung erhält man:

$\vec{a} \cdot \vec{b} = 3 \cdot 2{,}7 \cdot \cos 56° \approx 4{,}53$

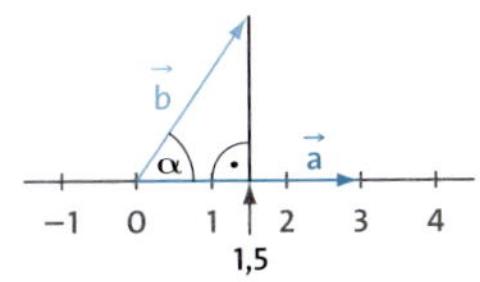


b) Aus der Zeichnung erhält man:

$\vec{a} \cdot \vec{b} \approx 2 \cdot (-1{,}25) = -2{,}5$

Durch Rechnung ergibt sich:

$\vec{a} \cdot \vec{b} = 2 \cdot 2{,}6 \cdot \cos 119° \approx -2{,}52$

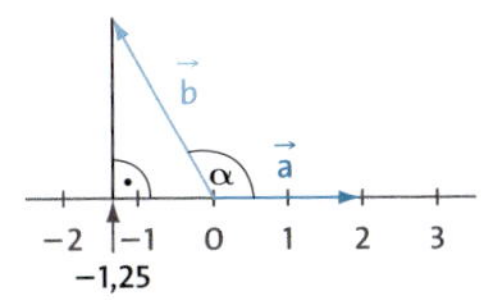


c) Aus der Zeichnung erhält man:

$\vec{a} \cdot \vec{b} = 3{,}75 \cdot 0 = 0$

Durch Rechnung ergibt sich:

$\vec{a} \cdot \vec{b} = 3{,}75 \cdot 2{,}3 \cdot \cos 90° = 0$

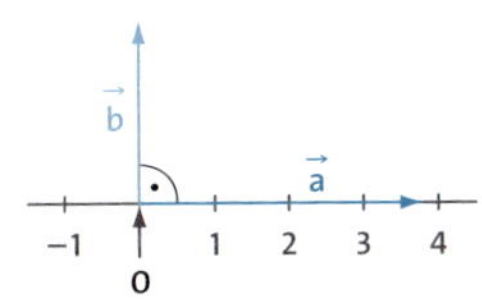


d) Aus der Zeichnung erhält man:

$\vec{a} \cdot \vec{b} \approx 4 \cdot 2{,}7 = 10{,}8$

Durch Rechnung ergibt sich:

$\vec{a} \cdot \vec{b} = 4 \cdot 3{,}5 \cdot \cos 40° = 10{,}72$

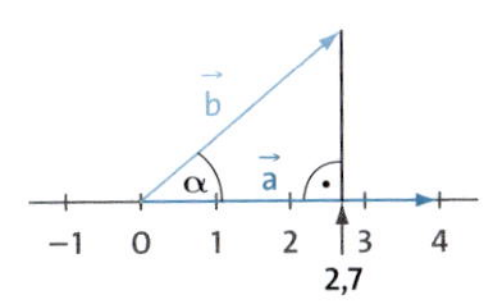


A

**16.** Die Punkte A, B, C und D bilden ein gleichschenkliges Trapez.
Bestimmen Sie die angegebenen Skalarprodukte. Entnehmen Sie die nötigen Maße nebenstehender Abbildung. Tragen Sie gegebenenfalls zwei Repräsentanten der Vektoren von einem gemeinsamen Punkt aus ab.

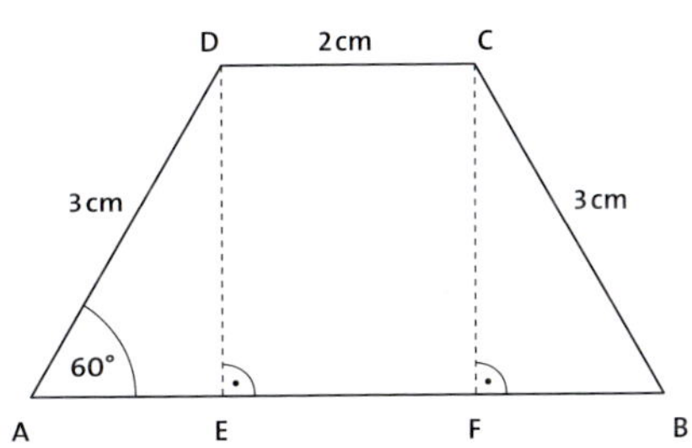


a) $\overrightarrow{AB} \cdot \overrightarrow{AD};\ \overrightarrow{EF} \cdot \overrightarrow{ED}$

b) $\overrightarrow{AC} \cdot \overrightarrow{AB}$

c) $\overrightarrow{BC} \cdot \overrightarrow{CD}$

d) $\overrightarrow{AF} \cdot \overrightarrow{CD}$

e) $\overrightarrow{AE} \cdot \overrightarrow{BC}$

L

**16.** a) $\overrightarrow{AB} \cdot \overrightarrow{AD} = 5 \cdot 1{,}5 = 7{,}5$, da $|\overrightarrow{AE}| = 1{,}5$

$\overrightarrow{EF} \cdot \overrightarrow{ED} = 2 \cdot 0 = 0$

b) $\overrightarrow{AC} \cdot \overrightarrow{AB} = 5 \cdot 3{,}5 = 17{,}5$

c) $\overrightarrow{BC} \cdot \overrightarrow{CD} = 2 \cdot 1{,}5 = 3$

d) $\overrightarrow{AF} \cdot \overrightarrow{CD} = 3{,}5 \cdot (-2) = -7$

e) $\overrightarrow{AE} \cdot \overrightarrow{BC} = 1{,}5 \cdot (-1{,}5) = -2{,}25$

A

**17.** Bestimmen Sie durch geeignete Projektionen die Skalarprodukte. Verwenden Sie dazu die eingezeichneten Maße.

a) $\overrightarrow{CA} \cdot \overrightarrow{CB}$ b) $\overrightarrow{AD} \cdot \overrightarrow{DC}$
c) $\overrightarrow{BC} \cdot \overrightarrow{BD}$ d) $\overrightarrow{AD} \cdot \overrightarrow{BC}$
e) $\overrightarrow{AC} \cdot \overrightarrow{AD}$ f) $\overrightarrow{CD} \cdot \overrightarrow{CB}$
g) $\overrightarrow{AB} \cdot \overrightarrow{AC}$ h) $\overrightarrow{BA} \cdot \overrightarrow{BC}$

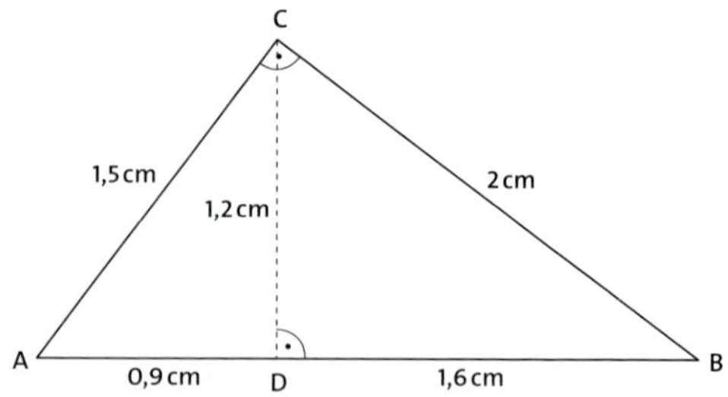


L

**17.** a) Projektion von $\overrightarrow{CA}$ auf $\overrightarrow{CB}$: $\overrightarrow{CA} \cdot \overrightarrow{CB} = 0{,}2 \cdot 0 = 0$

b) Projektion von $\overrightarrow{AD}$ auf $\overrightarrow{DC}$: $\overrightarrow{AD} \cdot \overrightarrow{DC} = 1{,}2 \cdot 0 = 0$

c) Projektion von $\overrightarrow{BC}$ auf $\overrightarrow{BD}$: $\overrightarrow{BC} \cdot \overrightarrow{BD} = 1{,}6 \cdot 1{,}6 = 2{,}56$

d) Projektion von $\overrightarrow{BC}$ auf $\overrightarrow{AD}$: $\overrightarrow{AD} \cdot \overrightarrow{BC} = 0{,}9 \cdot (-1{,}6) = -1{,}44$

e) Projektion von $\overrightarrow{AC}$ auf $\overrightarrow{AD}$: $\overrightarrow{AC} \cdot \overrightarrow{AD} = 0{,}9 \cdot 0{,}9 = 0{,}81$

f) Projektion von $\overrightarrow{CB}$ auf $\overrightarrow{CD}$: $\overrightarrow{CD} \cdot \overrightarrow{CB} = 1{,}2 \cdot 1{,}2 = 1{,}44$

g) Projektion von $\overrightarrow{AB}$ auf $\overrightarrow{AC}$: $\overrightarrow{AB} \cdot \overrightarrow{AC} = 1{,}5 \cdot 1{,}5 = 2{,}25$ oder
Projektion von $\overrightarrow{AC}$ auf $\overrightarrow{AB}$: $\overrightarrow{AB} \cdot \overrightarrow{AC} = 2{,}5 \cdot 0{,}9 = 2{,}25$

h) Projektion von $\overrightarrow{BA}$ auf $\overrightarrow{BC}$: $\overrightarrow{BA} \cdot \overrightarrow{BC} = 2{,}0 \cdot 2{,}0 = 4$ oder
Projektion von $\overrightarrow{BC}$ auf $\overrightarrow{BA}$: $\overrightarrow{BA} \cdot \overrightarrow{BC} = 2{,}5 \cdot 1{,}6 = 4$

A

**18.** Berechnen Sie.

a) $\begin{pmatrix} 4 \\ 5 \\ -1 \end{pmatrix} \cdot \begin{pmatrix} 3 \\ -4 \\ 4 \end{pmatrix}$ b) $\begin{pmatrix} 1 \\ -2 \\ -2 \end{pmatrix} \cdot \begin{pmatrix} 4 \\ -5 \\ 7 \end{pmatrix}$ c) $\begin{pmatrix} 3 \\ -3 \\ 0 \end{pmatrix} \cdot \begin{pmatrix} -1 \\ 2 \\ 4 \end{pmatrix}$ d) $\begin{pmatrix} 2 \\ 4 \\ 5 \end{pmatrix} \cdot \begin{pmatrix} 7 \\ -4 \\ 8 \end{pmatrix}$

e) $\begin{pmatrix} -8 \\ 6 \\ -1 \end{pmatrix} \cdot \begin{pmatrix} 2 \\ 5 \\ -9 \end{pmatrix}$ f) $\begin{pmatrix} 9 \\ -1 \\ -7 \end{pmatrix} \cdot \begin{pmatrix} 2 \\ -3 \\ 3 \end{pmatrix}$ g) $\begin{pmatrix} 8 \\ -8 \\ 5 \end{pmatrix} \cdot \begin{pmatrix} -1 \\ 3 \\ 9 \end{pmatrix}$ h) $\begin{pmatrix} 7 \\ -2 \\ -1 \end{pmatrix} \cdot \begin{pmatrix} 3 \\ -4 \\ 4 \end{pmatrix}$

L

**18.** a) $\begin{pmatrix} 4 \\ 5 \\ -1 \end{pmatrix} \cdot \begin{pmatrix} 3 \\ -4 \\ 4 \end{pmatrix} = 4 \cdot 3 + 5 \cdot (-4) + (-1) \cdot 4 = 12 - 20 - 4 = -12$

b) 0 c) $-9$ d) 38 e) 23
f) 0 g) 13 h) 25

A

**19.** Berechnen Sie die Längen der Vektoren $\vec{a}$ und $\vec{b}$.
Welche Weite hat der eingeschlossene Winkel?

a) $\vec{a} = \begin{pmatrix} 1 \\ -1 \\ 1 \end{pmatrix}$, $\vec{b} = \begin{pmatrix} 2 \\ 6 \\ -3 \end{pmatrix}$ b) $\vec{a} = \begin{pmatrix} 8 \\ -4 \\ 8 \end{pmatrix}$, $\vec{b} = \begin{pmatrix} -3 \\ 2 \\ 4 \end{pmatrix}$ c) $\vec{a} = \begin{pmatrix} 3 \\ -6 \\ 2 \end{pmatrix}$, $\vec{b} = \begin{pmatrix} 3 \\ 8 \\ -5 \end{pmatrix}$

d) $\vec{a} = \begin{pmatrix} -1 \\ 4 \\ 1 \end{pmatrix}$, $\vec{b} = \begin{pmatrix} 2 \\ 2 \\ 0 \end{pmatrix}$ e) $\vec{a} = \begin{pmatrix} 1 \\ -1 \\ 2 \end{pmatrix}$, $\vec{b} = \begin{pmatrix} 1 \\ 0 \\ 1 \end{pmatrix}$ f) $\vec{a} = \begin{pmatrix} 10 \\ 2 \\ 11 \end{pmatrix}$, $\vec{b} = \begin{pmatrix} -8 \\ 11 \\ 16 \end{pmatrix}$

**19.** a) $\vec{a} = \begin{pmatrix} 1 \\ -1 \\ 1 \end{pmatrix}$, $\vec{b} = \begin{pmatrix} 2 \\ 6 \\ -3 \end{pmatrix}$ $\Rightarrow$ $|\vec{a}| = \sqrt{1^2 + (-1)^2 + 1^2} = \sqrt{3}$; $|\vec{b}| = \sqrt{2^2 + 6^2 + (-3)^2} = \sqrt{49} = 7$ **L**

$\cos\alpha = \frac{\vec{a} \cdot \vec{b}}{|\vec{a}| \cdot |\vec{b}|} = \frac{1 \cdot 2 + (-1) \cdot 6 + 1 \cdot (-3)}{\sqrt{3} \cdot 7} = \frac{-7}{7 \cdot \sqrt{3}} = \frac{-1}{\sqrt{3}} \Rightarrow \alpha = 125{,}3°$

b) $|\vec{a}| = 12$, $|\vec{b}| = \sqrt{29}$, $\alpha = 90°$

c) $|\vec{a}| = 7$, $|\vec{b}| = \sqrt{98}$, $\alpha = 135°$

d) $|\vec{a}| = \sqrt{18}$, $|\vec{b}| = \sqrt{8}$, $\alpha = 60°$

e) $|\vec{a}| = \sqrt{6}$, $|\vec{b}| = \sqrt{2}$, $\alpha = 30°$

f) $|\vec{a}| = 15$, $|\vec{b}| = 21$, $\alpha = 68{,}0°$

**20.** Berechnen Sie die Seitenlängen und die Innenwinkelweiten des Dreiecks ABC. **A**

a) $A(2|1|2)$, $B(2|0|3)$, $C(3|1|4)$

b) $A(0|2|1)$, $B(0|5|4)$, $C(8|7|2)$

c) $A(-5|-1|0)$, $B(-3|9|11)$, $C(9|-6|2)$

d) $A(1|1|4)$, $B(5|8|0)$, $C(8|2|2)$

**20.** a) $A(2|1|2)$, $B(2|0|3)$, $C(3|1|4)$ **L**

$\overrightarrow{AB} = \begin{pmatrix} 0 \\ -1 \\ 1 \end{pmatrix}$, $\overrightarrow{BA} = \begin{pmatrix} 0 \\ 1 \\ -1 \end{pmatrix}$, $\overrightarrow{BC} = \begin{pmatrix} 1 \\ 1 \\ 1 \end{pmatrix}$, $\overrightarrow{CB} = \begin{pmatrix} -1 \\ -1 \\ -1 \end{pmatrix}$, $\overrightarrow{CA} = \begin{pmatrix} -1 \\ 0 \\ -2 \end{pmatrix}$, $\overrightarrow{AC} = \begin{pmatrix} 1 \\ 0 \\ 2 \end{pmatrix}$

$|\overrightarrow{AB}| = \sqrt{0^2 + (-1)^2 + 1^2} = \sqrt{2} = |\overrightarrow{BA}|$

$|\overrightarrow{BC}| = \sqrt{1^2 + 1^2 + 1^2} = \sqrt{3} = |\overrightarrow{CB}|$

$|\overrightarrow{CA}| = \sqrt{(-1)^2 + 0^2 + (-2)^2} = \sqrt{5} = |\overrightarrow{AC}|$

$\cos\alpha = \frac{\overrightarrow{AB} \cdot \overrightarrow{AC}}{|\overrightarrow{AB}| \cdot |\overrightarrow{AC}|} = \frac{0 \cdot 1 + (-1) \cdot 0 + 1 \cdot 2}{\sqrt{2} \cdot \sqrt{5}} = \frac{2}{\sqrt{10}} \Rightarrow \alpha = 50{,}8°$

$\cos\beta = \frac{\overrightarrow{BA} \cdot \overrightarrow{BC}}{|\overrightarrow{BA}| \cdot |\overrightarrow{BC}|} = \frac{0 \cdot 1 + 1 \cdot 1 + (-1) \cdot 1}{\sqrt{2} \cdot \sqrt{3}} = \frac{0}{\sqrt{6}} = 0 \Rightarrow \beta = 90°$

$\gamma = 180° - 50{,}8° - 90° = 39{,}2°$

b) $\overrightarrow{AB} = \begin{pmatrix} 0 \\ 3 \\ 3 \end{pmatrix}$, $\overrightarrow{BA} = \begin{pmatrix} 0 \\ -3 \\ -3 \end{pmatrix}$, $\overrightarrow{BC} = \begin{pmatrix} 8 \\ 2 \\ -2 \end{pmatrix}$, $\overrightarrow{CB} = \begin{pmatrix} -8 \\ -2 \\ 2 \end{pmatrix}$, $\overrightarrow{CA} = \begin{pmatrix} -8 \\ -5 \\ -1 \end{pmatrix}$, $\overrightarrow{AC} = \begin{pmatrix} 8 \\ 5 \\ 1 \end{pmatrix}$

$|\overrightarrow{AB}| = \sqrt{18}$, $|\overrightarrow{BC}| = \sqrt{72}$, $|\overrightarrow{CA}| = \sqrt{90}$, $\alpha = 63{,}4°$, $\beta = 90°$, $\gamma = 26{,}6°$

c) $\overrightarrow{AB} = \begin{pmatrix} 2 \\ 10 \\ 11 \end{pmatrix}$, $\overrightarrow{BA} = \begin{pmatrix} -2 \\ -10 \\ -11 \end{pmatrix}$, $\overrightarrow{BC} = \begin{pmatrix} 12 \\ -15 \\ -9 \end{pmatrix}$, $\overrightarrow{CB} = \begin{pmatrix} -12 \\ 15 \\ 9 \end{pmatrix}$, $\overrightarrow{CA} = \begin{pmatrix} -14 \\ 5 \\ -2 \end{pmatrix}$, $\overrightarrow{AC} = \begin{pmatrix} 14 \\ -5 \\ 2 \end{pmatrix}$

$|\overrightarrow{AB}| = 15$, $|\overrightarrow{BC}| = \sqrt{450}$, $|\overrightarrow{CA}| = 15$, $\alpha = 90°$, $\beta = 45°$, $\gamma = 45°$

d) $\overrightarrow{AB} = \begin{pmatrix} 4 \\ 7 \\ -4 \end{pmatrix}$, $\overrightarrow{BA} = \begin{pmatrix} -4 \\ -7 \\ 4 \end{pmatrix}$, $\overrightarrow{BC} = \begin{pmatrix} 3 \\ -6 \\ 2 \end{pmatrix}$, $\overrightarrow{CB} = \begin{pmatrix} -3 \\ 6 \\ -2 \end{pmatrix}$, $\overrightarrow{CA} = \begin{pmatrix} -7 \\ -1 \\ 2 \end{pmatrix}$, $\overrightarrow{AC} = \begin{pmatrix} 7 \\ 1 \\ -2 \end{pmatrix}$

$|\overrightarrow{AB}| = 9$, $|\overrightarrow{BC}| = 7$, $|\overrightarrow{CA}| = \sqrt{54}$, $\alpha = 49{,}4°$, $\beta = 52{,}9°$, $\gamma = 77{,}7°$

**21.** Berechnen Sie die Länge des Vektors $\vec{a}$ und bestimmen Sie einen Einheitsvektor $\overrightarrow{a_0}$, der ein Vielfaches von $\vec{a}$ ist. **A**

a) $\vec{a} = \begin{pmatrix} 4 \\ -4 \\ 7 \end{pmatrix}$

b) $\vec{a} = \begin{pmatrix} 4 \\ -3 \\ -12 \end{pmatrix}$

c) $\vec{a} = \begin{pmatrix} -1 \\ 2 \\ 1 \end{pmatrix}$

L

**21.** a) $|\vec{a}| = \left|\begin{pmatrix}4\\-4\\7\end{pmatrix}\right| = \sqrt{16+16+49} = \sqrt{81} = 9,\ \vec{a_0} = \frac{1}{9}\cdot\begin{pmatrix}4\\-4\\7\end{pmatrix}$ oder $\vec{a_0} = -\frac{1}{9}\cdot\begin{pmatrix}4\\-4\\7\end{pmatrix}$

b) $|\vec{a}| = \left|\begin{pmatrix}4\\-3\\-12\end{pmatrix}\right| = \sqrt{16+9+144} = \sqrt{169} = 13,\ \vec{a_0} = \frac{1}{13}\cdot\begin{pmatrix}4\\-3\\-12\end{pmatrix}$ oder $\vec{a_0} = -\frac{1}{13}\cdot\begin{pmatrix}4\\-3\\-12\end{pmatrix}$

c) $|\vec{a}| = \left|\begin{pmatrix}-1\\2\\1\end{pmatrix}\right| = \sqrt{1+4+1} = \sqrt{6},\ \vec{a_0} = \frac{1}{\sqrt{6}}\cdot\begin{pmatrix}-1\\2\\1\end{pmatrix}$ oder $\vec{a_0} = -\frac{1}{\sqrt{6}}\cdot\begin{pmatrix}-1\\2\\1\end{pmatrix}$

A

**22.** Berechnen Sie den Vektor $\vec{a}\times\vec{b}$. Zeigen Sie, dass er zu $\vec{a}$ und $\vec{b}$ orthogonal ist.

a) $\vec{a} = \begin{pmatrix}1\\2\\0\end{pmatrix},\ \vec{b} = \begin{pmatrix}4\\0\\-7\end{pmatrix}$  b) $\vec{a} = \begin{pmatrix}3\\-1\\-2\end{pmatrix},\ \vec{b} = \begin{pmatrix}1\\2\\-2\end{pmatrix}$  c) $\vec{a} = \begin{pmatrix}1\\-4\\2\end{pmatrix},\ \vec{b} = \begin{pmatrix}6\\2\\-3\end{pmatrix}$

L

**22.** a) $\vec{a}\times\vec{b} = \begin{pmatrix}1\\2\\0\end{pmatrix}\times\begin{pmatrix}4\\0\\-7\end{pmatrix} = \begin{pmatrix}2\cdot(-7)-0\\0-(-7)\\0-8\end{pmatrix} = \begin{pmatrix}-14\\7\\-8\end{pmatrix};$

$\begin{pmatrix}-14\\7\\-8\end{pmatrix}\bullet\begin{pmatrix}1\\2\\0\end{pmatrix} = -14+14 = 0,\ \begin{pmatrix}-14\\7\\-8\end{pmatrix}\bullet\begin{pmatrix}4\\0\\-7\end{pmatrix} = -56+56 = 0$

b) $\vec{a}\times\vec{b} = \begin{pmatrix}3\\-1\\-2\end{pmatrix}\times\begin{pmatrix}1\\2\\-2\end{pmatrix} = \begin{pmatrix}-1\cdot(-2)-(-2)\cdot 2\\-2\cdot 1-3\cdot(-2)\\3\cdot 2-(-1)\cdot 1\end{pmatrix} = \begin{pmatrix}6\\4\\7\end{pmatrix},$

$\begin{pmatrix}6\\4\\7\end{pmatrix}\bullet\begin{pmatrix}3\\-1\\-2\end{pmatrix} = 18-4-14 = 0,\ \begin{pmatrix}6\\4\\7\end{pmatrix}\bullet\begin{pmatrix}1\\2\\-2\end{pmatrix} = 6+8-14 = 0$

c) $\vec{a}\times\vec{b} = \begin{pmatrix}1\\-4\\2\end{pmatrix}\times\begin{pmatrix}6\\2\\-3\end{pmatrix} = \begin{pmatrix}-4\cdot(-3)-2\cdot 2\\2\cdot 6-1\cdot(-3)\\1\cdot 2-(-4)\cdot 6\end{pmatrix} = \begin{pmatrix}8\\15\\26\end{pmatrix},$

$\begin{pmatrix}8\\15\\26\end{pmatrix}\bullet\begin{pmatrix}1\\-4\\2\end{pmatrix} = 8-60+52 = 0,\ \begin{pmatrix}0\\15\\26\end{pmatrix}\bullet\begin{pmatrix}6\\2\\-3\end{pmatrix} = 48+30-78 = 0$

# 2.2 Gleichungen von Punktmengen

## 2.2.1 Geradengleichungen

Wissen

Ist A ein Punkt der Geraden g mit Ortsvektor $\vec{a}$ und ist $\vec{u}$ ein Richtungsvektor von g, dann nennen wir die Gleichung g: $\vec{x} = \vec{a} + s \cdot \vec{u}$, $s \in \mathbb{R}$ **Punkt-Richtungsform** bzw. **Parameterform** von g.
Für jeden Ortsvektor $\vec{x}$ zu einem beliebigen Punkt X auf der Geraden g existiert genau eine reelle Zahl s, welche obige Gleichung erfüllt.

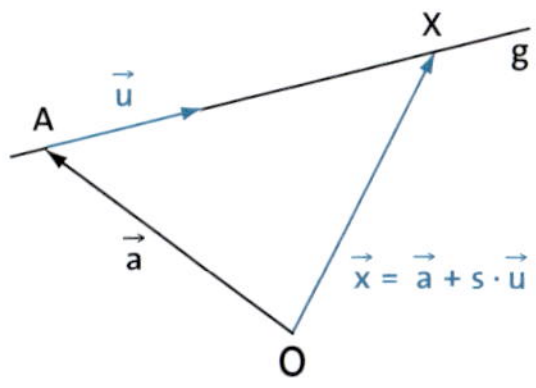


Sind A und B zwei Punkte der Geraden g mit deren zugehörigen Ortsvektoren $\vec{a}$ und $\vec{b}$, dann nennen wir die Gleichung g: $\vec{x} = \vec{a} + s \cdot (\vec{b} - \vec{a})$, $s \in \mathbb{R}$ **Zwei-Punkteform** von g.

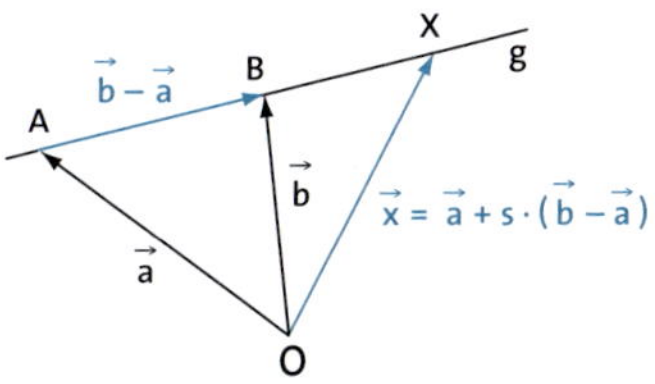


A

**1.** Die Gerade verläuft durch den angegebenen Punkt und besitzt den vorgegebenen Vektor als Richtungsvektor.
Bestimmen Sie eine Gleichung der Geraden und stellen Sie die Gerade im Koordinatensystem dar.

a) $A(1|1|-1)$, $\vec{u} = \begin{pmatrix} -2 \\ -2 \\ 1 \end{pmatrix}$ b) $B(2|3|2)$, $\vec{u} = \begin{pmatrix} 2 \\ 0 \\ 1 \end{pmatrix}$ c) $C(4|0|1{,}5)$, $\vec{u} = \begin{pmatrix} -5 \\ -2 \\ -1 \end{pmatrix}$

L

**1.** a) $g: \vec{x} = \begin{pmatrix} 1 \\ 1 \\ -1 \end{pmatrix} + s \cdot \begin{pmatrix} -2 \\ -2 \\ 1 \end{pmatrix}$

b) $g: \vec{x} = \begin{pmatrix} 2 \\ 3 \\ 2 \end{pmatrix} + s \cdot \begin{pmatrix} 2 \\ 0 \\ 1 \end{pmatrix}$

c) $g: \vec{x} = \begin{pmatrix} 4 \\ 0 \\ 1{,}5 \end{pmatrix} + s \cdot \begin{pmatrix} -5 \\ -2 \\ -1 \end{pmatrix}$

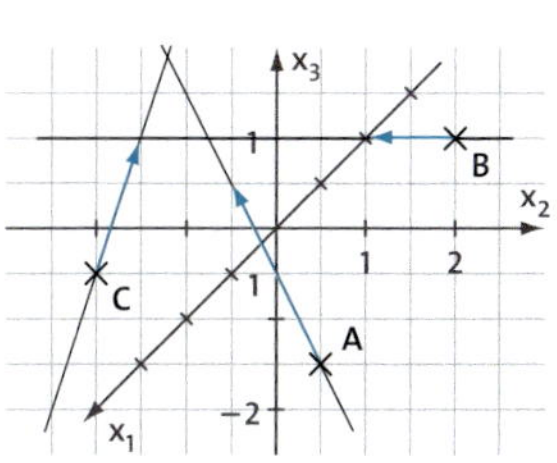

A

**2.** Zeichnen Sie zu den in Klammern angegebenen Parameterwerten die zugehörigen Punkte auf der Geraden g ein.

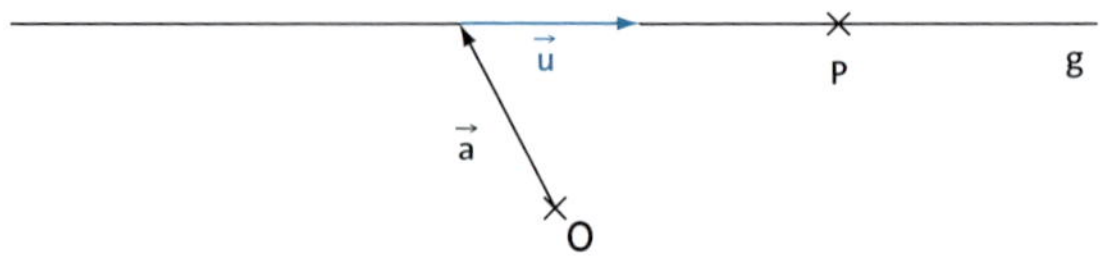


a) A (s = 0) b) B (s = 1) c) C (s = 3)
d) D (s = 4,5) e) E (s = −2) f) F (s = −3,7)

Die Hinterlegung der Geraden mit einer Zahlenskala, bei der der Richtungsvektor den Maßstab festlegt (mit 0 am Anfang und 1 am Ende des Richtungsvektors), erleichtert das Auffinden und Einzeichnen der zugehörigen Punkte.

L

**2.**

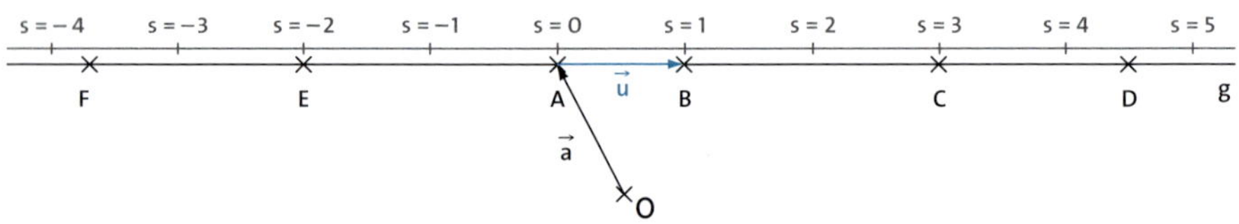


A

**3.** Bestimmen Sie die Koordinaten von drei Punkten, welche auf der Geraden g liegen.

a) $g: \vec{x} = \begin{pmatrix} 1 \\ 2 \\ 3 \end{pmatrix} + s \cdot \begin{pmatrix} 2 \\ 2 \\ -3 \end{pmatrix}$ b) $g: \vec{x} = \begin{pmatrix} 0 \\ 1 \\ 1 \end{pmatrix} + s \cdot \begin{pmatrix} -3 \\ 4 \\ -1 \end{pmatrix}$ c) $g: \vec{x} = \begin{pmatrix} 7 \\ 3 \\ 7 \end{pmatrix} + s \cdot \begin{pmatrix} 4 \\ 4 \\ -7 \end{pmatrix}$

L

**3.** a) $g: \vec{x} = \begin{pmatrix} 1 \\ 2 \\ 3 \end{pmatrix} + s \cdot \begin{pmatrix} 2 \\ 2 \\ -3 \end{pmatrix} \Rightarrow$ z. B. A (1 | 2 | 3) (s = 0), B (3 | 4 | 0) (s = 1), C (−5 | −4 | 12) (s = −3)

b) A (0 | 1 | 1) (s = 0), B (−3 | 5 | 0) (s = 1), C (12 | −15 | 5) (s = −4)

c) A (7 | 3 | 7) (s = 0), B (11 | 7 | 0) (s = 1), C (3 | −1 | 14) (s = −1)

A

**4.** Welche besonderen Lagen besitzen die nachfolgenden Geraden?

a) $g: \vec{x} = \begin{pmatrix} 2 \\ 0 \\ -5 \end{pmatrix} + s \cdot \begin{pmatrix} 1 \\ 0 \\ 6 \end{pmatrix},\ s \in \mathbb{R}$ b) $g: \vec{x} = \begin{pmatrix} -3 \\ 0 \\ 0 \end{pmatrix} + s \cdot \begin{pmatrix} 4 \\ 0 \\ 0 \end{pmatrix},\ s \in \mathbb{R}$

c) $g: \vec{x} = \begin{pmatrix} 3 \\ 2 \\ -1 \end{pmatrix} + s \cdot \begin{pmatrix} 0 \\ 1 \\ 0 \end{pmatrix},\ s \in \mathbb{R}$ d) $g: \vec{x} = \begin{pmatrix} 4 \\ 4 \\ 1 \end{pmatrix} + s \cdot \begin{pmatrix} 1 \\ 2 \\ 0 \end{pmatrix},\ s \in \mathbb{R}$

L

**4.** a) Da der Punkt A (2 | 0 | −5) in der $x_1$-$x_3$-Ebene liegt und der Richtungsvektor parallel zur $x_1$-$x_3$-Ebene verläuft, liegt die Gerade g in der $x_1$-$x_3$-Ebene.

b) Da der Punkt A (−3 | 0 | 0) auf der $x_1$-Achse liegt und der Richtungsvektor parallel zur $x_1$-Achse verläuft, ist die angegebene Gleichung eine Gleichung der $x_1$-Achse.

c) Da der Richtungsvektor parallel zur $x_2$-Achse verläuft, ist die Gerade parallel zur $x_2$-Achse.

d) Da der Richtungsvektor parallel zur $x_1$-$x_2$-Ebene verläuft, liegt die Gerade g parallel zur $x_1$-$x_2$-Ebene.

**5.** Bestimmen Sie zunächst eine Zwei-Punkteform und daraus eine Punkt-Richtungsform der Geraden g, welche durch die Punkte A und B verläuft. A

a) A(4|2|3), B(1|−1|2)
b) A(1|1|0), B(4|−1|8)
c) A(2|0|−5), B(3|3|1)
d) A(0|0|2), B(9|3|7)
e) A(−1|3|0), B(−1|4|3)

**5.** a) $g\colon \vec{x} = \begin{pmatrix}4\\2\\3\end{pmatrix} + s\cdot\left[\begin{pmatrix}1\\-1\\2\end{pmatrix} - \begin{pmatrix}4\\2\\3\end{pmatrix}\right],\ s \in \mathbb{R} \Rightarrow g\colon \vec{x} = \begin{pmatrix}4\\2\\3\end{pmatrix} + s\cdot\begin{pmatrix}-3\\-3\\-1\end{pmatrix},\ s \in \mathbb{R}$ L

b) $g\colon \vec{x} = \begin{pmatrix}1\\1\\0\end{pmatrix} + s\cdot\left[\begin{pmatrix}4\\-1\\8\end{pmatrix} - \begin{pmatrix}1\\1\\0\end{pmatrix}\right],\ s \in \mathbb{R} \Rightarrow g\colon \vec{x} = \begin{pmatrix}1\\1\\0\end{pmatrix} + s\cdot\begin{pmatrix}3\\-2\\8\end{pmatrix},\ s \in \mathbb{R}$

c) $g\colon \vec{x} = \begin{pmatrix}2\\0\\-5\end{pmatrix} + s\cdot\left[\begin{pmatrix}3\\3\\1\end{pmatrix} - \begin{pmatrix}2\\0\\-5\end{pmatrix}\right],\ s \in \mathbb{R} \Rightarrow g\colon \vec{x} = \begin{pmatrix}2\\0\\-5\end{pmatrix} + s\cdot\begin{pmatrix}1\\3\\6\end{pmatrix},\ s \in \mathbb{R}$

d) $g\colon \vec{x} = \begin{pmatrix}0\\0\\2\end{pmatrix} + s\cdot\left[\begin{pmatrix}9\\3\\7\end{pmatrix} - \begin{pmatrix}0\\0\\2\end{pmatrix}\right],\ s \in \mathbb{R} \Rightarrow g\colon \vec{x} = \begin{pmatrix}0\\0\\2\end{pmatrix} + s\cdot\begin{pmatrix}9\\3\\5\end{pmatrix},\ s \in \mathbb{R}$

e) $g\colon \vec{x} = \begin{pmatrix}-1\\3\\0\end{pmatrix} + s\cdot\left[\begin{pmatrix}-1\\4\\3\end{pmatrix} - \begin{pmatrix}-1\\3\\0\end{pmatrix}\right],\ s \in \mathbb{R} \Rightarrow g\colon \vec{x} = \begin{pmatrix}-1\\3\\0\end{pmatrix} + s\cdot\begin{pmatrix}0\\1\\3\end{pmatrix},\ s \in \mathbb{R}$

## 2.2.2 Ebenengleichungen

**Wissen** Ist A ein Punkt der Ebene E mit Ortsvektor $\vec{a}$ und sind $\vec{u}$ und $\vec{v}$ zwei linear unabhängige Richtungsvektoren von E, dann heißt die Gleichung
$E: \vec{x} = \vec{a} + s \cdot \vec{u} + t \cdot \vec{v}; \; s, t \in \mathbb{R}$
**Punkt-Richtungsform** oder **Parameterform** von E.

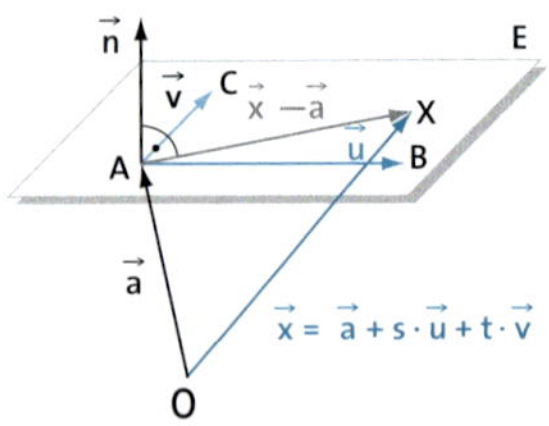


Für jeden Ortsvektor $\vec{x}$ zu einem beliebigen Punkt X der Ebene E existiert genau ein reelles Zahlenpaar s und t, sodass die obige Gleichung erfüllt ist.

Falls die Ebene durch drei Punkte gegeben ist, wählt man die Verbindungsvektoren zweier Punktepaare als Richtungsvektoren der Ebene und erhält so mit
$E: \vec{x} = \vec{a} + s \cdot (\vec{b} - \vec{a}) + t \cdot (\vec{c} - \vec{a}); \; s, t \in \mathbb{R}$ eine **Drei-Punkteform** von E.

Die Ebene kann auch durch einen Punkt A und einen zu den Richtungsvektoren von E orthogonalen Normalenvektor $\vec{n}$ festgelegt werden. Die Gleichung
$E: \vec{n} \cdot (\vec{x} - \vec{a}) = 0$ nennt man **Punkt-Normalenform** von E. Sie kann in eine **allgemeine Normalenform** $E: \vec{n} \cdot \vec{x} - c = 0$ oder in eine **Koordinatengleichung**
$E: n_1 \cdot x_1 + n_2 \cdot x_2 + n_3 \cdot x_3 - c = 0$ umgeschrieben werden.

Ist in der Punkt-Normalenform $\vec{n}$ ein **Einheitsvektor**, der meistens mit $\vec{n_0}$ bezeichnet wird und gilt weiterhin $c = \vec{n_0} \cdot \vec{a} \geq 0$, so nennt man die Gleichung
$E: \vec{n_0} \cdot (\vec{x} - \vec{a}) = 0$ **Hesse-Normalenform (HNF)** von E.
Sie lautet als Koordinatengleichung $E: \dfrac{n_1 \cdot x_1 + n_2 \cdot x_2 + n_3 \cdot x_3 - c}{\sqrt{n_1^2 + n_2^2 + n_3^2}} = 0.$

A

**1.** Zeichnen Sie zu den in Klammern angegebenen Parameterwerten die zugehörigen Punkte in der Ebene ein.

a) A (s = 0; t = 0)
b) B (s = 1; t = 0)
c) C (s = 2; t = −1)
d) D (s = 1; t = 3)
e) E (s = 0; t = −2)
f) F (s = −1; t = 3)
g) G (s = −2; t = 1)

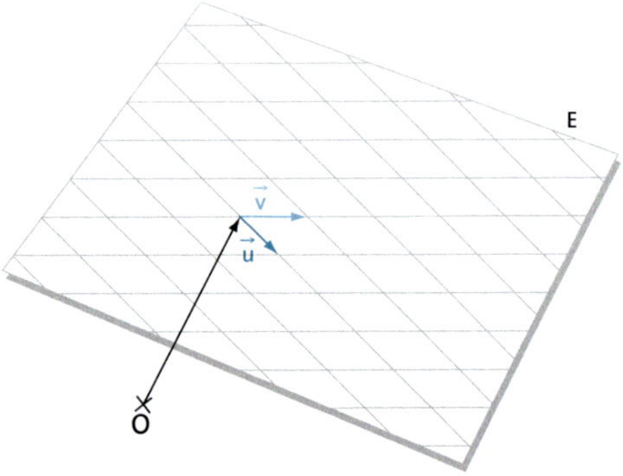

**1.** L

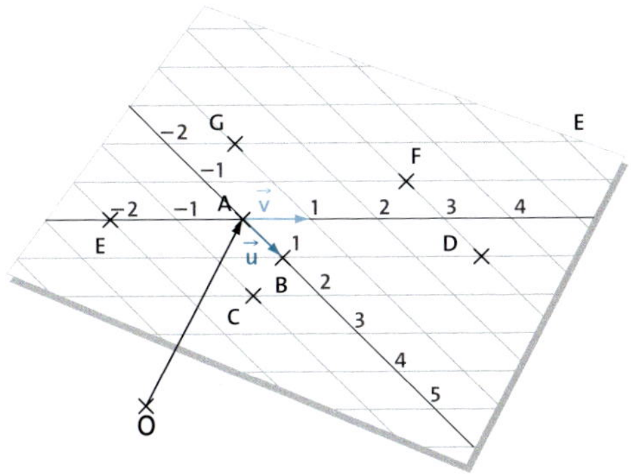


**2.** Bestimmen Sie die Koordinaten vier verschiedener Punkte, welche in der Ebene E liegen. Wie wurde das Parameterpaar s, t jeweils gewählt? A

a) E: $\vec{x} = \begin{pmatrix} 2 \\ 4 \\ -1 \end{pmatrix} + s \cdot \begin{pmatrix} 1 \\ 3 \\ 3 \end{pmatrix} + t \cdot \begin{pmatrix} -1 \\ 0 \\ 1 \end{pmatrix}$; $s, t \in \mathbb{R}$  b) E: $\vec{x} = \begin{pmatrix} 5 \\ 1 \\ 3 \end{pmatrix} + s \cdot \begin{pmatrix} -2 \\ 1 \\ 2 \end{pmatrix} + t \cdot \begin{pmatrix} 0 \\ 3 \\ 4 \end{pmatrix}$; $s, t \in \mathbb{R}$

**2.** a) z.B. A(2|4|−1) (s = 0; t = 0), B(3|7|2) (s = 1; t = 0), C(1|4|0) (s = 0; t = 1), D(2|7|3) (s = 1; t = 1), E(5|10|4) (s = 2; t = −1), F(3|13|10) (s = 3; t = 2). L

b) z.B. A(5|1|3) (s = 0; t = 0), B(3|2|5) (s = 1; t = 0), C(5|4|7) (s = 0; t = 1), D(3|5|9) (s = 1; t = 1), E(3|−1|1) (s = 1; t = −1), F(7|3|5) (s = −1; t = 1).

**3.** Die Punkt A, B und C liegen in der Ebene E. Bestimmen Sie eine Drei-Punkteform und daraus eine Punkt-Richtungsform von E. A

a) A(1|0|−1), B(3|4|−1), C(5|−2|6)  b) A(3|3|2), B(8|4|2), C(4|7|7)
c) A(1|1|0), B(0|−2|7), C(4|5|8)  d) A(4|8|5), B(1|9|6), C(5|−3|5)
e) A(5|2|1), B(7|0|4), C(5|5|9)

**3.** a) $E: \vec{x} = \begin{pmatrix} 1 \\ 0 \\ -1 \end{pmatrix} + s \cdot \left[\begin{pmatrix} 3 \\ 4 \\ -1 \end{pmatrix} - \begin{pmatrix} 1 \\ 0 \\ -1 \end{pmatrix}\right] + t \cdot \left[\begin{pmatrix} 5 \\ -2 \\ 6 \end{pmatrix} - \begin{pmatrix} 1 \\ 0 \\ -1 \end{pmatrix}\right]$; $s, t \in \mathbb{R}$ L

$\Leftrightarrow E: \vec{x} = \begin{pmatrix} 1 \\ 0 \\ -1 \end{pmatrix} + s \cdot \begin{pmatrix} 2 \\ 4 \\ 0 \end{pmatrix} + t \cdot \begin{pmatrix} 4 \\ -2 \\ 7 \end{pmatrix}$; $s, t \in \mathbb{R}$

b) $E: \vec{x} = \begin{pmatrix} 3 \\ 3 \\ 2 \end{pmatrix} + s \cdot \left[\begin{pmatrix} 8 \\ 4 \\ 2 \end{pmatrix} - \begin{pmatrix} 3 \\ 3 \\ 2 \end{pmatrix}\right] + t \cdot \left[\begin{pmatrix} 4 \\ 7 \\ 7 \end{pmatrix} - \begin{pmatrix} 3 \\ 3 \\ 2 \end{pmatrix}\right]$; $s, t \in \mathbb{R}$

$\Leftrightarrow E: \vec{x} = \begin{pmatrix} 3 \\ 3 \\ 2 \end{pmatrix} + s \cdot \begin{pmatrix} 5 \\ 1 \\ 0 \end{pmatrix} + t \cdot \begin{pmatrix} 1 \\ 4 \\ 5 \end{pmatrix}$; $s, t \in \mathbb{R}$

c) $E: \vec{x} = \begin{pmatrix} 1 \\ 1 \\ 0 \end{pmatrix} + s \cdot \left[\begin{pmatrix} 0 \\ -2 \\ 7 \end{pmatrix} - \begin{pmatrix} 1 \\ 1 \\ 0 \end{pmatrix}\right] + t \cdot \left[\begin{pmatrix} 4 \\ 5 \\ 8 \end{pmatrix} - \begin{pmatrix} 1 \\ 1 \\ 0 \end{pmatrix}\right]$; $s, t \in \mathbb{R}$

$\Leftrightarrow E: \vec{x} = \begin{pmatrix} 1 \\ 1 \\ 0 \end{pmatrix} + s \cdot \begin{pmatrix} -1 \\ -3 \\ 7 \end{pmatrix} + t \cdot \begin{pmatrix} 3 \\ 4 \\ 8 \end{pmatrix}$; $s, t \in \mathbb{R}$

d) $E: \vec{x} = \begin{pmatrix} 4 \\ 8 \\ 5 \end{pmatrix} + s \cdot \left[ \begin{pmatrix} 1 \\ 9 \\ 6 \end{pmatrix} - \begin{pmatrix} 4 \\ 8 \\ 5 \end{pmatrix} \right] + t \cdot \left[ \begin{pmatrix} 5 \\ -3 \\ 5 \end{pmatrix} - \begin{pmatrix} 4 \\ 8 \\ 5 \end{pmatrix} \right]; \; s, t \in \mathbb{R}$

$\Leftrightarrow \; E: \vec{x} = \begin{pmatrix} 4 \\ 8 \\ 5 \end{pmatrix} + s \cdot \begin{pmatrix} -3 \\ 1 \\ 1 \end{pmatrix} + t \cdot \begin{pmatrix} 1 \\ -11 \\ 0 \end{pmatrix}; \; s, t \in \mathbb{R}$

e) $E: \vec{x} = \begin{pmatrix} 5 \\ 2 \\ 1 \end{pmatrix} + s \cdot \left[ \begin{pmatrix} 7 \\ 0 \\ 4 \end{pmatrix} - \begin{pmatrix} 5 \\ 2 \\ 1 \end{pmatrix} \right] + t \cdot \left[ \begin{pmatrix} 5 \\ 5 \\ 9 \end{pmatrix} - \begin{pmatrix} 5 \\ 2 \\ 1 \end{pmatrix} \right]; \; s, t \in \mathbb{R}$

$\Leftrightarrow \; E: \vec{x} = \begin{pmatrix} 5 \\ 2 \\ 1 \end{pmatrix} + s \cdot \begin{pmatrix} 2 \\ -2 \\ 3 \end{pmatrix} + t \cdot \begin{pmatrix} 0 \\ 3 \\ 8 \end{pmatrix}; \; s, t \in \mathbb{R}$

A

**4.** Bestimmen Sie aus der Punkt-Richtungsform eine Koordinatengleichung der Ebene E.

a) $E: \vec{x} = \begin{pmatrix} 1 \\ 2 \\ -1 \end{pmatrix} + s \cdot \begin{pmatrix} 5 \\ 2 \\ -4 \end{pmatrix} + t \cdot \begin{pmatrix} 7 \\ 4 \\ -6 \end{pmatrix}; \; s, t, \in \mathbb{R}$

b) $E: \vec{x} = \begin{pmatrix} 3 \\ 4 \\ -2 \end{pmatrix} + s \cdot \begin{pmatrix} 4 \\ 5 \\ -6 \end{pmatrix} + t \cdot \begin{pmatrix} -6 \\ 4 \\ 9 \end{pmatrix}; \; s, t, \in \mathbb{R}$

c) $E: \vec{x} = \begin{pmatrix} 8 \\ -2 \\ 3 \end{pmatrix} + s \cdot \begin{pmatrix} 5 \\ -4 \\ -3 \end{pmatrix} + t \cdot \begin{pmatrix} 1 \\ -2 \\ 3 \end{pmatrix}; \; s, t, \in \mathbb{R}$

d) $E: \vec{x} = \begin{pmatrix} 1 \\ 1 \\ -2 \end{pmatrix} + s \cdot \begin{pmatrix} 2 \\ -1 \\ 2 \end{pmatrix} + t \cdot \begin{pmatrix} 7 \\ 7 \\ 1 \end{pmatrix}; \; s, t, \in \mathbb{R}$

e) $E: \vec{x} = \begin{pmatrix} 7 \\ 1 \\ -1 \end{pmatrix} + s \cdot \begin{pmatrix} 5 \\ 0 \\ -1 \end{pmatrix} + t \cdot \begin{pmatrix} 1 \\ 2 \\ 2 \end{pmatrix}; \; s, t, \in \mathbb{R}$

f) $E: \vec{x} = \begin{pmatrix} 1 \\ 4 \\ -1 \end{pmatrix} + s \cdot \begin{pmatrix} 2 \\ 0 \\ -3 \end{pmatrix} + t \cdot \begin{pmatrix} -1 \\ 0 \\ 9 \end{pmatrix}; \; s, t, \in \mathbb{R}$

L

**4.** a) $E: \vec{x} = \begin{pmatrix} 1 \\ 2 \\ -1 \end{pmatrix} + s \cdot \begin{pmatrix} 5 \\ 2 \\ -4 \end{pmatrix} + t \cdot \begin{pmatrix} 7 \\ 4 \\ -6 \end{pmatrix}; \; s, t, \in \mathbb{R}$

Aus obiger Gleichung ergeben sich die drei nachfolgenden Gleichungen mit den beiden Parametern s und t. Man reduziert das Gleichungssystem schrittweise auf zwei Gleichungen mit nur einem Parameter und dann auf eine Gleichung ohne Parameter. Diese Gleichung enthält nur die Koordinaten $x_1$, $x_2$ und $x_3$ und ist eine Koordinatengleichung der Ebene E. Eine Gleichung, die zum Eliminieren eines Parameters in den verbleibenden Gleichungen verwendet wurde, braucht nicht mehr berücksichtigt zu werden.

$$\begin{array}{lcl|l}
x_1 & = & 1 + 5s + 7t & \cdot 2 \\
x_2 & = & 2 + 2s + 4t & \cdot(-5) \quad \rfloor + \quad | \cdot 2 \\
x_3 & = & -1 - 4s - 6t & \quad\quad\quad\quad \rfloor + \\
\hline
2x_1 - 5x_2 & = & -8 - 6t & \\
2x_2 + x_3 & = & 3 + 2t & \cdot 3 \quad \rfloor + \\
\hline
E: 2x_1 + x_2 + 3x_3 & = & 1 &
\end{array}$$

Eliminieren von s

Eliminieren von t

b) $E: \vec{x} = \begin{pmatrix} 3 \\ 4 \\ -2 \end{pmatrix} + s \cdot \begin{pmatrix} 4 \\ 5 \\ -6 \end{pmatrix} + t \cdot \begin{pmatrix} -6 \\ 4 \\ 9 \end{pmatrix}; \; s, t, \in \mathbb{R}$

$$\begin{array}{lcl|l}
x_1 & = & 3 + 4s - 6t & \cdot 5 \quad | \cdot 3 \\
x_2 & = & 4 + 5s + 4t & \cdot(-4) \quad \rfloor + \quad \rfloor + \\
x_3 & = & -2 - 6s + 9t & \quad\quad\quad | \cdot 2 \\
5x_1 - 4x_2 & = & -1 - 46t & \\
\hline
E: 3x_1 + 2x_3 & = & 5 &
\end{array}$$

Eliminieren von s

Erhält man wie im obigen Fall eine Gleichung ohne die Parameter s und t, so ist dies die gesuchte Koordinatengleichung der Ebene E.

c) $E: 3x_1 + 3x_2 + x_3 = 21$  d) $E: 5x_1 - 4x_2 - 7x_3 = 15$
e) $E: 2x_1 - 11x_2 + 10x_3 = -7$  f) $E: x_2 = 4$ (ohne Rechnung!)
Beachte: Durch das Vervielfachen einer Koordinatengleichung mit einer Zahl oder das Teilen durch eine Zahl, die ungleich null ist, erhält man weitere mögliche Koordinatengleichungen einer Ebene E.

**5.** Bestimmen Sie aus der Koordinatengleichung die HESSE-Normalenform von E. **A**
a) $E: 12x_1 - 4x_2 - 6x_3 = 17$  b) $E: 7x_1 - 6x_2 - 6x_3 = 10$
c) $E: 14x_1 + 8x_2 - 8x_3 = -5$  d) $E: 6x_1 - 18x_2 + x_3 = 19$
e) $E: 8x_1 + 11x_2 - 16x_3 = -3$  f) $E: 22x_1 + 3x_2 + 6x_3 = 12$
g) $E: 2x_1 - 2x_2 - 3x_3 = -7$

**5.** a) $E: 12x_1 - 4x_2 - 6x_3 = 17$ **L**
Die Koeffizienten von $x_1$, $x_2$ und $x_3$ sind die Koordinaten eines Normalenvektors der Ebene E. Durch Umstellen der Koordinatengleichung und Division durch die Länge des Normalenvektors erhält man die HNF von
$E: \frac{12x_1 - 4x_2 - 6x_3 - 17}{\sqrt{12^2 + (-4)^2 + (-6)^2}} = 0$, vereinfacht $\frac{12x_1 - 4x_2 - 6x_3 - 17}{14} = 0$.
b) HNF von E: $\frac{7x_1 - 6x_2 - 6x_3 - 10}{11} = 0$  c) HNF von E: $\frac{-14x_1 - 8x_2 + 8x_3 - 5}{18} = 0$
d) HNF von E: $\frac{6x_1 - 18x_2 + x_3 - 19}{19} = 0$  e) HNF von E: $\frac{-8x_1 - 11x_2 + 16x_3 - 3}{21} = 0$
f) HNF von E: $\frac{22x_1 + 3x_2 + 6x_3 - 12}{23} = 0$  g) HNF von E: $\frac{-2x_1 + 2x_2 + 3x_3 - 7}{\sqrt{17}} = 0$

**6.** Bestimmen Sie aus der Koordinatengleichung eine Normalenform der Ebene E. **A**
a) $E: 3x_1 - 5x_2 - x_3 = 7$  b) $E: x_1 - x_2 + 2x_3 = -3$
c) $E: 11x_1 - x_3 = 5$  d) $E: 2x_1 + 4x_2 - x_3 = 0$
e) $E: 5x_2 + 12x_3 = 13$  f) $E: 4x_1 + 19x_2 - 8x_3 = 1$
g) $E: 7x_1 + 24x_2 = -8$

**6.** a) $E: 3x_1 - 5x_2 - x_3 = 7 \Leftrightarrow 3x_1 - 5x_2 - x_3 - 7 = 0 \Leftrightarrow \begin{pmatrix} 3 \\ -5 \\ 7 \end{pmatrix} \cdot \vec{x} - 7 = 0$ **L**

b) $E: \begin{pmatrix} 1 \\ -1 \\ 2 \end{pmatrix} \cdot \vec{x} + 3 = 0$  c) $E: \begin{pmatrix} 11 \\ 0 \\ -1 \end{pmatrix} \cdot \vec{x} - 5 = 0$  d) $E: \begin{pmatrix} 2 \\ 4 \\ -1 \end{pmatrix} \cdot \vec{x} = 0$

e) $E: \begin{pmatrix} 0 \\ 5 \\ 12 \end{pmatrix} \cdot \vec{x} - 13 = 0$  f) $E: \begin{pmatrix} 4 \\ 19 \\ -8 \end{pmatrix} \cdot \vec{x} - 1 = 0$  g) $E: \begin{pmatrix} 7 \\ 24 \\ 0 \end{pmatrix} \cdot \vec{x} + 8 = 0$

**7.** Bestimmen Sie aus der Punkt-Normalenform eine Koordinatengleichung der Ebene E. **A**

a) $E: \begin{pmatrix} 4 \\ -1 \\ -8 \end{pmatrix} \cdot \left[\vec{x} - \begin{pmatrix} -3 \\ 1 \\ 0 \end{pmatrix}\right] = 0$  b) $E: \begin{pmatrix} 3 \\ -1 \\ -2 \end{pmatrix} \cdot \left[\vec{x} - \begin{pmatrix} -1 \\ 0 \\ 1 \end{pmatrix}\right] = 0$  c) $E: \begin{pmatrix} 0 \\ 2 \\ -9 \end{pmatrix} \cdot \left[\vec{x} - \begin{pmatrix} 3 \\ 2 \\ 4 \end{pmatrix}\right] = 0$

d) $E: \begin{pmatrix} 11 \\ -1 \\ 2 \end{pmatrix} \cdot \left[\vec{x} - \begin{pmatrix} 4 \\ 3 \\ -5 \end{pmatrix}\right] = 0$  e) $E: \begin{pmatrix} 1 \\ -2 \\ -2 \end{pmatrix} \cdot \left[\vec{x} - \begin{pmatrix} 9 \\ 1 \\ 4 \end{pmatrix}\right] = 0$

L

**7.** a) $E: \begin{pmatrix}4\\-1\\-8\end{pmatrix} \cdot \left[\vec{x} - \begin{pmatrix}-3\\1\\0\end{pmatrix}\right] = 0 \Leftrightarrow \begin{pmatrix}4\\-1\\-8\end{pmatrix} \cdot \left[\begin{pmatrix}x_1\\x_2\\x_3\end{pmatrix} - \begin{pmatrix}-3\\1\\0\end{pmatrix}\right] = 0$

$\Leftrightarrow 4x_1 - x_2 - 8x_3 - [4\cdot(-3) + (-1)\cdot 1 + (-8)\cdot 0] = 0 \Leftrightarrow E: 4x_1 - x_2 - 8x_3 = -13$

b) $E: 3x_1 - x_2 - 2x_3 = -5$

c) $E: 2x_2 - 9x_3 = -32$

d) $E: 11x_1 - x_2 + 2x_3 = 31$

e) $E: x_1 - 2x_2 - 2x_3 = -1$

A

**8.** Bestimmen Sie zur Normalenform der Ebene E eine HESSE-Normalenform.

a) $E: \begin{pmatrix}4\\-4\\-7\end{pmatrix} \cdot \left[\vec{x} - \begin{pmatrix}-3\\1\\0\end{pmatrix}\right] = 0$

b) $E: \begin{pmatrix}12\\-4\\3\end{pmatrix} \cdot \left[\vec{x} - \begin{pmatrix}-2\\1\\0\end{pmatrix}\right] = 0$

c) $E: \begin{pmatrix}2\\14\\-5\end{pmatrix} \cdot \left[\vec{x} - \begin{pmatrix}3\\1\\4\end{pmatrix}\right] = 0$

d) $E: \begin{pmatrix}12\\-1\\12\end{pmatrix} \cdot \left[\vec{x} - \begin{pmatrix}1\\1\\-1\end{pmatrix}\right] = 0$

e) $E: \begin{pmatrix}4\\3\\5\end{pmatrix} \cdot \left[\vec{x} - \begin{pmatrix}-1\\3\\3\end{pmatrix}\right] = 0$

f) $E: \begin{pmatrix}12\\16\\15\end{pmatrix} \cdot \vec{x} - 5 = 0$

g) $E: \begin{pmatrix}-4\\-1\\1\end{pmatrix} \cdot \vec{x} + 3 = 0$

L

**8.** a) $E: \begin{pmatrix}4\\-4\\-7\end{pmatrix} \cdot \left[\vec{x} - \begin{pmatrix}-3\\1\\0\end{pmatrix}\right] = 0 \Leftrightarrow \begin{pmatrix}4\\-4\\-7\end{pmatrix} \cdot \vec{x} + 16 = 0 \Leftrightarrow \begin{pmatrix}-4\\4\\7\end{pmatrix} \cdot \vec{x} - 16 = 0$, da

$|\vec{n}| = \left|\begin{pmatrix}-4\\4\\7\end{pmatrix}\right| = \sqrt{(-4)^2 + 4^2 + 7^2} = 9 \Rightarrow$ HNF von E: $\frac{1}{9}\cdot\left[\begin{pmatrix}-4\\4\\7\end{pmatrix} \cdot \vec{x} - 16\right] = 0$

Alternative:

$E: \begin{pmatrix}4\\-4\\-7\end{pmatrix} \cdot \left[\vec{x} - \begin{pmatrix}-3\\1\\0\end{pmatrix}\right] = 0$

$\Leftrightarrow 4x_1 - 4x_2 - 7x_3 - [4\cdot(-3) + (-4)\cdot 1 + (-7)\cdot 0] = 0 \Leftrightarrow 4x_1 - 4x_2 - 7x_3 + 16 = 0$

$\Leftrightarrow -4x_1 + 4x_2 + 7x_3 - 16 = 0$

$\Rightarrow$ HNF von E: $\frac{-4x_1 + 4x_2 + 7x_3 - 16}{\sqrt{(-4)^2 + 4^2 + 7^2}} = 0$, vereinfacht $\frac{-4x_1 + 4x_2 + 7x_3 - 16}{9} = 0$

b) HNF von E: $\frac{1}{13}\cdot\left[\begin{pmatrix}-12\\4\\-3\end{pmatrix} \cdot \vec{x} - 28\right] = 0$ bzw. $\frac{-12x_1 + 4x_2 - 3x_3 - 28}{13} = 0$

c) HNF von E: $\frac{1}{15}\cdot\begin{pmatrix}2\\14\\-5\end{pmatrix} \cdot \vec{x} = 0$ bzw. $\frac{2x_1 + 14x_2 - 5x_3}{15} = 0$

d) HNF von E: $\frac{1}{17}\cdot\left[\begin{pmatrix}-12\\1\\-12\end{pmatrix} \cdot \vec{x} - 1\right] = 0$ bzw. $\frac{-12x_1 + x_2 - 12x_3 - 1}{17} = 0$

e) HNF von E: $\frac{1}{\sqrt{50}}\cdot\left[\begin{pmatrix}4\\3\\5\end{pmatrix} \cdot \vec{x} - 20\right] = 0$ bzw. $\frac{4x_1 + 3x_2 + 5x_3 - 20}{5\cdot\sqrt{2}} = 0$

f) HNF von E: $\frac{1}{25}\cdot\left[\begin{pmatrix}12\\16\\15\end{pmatrix} \cdot \vec{x} - 5\right] = 0$ bzw. $\frac{12x_1 + 16x_2 + 15x_3 - 5}{25} = 0$

g) HNF von E: $\frac{1}{\sqrt{18}}\cdot\left[\begin{pmatrix}4\\1\\-1\end{pmatrix} \cdot \vec{x} - 3\right] = 0$ bzw. $\frac{4x_1 + x_2 - x_3 - 3}{3\cdot\sqrt{2}} = 0$

**9.** Berechnen Sie aus einer Koordinatengleichung eine Punkt-Richtungsform von E. A

a) $E: 2x_1 - 3x_2 + 4x_3 = 12$
b) $E: 4x_1 - x_2 + 2x_3 = 3$
c) $E: 7x_1 + 2x_2 - x_3 = 5$
d) $E: 4x_1 - 4x_2 + 7x_3 = 8$
e) $E: 5x_1 - 2x_2 = 4$
f) $E: 8x_1 - 3x_2 + 9x_3 = 12$
g) $E: 2x_1 - 7x_2 + 5x_3 = 9$

**9.** a) $E: 2x_1 - 3x_2 + 4x_3 = 12$ L

Wir lösen die Koordinatengleichung nach $x_1$, $x_2$ oder $x_3$ auf (Brüche vermeiden!):

$2x_1 = 12 + 3x_2 - 4x_3 \Leftrightarrow x_1 = 6 + \frac{3}{2}x_2 - 2x_3$

Man erkennt, dass man zwei der Koordinaten frei wählen kann, nur die dritte muss dann die obige Gleichung erfüllen. Wählt man $x_2 = 2s$ und $x_3 = t$, so folgt aus

$x_1 = 6 + 3s - 2t$
$x_2 = \quad 2s$ dann $E: \vec{x} = \begin{pmatrix} 6 \\ 0 \\ 0 \end{pmatrix} + s \cdot \begin{pmatrix} 3 \\ 2 \\ 0 \end{pmatrix} + t \cdot \begin{pmatrix} -2 \\ 0 \\ 1 \end{pmatrix}$; s, t, $\in \mathbb{R}$
$x_3 = \quad t$

a) $E: \vec{x} = \begin{pmatrix} 0 \\ -3 \\ 0 \end{pmatrix} + s \cdot \begin{pmatrix} 1 \\ 4 \\ 0 \end{pmatrix} + t \cdot \begin{pmatrix} 0 \\ 2 \\ 1 \end{pmatrix}$; s, t, $\in \mathbb{R}$

b) $E: \vec{x} = \begin{pmatrix} 0 \\ 0 \\ -5 \end{pmatrix} + s \cdot \begin{pmatrix} 1 \\ 0 \\ 7 \end{pmatrix} + t \cdot \begin{pmatrix} 0 \\ 1 \\ 2 \end{pmatrix}$; s, t, $\in \mathbb{R}$

c) $E: \vec{x} = \begin{pmatrix} 2 \\ 0 \\ 0 \end{pmatrix} + s \cdot \begin{pmatrix} 1 \\ 1 \\ 0 \end{pmatrix} + t \cdot \begin{pmatrix} -7 \\ 0 \\ 4 \end{pmatrix}$; s, t, $\in \mathbb{R}$

d) $E: \vec{x} = \begin{pmatrix} 0 \\ -2 \\ 0 \end{pmatrix} + s \cdot \begin{pmatrix} 2 \\ 5 \\ 0 \end{pmatrix} + t \cdot \begin{pmatrix} 0 \\ 0 \\ 1 \end{pmatrix}$; s, t, $\in \mathbb{R}$

e) $E: \vec{x} = \begin{pmatrix} 0 \\ -4 \\ 0 \end{pmatrix} + s \cdot \begin{pmatrix} 3 \\ 8 \\ 0 \end{pmatrix} + t \cdot \begin{pmatrix} 0 \\ 3 \\ 1 \end{pmatrix}$; s, t, $\in \mathbb{R}$

f) $E: \vec{x} = \begin{pmatrix} \frac{9}{2} \\ 0 \\ 0 \end{pmatrix} + s \cdot \begin{pmatrix} 7 \\ 2 \\ 0 \end{pmatrix} + t \cdot \begin{pmatrix} -5 \\ 0 \\ 2 \end{pmatrix}$; s, t, $\in \mathbb{R}$

**10.** Bestimmen Sie aus der Punkt-Richtungsform eine Punkt-Normalenform der Ebene E. A

a) $E: \vec{x} = \begin{pmatrix} 2 \\ -1 \\ 1 \end{pmatrix} + s \cdot \begin{pmatrix} -2 \\ 2 \\ 3 \end{pmatrix} + t \cdot \begin{pmatrix} 4 \\ 1 \\ -1 \end{pmatrix}$; s, t, $\in \mathbb{R}$

b) $E: \vec{x} = \begin{pmatrix} 3 \\ -3 \\ 0 \end{pmatrix} + s \cdot \begin{pmatrix} -3 \\ 1 \\ 1 \end{pmatrix} + t \cdot \begin{pmatrix} 4 \\ 2 \\ -3 \end{pmatrix}$; s, t, $\in \mathbb{R}$

c) $E: \vec{x} = \begin{pmatrix} 0 \\ 0 \\ -5 \end{pmatrix} + s \cdot \begin{pmatrix} -2 \\ 1 \\ 2 \end{pmatrix} + t \cdot \begin{pmatrix} 3 \\ 1 \\ 4 \end{pmatrix}$; s, t, $\in \mathbb{R}$

d) $E: \vec{x} = \begin{pmatrix} 1 \\ 1 \\ -1 \end{pmatrix} + s \cdot \begin{pmatrix} 1 \\ 0 \\ -1 \end{pmatrix} + t \cdot \begin{pmatrix} 2 \\ 12 \\ -1 \end{pmatrix}$; s, t, $\in \mathbb{R}$

e) $E: \vec{x} = \begin{pmatrix} -1 \\ 3 \\ 3 \end{pmatrix} + s \cdot \begin{pmatrix} 3 \\ 1 \\ -3 \end{pmatrix} + t \cdot \begin{pmatrix} 1 \\ 2 \\ -2 \end{pmatrix}$; s, t, $\in \mathbb{R}$

f) $E: \vec{x} = \begin{pmatrix} 2 \\ 0 \\ 1 \end{pmatrix} + s \cdot \begin{pmatrix} 2 \\ -1 \\ 3 \end{pmatrix} + t \cdot \begin{pmatrix} -4 \\ 2 \\ 1 \end{pmatrix}$; s, t, $\in \mathbb{R}$

g) $E: \vec{x} = \begin{pmatrix} -1 \\ 4 \\ 3 \end{pmatrix} + s \cdot \begin{pmatrix} 2 \\ 0 \\ 3 \end{pmatrix} + t \cdot \begin{pmatrix} 1 \\ 0 \\ -1 \end{pmatrix}$; s, t, $\in \mathbb{R}$

**10.** a) $E: \vec{x} = \begin{pmatrix} 2 \\ -1 \\ 1 \end{pmatrix} + s \cdot \begin{pmatrix} -2 \\ 2 \\ 3 \end{pmatrix} + t \cdot \begin{pmatrix} 4 \\ 1 \\ -1 \end{pmatrix}$; s, t, $\in \mathbb{R}$ L

Da $A(2|-1|1) \in E$, benötigt man für die Punkt-Normalenform einen Normalenvektor der Ebene E. Dieser ist orthogonal zu den beiden Richtungsvektoren der Ebene. Es gilt:

$\begin{pmatrix} n_1 \\ n_2 \\ n_3 \end{pmatrix} \cdot \begin{pmatrix} -2 \\ 2 \\ 3 \end{pmatrix} = 0$ und $\begin{pmatrix} n_1 \\ n_2 \\ n_3 \end{pmatrix} \cdot \begin{pmatrix} 4 \\ 1 \\ -1 \end{pmatrix} = 0$. Daraus ergibt sich das Gleichungssystem:

(1) $-2n_1 + 2n_2 + 3n_3 = 0$
(2) $4n_1 + n_2 - n_3 = 0$

Löst man die Gleichung (2) nach $n_2$ auf, so erhält man

(3) $n_2 = -4n_1 + n_3$

Eingesetzt in (1):

$-2n_1 + 2(-4n_1 + n_3) + 3n_3 = 0 \Leftrightarrow -2n_1 - 8n_1 + 2n_3 + 3n_3 = 0$

$\Leftrightarrow -10n_1 + 5n_3 = 0 \Leftrightarrow 5n_3 = 10n_1 \Leftrightarrow n_3 = 2n_1$

Eingesetzt in (3):

$n_2 = -4n_1 + 2n_1 \Leftrightarrow n_2 = -2n_1$

Man erhält somit $\vec{n} = \begin{pmatrix} n_1 \\ n_2 \\ n_3 \end{pmatrix} = \begin{pmatrix} n_1 \\ -2n_1 \\ 2n_1 \end{pmatrix} = n_1 \cdot \begin{pmatrix} 1 \\ -2 \\ 2 \end{pmatrix}$.

Es gibt also beliebig viele gleich- bzw. entgegengesetzt gerichtete Vektoren, die Normalenvektoren zur Ebene E sind. Die Zahl $n_1$ kann frei ($\neq 0$) gewählt werden, möglichst aber so, dass die Koordinaten des Normalenvektors keine Bruchzahlen sind. Wir wählen $n_1 = 1$ und erhalten damit eine Punkt-Normalenform von E. Alternativ kann man einen Normalenvektor aus dem Kreuzprodukt aus den beiden Richtungsvektoren bestimmen.

$E: \begin{pmatrix} 1 \\ -2 \\ 2 \end{pmatrix} \cdot \left[\vec{x} - \begin{pmatrix} 2 \\ -1 \\ 1 \end{pmatrix}\right] = 0$

b) $E: \begin{pmatrix} 1 \\ 1 \\ 2 \end{pmatrix} \cdot \left[\vec{x} - \begin{pmatrix} 3 \\ -3 \\ 0 \end{pmatrix}\right] = 0$

c) $E: \begin{pmatrix} 2 \\ 14 \\ -5 \end{pmatrix} \cdot \left[\vec{x} - \begin{pmatrix} 0 \\ 0 \\ -5 \end{pmatrix}\right] = 0$

d) $E: \begin{pmatrix} 12 \\ -1 \\ 12 \end{pmatrix} \cdot \left[\vec{x} - \begin{pmatrix} 1 \\ 1 \\ -1 \end{pmatrix}\right] = 0$

e) $E: \begin{pmatrix} 4 \\ 3 \\ 5 \end{pmatrix} \cdot \left[\vec{x} - \begin{pmatrix} -1 \\ 3 \\ 3 \end{pmatrix}\right] = 0$

f) $E: \begin{pmatrix} 1 \\ 2 \\ 0 \end{pmatrix} \cdot \left[\vec{x} - \begin{pmatrix} 2 \\ 0 \\ 1 \end{pmatrix}\right] = 0$

g) $E: \begin{pmatrix} 0 \\ 1 \\ 0 \end{pmatrix} \cdot \left[\vec{x} - \begin{pmatrix} -1 \\ 4 \\ 3 \end{pmatrix}\right] = 0$

A

**11.** Bestimmen Sie eine Gleichung der Ebene E so, dass die Gerade g und der Punkt P ($P \notin g$) in der Ebene E liegen.

a) $P(8|1|0)$ und $g: \vec{x} = \begin{pmatrix} 4 \\ 2 \\ 3 \end{pmatrix} + s \cdot \begin{pmatrix} -2 \\ 1 \\ -3 \end{pmatrix}$, $s \in \mathbb{R}$

b) $P(7|13|1)$ und $g: \vec{x} = \begin{pmatrix} 1 \\ 8 \\ 1 \end{pmatrix} + s \cdot \begin{pmatrix} -4 \\ 2 \\ -7 \end{pmatrix}$, $s \in \mathbb{R}$

c) $P(-2|4|3)$ und $g: \vec{x} = \begin{pmatrix} 1 \\ -2 \\ 7 \end{pmatrix} + s \cdot \begin{pmatrix} -1 \\ 1 \\ -5 \end{pmatrix}$, $s \in \mathbb{R}$

L

**11.** a) $P(8|1|0)$ und $g: \vec{x} = \begin{pmatrix} 4 \\ 2 \\ 3 \end{pmatrix} + s \cdot \begin{pmatrix} -2 \\ 1 \\ -3 \end{pmatrix}$, $s \in \mathbb{R}$

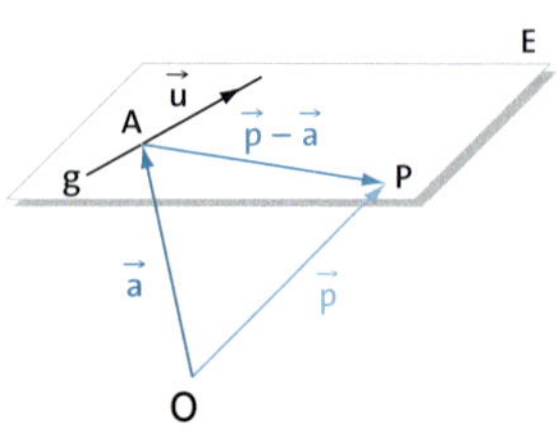


Aus der Geradengleichung kann man sowohl den Aufpunkt A mit Ortsvektor $\vec{a}$, als auch den Richtungsvektor $\vec{u}$ für die Punkt-Richtungsform von E übernehmen. Als zweiten Richtungsvektor wählt man den Verbindungsvektor der Punkte A und P.

Somit gilt: $E: \vec{x} = \begin{pmatrix} 4 \\ 2 \\ 3 \end{pmatrix} + s \cdot \begin{pmatrix} -2 \\ 1 \\ -3 \end{pmatrix} + t \cdot \left[\begin{pmatrix} 8 \\ 1 \\ 0 \end{pmatrix} - \begin{pmatrix} 4 \\ 2 \\ 3 \end{pmatrix}\right] = \begin{pmatrix} 4 \\ 2 \\ 3 \end{pmatrix} + s \cdot \begin{pmatrix} -2 \\ 1 \\ -3 \end{pmatrix} + t \cdot \begin{pmatrix} 4 \\ -1 \\ -3 \end{pmatrix}$; $s, t \in \mathbb{R}$

b) $E: \vec{x} = \begin{pmatrix} 1 \\ 8 \\ 1 \end{pmatrix} + s \cdot \begin{pmatrix} -4 \\ 2 \\ -7 \end{pmatrix} + t \cdot \begin{pmatrix} 6 \\ 5 \\ 0 \end{pmatrix};\ s, t \in \mathbb{R}$  c) $E: \vec{x} = \begin{pmatrix} 1 \\ -2 \\ 7 \end{pmatrix} + s \cdot \begin{pmatrix} -1 \\ 1 \\ -5 \end{pmatrix} + t \cdot \begin{pmatrix} -3 \\ 6 \\ -4 \end{pmatrix};\ s, t \in \mathbb{R}$

**12.** Die Geraden g und h besitzen einen Schnittpunkt. Bestimmen Sie eine Gleichung der Ebene E so, dass g und h in der Ebene E liegen. A

a) $g: \vec{x} = \begin{pmatrix} 1 \\ 3 \\ 3 \end{pmatrix} + s \cdot \begin{pmatrix} 3 \\ 4 \\ -5 \end{pmatrix},\ s \in \mathbb{R}$ und $h: \vec{x} = \begin{pmatrix} 1 \\ 3 \\ 3 \end{pmatrix} + t \cdot \begin{pmatrix} -7 \\ 1 \\ -4 \end{pmatrix},\ t \in \mathbb{R}$

b) $g: \vec{x} = \begin{pmatrix} 5 \\ 3 \\ 4 \end{pmatrix} + s \cdot \begin{pmatrix} 1 \\ 1 \\ 1 \end{pmatrix},\ s \in \mathbb{R}$ und $h: \vec{x} = \begin{pmatrix} 6 \\ 4 \\ 5 \end{pmatrix} + t \cdot \begin{pmatrix} -2 \\ 5 \\ -7 \end{pmatrix},\ t \in \mathbb{R}$

c) $g: \vec{x} = \begin{pmatrix} 4 \\ 4 \\ 7 \end{pmatrix} + s \cdot \begin{pmatrix} 1 \\ 1 \\ -2 \end{pmatrix},\ s \in \mathbb{R}$ und $h: \vec{x} = \begin{pmatrix} 3 \\ 3 \\ 9 \end{pmatrix} + t \cdot \begin{pmatrix} 4 \\ 3 \\ -2 \end{pmatrix},\ t \in \mathbb{R}$

**12.** L a) $g: \vec{x} = \begin{pmatrix} 1 \\ 3 \\ 3 \end{pmatrix} + s \cdot \begin{pmatrix} 3 \\ 4 \\ -5 \end{pmatrix},\ s \in \mathbb{R}$ und

$h: \vec{x} = \begin{pmatrix} 1 \\ 3 \\ 3 \end{pmatrix} + t \cdot \begin{pmatrix} -7 \\ 1 \\ -4 \end{pmatrix},\ t \in \mathbb{R}$

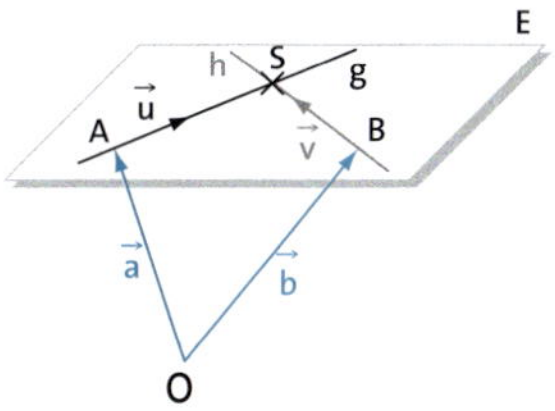


Man verwendet als Punkt der Ebene den Punkt A, B oder auch den Schnittpunkt S und als Richtungsvektoren die beiden Richtungsvektoren $\vec{u}$ und $\vec{v}$ der Geraden g und h.

Somit ist $E: \vec{x} = \begin{pmatrix} 1 \\ 3 \\ 3 \end{pmatrix} + s \cdot \begin{pmatrix} 3 \\ 4 \\ -5 \end{pmatrix} + t \cdot \begin{pmatrix} -7 \\ 1 \\ -4 \end{pmatrix};\ s, t \in \mathbb{R}$ die gesuchte Ebenengleichung.

b) $E: \vec{x} = \begin{pmatrix} 5 \\ 3 \\ 4 \end{pmatrix} + s \cdot \begin{pmatrix} 1 \\ 1 \\ 1 \end{pmatrix} + t \cdot \begin{pmatrix} -2 \\ 5 \\ -7 \end{pmatrix};\ s, t \in \mathbb{R}$  c) $E: \vec{x} = \begin{pmatrix} 4 \\ 4 \\ 7 \end{pmatrix} + s \cdot \begin{pmatrix} 1 \\ 1 \\ -2 \end{pmatrix} + t \cdot \begin{pmatrix} 4 \\ 3 \\ -2 \end{pmatrix};\ s, t \in \mathbb{R}$

**13.** Die Geraden g und h verlaufen zueinander parallel. Bestimmen Sie eine Gleichung der Ebene E so, dass g und h in E liegen. A

a) $g: \vec{x} = \begin{pmatrix} 3 \\ 0 \\ 4 \end{pmatrix} + s \cdot \begin{pmatrix} 2 \\ -4 \\ -6 \end{pmatrix},\ s \in \mathbb{R}$ und $h: \vec{x} = \begin{pmatrix} 5 \\ 3 \\ 1 \end{pmatrix} + t \cdot \begin{pmatrix} -3 \\ 6 \\ 9 \end{pmatrix},\ t \in \mathbb{R}$

b) $g: \vec{x} = \begin{pmatrix} 2 \\ 7 \\ 8 \end{pmatrix} + s \cdot \begin{pmatrix} 4 \\ 1 \\ -5 \end{pmatrix},\ s \in \mathbb{R}$ und $h: \vec{x} = \begin{pmatrix} 1 \\ 8 \\ 4 \end{pmatrix} + t \cdot \begin{pmatrix} -4 \\ -1 \\ 5 \end{pmatrix},\ t \in \mathbb{R}$

c) $g: \vec{x} = \begin{pmatrix} 6 \\ 6 \\ 1 \end{pmatrix} + s \cdot \begin{pmatrix} 8 \\ 12 \\ -4 \end{pmatrix},\ s \in \mathbb{R}$ und $h: \vec{x} = \begin{pmatrix} 7 \\ 4 \\ 2 \end{pmatrix} + t \cdot \begin{pmatrix} -10 \\ -15 \\ 5 \end{pmatrix},\ t \in \mathbb{R}$

**13.** L a) $E: \vec{x} = \begin{pmatrix} 3 \\ 0 \\ 4 \end{pmatrix} + s \cdot \begin{pmatrix} 2 \\ -4 \\ -6 \end{pmatrix} + t \cdot \left[\begin{pmatrix} 5 \\ 3 \\ 1 \end{pmatrix} - \begin{pmatrix} 3 \\ 0 \\ 4 \end{pmatrix}\right]$

$= \begin{pmatrix} 3 \\ 0 \\ 4 \end{pmatrix} + s^* \cdot \begin{pmatrix} 1 \\ -2 \\ -3 \end{pmatrix} + t \cdot \begin{pmatrix} 2 \\ 3 \\ -3 \end{pmatrix};\ s^*, t \in \mathbb{R}$

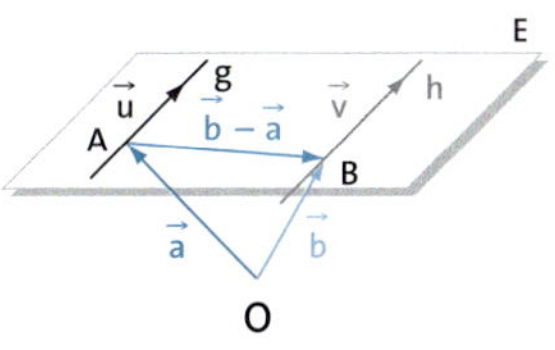


b) $E: \vec{x} = \begin{pmatrix} 2 \\ 7 \\ 8 \end{pmatrix} + s \cdot \begin{pmatrix} 4 \\ 1 \\ -5 \end{pmatrix} + t \cdot \begin{pmatrix} -1 \\ 1 \\ -4 \end{pmatrix};\ s, t \in \mathbb{R}$

c) $E: \vec{x} = \begin{pmatrix} 6 \\ 6 \\ 1 \end{pmatrix} + s \cdot \begin{pmatrix} 2 \\ 3 \\ -1 \end{pmatrix} + t \cdot \begin{pmatrix} 1 \\ -2 \\ 1 \end{pmatrix};\ s, t \in \mathbb{R}$

A

**14.** Überprüfen Sie, ob die gegebenen Punkte in der Ebene $E: \begin{pmatrix} 4 \\ -1 \\ -1 \end{pmatrix} \cdot \left[ \vec{x} - \begin{pmatrix} 3 \\ -1 \\ 0 \end{pmatrix} \right] = 0$ liegen.

a) $A(4|1|2)$ b) $B(1|1|1)$ c) $C(5|2|5)$ d) $D(2|-4|1)$

L

**14.** a) $A(4|1|2)$ eingesetzt in die Punkt-Normalenform von E liefert:

$$\begin{pmatrix} 4 \\ -1 \\ -1 \end{pmatrix} \cdot \left[ \begin{pmatrix} 4 \\ 1 \\ 2 \end{pmatrix} - \begin{pmatrix} 3 \\ -1 \\ 0 \end{pmatrix} \right] = \begin{pmatrix} 4 \\ -1 \\ -1 \end{pmatrix} \cdot \begin{pmatrix} 1 \\ 2 \\ 2 \end{pmatrix} = 4 \cdot 1 + (-1) \cdot 2 + (-1) \cdot 2 = 0 \Rightarrow A \in E$$

b) $B \notin E$ c) $C \in E$ d) $D \notin E$

A

**15.** Bestimmen Sie zunächst zur angegebenen Ebenengleichung eine Hesse-Normalenform. Überprüfen Sie, ob die angegebenen Punkte in der Ebenen E liegen. Geben Sie den Abstand der Punkte zur Ebene E an.

a) $A(1|3|-1)$, $B(4|1|1)$, $C(0|-5|3)$, $E: -4x_1 + 7x_2 + 4x_3 = -5$

b) $A(6|7|-1)$, $B(1|0|-1)$, $C(0|-7|-2)$, $E: 6x_1 + 2x_2 - 9x_3 = 4$

c) $A(1|3|-2)$, $B(4|1|2)$, $C(5|2|5)$, $E: \begin{pmatrix} 0 \\ 3 \\ -1 \end{pmatrix} \cdot \left[ \vec{x} - \begin{pmatrix} 4 \\ 3 \\ 8 \end{pmatrix} \right] = 0$

L

**15.** a) $A(1|3|-1)$, $B(4|1|1)$, $C(0|-5|4)$, $E: -4x_1 + 7x_2 + 4x_3 = -5$

Wir stellen die Koordinatengleichung zunächst so um, dass auf der rechten Seite Null erscheint. Wir erhalten $E: -4x_1 + 7x_2 + 4x_3 + 5 = 0$.

Damit c nicht negativ ist, werden beide Seiten der Gleichung noch mit $-1$ multipliziert.

$E: 4x_1 - 7x_2 - 4x_3 - 5 = 0$

Dividiert man die Gleichung jetzt durch die Länge des Normalenvektors, so erhalten wir die Hesse-Normalenform der Ebene E in Koordinatenform.

HNF von E: $\frac{4x_1 - 7x_2 - 4x_3 - 5}{\sqrt{4^2 + (-7)^2 + (-4)^2}} = 0$, vereinfacht $E: \frac{4x_1 - 7x_2 - 4x_3 - 5}{9} = 0$

A eingesetzt in die HNF von E:

$$\frac{4 \cdot 1 - 7 \cdot 3 - 4 \cdot (-1) - 5}{9} = \frac{4 - 21 + 4 - 5}{9} = \frac{-18}{9} = -2 \neq 0 \Rightarrow A \notin E$$

Der Abstand von A zur Ebene E ist $d(A; E) = |-2| = 2$ LE.

B eingesetzt in die HNF von E:

$$\frac{4 \cdot 4 - 7 \cdot 1 - 4 \cdot 1 - 5}{9} = \frac{16 - 7 + 4 - 5}{9} = \frac{0}{9} = 0 \Rightarrow B \in E$$

Der Abstand von B zur Ebene E ist $d(B; E) = 0$ LE.

C eingesetzt in die HNF von E:

$$\frac{4 \cdot 0 - 7 \cdot (-5) - 4 \cdot 4 - 5}{9} = \frac{0 + 35 - 16 - 5}{9} = \frac{14}{9} \neq 0 \Rightarrow C \notin E$$

Der Abstand von C zur Ebene E ist $d(C; E) = \left| \frac{14}{9} \right|$ LE.

b) HNF von E: $\frac{6x_1 + 2x_2 - 9x_3 - 4}{11} = 0$;

$A \notin E$, $d(A; E) = 5$; $B \notin E$, $d(B; E) = 1$; $C \in E$, $d(C; E) = 0$

c) HNF von E: $\frac{3x_2 - x_3 - 1}{\sqrt{10}} = 0$; '

$A \notin E$, $d(A; E) = \sqrt{10}$; $B \in E$, $d(B; E) = 0$; $C \in E$, $d(C; E) = 0$

# 2.3 Beziehungen zwischen Punktmengen

## 2.3.1 Lagebeziehungen

Wissen

Die Punktprobe spielt bei der Untersuchung der gegenseitigen Lage von Punktmengen eine wesentliche Rolle. Dabei setzt man den Ortsvektor oder die Koordinaten eines Punktes oder einer Punktmenge in die Gleichung einer anderen Punktmenge ein.

- **Punkt – Gerade, Punkt – Ebene**
  Es gibt zwei verschiedene Lagebeziehungen: Der Punkt liegt auf der Geraden bzw. in der Ebene oder nicht.
- **Gerade – Gerade**
  Es gibt vier verschiedene Lagebeziehungen: identisch, echt parallel, sich in einem Punkt schneidend und windschief.
- **Gerade – Ebene**
  Es gibt drei verschiedene Lagebeziehungen: g und E schneiden sich entweder in einem Punkt, sind echt parallel oder die Gerade liegt in der Ebene.
- **Ebene – Ebene**
  Es gibt drei verschiedene Lagebeziehungen: $E_1$ und $E_2$ sind echt parallel, identisch oder sie schneiden sich in einer Geraden.

A

**1.** Ordnen Sie den in der Abbildung eingezeichneten Objekten die jeweiligen Lagebeziehungen zu.

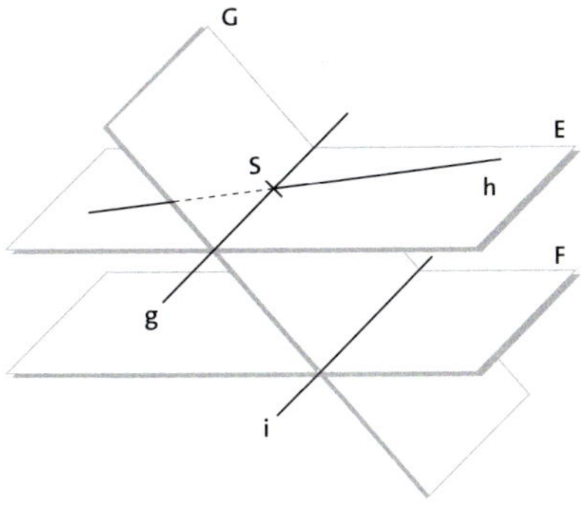


L

**1.** Der Punkt S liegt auf der Geraden g und auch auf h, aber nicht auf i. Der Punkt S liegt sowohl in der Ebene E, als auch in der Ebene G, aber nicht in der Ebene F. Die Geraden g und i sind echt parallel. Die Geraden g und h schneiden sich im Punkt S. Die Geraden g und h sind windschief.
Die Gerade g liegt sowohl in der Ebene E als auch in G. Sie verläuft parallel zur Ebene F.
Die Gerade h liegt in der Ebene E. Sie schneidet die Ebene G im Punkt S und verläuft parallel zur Ebene F.
Die Gerade i liegt sowohl in der Ebene F als auch in G. Sie verläuft parallel zur Ebene E.

Die Ebenen E und G besitzen als Schnittgerade die Gerade g.
Die Ebenen E und F sind echt parallel.
Die Ebenen F und G besitzen als Schnittgeraden die Gerade i.

A

**2.** Untersuchen Sie, ob der Punkt P auf der Geraden $g: \vec{x} = \begin{pmatrix} 4 \\ 2 \\ 3 \end{pmatrix} + s \cdot \begin{pmatrix} -2 \\ 1 \\ -3 \end{pmatrix}$, $s \in \mathbb{R}$ liegt.

a) $P(10|-1|12)$ b) $P(6|1|0)$ c) $P(12|0|-15)$ d) $P\left(7 \left| \frac{1}{2} \right| 7\frac{1}{2}\right)$

L

**2.** a) $P(10|-1|12)$
Punktprobe in g:

$$\begin{pmatrix} 10 \\ -1 \\ 12 \end{pmatrix} = \begin{pmatrix} 4 \\ 2 \\ 3 \end{pmatrix} + s \cdot \begin{pmatrix} -2 \\ 1 \\ -3 \end{pmatrix} \Rightarrow \left.\begin{array}{lllll} (1) & 10 = 4 - 2s & \Leftrightarrow & 6 = -2s & \Leftrightarrow s = -3 \\ (2) & -1 = 2 + s & \Leftrightarrow & -3 = s & \Leftrightarrow s = -3 \\ (3) & 12 = 3 - 3s & \Leftrightarrow & 9 = -3s & \Leftrightarrow s = -3 \end{array}\right\} \Rightarrow P \in g$$

b) $P(6|1|0)$
Punktprobe in g:

$$\begin{pmatrix} 6 \\ 1 \\ 0 \end{pmatrix} = \begin{pmatrix} 4 \\ 2 \\ 3 \end{pmatrix} + s \cdot \begin{pmatrix} -2 \\ 1 \\ -3 \end{pmatrix} \Rightarrow \left.\begin{array}{lllll} (1) & 6 = 4 - 2s & \Leftrightarrow & 2 = -2s & \Leftrightarrow s = -1 \\ (2) & 1 = 2 + s & \Leftrightarrow & -1 = s & \Leftrightarrow s = -1 \\ (3) & 0 = 3 - 3s & \Leftrightarrow & -3 = -3s & \Leftrightarrow s = 1 \end{array}\right\} \Rightarrow P \notin g$$

c) $P \notin g$ d) $P \in g \left(s = -\frac{3}{2}\right)$

A

**3.** Skizzieren Sie die möglichen Lagen zweier Geraden g und h mit $g: \vec{x} = \vec{a} + s \cdot \vec{u}$, $s \in \mathbb{R}$ und $h: \vec{x} = \vec{b} + t \cdot \vec{v}$, $t \in \mathbb{R}$. Beschreiben Sie die Vorgehensweise bei der Untersuchung ihrer gegenseitigen Lage.

L

**3.** Gegeben sind die Geraden $g: \vec{x} = \vec{a} + s \cdot \vec{u}$, $s \in \mathbb{R}$ und $h: \vec{x} = \vec{b} + t \cdot \vec{v}$, $t \in \mathbb{R}$.

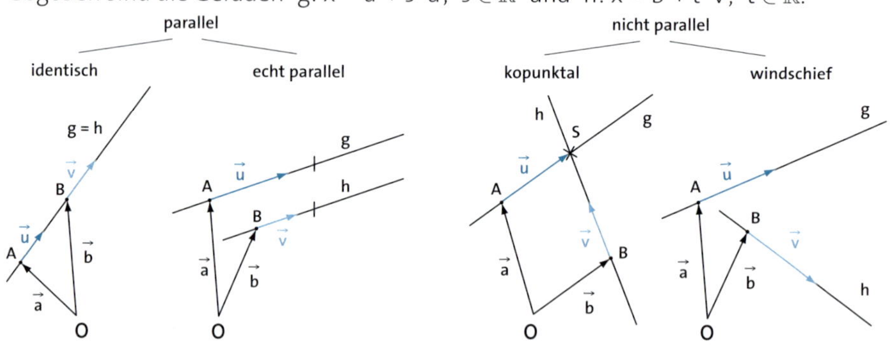


Untersuchung auf Parallelität:

1) Gibt es ein $k \in \mathbb{R}$, sodass $\vec{u} = k \cdot \vec{v}$, dann sind die Richtungsvektoren von g und h Vielfache voneinander. Damit verlaufen g und h parallel.
   Untersuchung auf Identität:
   1.1) Gibt es ein $s \in \mathbb{R}$, sodass $\vec{b} = \vec{a} + s \cdot \vec{u}$, das heißt, $B \in g$, dann sind g und h identisch.

1.2) Gibt es kein $s \in \mathbb{R}$, sodass $\vec{b} = \vec{a} + s \cdot \vec{u}$, das heißt, $B \notin g$, dann sind g und h echt parallel.

2) Gibt es kein $k \in \mathbb{R}$, sodass $\vec{u} = k \cdot \vec{v}$, dann sind die Richtungsvektoren keine Vielfachen voneinander. Damit sind g und h nicht parallel.
Untersuchung auf Schnittpunkte:
2.1) Gibt es genau ein s und genau ein $t \in \mathbb{R}$, sodass $\vec{a} + s \cdot \vec{u} = \vec{b} + t \cdot \vec{v}$, so schneiden sich g und h im Punkt S. Damit sind g und h kopunktual.
2.2) Gilt für alle Werte $s \in \mathbb{R}$ und $t \in \mathbb{R}$, sodass $\vec{a} + s \cdot \vec{u} \neq \vec{b} + t \cdot \vec{v}$, so besitzen g und h keinen gemeinsamen Punkt. Damit sind g und h windschief.

**4.** Untersuchen Sie die gegenseitige Lage der Geraden g und h.

A

a) $g: \vec{x} = \begin{pmatrix} 4 \\ 2 \\ 3 \end{pmatrix} + s \cdot \begin{pmatrix} -4 \\ 2 \\ -6 \end{pmatrix}$, $s \in \mathbb{R}$ und $h: \vec{x} = \begin{pmatrix} 0 \\ 4 \\ -3 \end{pmatrix} + t \cdot \begin{pmatrix} 6 \\ -3 \\ 9 \end{pmatrix}$, $t \in \mathbb{R}$

b) $g: \vec{x} = \begin{pmatrix} 2 \\ 1 \\ 4 \end{pmatrix} + s \cdot \begin{pmatrix} -1 \\ -2 \\ 1 \end{pmatrix}$, $s \in \mathbb{R}$ und $h: \vec{x} = \begin{pmatrix} 5 \\ 3 \\ -1 \end{pmatrix} + t \cdot \begin{pmatrix} 2 \\ 4 \\ -2 \end{pmatrix}$, $t \in \mathbb{R}$

c) $g: \vec{x} = \begin{pmatrix} 4 \\ 4 \\ 5 \end{pmatrix} + s \cdot \begin{pmatrix} -1 \\ -2 \\ 1 \end{pmatrix}$, $s \in \mathbb{R}$ und $h: \vec{x} = \begin{pmatrix} 7 \\ 2 \\ 5 \end{pmatrix} + t \cdot \begin{pmatrix} 5 \\ 2 \\ -2 \end{pmatrix}$, $t \in \mathbb{R}$

d) $g: \vec{x} = \begin{pmatrix} 1 \\ 0 \\ 2 \end{pmatrix} + s \cdot \begin{pmatrix} -3 \\ 2 \\ 2 \end{pmatrix}$, $s \in \mathbb{R}$ und $h: \vec{x} = \begin{pmatrix} 4 \\ -1 \\ 8 \end{pmatrix} + t \cdot \begin{pmatrix} 4 \\ -5 \\ 2 \end{pmatrix}$, $t \in \mathbb{R}$

e) $g: \vec{x} = \begin{pmatrix} 0 \\ 4 \\ 7 \end{pmatrix} + s \cdot \begin{pmatrix} 1 \\ 0 \\ -2 \end{pmatrix}$, $s \in \mathbb{R}$ und $h: \vec{x} = \begin{pmatrix} 7 \\ -2 \\ 8 \end{pmatrix} + t \cdot \begin{pmatrix} 1 \\ -2 \\ 3 \end{pmatrix}$, $t \in \mathbb{R}$

f) $g: \vec{x} = \begin{pmatrix} 4 \\ 8 \\ 5 \end{pmatrix} + s \cdot \begin{pmatrix} -3 \\ 3 \\ 9 \end{pmatrix}$, $s \in \mathbb{R}$ und $h: \vec{x} = \begin{pmatrix} 7 \\ 5 \\ 1 \end{pmatrix} + t \cdot \begin{pmatrix} 5 \\ -5 \\ -15 \end{pmatrix}$, $t \in \mathbb{R}$

g) $g: \vec{x} = \begin{pmatrix} 6 \\ 0 \\ 5 \end{pmatrix} + s \cdot \begin{pmatrix} -1 \\ 0 \\ 3 \end{pmatrix}$, $s \in \mathbb{R}$ und $h: \vec{x} = \begin{pmatrix} 7 \\ 2 \\ 9 \end{pmatrix} + t \cdot \begin{pmatrix} 5 \\ 2 \\ -2 \end{pmatrix}$, $t \in \mathbb{R}$

h) $g: \vec{x} = \begin{pmatrix} 0 \\ 0 \\ 3 \end{pmatrix} + s \cdot \begin{pmatrix} 4 \\ -2 \\ -1 \end{pmatrix}$, $s \in \mathbb{R}$ und $h: \vec{x} = \begin{pmatrix} 12 \\ -6 \\ 0 \end{pmatrix} + t \cdot \begin{pmatrix} -8 \\ 4 \\ 2 \end{pmatrix}$, $t \in \mathbb{R}$

i) $g: \vec{x} = \begin{pmatrix} -2 \\ 3 \\ -8 \end{pmatrix} + s \cdot \begin{pmatrix} 1 \\ -1 \\ 3 \end{pmatrix}$, $s \in \mathbb{R}$ und $h: \vec{x} = \begin{pmatrix} 1 \\ 1 \\ -2 \end{pmatrix} + t \cdot \begin{pmatrix} 1 \\ 2 \\ -6 \end{pmatrix}$, $t \in \mathbb{R}$

L

**4.** a) $g: \vec{x} = \begin{pmatrix} 4 \\ 2 \\ 3 \end{pmatrix} + s \cdot \begin{pmatrix} -4 \\ 2 \\ -6 \end{pmatrix}$, $s \in \mathbb{R}$ und $h: \vec{x} = \begin{pmatrix} 0 \\ 4 \\ -3 \end{pmatrix} + t \cdot \begin{pmatrix} 6 \\ -3 \\ 9 \end{pmatrix}$, $t \in \mathbb{R}$

1) Untersuchung auf Parallelität:

$$k \cdot \begin{pmatrix} -4 \\ 2 \\ -6 \end{pmatrix} = \begin{pmatrix} 6 \\ -3 \\ 9 \end{pmatrix} \Rightarrow \left.\begin{array}{lll} (1) & -4k = 6 & \Leftrightarrow k = -\frac{3}{2} \\ (2) & 2k = -3 & \Leftrightarrow k = -\frac{3}{2} \\ (3) & -6k = 9 & \Leftrightarrow k = -\frac{3}{2} \end{array}\right\} \Rightarrow g \parallel h$$

2) Untersuchung auf Identität:

$$\begin{pmatrix} 0 \\ 4 \\ -3 \end{pmatrix} = \begin{pmatrix} 4 \\ 2 \\ 3 \end{pmatrix} + s \cdot \begin{pmatrix} -4 \\ 2 \\ -6 \end{pmatrix} \Rightarrow \left.\begin{array}{lll} (1) & 0 = 4 - 4s \Leftrightarrow -4 = -4s & \Leftrightarrow s = 1 \\ (2) & 4 = 2 + 2s \Leftrightarrow \quad 2 = \quad 2s & \Leftrightarrow s = 1 \\ (3) & -3 = 3 - 6s \Leftrightarrow -6 = -6s & \Leftrightarrow s = 1 \end{array}\right\} \Rightarrow g \parallel\!\!| h$$

$\Rightarrow$ Der Punkt $B(0\,|\,4\,|\,-3)$ liegt sowohl auf der Geraden g, als auch auf der Geraden h. Damit sind g und h identisch.

b) $g: \vec{x} = \begin{pmatrix} 2 \\ 1 \\ 4 \end{pmatrix} + s \cdot \begin{pmatrix} -1 \\ -2 \\ 1 \end{pmatrix},\ s \in \mathbb{R}$ und $h: \vec{x} = \begin{pmatrix} 5 \\ 3 \\ -1 \end{pmatrix} + t \cdot \begin{pmatrix} 2 \\ 4 \\ -2 \end{pmatrix},\ t \in \mathbb{R}$

1) Untersuchung auf Parallelität:

$$k \cdot \begin{pmatrix} -1 \\ -2 \\ 1 \end{pmatrix} = \begin{pmatrix} 2 \\ 4 \\ -2 \end{pmatrix} \Rightarrow \left.\begin{array}{ll} (1) & -k = 2 \Leftrightarrow k = -2 \\ (2) & -2k = 4 \Leftrightarrow k = -2 \\ (3) & k = -2 \Leftrightarrow k = -2 \end{array}\right\} \Rightarrow g \parallel h$$

2) Untersuchung auf Identität:

$$\begin{pmatrix} 5 \\ 3 \\ -1 \end{pmatrix} = \begin{pmatrix} 2 \\ 1 \\ 4 \end{pmatrix} + s \cdot \begin{pmatrix} -1 \\ -2 \\ 1 \end{pmatrix} \Rightarrow \left.\begin{array}{ll} (1) & 5 = 2 - s \Leftrightarrow 3 = -s \Leftrightarrow s = -3 \\ (2) & 3 = 1 - 2s \Leftrightarrow 2 = -2s \Leftrightarrow s = -1 \\ (3) & -1 = 4 + s \Leftrightarrow -5 = s \Leftrightarrow s = -5 \end{array}\right\}$$

$\Rightarrow$ Der Punkt $B(5\,|\,3\,|\,-1)$ liegt zwar auf der Geraden h, aber nicht auf der Geraden g. Damit sind g und h echt parallel.

c) $g: \vec{x} = \begin{pmatrix} 4 \\ 4 \\ 5 \end{pmatrix} + s \cdot \begin{pmatrix} -1 \\ -2 \\ 1 \end{pmatrix},\ s \in \mathbb{R}$ und $h: \vec{x} = \begin{pmatrix} 7 \\ 2 \\ 5 \end{pmatrix} + t \cdot \begin{pmatrix} 5 \\ 2 \\ -2 \end{pmatrix},\ t \in \mathbb{R}$

1) Untersuchung auf Parallelität:

$$k \cdot \begin{pmatrix} -1 \\ -2 \\ 1 \end{pmatrix} = \begin{pmatrix} 5 \\ 2 \\ -2 \end{pmatrix} \Rightarrow \left.\begin{array}{ll} (1) & -k = 5 \Leftrightarrow k = -5 \\ (2) & -2k = 2 \Leftrightarrow k = -1 \\ (3) & k = -2 \Leftrightarrow k = -2 \end{array}\right\} \Rightarrow g \nparallel h$$

2) Untersuchung auf gemeinsame Punkte:

$$\begin{pmatrix} 4 \\ 4 \\ 5 \end{pmatrix} + s \cdot \begin{pmatrix} -1 \\ -2 \\ 1 \end{pmatrix} = \begin{pmatrix} 7 \\ 2 \\ 5 \end{pmatrix} + t \cdot \begin{pmatrix} 5 \\ 2 \\ -2 \end{pmatrix} \Rightarrow \begin{array}{ll} (1) & 4 - s = 7 + 5t \\ (2) & 4 - 2s = 2 + 2t \\ (3) & 5 + s = 5 - 2t \end{array}$$

Aus (1): $4 - s = 7 + 5t \Leftrightarrow -s = 3 + 5t \Leftrightarrow$ (4): $s = -3 - 5t$

(4) in (3) $\Rightarrow 5 + (-3 - 5t) = 5 - 2t \Leftrightarrow 2 - 5t = 5 - 2t \Leftrightarrow -3t = 3 \Leftrightarrow t = -1$

Eingesetzt in (4): $s = -3 - 5 \cdot (-1) \Leftrightarrow s = 2$

Die Probe in (2) $4 - 2 \cdot 2 = 2 + 2 \cdot (-1) \Leftrightarrow 0 = 0$ liefert eine wahre Aussage.

Somit besitzen die Geraden g und h einen gemeinsamen Punkt S.

s in g: $\begin{pmatrix} 4 \\ 4 \\ 5 \end{pmatrix} + 2 \cdot \begin{pmatrix} -1 \\ -2 \\ 1 \end{pmatrix} = \begin{pmatrix} 2 \\ 0 \\ 7 \end{pmatrix}$ oder t in h: $\begin{pmatrix} 7 \\ 2 \\ 5 \end{pmatrix} + (-1) \cdot \begin{pmatrix} 5 \\ 2 \\ -2 \end{pmatrix} = \begin{pmatrix} 2 \\ 0 \\ 7 \end{pmatrix}$

$\Rightarrow$ Die Geraden g und h schneiden sich im Punkt $S(2\,|\,0\,|\,7)$.

d) $g: \vec{x} = \begin{pmatrix} 1 \\ 0 \\ 2 \end{pmatrix} + s \cdot \begin{pmatrix} -3 \\ 2 \\ 2 \end{pmatrix},\ s \in \mathbb{R}$ und $h: \vec{x} = \begin{pmatrix} 4 \\ -1 \\ 8 \end{pmatrix} + t \cdot \begin{pmatrix} 4 \\ -5 \\ 2 \end{pmatrix},\ t \in \mathbb{R}$

1) Untersuchung auf Parallelität:

$$k \cdot \begin{pmatrix} -3 \\ 2 \\ 2 \end{pmatrix} = \begin{pmatrix} 4 \\ -5 \\ 2 \end{pmatrix} \Rightarrow \left.\begin{array}{ll} (1) & -3k = 4 \Leftrightarrow k = -\frac{3}{4} \\ (2) & 2k = -5 \Leftrightarrow k = -\frac{5}{2} \\ (3) & 2k = 2 \Leftrightarrow k = 1 \end{array}\right\} \Rightarrow g \nparallel h$$

2) Untersuchung auf gemeinsame Punkte:

$$\begin{pmatrix} 1 \\ 0 \\ 2 \end{pmatrix} + s \cdot \begin{pmatrix} -3 \\ 2 \\ 2 \end{pmatrix} = \begin{pmatrix} 4 \\ -1 \\ 8 \end{pmatrix} + t \cdot \begin{pmatrix} 4 \\ -5 \\ 2 \end{pmatrix} \Rightarrow \begin{array}{ll} (1) & 1 - 3s = 4 + 4t \\ (2) & 2s = -1 - 5t \\ (3) & 2 + 2s = 8 + 2t \end{array}$$

Aus (3): $2 + 2s = 8 + 2t \Leftrightarrow 2s = 6 + 2t \Leftrightarrow$ (4): $s = 3 + t$

(4) in (2) $\Rightarrow 2 \cdot (3 + t) = -1 - 5t \Leftrightarrow 6 + 2t = -1 - 5t \Leftrightarrow 7t = -7 \Leftrightarrow t = -1$

Eingesetzt in (4) $\Rightarrow$ $s = 3 + (-1)$ $\Leftrightarrow$ $s = 2$

Die Probe in (1) $1 - 3 \cdot 2 = 4 + 4 \cdot (-1)$ $\Leftrightarrow$ $-5 = 0$ liefert eine falsche Aussage.

g und h haben somit keinen gemeinsamen Punkt $\Rightarrow$ g und h sind windschief.

e) Die Geraden g und h sind nicht parallel. Sie schneiden sich in $S(4\,|\,4\,|-1)$ $(s = 4;\ t = -3)$.

f) Die Geraden g und h sind parallel, aber nicht identisch. Sie sind echt parallel.

g) g und h sind nicht parallel und besitzen keinen Schnittpunkt. Sie sind windschief.

h) Die Geraden g und h verlaufen zueinander parallel. Sie sind sogar identisch.

i) g und h sind nicht parallel. Sie schneiden sich in $S\left(\frac{2}{3}\,\middle|\,\frac{1}{3}\,\middle|\,0\right)$ $\left(s = \frac{8}{3};\ t = -\frac{1}{3}\right)$.

**5.** Bestimmen Sie $t \in \mathbb{R}$ so, dass die Geraden $g_t$ und $h_t$ parallel sind. Sind sie dann echt parallel oder identisch? A

a) $g_t\colon \vec{x} = \begin{pmatrix} 1 \\ -3 \\ t \end{pmatrix} + r \cdot \begin{pmatrix} 2 \\ t \\ 4 \end{pmatrix},\ r \in \mathbb{R}$ und $h_t\colon \vec{x} = \begin{pmatrix} 3 \\ -5 \\ -t \end{pmatrix} + s \cdot \begin{pmatrix} -1 \\ 1 \\ t \end{pmatrix},\ s \in \mathbb{R}$

b) $g_t\colon \vec{x} = \begin{pmatrix} 7 \\ -3 \\ 3t \end{pmatrix} + r \cdot \begin{pmatrix} -1 \\ 2 \\ 1 \end{pmatrix},\ r \in \mathbb{R}$ und $h_t\colon \vec{x} = \begin{pmatrix} 5 \\ 1 \\ 1 \end{pmatrix} + s \cdot \begin{pmatrix} 4 \\ -8 \\ 3t \end{pmatrix},\ s \in \mathbb{R}$

c) $g_t\colon \vec{x} = \begin{pmatrix} t \\ 0 \\ 1 \end{pmatrix} + r \cdot \begin{pmatrix} -4 \\ 2t^2 \\ -t^2 \end{pmatrix},\ r \in \mathbb{R}$ und $h_t\colon \vec{x} = \begin{pmatrix} -1 \\ t \\ 2 \end{pmatrix} + s \cdot \begin{pmatrix} 3 \\ -6 \\ 3 \end{pmatrix},\ s \in \mathbb{R}$

**5.** a) $g_t\colon \vec{x} = \begin{pmatrix} 1 \\ -3 \\ t \end{pmatrix} + r \cdot \begin{pmatrix} 2 \\ t \\ 4 \end{pmatrix},\ r \in \mathbb{R}$ und $h_t\colon \vec{x} = \begin{pmatrix} 3 \\ -5 \\ -t \end{pmatrix} + s \cdot \begin{pmatrix} -1 \\ 1 \\ t \end{pmatrix},\ s \in \mathbb{R}$ L

1) Untersuchung auf Parallelität:

$$k \cdot \begin{pmatrix} -1 \\ 1 \\ t \end{pmatrix} = \begin{pmatrix} 2 \\ t \\ 4 \end{pmatrix} \Rightarrow \begin{array}{ll} (1) & -k = 2 \Leftrightarrow k = -2 \\ (2) & k = t \\ (3) & t \cdot k = 4 \end{array}$$

(1) in (2): $t = -2$

Probe in (3) für $k = -2$ und $t = -2$:

$(-2) \cdot (-2) = 4$ wahr $\Rightarrow$ Für $t = -2$ sind $g_t$ und $h_t$ parallel.

2) Untersuchung auf Identität:

$$\begin{pmatrix} 3 \\ -5 \\ 2 \end{pmatrix} = \begin{pmatrix} 1 \\ -3 \\ -2 \end{pmatrix} + r \cdot \begin{pmatrix} 2 \\ -2 \\ 4 \end{pmatrix} \Rightarrow \begin{array}{llll} (1) & 3 = 1 + 2r \Leftrightarrow & 2 = 2r \Leftrightarrow & r = 1 \\ (2) & -5 = -3 - 2r \Leftrightarrow & -2 = -2r \Leftrightarrow & r = 1 \\ (3) & 2 = -2 + 4r \Leftrightarrow & 4 = 4r \Leftrightarrow & r = 1 \end{array}$$

$B(3\,|-5\,|\,2)$ liegt sowohl auf der Geraden $g_{-2}$, als auch auf der Geraden $h_{-2}$.

Damit sind $g_{-2}$ und $h_{-2}$ identisch.

b) Für $t = -\frac{4}{3}$ sind $g_t$ und $h_t$ echt parallel.

c) Für $t = 2$ sind $g_t$ und $h_t$ echt parallel. Für $t = -2$ sind sie identisch.

A

**6.** Bestimmen Sie $t \in \mathbb{R}$ so, dass sich die Geraden $g_t$ und $h_t$ schneiden.
Für welche $t \in \mathbb{R}$ sind die beiden Geraden windschief?

a) $g_t\colon \vec{x} = \begin{pmatrix} 0 \\ 9 \\ 2 \end{pmatrix} + r \cdot \begin{pmatrix} 2 \\ -4 \\ t \end{pmatrix},\ r \in \mathbb{R}$ und $h_t\colon \vec{x} = \begin{pmatrix} 5 \\ -t \\ 6 \end{pmatrix} + s \cdot \begin{pmatrix} -1 \\ 2 \\ 1 \end{pmatrix},\ s \in \mathbb{R}$

b) $g_t\colon \vec{x} = \begin{pmatrix} -3 \\ 2 \\ t \end{pmatrix} + r \cdot \begin{pmatrix} 2 \\ 1 \\ 0 \end{pmatrix},\ r \in \mathbb{R}$ und $h_t\colon \vec{x} = \begin{pmatrix} 1 \\ 4 \\ t \end{pmatrix} + s \cdot \begin{pmatrix} -4 \\ t \\ 1 \end{pmatrix},\ s \in \mathbb{R}$

c) $g_t\colon \vec{x} = \begin{pmatrix} 5 \\ 3 \\ 7 \end{pmatrix} + r \cdot \begin{pmatrix} 1 \\ 2 \\ t \end{pmatrix},\ r \in \mathbb{R}$ und $h_t\colon \vec{x} = \begin{pmatrix} 0 \\ 2t \\ -4 \end{pmatrix} + s \cdot \begin{pmatrix} 1 \\ -1 \\ 3 \end{pmatrix},\ s \in \mathbb{R}$

L

**6.** a) $g_t\colon \vec{x} = \begin{pmatrix} 0 \\ 9 \\ 2 \end{pmatrix} + r \cdot \begin{pmatrix} 2 \\ -4 \\ t \end{pmatrix},\ r \in \mathbb{R}$ und $h_t\colon \vec{x} = \begin{pmatrix} 5 \\ -t \\ 6 \end{pmatrix} + s \cdot \begin{pmatrix} -1 \\ 2 \\ 1 \end{pmatrix},\ s \in \mathbb{R}$

1) Untersuchung auf Parallelität:

$$k \cdot \begin{pmatrix} -1 \\ 2 \\ 1 \end{pmatrix} = \begin{pmatrix} 2 \\ -4 \\ t \end{pmatrix} \Rightarrow \begin{array}{ll} (1) & -k = 2 \Leftrightarrow k = -2 \\ (2) & 2k = -4 \Leftrightarrow k = -2 \\ (3) & k = t \end{array}$$

(1) bzw. (2) in (3): $t = -2 \Rightarrow$ Für $t = -2$ sind $g_t$ und $h_t$ parallel.

2) Untersuchung auf Schnittpunkte für $t \neq -2$:

$$\begin{pmatrix} 0 \\ 9 \\ 2 \end{pmatrix} + r \cdot \begin{pmatrix} 2 \\ -4 \\ t \end{pmatrix} = \begin{pmatrix} 5 \\ -t \\ 6 \end{pmatrix} + s \cdot \begin{pmatrix} -1 \\ 2 \\ 1 \end{pmatrix} \Rightarrow \begin{array}{ll} (1) & 2r = 5 - s \Leftrightarrow s = 5 - 2r \\ (2) & 9 - 4r = -t + 2s \\ (3) & 2 + t \cdot r = 6 + s \end{array}$$

(1) in (2): $9 - 4r = -t + 2 \cdot (5 - 2r) \Leftrightarrow 9 - 4r = -t + 10 - 4r$
$\Leftrightarrow -1 = -t \Leftrightarrow$ (4): $t = 1$

(1) und (4) in (3): $2 + r = 6 + 5 - 2r \Leftrightarrow 3r = 9 \Leftrightarrow r = 3.$

Eingesetzt in (1): $s = -1$

$$\begin{pmatrix} 0 \\ 9 \\ 2 \end{pmatrix} + 3 \cdot \begin{pmatrix} 2 \\ -4 \\ 1 \end{pmatrix} = \begin{pmatrix} 6 \\ -3 \\ 5 \end{pmatrix}$$

Für $t = 1$ schneiden sich $g_t$ und $h_t$ in $S(6\,|\,-3\,|\,5)$ $(r = 3;\ s = -1)$;
Für $t \in \mathbb{R} \setminus \{-2; 1\}$ sind $g_t$ und $h_t$ windschief.

b) Die Geraden $g_t$ und $h_t$ schneiden sich für alle $t \in \mathbb{R}$ in $S(1\,|\,4\,|\,t)$ $(r = 2;\ s = 0)$.

c) Für $t = 1$ schneiden sich $g_t$ und $h_t$ in $S(3\,|\,-1\,|\,5)$ $(r = -2;\ s = 3)$.

Für $t = 6$ schneiden sich $g_t$ und $h_t$ in $S\left(\frac{19}{3}\,\middle|\,\frac{17}{3}\,\middle|\,15\right)$ $\left(r = \frac{4}{3};\ s = \frac{19}{3}\right)$.

Für $t \in \mathbb{R} \setminus \{1; 6\}$ sind $g_t$ und $h_t$ windschief.

A

**7.** Prüfen Sie, ob die angegebenen Punkte in der Ebene E liegen.

a) $A(6\,|\,-4\,|\,2)$, $B(3\,|\,2\,|\,2)$, $C(0\,|\,-7\,|\,-2)$, E: $6x_1 + 2x_2 - 9x_3 = 4$

b) $A(2\,|\,1\,|\,1)$, $B(2\,|\,-6\,|\,-3)$, $C(1\,|\,8\,|\,7)$, E: $\vec{x} = \begin{pmatrix} 1 \\ 2 \\ 2 \end{pmatrix} + s \cdot \begin{pmatrix} 1 \\ -1 \\ -1 \end{pmatrix} + t \cdot \begin{pmatrix} 4 \\ 1 \\ -1 \end{pmatrix};\ s, t \in \mathbb{R}$

c) $A(4\,|\,-1\,|\,3)$, $B(1\,|\,-2\,|\,5)$, $C(2\,|\,-8\,|\,7)$, E: $6x_1 + x_2 = 4$

d) $A(1\,|\,3\,|\,0)$, $B(5\,|\,0\,|\,2)$, $C(4\,|\,-7\,|\,-3)$, E: $\vec{x} = \begin{pmatrix} 1 \\ 7 \\ 1 \end{pmatrix} + s \cdot \begin{pmatrix} 1 \\ 4 \\ 2 \end{pmatrix} + t \cdot \begin{pmatrix} 3 \\ -4 \\ 2 \end{pmatrix};\ s, t \in \mathbb{R}$

**7.** a) $A(6|-4|2)$, $B(3|2|2)$, $C(0|-7|-2)$, $E: 6x_1 + 2x_2 - 9x_3 = 4$ **L**

Punktprobe für A: $6 \cdot 6 + 2 \cdot (-4) - 9 \cdot 2 = 4 \Leftrightarrow 10 = 4$ falsch $\Rightarrow A \notin E$

Punktprobe für B: $6 \cdot 3 + 2 \cdot 2 - 9 \cdot 2 = 4 \Leftrightarrow 4 = 4$ wahr $\Rightarrow B \in E$

Punktprobe für C: $6 \cdot 0 + 2 \cdot (-7) - 9 \cdot (-2) = 4 \Leftrightarrow 4 = 4$ wahr $\Rightarrow C \in E$

b) $E: 2x_1 - 3x_2 + 5x_3 = 6$; $A \in E$, $B \notin E$, $C \notin E$

c) $A \notin E$, $B \in E$, $C \in E$

d) $E: 4x_1 + x_2 - 4x_3 = 7$; $A \in E$, $B \notin E$, $C \notin E$

**8.** Skizzieren Sie die möglichen Lagen einer Geraden g und einer Ebene E. **A**
Erläutern Sie die rechnerische Vorgehensweise.

**8.** **L**

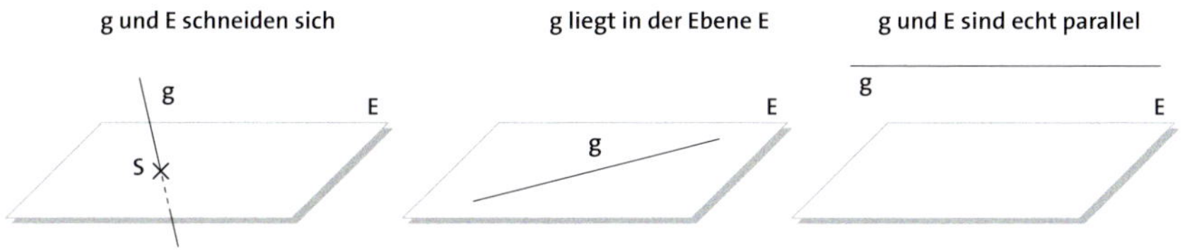


Die Punktprobe von $g: \vec{x} = \vec{a} + s \cdot \vec{u}$, $s \in \mathbb{R}$ in der Koordinatengleichung von E liefert eine lineare Gleichung für s. Besitzt sie

- genau eine Lösung, so schneiden sich g und E im Schnittpunkt S.
- unendlich viele Lösungen, so liegen alle Punkte von g in E. Die Gerade g verläuft damit in der Ebene E.
- keine Lösung, so besitzen g und E keine gemeinsamen Punkte. Sie sind echt parallel.

**9.** Die Punkte $A(2|0|3)$, $B(4|1|1)$, $C(-3|5|5)$ bilden ein Dreieck. **A**
Untersuchen Sie, ob der Punkt $P(1|2|3)$ innerhalb des Dreiecks ABC liegt.

**9.** Aus $\overrightarrow{OP} = \overrightarrow{OA} + b \cdot \overrightarrow{AB} + t \cdot \overrightarrow{AC}$ folgt $\begin{pmatrix} 1 \\ 2 \\ 3 \end{pmatrix} = \begin{pmatrix} 2 \\ 0 \\ 3 \end{pmatrix} + s \begin{pmatrix} 2 \\ 1 \\ -2 \end{pmatrix} + t \begin{pmatrix} -5 \\ 5 \\ 2 \end{pmatrix}$ folgt $s = \frac{1}{3}$ und $t = \frac{1}{3}$. **L**

P liegt innerhalb des Dreiecks, da $s \geq 0$, $t \geq 0$ und $0 \leq s + t \leq 1$.

**10.** Untersuchen Sie die gegenseitige Lage der Geraden g und der Ebene E. **A**

a) $g: \vec{x} = \begin{pmatrix} 7 \\ -3 \\ 9 \end{pmatrix} + s \cdot \begin{pmatrix} -3 \\ 2 \\ -4 \end{pmatrix}$, $s \in \mathbb{R}$ und $E: 5x_1 + 3x_2 - 7x_3 = 1$

b) $g: \vec{x} = \begin{pmatrix} 3 \\ 0 \\ -2 \end{pmatrix} + s \cdot \begin{pmatrix} 1 \\ -1 \\ -1 \end{pmatrix}$, $s \in \mathbb{R}$ und $E: 4x_1 - x_2 + 5x_3 = 2$

c) $g: \vec{x} = \begin{pmatrix} 2 \\ 1 \\ 2 \end{pmatrix} + s \cdot \begin{pmatrix} 1 \\ -2 \\ 1 \end{pmatrix}$, $s \in \mathbb{R}$ und $E: 7x_1 + 2x_2 - 3x_3 = 8$

d) $g: \vec{x} = \begin{pmatrix} 7 \\ 3 \\ -3 \end{pmatrix} + s \cdot \begin{pmatrix} 3 \\ 2 \\ -1 \end{pmatrix}$, $s \in \mathbb{R}$ und $E: 6x_1 + 7x_2 - 6x_3 = 5$

e) $g: \vec{x} = \begin{pmatrix} 5 \\ 0 \\ 2 \end{pmatrix} + s \cdot \begin{pmatrix} 7 \\ 1 \\ -4 \end{pmatrix}$, $s \in \mathbb{R}$ und $E: x_1 + x_2 + 2x_3 = 0$

f) $g: \vec{x} = \begin{pmatrix} 1 \\ -1 \\ 4 \end{pmatrix} + s \cdot \begin{pmatrix} 3 \\ 4 \\ 6 \end{pmatrix}$, $s \in \mathbb{R}$ und $E: 4x_1 - 3x_2 = 7$

g) $g: \vec{x} = \begin{pmatrix} -2 \\ 2 \\ -9 \end{pmatrix} + s \cdot \begin{pmatrix} 2 \\ -1 \\ 4 \end{pmatrix}$, $s \in \mathbb{R}$ und $E: 4x_1 + 16x_2 - 13x_3 = -159$

h) $g: \vec{x} = \begin{pmatrix} 2 \\ -6 \\ 12 \end{pmatrix} + r \cdot \begin{pmatrix} 1 \\ -4 \\ 7 \end{pmatrix}$, $r \in \mathbb{R}$ und $E: \begin{pmatrix} 2 \\ 1 \\ 1 \end{pmatrix} + s \cdot \begin{pmatrix} 9 \\ 13 \\ 10 \end{pmatrix} + t \cdot \begin{pmatrix} 3 \\ 2 \\ 2 \end{pmatrix}$; $s, t \in \mathbb{R}$

L

**10.** a) $g: \vec{x} = \begin{pmatrix} 7 \\ -3 \\ 9 \end{pmatrix} + s \cdot \begin{pmatrix} -3 \\ 2 \\ -4 \end{pmatrix}$, $s \in \mathbb{R}$ und $E: 5x_1 + 3x_2 - 7x_3 = 1$

Punktprobe für die Punkte der Geraden g in der Koordinatengleichung von E liefert: $5 \cdot (7 - 3s) + 3 \cdot (-3 + 2s) - 7 \cdot (9 - 4s) = 1$

$\Leftrightarrow 35 - 15s - 9 + 6s - 63 + 28s = 1$

$\Leftrightarrow -37 + 19s = 1 \Leftrightarrow 19s = 38 \Leftrightarrow s = 2$

$s = 2$ eingesetzt in g:

$\begin{pmatrix} 7 \\ -3 \\ 9 \end{pmatrix} + 2 \cdot \begin{pmatrix} -3 \\ 2 \\ -4 \end{pmatrix} = \begin{pmatrix} 1 \\ 1 \\ 1 \end{pmatrix} \Rightarrow$ Die Gerade g schneidet die Ebene E im Punkt $S(1|1|1)$.

b) $g: \vec{x} = \begin{pmatrix} 3 \\ 0 \\ -2 \end{pmatrix} + s \cdot \begin{pmatrix} 1 \\ -1 \\ -1 \end{pmatrix}$, $s \in \mathbb{R}$ und $E: 4x_1 - x_2 + 5x_3 = 2$

Die Punktprobe für die Punkte der Geraden g in der Koordinatengleichung von E liefert:

$4 \cdot (3 + s) - 1 \cdot (-s) + 5 \cdot (-2 - s) = 2 \Leftrightarrow 12 + 4s + s - 10 - 5s = 2 \Leftrightarrow 2 = 2$

Für alle $s \in \mathbb{R}$ erhält man in der Koordinatengleichung eine wahre Aussage. Damit liegen alle Punkte der Geraden g in der Ebene E. Die Gerade g verläuft somit in der Ebene E.

c) $g: \vec{x} = \begin{pmatrix} 2 \\ 1 \\ 2 \end{pmatrix} + s \cdot \begin{pmatrix} 1 \\ -2 \\ 1 \end{pmatrix}$, $s \in \mathbb{R}$ und $E: 7x_1 + 2x_2 - 3x_3 = 8$

Die Punktprobe für die Punkte der Geraden g in der Koordinatengleichung von E liefert:

$7 \cdot (2 + s) + 2 \cdot (1 - 2s) - 3 \cdot (2 + s) = 8 \Leftrightarrow 14 + 7s + 2 - 4s - 6 - 3s = 8 \Leftrightarrow 10 = 8$

Es gibt kein $s \in \mathbb{R}$, sodass man eine wahre Aussage erhält. Damit haben die Gerade g und die Ebene E keine gemeinsamen Punkte. Die Gerade g und die Ebene E sind somit echt parallel.

d) g schneidet E in $S(1|-1|-1)$ $(s = -2)$.

e) g und E sind echt parallel.

f) g liegt in der Ebene E.

g) g schneidet E in $S(8|-3|11)$ $(s = 5)$.

h) $E: 2x_1 + 4x_2 - 7x_3 = 1$; g schneidet E in $S\left(\frac{1}{3}\middle|\frac{2}{3}\middle|\frac{1}{3}\right)$ $\left(s = -\frac{5}{3}\right)$.

**11.** Untersuchen Sie in Abhängigkeit von $t \in \mathbb{R}$ die gegenseitige Lage der Geraden $g_t$ und der Ebene $E_t$. **A**

a) $g_t\colon \vec{x} = \begin{pmatrix} -1 \\ 4 \\ t \end{pmatrix} + s \cdot \begin{pmatrix} 3t \\ t \\ 9 \end{pmatrix},\ s \in \mathbb{R}$ und $E_t\colon 7x_1 + 3t \cdot x_2 - 6x_3 = 5$

b) $g_t\colon \vec{x} = \begin{pmatrix} t \\ -8 \\ -2 \end{pmatrix} + s \cdot \begin{pmatrix} 1 \\ -1 \\ -t \end{pmatrix},\ s \in \mathbb{R}$ und $E_t\colon 4x_1 - t \cdot x_2 + 5x_3 = 2$

c) $g_t\colon \vec{x} = \begin{pmatrix} 1 \\ 0 \\ t \end{pmatrix} + s \cdot \begin{pmatrix} 5t \\ t \\ -11 \end{pmatrix},\ s \in \mathbb{R}$ und $E_t\colon 5x_1 + 7t \cdot x_2 - 2x_3 = 9$

**11.** a) $g_t\colon \vec{x} = \begin{pmatrix} -1 \\ 4 \\ t \end{pmatrix} + s \cdot \begin{pmatrix} 3t \\ t \\ 9 \end{pmatrix},\ s \in \mathbb{R}$ und $E_t\colon 7x_1 + 3t \cdot x_2 - 6x_3 = 5$ **L**

Die Punktprobe für $g_t$ in der Koordinatengleichung von $E_t$ liefert:

$7 \cdot (-1 + 3st) + 3t \cdot (4 + st) - 6 \cdot (t + 9s) = 5$

$\Leftrightarrow\ -7 + 21st + 12t + 3st^2 - 6t - 54s = 5$

$\Leftrightarrow\ 3st^2 + 21st - 54s = 12 - 6t \ \Leftrightarrow\ 3s \cdot (t^2 + 7t - 18) = 6 \cdot (2 - t)$ (#)

Wir benötigen eine Fallunterscheidung:

1) $t^2 + 7t - 18 = 0 \ \Leftrightarrow\ t_{1,2} = -\frac{7}{2} \pm \sqrt{\frac{49}{4} + 18} \ \Leftrightarrow\ t_{1,2} = -\frac{7}{2} \pm \sqrt{\frac{121}{4}}$

$\Leftrightarrow\ t_{1,2} = -\frac{7}{2} \pm \frac{11}{2} \ \Leftrightarrow\ t_1 = 2 \ \vee\ t_2 = -9$

$t_1 = 2$ eingesetzt in (#): $0 = 0$ ist wahr.

$\Rightarrow$ Für $t_1 = 2$ liegt die Gerade $g_t$ in der Ebene $E_t$.

$t_2 = -9$ eingesetzt in (#): $0 = 66$ ist falsch.

$\Rightarrow$ Für $t_2 = -9$ sind die Gerade $g_t$ und die Ebene $E_t$ echt parallel.

2) $t^2 + 7t - 18 \neq 0$, d.h. $t \neq 2 \ \wedge\ t \neq -9$ ergibt die Gleichung (#):

$s = \frac{2 \cdot (2 - t)}{t^2 + 7t - 18} \ \Leftrightarrow\ s = \frac{2 \cdot (2 - t)}{(t + 9) \cdot (t - 2)} \ \Leftrightarrow\ s = \frac{-2}{(t + 9)}$

$\Rightarrow$ Für $t \in \mathbb{R} \setminus \{-9; 2\}$ schneidet die Gerade $g_t$ die Ebene $E_t$ in einem Punkt.

b) Für $t = 1$ liegt die Gerade $g_t$ in der Ebene $E_t$.
Für $t \neq 1$ schneidet die Gerade $g_t$ die Ebene $E_t$ (für $s = 3$) im Punkt $S\,(t + 3 \mid -11 \mid -2 - 3t)$

c) Für $t = -2$ liegt die Gerade $g_t$ in der Ebene $E_t$.
Für $t = -\frac{11}{7}$ sind die Gerade $g_t$ und die Ebene $E_t$ echt parallel.
Für $t \in \mathbb{R} \setminus \left\{-2; -\frac{11}{7}\right\}$ schneidet die Gerade $g_t$ die Ebene $E_t$ in einem Punkt.

**12.** Skizzieren Sie die möglichen Lagen zweier Ebenen $E_1$ und $E_2$. **A**
Erläutern Sie eine rechnerische Vorgehensweise.

L

**12.**

$E_1$ und $E_2$ sind echt parallel

$E_1$ und $E_2$ sind identisch

$E_1$ und $E_2$ schneiden sich

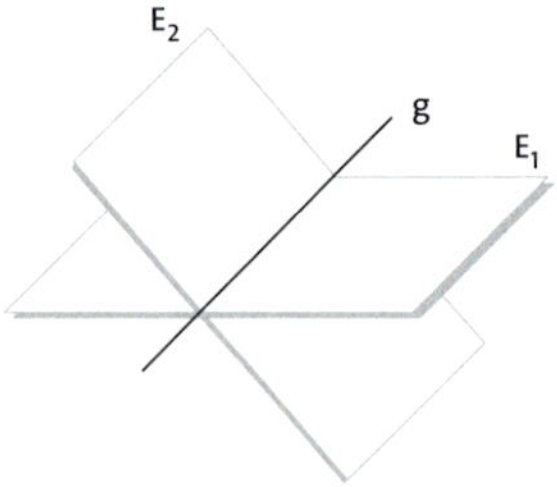


Man bestimmt z. B. eine Punkt-Richtungsform der Ebene $E_1\colon \vec{x} = \vec{a} + s\cdot\vec{u} + t\cdot\vec{v}$, $s, t \in \mathbb{R}$ und eine Koordinatengleichung der Ebene $E_2$.
Die Punktprobe von $E_1$ in der Koordinatengleichung von $E_2$ liefert eine lineare Gleichung für s und t. Ist sie

- unlösbar, so besitzen $E_1$ und $E_2$ keine gemeinsamen Punkte. Die Ebenen $E_1$ und $E_2$ sind damit echt parallel.
- für alle s und alle t lösbar, so liegen alle Punkte von $E_1$ in $E_2$. Die Ebenen $E_1$ und $E_2$ sind somit identisch.
- für ein s, ein t oder für s in Abhängigkeit von t lösbar, so schneiden sich $E_1$ und $E_2$ in einer Geraden g.

A

**13.** Untersuchen Sie die gegenseitige Lage der Ebenen $E_1$ und $E_2$.

a) $E_1\colon \vec{x} = \begin{pmatrix}4\\1\\0\end{pmatrix} + s\cdot\begin{pmatrix}1\\-2\\1\end{pmatrix} + t\cdot\begin{pmatrix}1\\1\\3\end{pmatrix}$; $s, t \in \mathbb{R}$ und $E_2\colon 7x_1 + 2x_2 - 3x_3 = 8$

b) $E_1\colon \vec{x} = \begin{pmatrix}-2\\2\\-1\end{pmatrix} + s\cdot\begin{pmatrix}6\\-2\\3\end{pmatrix} + t\cdot\begin{pmatrix}1\\1\\1\end{pmatrix}$; $s, t \in \mathbb{R}$ und $E_2\colon 5x_1 + 3x_2 - 8x_3 = 4$

c) $E_1\colon \vec{x} = \begin{pmatrix}4\\2\\1\end{pmatrix} + s\cdot\begin{pmatrix}1\\-2\\1\end{pmatrix} + t\cdot\begin{pmatrix}1\\1\\3\end{pmatrix}$; $s, t \in \mathbb{R}$ und $E_2\colon 7x_1 + x_2 - 3x_3 = 25$

d) $E_1\colon \vec{x} = \begin{pmatrix}4\\5\\-1\end{pmatrix} + s\cdot\begin{pmatrix}2\\-1\\0\end{pmatrix} + t\cdot\begin{pmatrix}18\\13\\-6\end{pmatrix}$; $s, t \in \mathbb{R}$ und $E_2\colon 3x_1 + 6x_2 + 22x_3 = 43$

e) $E_1\colon \vec{x} = \begin{pmatrix}2\\2\\2\end{pmatrix} + s_1\cdot\begin{pmatrix}14\\5\\2\end{pmatrix} + t_1\cdot\begin{pmatrix}16\\1\\-2\end{pmatrix}$; $s_1, t_1 \in \mathbb{R}$ und $E_2\colon \vec{x} = \begin{pmatrix}8\\1\\0\end{pmatrix} + s_2\cdot\begin{pmatrix}1\\-2\\-2\end{pmatrix} + t_2\cdot\begin{pmatrix}5\\1\\0\end{pmatrix}$; $s_2, t_2 \in \mathbb{R}$

f) $E_1\colon 8x_1 - 4x_2 + x_3 = 2$ und $E_2\colon 11x_1 + 15x_2 - 14x_3 = -69$

L

**13.** a) $E_1\colon \vec{x} = \begin{pmatrix}x_1\\x_2\\x_3\end{pmatrix} = \begin{pmatrix}4\\1\\0\end{pmatrix} + s\cdot\begin{pmatrix}1\\-2\\1\end{pmatrix} + t\cdot\begin{pmatrix}1\\1\\3\end{pmatrix}$; $s, t \in \mathbb{R}$ und $E_2\colon 7x_1 + 2x_2 - 3x_3 = 8$

Die Punktprobe für die Punkte der Ebene $E_1$ in der Koordinatengleichung von $E_2$ liefert: $7\cdot(4 + s + t) + 2\cdot(1 - 2s + t) - 3(s + 3t) = 8$

$\Leftrightarrow\ 28 + 7s + 7t + 2 - 4s + 2t - 3s - 9t = 8 \ \Leftrightarrow\ 30 = 8$

Man erhält eine falsche Aussage. Die beiden Ebenen $E_1$ und $E_2$ besitzen somit keine gemeinsamen Punkte. Sie sind echt parallel.

b) $E_1: \vec{x} = \begin{pmatrix} x_1 \\ x_2 \\ x_3 \end{pmatrix} = \begin{pmatrix} -2 \\ 2 \\ -1 \end{pmatrix} + s \cdot \begin{pmatrix} 6 \\ -2 \\ 3 \end{pmatrix} + t \cdot \begin{pmatrix} 1 \\ 1 \\ 1 \end{pmatrix}$; $s, t \in \mathbb{R}$ und $E_2: 5x_1 + 3x_2 - 8x_3 = 4$

Die Punktprobe von $E_1$ in der Koordinatengleichung von $E_2$ liefert:

$5 \cdot (-2 + 6s + t) + 3 \cdot (2 - 2s + t) - 8 \cdot (-1 + 3s + t) = 4$

$\Leftrightarrow\ -10 + 30s + 5t + 6 - 6s + 3t + 8 - 24s - 8t = 4 \ \Leftrightarrow\ 4 = 4$

Man erhält für alle s und alle $t \in \mathbb{R}$ eine wahre Aussage. Alle Punkte der Ebene $E_1$ liegen damit in der Ebene $E_2$. Die Ebenen $E_1$ und $E_2$ sind somit identisch.

c) $E_1: \vec{x} = \begin{pmatrix} x_1 \\ x_2 \\ x_3 \end{pmatrix} = \begin{pmatrix} 4 \\ 2 \\ 1 \end{pmatrix} + s \cdot \begin{pmatrix} 1 \\ -2 \\ 1 \end{pmatrix} + t \cdot \begin{pmatrix} 1 \\ 1 \\ 3 \end{pmatrix}$; $s, t \in \mathbb{R}$ und $E_2: 7x_1 + x_2 - 3x_3 = 25$

Die Punktprobe von $E_1$ in der Koordinatengleichung von $E_2$ liefert:

$7 \cdot (4 + s + t) + 1 \cdot (2 - 2s + t) - 3 \cdot (1 + s + 3t) = 25$

$\Leftrightarrow\ 28 + 7s + 7t + 2 - 2s + t - 3 - 3s - 9t = 25 \ \Leftrightarrow\ 27 + 2s - t = 25$

$\Leftrightarrow\ t = 2 + 2s$

Eingesetzt in $E_1$:

$\vec{x} = \begin{pmatrix} 4 \\ 2 \\ 1 \end{pmatrix} + s \cdot \begin{pmatrix} 1 \\ -2 \\ 1 \end{pmatrix} + (2 + 2s) \cdot \begin{pmatrix} 1 \\ 1 \\ 3 \end{pmatrix} = \begin{pmatrix} 4 \\ 2 \\ 1 \end{pmatrix} + s \cdot \begin{pmatrix} 1 \\ -2 \\ 1 \end{pmatrix} + \begin{pmatrix} 2 \\ 2 \\ 6 \end{pmatrix} + s \cdot \begin{pmatrix} 2 \\ 2 \\ 6 \end{pmatrix}$

$\Rightarrow$ Die Ebenen $E_1$ und $E_2$ besitzen die Schnittgerade $g: \vec{x} = \begin{pmatrix} 6 \\ 4 \\ 7 \end{pmatrix} + s \cdot \begin{pmatrix} 3 \\ 0 \\ 7 \end{pmatrix}$, $s \in \mathbb{R}$.

d) $E_1$ und $E_2$ sind echt parallel.

e) $E_2$: $2x_1 - 10x_2 + 11x_3 = 6$; $E_1$ und $E_2$ sind identisch.

f) $E_1$: $\vec{x} = \begin{pmatrix} x_1 \\ x_2 \\ x_3 \end{pmatrix} = \begin{pmatrix} 0 \\ 0 \\ 2 \end{pmatrix} + s \cdot \begin{pmatrix} 1 \\ 0 \\ -8 \end{pmatrix} + t \cdot \begin{pmatrix} 0 \\ 1 \\ 4 \end{pmatrix}$; $s, t \in \mathbb{R}$

$\Rightarrow$ Die Ebenen $E_1$ und $E_2$ besitzen die Schnittgerade $g: \vec{x} = \begin{pmatrix} 0 \\ 1 \\ 6 \end{pmatrix} + s \cdot \begin{pmatrix} 1 \\ 3 \\ 4 \end{pmatrix}$, $s \in \mathbb{R}$.

**14.** Untersuchen Sie die gegenseitige Lage der beiden Ebenen $E_t$ und $E_t^*$ in Abhängigkeit von $t \in \mathbb{R}$. **A**

a) $E_t: \vec{x} = \begin{pmatrix} 1 \\ 0 \\ 2 \end{pmatrix} + r \cdot \begin{pmatrix} 1 \\ t \\ 0 \end{pmatrix} + s \cdot \begin{pmatrix} 3 \\ t \\ t \end{pmatrix}$; $r, s \in \mathbb{R}$ und $E_t^*: 2x_1 + x_2 - t \cdot x_3 = 2$

b) $E_t: \vec{x} = \begin{pmatrix} 1 \\ 2 \\ 0 \end{pmatrix} + r \cdot \begin{pmatrix} 1 \\ -1 \\ -t \end{pmatrix} + s \cdot \begin{pmatrix} 2 \\ t \\ 3 \end{pmatrix}$; $r, s \in \mathbb{R}$ und $E_t^*$: $2x_1 + x_2 + t \cdot x_3 = 1$

c) $E_t: \vec{x} = \begin{pmatrix} 2 \\ 3 \\ -1 \end{pmatrix} + r \cdot \begin{pmatrix} 4 - 2t \\ 2t \\ -t \end{pmatrix} + s \cdot \begin{pmatrix} 6 - 3t \\ t \\ -1 \end{pmatrix}$; $r, t \in \mathbb{R}$ und $E_t^*$: $x_1 + t \cdot x_2 + 4x_3 = 4$

**14.** a) $E_t: \vec{x} = \begin{pmatrix} 1 \\ 0 \\ 2 \end{pmatrix} + r \cdot \begin{pmatrix} 1 \\ t \\ 0 \end{pmatrix} + s \cdot \begin{pmatrix} 3 \\ t \\ t \end{pmatrix}$ und $E_t^*: 2x_1 + x_2 - t \cdot x_3 = 2$ mit $r, s, t \in \mathbb{R}$ **L**

Die Punktprobe von $E_t$ in der Koordinatengleichung von $E_t^*$ liefert:

$2 \cdot (1 + r + 3s) + 1 \cdot (rt + st) - t \cdot (2 + st) = 2 \ \Leftrightarrow\ 2 + 2r + 6s + rt + st - 2t - st^2 = 2$

$\Leftrightarrow\ r(2 + t) + s(6 + t - t^2) = 2t \quad (\#)$

Wir benötigen eine Fallunterscheidung:

1) Gibt es ein $t \in \mathbb{R}$, sodass man eine wahre oder eine falsche Aussage erhält?
   Hierzu muss gleichzeitig gelten (1): $2 + t = 0$ und (2): $6 + t - t^2 = 0$
   Aus (1) folgt: $t = -2$

Aus (2) folgt: $t^2 - t - 6 = 0 \Leftrightarrow t_{1,2} = \frac{1}{2} \pm \sqrt{\frac{1}{4} + 6} \Leftrightarrow t_{1,2} = \frac{1}{2} \pm \sqrt{\frac{25}{4}}$

$\Leftrightarrow t_{1,2} = \frac{1}{2} \pm \sqrt{\frac{5}{2}} \Leftrightarrow t_1 = -2 \vee t_2 = 3$

Nur $t = -2$ liefert in der Gleichung (#) eine wahre bzw. eine falsche Aussage.

$t_1 = -2$ eingesetzt in (#): $0 = -4$ ist falsch

$\Rightarrow$ Für $t_1 = -2$ sind somit $E_t$ und $E_t^*$ echt parallel.

2) Für welche $t \in \mathbb{R}$ gilt nicht gleichzeitig $2 + t = 0$ und $6 + t - t^2 = 0$?

$\Rightarrow$ Für $t \neq -2$ besitzen $E_t$ und $E_t^*$ eine Schnittgerade.

b) Die Punktprobe von $E_t$ in $E_t^*$ liefert die Gleichung:

$(1 - t^2) \cdot r + (4 - 4t) \cdot s = -3 \Leftrightarrow (1 + t)(1 - t) \cdot r + 4(1 - t) \cdot s = -3$

Für $t = 1$ sind die Ebenen $E_t$ und $E_t^*$ echt parallel.

Für $t \neq 1$ besitzen die Ebenen $E_t$ und $E_t^*$ eine Schnittgerade.

c) Die Punktprobe von $E_t$ in $E_t^*$ liefert die Gleichung:

$(2t^2 - 6t + 4) \cdot r + (t^2 - 3t + 2) \cdot s = 6 - 3t$

$\Leftrightarrow 2(t - 1)(t - 2) \cdot r + (t - 1)(t - 2) \cdot s = -3t(t - 2)$

Für $t = 2$ sind $E_t$ und $E_t^*$ somit identisch.

Für $t = 1$ sind $E_t$ und $E_t^*$ somit echt parallel.

Für $t \in \mathbb{R} \setminus \{1; 2\}$ besitzen die Ebenen $E_t$ und $E_t^*$ eine Schnittgerade.

A

**15.** Stellen Sie die Ebene im räumlichen Koordinatensystem mithilfe ihrer Schnittgeraden mit den Koordinatenebenen (Spurgeraden) dar. Bestimmen Sie die Schnittpunkte der Ebene E mit den Koordinatenachsen (Spurpunkte).

a) $E: 2x_1 + 3x_2 = 6$  b) $E: x_1 + 2x_2 + 2x_3 = 4$  c) $E: 2x_1 + 3x_2 + 6x_3 = -6$

d) $E: x_1 - x_2 + x_3 = 2$  e) $E: x_1 + 2x_3 = 2$  f) $E: x_2 = 2$

g) $E: x_3 = 1$

L

**15.** a) $E: 2x_1 + 3x_2 = 6$

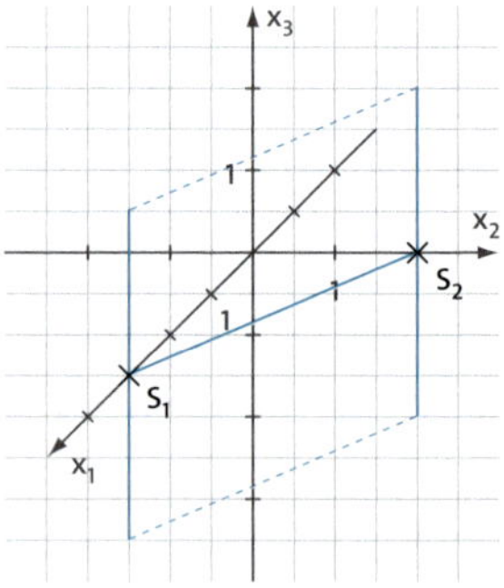


Liegt ein Punkt auf der $x_1$-Achse, dann sind $x_2 = x_3 = 0$.

Setzt man die beiden Koordinaten in die Koordinatengleichung der Ebene E ein, so erhält man

$2x_1 = 6 \Leftrightarrow x_1 = 3$

$\Rightarrow$ E schneidet die $x_1$-Achse in $S_1(3|0|0)$.

Aus $x_1 = x_3 = 0$ folgt analog $3x_2 = 6 \Leftrightarrow x_2 = 2$

$\Rightarrow$ E schneidet die $x_2$-Achse in $S_2(0|2|0)$.

Aus $x_1 = x_2 = 0$ folgt $0 = 6$. Diese Aussage ist falsch.

Es existiert somit kein Schnittpunkt von E mit der $x_3$-Achse.

Somit verläuft E parallel zur $x_3$-Achse.

b) $S_1(4|0|0)$, $S_2(0|2|0)$, $S_3(0|0|2)$

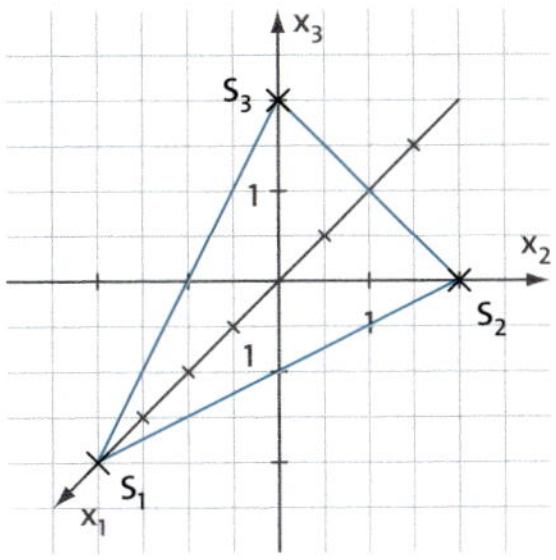


c) $S_1(-3|0|0)$, $S_2(0|-2|0)$, $S_3(0|0|-1)$

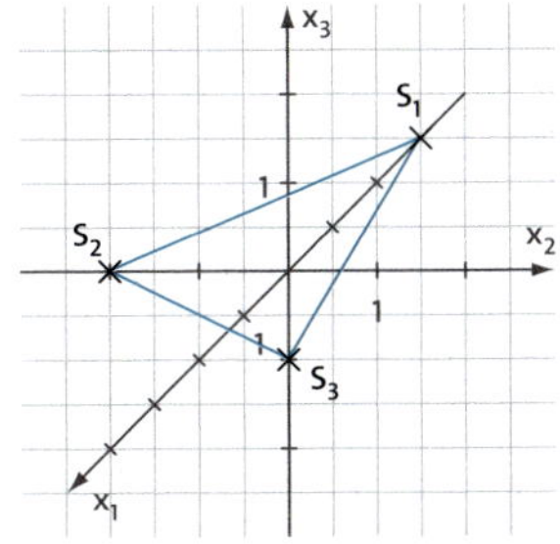


d) $S_1(2|0|0)$, $S_2(0|-2|0)$, $S_3(0|0|2)$

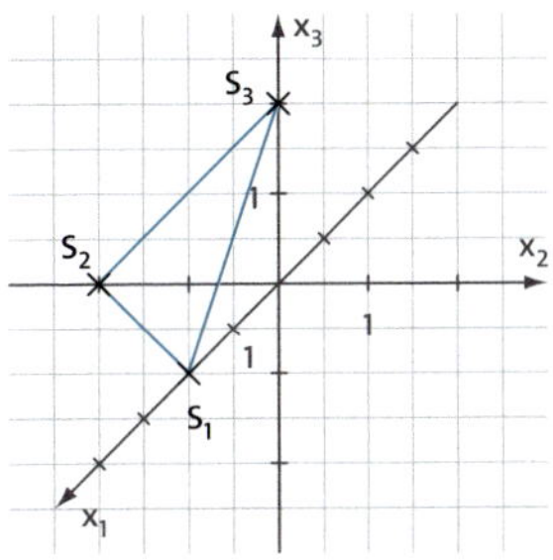


e) $S_1(2|0|0)$, $S_3(0|0|1)$,
kein Schnittpunkt mit der $x_2$-Achse

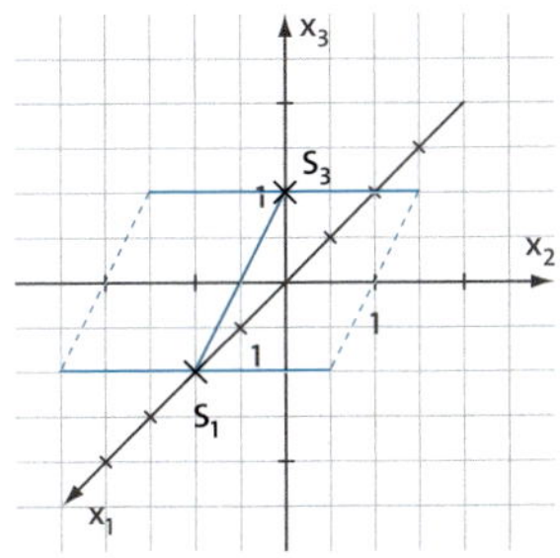


f) $S_2(0|2|0)$ ist der einzige Schnittpunkt mit den Koordinatenachsen.

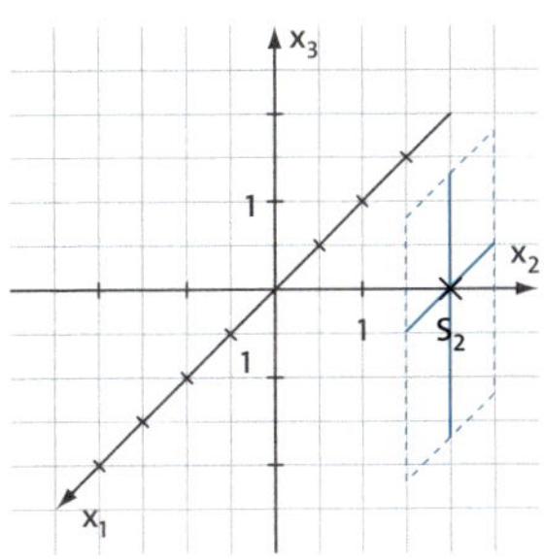


g) $S_3(0|0|1)$ ist der einzige Schnittpunkt mit den Koordinatenachsen.

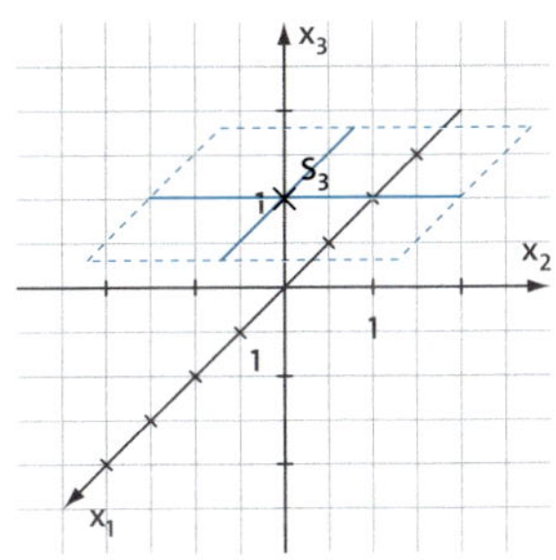

## 2.3.2 Schnittwinkel

Wissen

**Schnittwinkel von Geraden**

Es ist $\vec{u}$ ein Richtungsvektor der Geraden g und $\vec{v}$ ein Richtungsvektor der Geraden h.
Haben die beiden Geraden einen Punkt S gemeinsam, dann gilt für die Weite $\alpha$ des Schnittwinkels von g und h:

$$\cos\alpha = \frac{|\vec{u} \cdot \vec{v}|}{|\vec{u}| \cdot |\vec{v}|} \quad \text{mit } 0° \le \alpha \le 90°$$

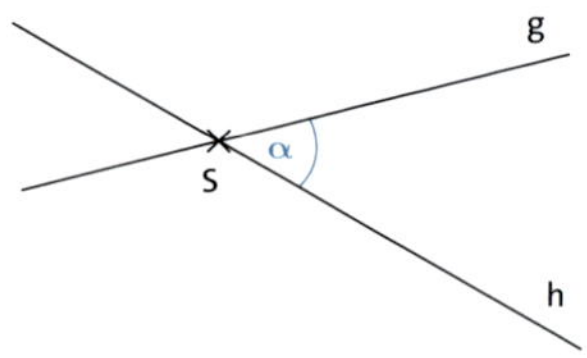


**Schnittwinkel von Gerade und Ebene**

Es ist $\vec{u}$ ein Richtungsvektor der Geraden g und $\vec{n}$ ein Normalenvektor der Ebene E.
Haben g und E einen Punkt S gemeinsam, dann gilt für die Weite $\alpha$ des Schnittwinkels von g und E:

$$\sin\alpha = \frac{|\vec{u} \cdot \vec{n}|}{|\vec{u}| \cdot |\vec{n}|} \quad \text{mit } 0° \le \alpha \le 90°$$

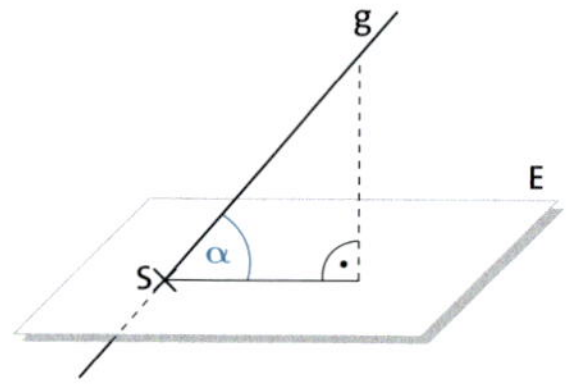


**Schnittwinkel zweier Ebenen**

Die Vektoren $\vec{n_1}$ und $\vec{n_2}$ sind Normalenvektoren der Ebenen $E_1$ und $E_2$.
Haben die beiden Ebenen eine Gerade g gemeinsam, dann gilt für die Weite $\alpha$ des Schnittwinkels von $E_1$ und $E_2$:

$$\cos\alpha = \frac{|\vec{n_1} \cdot \vec{n_2}|}{|\vec{n_1}| \cdot |\vec{n_2}|} \quad \text{mit } 0° \le \alpha \le 90°$$

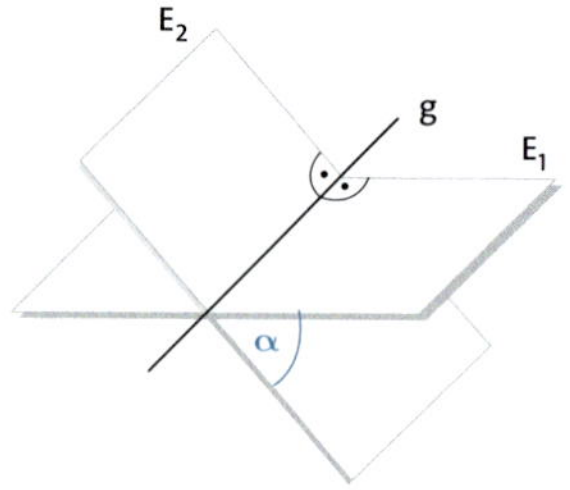


A

**1.** Bestimmen Sie die Weite $\alpha$ des Schnittwinkels der Geraden g und h.

a) $g: \vec{x} = \begin{pmatrix} 0 \\ 3 \\ -4 \end{pmatrix} + s \cdot \begin{pmatrix} 1 \\ 5 \\ 8 \end{pmatrix},\ s \in \mathbb{R}$ und $h: \vec{x} = \begin{pmatrix} 0 \\ 3 \\ -4 \end{pmatrix} + t \cdot \begin{pmatrix} 4 \\ 5 \\ 2 \end{pmatrix},\ t \in \mathbb{R}$

b) $g: \vec{x} = \begin{pmatrix} 0 \\ 4 \\ 2 \end{pmatrix} + s \cdot \begin{pmatrix} 3 \\ 4 \\ 5 \end{pmatrix},\ s \in \mathbb{R}$ und $h: \vec{x} = \begin{pmatrix} 0 \\ 4 \\ 2 \end{pmatrix} + t \cdot \begin{pmatrix} 7 \\ 1 \\ 0 \end{pmatrix},\ t \in \mathbb{R}$

c) $g: \vec{x} = \begin{pmatrix} 1 \\ 2 \\ -7 \end{pmatrix} + s \cdot \begin{pmatrix} 2 \\ 10 \\ 11 \end{pmatrix},\ s \in \mathbb{R}$ und $h: \vec{x} = \begin{pmatrix} 1 \\ 2 \\ -7 \end{pmatrix} + t \cdot \begin{pmatrix} 1 \\ 2 \\ -2 \end{pmatrix},\ t \in \mathbb{R}$

d) $g: \vec{x} = \begin{pmatrix} 9 \\ -5 \\ 5 \end{pmatrix} + s \cdot \begin{pmatrix} 4 \\ -1 \\ 0 \end{pmatrix},\ s \in \mathbb{R}$ und $h: \vec{x} = \begin{pmatrix} 3 \\ -1 \\ 9 \end{pmatrix} + t \cdot \begin{pmatrix} -3 \\ 2 \\ 2 \end{pmatrix},\ t \in \mathbb{R}$

e) $g: \vec{x} = \begin{pmatrix} 8 \\ 4 \\ -1 \end{pmatrix} + s \cdot \begin{pmatrix} 7 \\ 1 \\ 1 \end{pmatrix},\ s \in \mathbb{R}$ und $h: \vec{x} = \begin{pmatrix} 7 \\ -1 \\ 4 \end{pmatrix} + t \cdot \begin{pmatrix} 1 \\ 5 \\ -5 \end{pmatrix},\ t \in \mathbb{R}$

f) $g: \vec{x} = \begin{pmatrix} 3 \\ -3 \\ -7 \end{pmatrix} + s \cdot \begin{pmatrix} 19 \\ 4 \\ -8 \end{pmatrix},\ s \in \mathbb{R}$ und $h: \vec{x} = \begin{pmatrix} 0 \\ 3 \\ -4 \end{pmatrix} + t \cdot \begin{pmatrix} -1 \\ 2 \\ 1 \end{pmatrix},\ t \in \mathbb{R}$

**1.** a) $g: \vec{x} = \begin{pmatrix} 0 \\ 3 \\ -4 \end{pmatrix} + s \cdot \begin{pmatrix} 1 \\ 5 \\ 8 \end{pmatrix}$, $s \in \mathbb{R}$ und $h: \vec{x} = \begin{pmatrix} 0 \\ 3 \\ -4 \end{pmatrix} + t \cdot \begin{pmatrix} 4 \\ 5 \\ 2 \end{pmatrix}$, $t \in \mathbb{R}$ **L**

$$\cos\alpha = \frac{\left|\begin{pmatrix} 1 \\ 5 \\ 8 \end{pmatrix} \bullet \begin{pmatrix} 4 \\ 5 \\ 2 \end{pmatrix}\right|}{\left|\begin{pmatrix} 1 \\ 5 \\ 8 \end{pmatrix}\right| \cdot \left|\begin{pmatrix} 4 \\ 5 \\ 2 \end{pmatrix}\right|} = \frac{|1 \cdot 4 + 5 \cdot 5 + 8 \cdot 2|}{\sqrt{1^2 + 5^2 + 8^2} \cdot \sqrt{4^2 + 5^2 + 2^2}} = \frac{45}{\sqrt{90} \cdot \sqrt{45}} = \frac{45}{45 \cdot \sqrt{2}} = \frac{1}{\sqrt{2}} \Rightarrow \alpha = 45°$$

Die Geraden g und h schneiden sich im Punkt $S(0|3|-4)$ $(s = 0,\ t = 0)$ unter einem Winkel von 45°.

b) $\alpha = 60°$, $S(0|4|2)$ $(s = t = 0)$

c) $\alpha = 90°$, $S(1|2|-7)$ $(s = t = 0)$

d) $\alpha = 34{,}6°$, $S(9|-5|5)$ $(s = 0,\ t = -2)$

e) $\alpha = 82{,}1°$, $S(8|4|-1)$ $(s = 0,\ t = 1)$

f) $\alpha = 68{,}3°$, $S(3|-3|-7)$ $(s = 0,\ t = -3)$

**2.** Bestimmen Sie die Weite $\alpha$ des Schnittwinkels der Geraden g und der Ebene E. **A**

a) $g: \vec{x} = \begin{pmatrix} 4 \\ 2 \\ -1 \end{pmatrix} + s \cdot \begin{pmatrix} 2 \\ 3 \\ -1 \end{pmatrix}$, $s \in \mathbb{R}$ und $E: x_1 + 5x_2 - 4x_3 = 18$

b) $g: \vec{x} = \begin{pmatrix} 5 \\ 0 \\ 3 \end{pmatrix} + s \cdot \begin{pmatrix} -2 \\ 1 \\ 2 \end{pmatrix}$, $s \in \mathbb{R}$ und $E: 4x_1 + x_2 - x_3 = -1$

c) $g: \vec{x} = \begin{pmatrix} 2 \\ 8 \\ 8 \end{pmatrix} + s \cdot \begin{pmatrix} 5 \\ 7 \\ -1 \end{pmatrix}$, $s \in \mathbb{R}$ und $E: 6x_1 - 5x_2 - 5x_3 = -68$

d) $g: \vec{x} = \begin{pmatrix} 1 \\ 3 \\ -1 \end{pmatrix} + s \cdot \begin{pmatrix} 2 \\ 0 \\ -1 \end{pmatrix}$, $s \in \mathbb{R}$ und $E: \begin{pmatrix} 2 \\ 7 \\ -4 \end{pmatrix} \bullet \vec{x} - 59 = 0$

e) $g: \vec{x} = \begin{pmatrix} 0 \\ 3 \\ 2 \end{pmatrix} + s \cdot \begin{pmatrix} 1 \\ 3 \\ 7 \end{pmatrix}$, $s \in \mathbb{R}$ und $E: \vec{x} = \begin{pmatrix} 7 \\ 4 \\ 9 \end{pmatrix} + s \cdot \begin{pmatrix} 5 \\ 3 \\ -2 \end{pmatrix} + t \cdot \begin{pmatrix} 1 \\ -5 \\ 2 \end{pmatrix}$; $s, t \in \mathbb{R}$

f) $g: \vec{x} = \begin{pmatrix} 8 \\ 8 \\ -1 \end{pmatrix} + s \cdot \begin{pmatrix} 4 \\ 3 \\ -1 \end{pmatrix}$, $s \in \mathbb{R}$ und $E: \vec{x} = \begin{pmatrix} 0 \\ 2 \\ 1 \end{pmatrix} + s \cdot \begin{pmatrix} 5 \\ 0 \\ -1 \end{pmatrix} + t \cdot \begin{pmatrix} 3 \\ 6 \\ -4 \end{pmatrix}$; $s, t \in \mathbb{R}$

**2.** a) $g: \vec{x} = \begin{pmatrix} 4 \\ 2 \\ -1 \end{pmatrix} + s \cdot \begin{pmatrix} 2 \\ 3 \\ -1 \end{pmatrix}$, $s \in \mathbb{R}$ und $E: x_1 + 5x_2 - 4x_3 = 18$ **L**

$\Rightarrow \vec{u} = \begin{pmatrix} 2 \\ 3 \\ -1 \end{pmatrix}$ und $\vec{n} = \begin{pmatrix} 1 \\ 5 \\ -4 \end{pmatrix}$

$$\sin\alpha = \frac{\left|\begin{pmatrix} 2 \\ 3 \\ -1 \end{pmatrix} \bullet \begin{pmatrix} 1 \\ 5 \\ -4 \end{pmatrix}\right|}{\left|\begin{pmatrix} 2 \\ 3 \\ -1 \end{pmatrix}\right| \cdot \left|\begin{pmatrix} 1 \\ 5 \\ -4 \end{pmatrix}\right|} = \frac{|2 \cdot 1 + 3 \cdot 5 + (-1) \cdot (-4)|}{\sqrt{2^2 + 3^2 + (-1)^2} \cdot \sqrt{1^2 + 5^2 + (-4)^2}} = \frac{21}{\sqrt{14} \cdot \sqrt{42}} = \frac{21}{14 \cdot \sqrt{3}} = \frac{3}{2 \cdot \sqrt{3}}$$

$\Rightarrow \alpha = 60°$

Die Gerade g und die Ebene E schneiden sich unter einem Winkel der Weite 60°.

b) $\alpha = 45°$

c) $\alpha = 0°$ (g liegt in E)

d) $\alpha = 25{,}5°$

e) $E: x_1 + 3x_2 + 7x_3 = 82$; $\alpha = 90°$

f) $E: 6x_1 + 17x_2 + 30x_3 = 64$; $\alpha = 14{,}6°$

A

**3.** Bestimmen Sie die Weite $\alpha$ des Schnittwinkels der Ebenen $E_1$ und $E_2$.

a) $E_1\colon 2x_1 + 3x_2 + 6x_3 = 26$ und $E_2\colon 8x_1 + 5x_2 + 3x_3 = 55$

b) $E_1\colon x_1 + x_2 + 2x_3 = 6$ und $E_2\colon x_1 + x_3 = 4$

c) $E_1\colon 3x_1 + 2x_2 + x_3 = 8$ und $E_2\colon \begin{pmatrix}2\\-1\\3\end{pmatrix} \cdot \left[\vec{x} - \begin{pmatrix}5\\-4\\-6\end{pmatrix}\right] = 0$

d) $E_1\colon \begin{pmatrix}6\\3\\2\end{pmatrix} \cdot \left[\vec{x} - \begin{pmatrix}5\\-8\\-3\end{pmatrix}\right] = 0$ und $E_2\colon \begin{pmatrix}9\\1\\-4\end{pmatrix} \cdot \left[\vec{x} - \begin{pmatrix}1\\-1\\2\end{pmatrix}\right] = 0$

e) $E_1\colon \vec{x} = \begin{pmatrix}3\\0\\2\end{pmatrix} + s\cdot\begin{pmatrix}2\\4\\-5\end{pmatrix} + t\cdot\begin{pmatrix}1\\1\\-5\end{pmatrix};\ s, t \in \mathbb{R}$ und $E_2\colon 3x_1 - x_2 - 5x_3 = 53$

f) $E_1\colon \vec{x} = \begin{pmatrix}4\\5\\8\end{pmatrix} + s\cdot\begin{pmatrix}3\\2\\4\end{pmatrix} + t\cdot\begin{pmatrix}3\\3\\8\end{pmatrix};\ s, t \in \mathbb{R}$ und $E_2\colon \begin{pmatrix}2\\8\\-9\end{pmatrix} \cdot \vec{x} - 18 = 0$

g) $E_1\colon \vec{x} = \begin{pmatrix}0\\7\\4\end{pmatrix} + s_1\cdot\begin{pmatrix}1\\0\\1\end{pmatrix} + t_1\cdot\begin{pmatrix}4\\-4\\-3\end{pmatrix}$ und $E_2\colon \vec{x} = \begin{pmatrix}1\\7\\5\end{pmatrix} + s_2\cdot\begin{pmatrix}2\\5\\4\end{pmatrix} + t_2\cdot\begin{pmatrix}3\\5\\8\end{pmatrix};\ s_1, t_1, s_2, t_2 \in \mathbb{R}$

L

**3.** a) $E_1\colon 2x_1 + 3x_2 + 6x_3 = 26$ und $E_2\colon 8x_1 + 5x_2 + 3x_3 = 55$

$\Rightarrow \vec{n_1} = \begin{pmatrix}2\\3\\6\end{pmatrix}$ und $\vec{n_2} = \begin{pmatrix}8\\5\\3\end{pmatrix}$

$$\cos\alpha = \frac{\left|\begin{pmatrix}2\\3\\6\end{pmatrix} \cdot \begin{pmatrix}8\\5\\3\end{pmatrix}\right|}{\left|\begin{pmatrix}2\\3\\6\end{pmatrix}\right| \cdot \left|\begin{pmatrix}8\\5\\3\end{pmatrix}\right|} = \frac{|2\cdot 8 + 3\cdot 5 + 3\cdot 6|}{\sqrt{2^2+3^2+6^2}\cdot\sqrt{8^2+5^2+3^2}} = \frac{49}{7\cdot\sqrt{98}} = \frac{1}{\sqrt{2}} \Rightarrow \alpha = 45°$$

Die Ebenen $E_1$ und $E_2$ schneiden sich unter einem Winkel der Weite 45°.

b) $\alpha = 30°$

c) $\alpha = 60°$

d) $\alpha = 45°$

e) $E_1\colon 15x_1 - 5x_2 + 2x_3 = 49;\ \alpha = 64{,}9°$

f) $E_1\colon 4x_1 - 12x_2 + 3x_3 = -20;\ \alpha = 43{,}6°$

g) $E_1\colon 4x_1 + 7x_2 - 4x_3 = 33$ und $E_2\colon 20x_1 - 4x_2 - 5x_3 = -33;\ \alpha = 67{,}6°$

# 2.4 Abstand – Flächeninhalt – Volumen

Wissen

Um Flächeninhalte von Vielecken und Volumina von Körpern bestimmen zu können, benötigt man die Abstände zwischen zwei Punkten, Punkt und Gerade, Punkt und Ebene, zwei parallelen oder windschiefen Geraden, einer Geraden parallel zu einer Ebene und zwei parallelen Ebenen.

**Abstand zweier Punkte**

Für $P(p_1|p_2|p_3)$ und $Q(q_1|q_2|q_3)$ gilt:

$d(P; Q) = \sqrt{(q_1 - p_1)^2 + (q_2 - p_2)^2 + (q_3 - p_3)^2}$

**Abstand eines Punktes von einer Geraden**

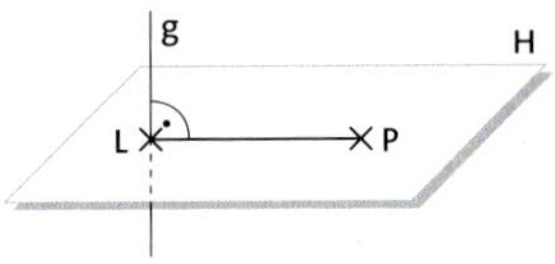


Für P und Ortsvektor $\vec{p}$ und g mit Richtungsvektor $\vec{u}$ gilt: $d(P; g) = d(P; L)$.

Dabei ist L der Schnittpunkt von g mit der Hilfsebene H: $\vec{u} \cdot (\vec{x} - \vec{p}) = 0$. Sie verläuft wegen des Normalenvektors $\vec{u}$ orthogonal zu g.

**Abstand eines Punktes von einer Ebene**

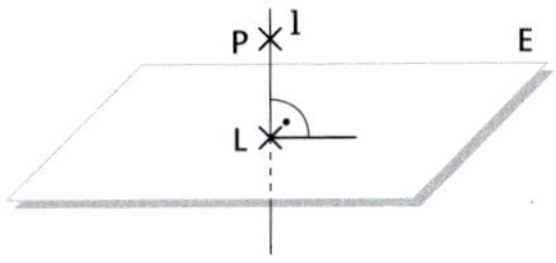


Für $P(p_1|p_2|p_3)$ und $E = n_1x_1 + n_2x_2 + n_3x_3 - d = 0$ gilt:

$d(P; E) = \frac{|n_1 \cdot p_1 + n_2 \cdot p_2 + n_3 \cdot p_3 - d|}{\sqrt{n_1^2 + n_2^2 + n_3^2}}$

Es gilt auch $d(P; E) = d(P; L)$. Dabei ist L der Schnittpunkt einer Hilfsgerade l mit der Ebene E. Die Hilfsgerade l verläuft durch P und ist orthogonal zu E.

**1.** Bestimmen Sie den Abstand der Punkte P und Q. **A**

a) $P(-2|4|3)$, $Q(1|4|7)$
b) $P(1|0|-4)$, $Q(7|-2|-1)$
c) $P(-3|8|10)$, $Q(1|1|6)$
d) $P(7|-1|-8)$, $Q(-7|4|-6)$
e) $P(-1|7|3)$, $Q(0|6|-1)$
f) $P(3|1|2)$, $Q(8|3|-2)$

**1.** a) $P(-2|4|3)$, $Q(1|4|7)$ **L**

$\Rightarrow d(P; Q) = \sqrt{(1-(-2))^2 + (4-4)^2 + (7-3)^2} = \sqrt{3^2 + 0^2 + 4^2} = \sqrt{25} = 5$ LE

a) 6 LE
b) 7 LE
c) 9 LE
d) 15 LE
e) $3 \cdot \sqrt{2}$ LE
f) $3 \cdot \sqrt{5}$ LE

**2.** Bestimmen Sie den Abstand des Punktes P zur Geraden g. **A**

a) $P(0|1|4)$, g: $\vec{x} = \begin{pmatrix} 2 \\ 9 \\ -3 \end{pmatrix} + s \cdot \begin{pmatrix} 2 \\ -3 \\ 2 \end{pmatrix}$, $s \in \mathbb{R}$

b) $P(2|2|-3)$, g: $\vec{x} = \begin{pmatrix} 9 \\ 9 \\ 7 \end{pmatrix} + s \cdot \begin{pmatrix} 3 \\ 4 \\ -2 \end{pmatrix}$, $s \in \mathbb{R}$

c) $P(9|-8|-6)$, $g: \vec{x} = \begin{pmatrix} -5 \\ 17 \\ 8 \end{pmatrix} + s \cdot \begin{pmatrix} 1 \\ 6 \\ 2 \end{pmatrix}$, $s \in \mathbb{R}$

d) $P(1|1|-4)$, $g: \vec{x} = \begin{pmatrix} 7 \\ 1 \\ 4 \end{pmatrix} + s \cdot \begin{pmatrix} 4 \\ 1 \\ -3 \end{pmatrix}$, $s \in \mathbb{R}$

e) $P(0|-4|-7)$, $g: \vec{x} = \begin{pmatrix} 8 \\ 7 \\ 4 \end{pmatrix} + s \cdot \begin{pmatrix} 2 \\ 2 \\ -1 \end{pmatrix}$, $s \in \mathbb{R}$

f) $P(-1|0|1)$, $g: \vec{x} = \begin{pmatrix} -1 \\ 1 \\ 3 \end{pmatrix} + s \cdot \begin{pmatrix} 2 \\ 1 \\ -2 \end{pmatrix}$, $s \in \mathbb{R}$

L

**2.** a) $P(0|1|4)$, $g: \vec{x} = \begin{pmatrix} 2 \\ 9 \\ -3 \end{pmatrix} + s \cdot \begin{pmatrix} 2 \\ -3 \\ 2 \end{pmatrix}$, $s \in \mathbb{R}$

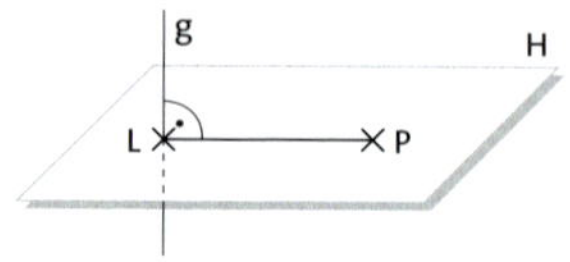


Die Ebene H, orthogonal zu g durch P besitzt die Gleichung:

$H: \begin{pmatrix} 2 \\ -3 \\ 2 \end{pmatrix} \cdot \left[ \vec{x} - \begin{pmatrix} 0 \\ 1 \\ 4 \end{pmatrix} \right] = 0$

$\Leftrightarrow\ 2x_1 - 3x_2 + 2x_3 - [2 \cdot 0 + (-3) \cdot 1 + 2 \cdot 4] = 0 \ \Leftrightarrow\ H: 2x_1 - 3x_2 + 2x_3 = 5$

Die Punktprobe der Geraden g in H liefert:

$2 \cdot (2 + 2s) - 3 \cdot (9 - 3s) + 2 \cdot (-3 + 2s) = 5 \ \Leftrightarrow\ 4 + 4s - 27 + 9s - 6 + 4s = 5$

$\Leftrightarrow\ 17s - 29 = 5$

$\Leftrightarrow\ 17s = 34 \ \Leftrightarrow\ s = 2$ eingesetzt in g:

$\vec{l} = \begin{pmatrix} 2 \\ 9 \\ -3 \end{pmatrix} + 2 \cdot \begin{pmatrix} 2 \\ -3 \\ 2 \end{pmatrix} = \begin{pmatrix} 6 \\ 3 \\ 1 \end{pmatrix} \Rightarrow$ g schneidet die Ebene H im Lotfußpunkt $L(6|3|1)$.

$d(P; g) = d(P; L) = |\overrightarrow{PL}| = \left| \begin{pmatrix} 6 \\ 3 \\ 1 \end{pmatrix} - \begin{pmatrix} 0 \\ 1 \\ 4 \end{pmatrix} \right| = \left| \begin{pmatrix} 6 \\ 2 \\ -3 \end{pmatrix} \right| = \sqrt{6^2 + 2^2 + (-3)^2} = 7\,\text{LE}.$

Alternativ kann die Aufgabe auch als Extremwertproblem aufgefasst werden, bei dem ein kürzester Abstand zu bestimmen ist. Ein beliebiger Punkt $G \in g$ hat die Darstellung $G(2 + 2s | 9 - 3s | -3 + 2s)$.

$|\overrightarrow{PG}| = \left| \begin{pmatrix} 2 + 2s \\ 8 - 3s \\ -7 + 2s \end{pmatrix} \right| = \sqrt{(2 + 2s)^2 + (8 - 3s)^2 + (-7 + 2s)^2}$

Für $s = 2$ ist die Länge des Vektors $\overrightarrow{PG}$ minimal und beträgt 7 LE.

b) $H: 3x_1 + 4x_2 - 2x_3 = 20$, $d(P; g) = d(P; L(6|5|9)) = 13\,\text{LE}$

c) $H: x_1 + 6x_2 + 2x_3 = -51$, $d(P; g) = d(P; L(-9|-7|0)) = 19\,\text{LE}$

d) $H: 4x_1 + x_2 - 3x_3 = 17$, $d(P; g) = d(P; L(7|1|4)) = 10\,\text{LE}$

e) $H: 2x_1 + 2x_2 - x_3 = -1$, $d(P; g) = d(P; L(2|1|7)) = 15\,\text{LE}$

f) $H: 2x_1 + x_2 - 2x_3 = -4$, $d(P; g) = d\left(P; L\left(-\frac{1}{3} \middle| \frac{4}{3} \middle| \frac{7}{3}\right)\right) = 2\,\text{LE}$

A

**3.** Wie kann man den Abstand zweier paralleler Geraden g und h bestimmen?

L

**3.** Da alle Punkte der Gerade h denselben Abstand zur Geraden g besitzen, wählt man einen beliebigen Punkt auf h und bestimmt dessen Abstand zu g.

A

**4.** Begründen Sie, dass die Geraden g und h zueinander parallel verlaufen.
Berechnen Sie ihren Abstand.

a) $g\colon \vec{x} = \begin{pmatrix} 1 \\ 10 \\ -9 \end{pmatrix} + s \cdot \begin{pmatrix} 1 \\ -2 \\ 2 \end{pmatrix},\ s \in \mathbb{R}$ und $h\colon \vec{x} = \begin{pmatrix} -8 \\ -5 \\ 3 \end{pmatrix} + t \cdot \begin{pmatrix} -2 \\ 4 \\ -4 \end{pmatrix},\ t \in \mathbb{R}$

b) $g\colon \vec{x} = \begin{pmatrix} 4 \\ 2 \\ -8 \end{pmatrix} + s \cdot \begin{pmatrix} 5 \\ -6 \\ -2 \end{pmatrix},\ s \in \mathbb{R}$ und $h\colon \vec{x} = \begin{pmatrix} -2 \\ -8 \\ 7 \end{pmatrix} + t \cdot \begin{pmatrix} -5 \\ 6 \\ 2 \end{pmatrix},\ t \in \mathbb{R}$

c) $g\colon \vec{x} = \begin{pmatrix} 7 \\ -4 \\ -1 \end{pmatrix} + s \cdot \begin{pmatrix} 6 \\ -4 \\ -2 \end{pmatrix},\ s \in \mathbb{R}$ und $h\colon \vec{x} = \begin{pmatrix} -7 \\ 5 \\ 9 \end{pmatrix} + t \cdot \begin{pmatrix} -9 \\ 6 \\ 3 \end{pmatrix},\ t \in \mathbb{R}$

d) $g\colon \vec{x} = \begin{pmatrix} 15 \\ 6 \\ -11 \end{pmatrix} + s \cdot \begin{pmatrix} -5 \\ -2 \\ 4 \end{pmatrix},\ s \in \mathbb{R}$ und $h\colon \vec{x} = \begin{pmatrix} -1 \\ 2 \\ -3 \end{pmatrix} + t \cdot \begin{pmatrix} 10 \\ 4 \\ -8 \end{pmatrix},\ t \in \mathbb{R}$

L

**4.** a) $g\colon \vec{x} = \begin{pmatrix} 1 \\ 10 \\ -9 \end{pmatrix} + s \cdot \begin{pmatrix} 1 \\ -2 \\ 2 \end{pmatrix},\ s \in \mathbb{R}$ und

$h\colon \vec{x} = \begin{pmatrix} -8 \\ -5 \\ 3 \end{pmatrix} + t \cdot \begin{pmatrix} -2 \\ 4 \\ -4 \end{pmatrix},\ t \in \mathbb{R}$

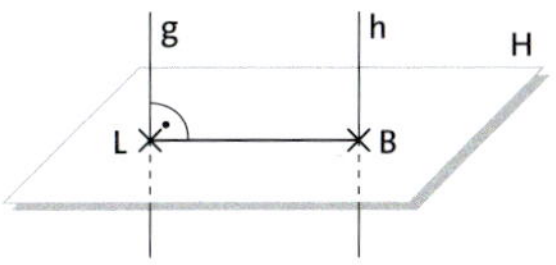


Da $(-2) \cdot \begin{pmatrix} 1 \\ -2 \\ 2 \end{pmatrix} = \begin{pmatrix} -2 \\ 4 \\ -4 \end{pmatrix}$, verlaufen die Geraden g und h zueinander parallel.

Man bestimmt den Abstand des Punktes $B(-8|-5|3) \in h$ zur Geraden g.
Die Ebene H, orthogonal zu g durch B besitzt die Gleichung

$$H\colon \begin{pmatrix} 1 \\ -2 \\ 2 \end{pmatrix} \bullet \left[\vec{x} - \begin{pmatrix} -8 \\ -5 \\ 3 \end{pmatrix}\right] = 0 \Leftrightarrow x_1 - 2x_2 + 2x_3 - [1 \cdot (-8) + (-2) \cdot (-5) + 2 \cdot 3] = 0$$

$$\Leftrightarrow H\colon x_1 - 2x_2 + 2x_3 = 8$$

Die Punktprobe für die Gerade g in H liefert

$$1 \cdot (1 + s) - 2 \cdot (10 - 2s) + 2 \cdot (-9 + 2s) = 8 \Leftrightarrow 1 + s - 20 + 4s - 18 + 4s = 8$$

$$\Leftrightarrow 9s - 37 = 8 \Leftrightarrow 9s = 45$$

$$\Leftrightarrow s = 5 \text{ eingesetzt in g}$$

$\vec{l} = \begin{pmatrix} 1 \\ 10 \\ -9 \end{pmatrix} + 5 \cdot \begin{pmatrix} 1 \\ -2 \\ 2 \end{pmatrix} = \begin{pmatrix} 6 \\ 0 \\ 1 \end{pmatrix} \Rightarrow$ g schneidet die Ebene H im Lotfußpunkt $L(6|0|1)$.

$$d(g; h) = d(B; g) = |\overrightarrow{BL}| = \left|\begin{pmatrix} 6 \\ 0 \\ 1 \end{pmatrix} - \begin{pmatrix} -8 \\ -5 \\ 3 \end{pmatrix}\right| = \left|\begin{pmatrix} 14 \\ 5 \\ -2 \end{pmatrix}\right| = \sqrt{14^2 + 5^2 + (-2)^2} = 15\,\text{LE}.$$

Die Geraden g und h sind zueinander parallel und besitzen einen Abstand von 15 LE.

b) Da $(-1) \cdot \begin{pmatrix} 5 \\ -6 \\ -2 \end{pmatrix} = \begin{pmatrix} -5 \\ 6 \\ 2 \end{pmatrix}$, verlaufen die Geraden g und h zueinander parallel.

$H\colon 5x_1 - 6x_2 - 2x_3 = 24,\ d(B; g) = d(B; L(4|2|-8)) = 19\,\text{LE}$

c) Da $\left(-\frac{3}{2}\right) \cdot \begin{pmatrix} 6 \\ -4 \\ -2 \end{pmatrix} = \begin{pmatrix} -9 \\ 6 \\ 3 \end{pmatrix}$, verlaufen die Geraden g und h zueinander parallel.

$H\colon 3x_1 - 2x_2 - x_3 = -40,\ d(B; g) = d(B; L(-8|6|4)) = 3\sqrt{3}\,\text{LE}$

d) Da $(-2) \cdot \begin{pmatrix} -5 \\ -2 \\ 4 \end{pmatrix} = \begin{pmatrix} 10 \\ 4 \\ -8 \end{pmatrix}$, verlaufen die Geraden g und h zueinander parallel.

$H\colon 5x_1 + 2x_2 - 4x_3 = 11,\ d(B; g) = d\left(B; L\left(\frac{5}{3}\middle|\frac{2}{3}\middle|-\frac{1}{3}\right)\right) = 4\,\text{LE}$

A

**5.** Beschreiben Sie die Berechnung des Abstands windschiefer Geraden g und h. Wie findet man die Punkte $P \in g$ und $Q \in h$ mit minimalem Abstand?

L

**5.** 1. Möglichkeit

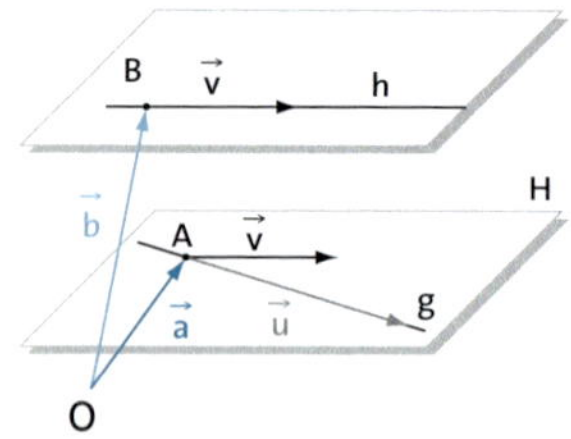


Wenn nur der Abstand der beiden Geraden gesucht wird, so bestimmt man den Abstand eines beliebigen Punktes der Geraden h von der Hilfsebene $H: \vec{x} = \vec{a} + s \cdot \vec{u} + t \cdot \vec{v}$ mit $s, t \in \mathbb{R}$.
Sie enthält die Gerade g und verläuft parallel zu h.
Es ist $d(B, H) = d(g, h)$.

2. Möglichkeit

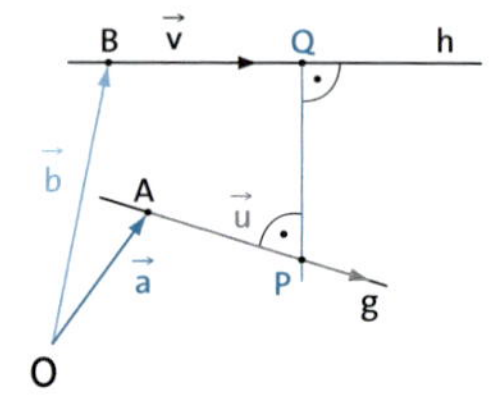


Sind neben dem Abstand der Geraden g und h auch die beiden Punkte $P \in g$ mit $\vec{p} = \vec{a} + s_1 \cdot \vec{u}$ und $Q \in h$ mit $\vec{q} = \vec{b} + t_1 \cdot \vec{v}$ mit minimalem Abstand zu bestimmen.
So führt der Ansatz
1) $\overrightarrow{PQ} \perp \vec{u}$ und
2) $\overrightarrow{PQ} \perp \vec{v}$,
zu einem LGS für die zwei unbekannten Parameter $s_1$ und $t_1$.
Es gilt dann $|\overrightarrow{PQ}| = d(g; h)$.

A

**6.** Zeigen Sie, dass die Geraden g und h windschief sind. Berechnen Sie ihren Abstand.

a) $g: \vec{x} = \begin{pmatrix} -7 \\ 3 \\ 2 \end{pmatrix} + s \cdot \begin{pmatrix} 4 \\ 2 \\ 3 \end{pmatrix}$, $s \in \mathbb{R}$ und $h: \vec{x} = \begin{pmatrix} 4 \\ 9 \\ 1 \end{pmatrix} + t \cdot \begin{pmatrix} -1 \\ 4 \\ -3 \end{pmatrix}$, $t \in \mathbb{R}$

b) $g: \vec{x} = \begin{pmatrix} 1 \\ 10 \\ -2 \end{pmatrix} + s \cdot \begin{pmatrix} 0 \\ 2 \\ -3 \end{pmatrix}$, $s \in \mathbb{R}$ und $h: \vec{x} = \begin{pmatrix} 3 \\ -3 \\ -1 \end{pmatrix} + t \cdot \begin{pmatrix} 2 \\ 2 \\ 3 \end{pmatrix}$, $t \in \mathbb{R}$

c) $g: \vec{x} = \begin{pmatrix} 6 \\ -5 \\ -10 \end{pmatrix} + s \cdot \begin{pmatrix} 6 \\ 0 \\ -1 \end{pmatrix}$, $s \in \mathbb{R}$ und $h: \vec{x} = \begin{pmatrix} -5 \\ 3 \\ 15 \end{pmatrix} + t \cdot \begin{pmatrix} 4 \\ 3 \\ -3 \end{pmatrix}$, $t \in \mathbb{R}$

d) $g: \vec{x} = \begin{pmatrix} 5 \\ 9 \\ 3 \end{pmatrix} + s \cdot \begin{pmatrix} 1 \\ 1 \\ 0 \end{pmatrix}$, $s \in \mathbb{R}$ und $h: \vec{x} = \begin{pmatrix} 0 \\ 3 \\ -8 \end{pmatrix} + t \cdot \begin{pmatrix} 5 \\ -2 \\ 4 \end{pmatrix}$, $t \in \mathbb{R}$

L

**6.** a) $g: \vec{x} = \begin{pmatrix} -7 \\ 3 \\ 2 \end{pmatrix} + s \cdot \begin{pmatrix} 4 \\ 2 \\ 3 \end{pmatrix}$, $s \in \mathbb{R}$ und $h: \vec{x} = \begin{pmatrix} 4 \\ 9 \\ 1 \end{pmatrix} + t \cdot \begin{pmatrix} -1 \\ 4 \\ -3 \end{pmatrix}$, $t \in \mathbb{R}$

1) Untersuchung auf Parallelität:

$$k \cdot \begin{pmatrix} 4 \\ 2 \\ 3 \end{pmatrix} = \begin{pmatrix} -1 \\ 4 \\ -3 \end{pmatrix} \Rightarrow \left.\begin{array}{ll} (1) & 4k = -1 \Leftrightarrow k = -\frac{1}{4} \\ (2) & 2k = 4 \Leftrightarrow k = 2 \\ (3) & 3k = -3 \Leftrightarrow k = -1 \end{array}\right\} \Rightarrow g \nparallel h$$

2) Untersuchung auf gemeinsame Punkte:

$$\begin{pmatrix} -7 \\ 3 \\ 2 \end{pmatrix} + s \cdot \begin{pmatrix} 4 \\ 2 \\ 3 \end{pmatrix} = \begin{pmatrix} 4 \\ 9 \\ 1 \end{pmatrix} + t \cdot \begin{pmatrix} -1 \\ 4 \\ -3 \end{pmatrix} \Rightarrow \begin{array}{ll} (1) & -7 + 4s = 4 - t \\ (2) & 3 + 2s = 9 + 4t \\ (3) & 2 + 3s = 1 - 3t \end{array}$$

Aus (1): $-7+4s = 4-t \Leftrightarrow$ (4) $t = 11-4s$

(4) in (2) $\Rightarrow 3+2s = 9+4\cdot(11-4s) \Leftrightarrow 3+2s = 9+44-16s$

$\Leftrightarrow 18s = 50 \Leftrightarrow s = \frac{25}{9}$

Eingesetzt in (4) $\Rightarrow t = 11-4\cdot\frac{25}{9} \Leftrightarrow t = -\frac{1}{9}$

Die Probe in (3) $2+3\cdot\frac{25}{9} = 1-3\cdot\left(-\frac{1}{9}\right) \Leftrightarrow 10\frac{1}{3} = 1\frac{1}{3}$ liefert eine falsche Aussage.

g und h haben somit keinen gemeinsamen Punkt $\Rightarrow$ g und h sind windschief.

3) Abstandsberechnung mit Methode 1

Die Hilfsebene H mit $g \subset H$ und $h \parallel H$ besitzt die Gleichung

$$H: \vec{x} = \begin{pmatrix}-7\\3\\2\end{pmatrix} + s\cdot\begin{pmatrix}4\\2\\3\end{pmatrix} + t\cdot\begin{pmatrix}-1\\4\\-3\end{pmatrix};\ s,t \in \mathbb{R}$$

Bestimmung einer Koordinatengleichung von H:

$$\begin{array}{rcll}
x_1 & = & -7+4s-t & |\cdot 4 \quad |\cdot(-3) \quad \text{Eliminieren von } t \\
x_2 & = & 3+2s+4t & \\
x_3 & = & 2+3s-3t & \\
\hline
4x_1 + x_2 & = & -25+18s & \text{Eliminieren von } s \\
-3x_1 + x_3 & = & 23-9s & |\cdot 2 \\
\hline
H: -2x_1 + x_2 + 2x_3 & = & 21 &
\end{array}$$

HNF von H: $\frac{-2x_1+x_2+2x_3-21}{\sqrt{(-2)^2+1^2+2^2}} = 0$, vereinfacht $\frac{-2x_1+x_2+2x_3-21}{3} = 0$

Die Koordinaten von $B(4|9|1)$ eingesetzt in die HNF von H liefert:

$\frac{-2\cdot4+9+2\cdot1-21}{3} = \frac{-18}{3} = -6 \Rightarrow d(g;h) = d(B;H) = |-6| = 6$ LE

Alternative:

Gesucht werden die Punkte $P \in g$ und $Q \in h$ so, dass der Verbindungsvektor $\overrightarrow{PQ}$ orthogonal zu den Richtungsvektoren von g und h ist.

$$\overrightarrow{PQ} = \begin{pmatrix}4\\9\\1\end{pmatrix} + t_1\cdot\begin{pmatrix}-1\\4\\-3\end{pmatrix} - \left[\begin{pmatrix}-7\\3\\2\end{pmatrix} + s_1\cdot\begin{pmatrix}4\\2\\3\end{pmatrix}\right] = \begin{pmatrix}11\\6\\-1\end{pmatrix} + s_1\cdot\begin{pmatrix}-4\\-2\\-3\end{pmatrix} + t_1\cdot\begin{pmatrix}-1\\4\\-3\end{pmatrix}$$

Mit den Bedingungen $\overrightarrow{PQ} \perp \vec{u}$ und $\overrightarrow{PQ} \perp \vec{v}$ erhält man ein Gleichungssystem mit zwei Gleichungen und zwei Unbekannten:

(1) $\left[\begin{pmatrix}11\\6\\-1\end{pmatrix} + s_1\cdot\begin{pmatrix}-4\\-2\\-3\end{pmatrix} + t_1\cdot\begin{pmatrix}-1\\4\\-3\end{pmatrix}\right] \bullet \begin{pmatrix}4\\2\\3\end{pmatrix} = 0$

$\Leftrightarrow 44+12+(-3)+s_1\cdot[-16+(-4)+(-9)]+t_1\cdot[-4+8+(-9)] = 0$

$\Leftrightarrow 53-29s_1-5t_1 = 0$

(2) $\left[\begin{pmatrix}11\\6\\-1\end{pmatrix} + s_1\cdot\begin{pmatrix}-4\\-2\\-3\end{pmatrix} + t_1\cdot\begin{pmatrix}-1\\4\\-3\end{pmatrix}\right] \bullet \begin{pmatrix}-1\\4\\-3\end{pmatrix} = 0$

$\Leftrightarrow -11+24+3+s_1\cdot[4-8+9]+t_1\cdot[1+16+9] = 0$

$\Leftrightarrow 16+5s_1+26t_1 = 0$

Zusammenfassung:

$$\begin{array}{lrl} (1) & 53 - 29s_1 - 5t_1 = 0 & |\cdot 26 \\ (2) & 16 + 5s_1 + 26t_1 = 0 & |\cdot 5 \\ \hline & 1458 - 729s_1 = 0 & \Leftrightarrow 1458 = 729s_1 \Leftrightarrow s_1 = 2 \end{array}$$

In (2): $16 + 10 + 26t_1 = 0 \Leftrightarrow 26t_1 = -26 \Leftrightarrow t_1 = -1$

$$\vec{p} = \begin{pmatrix} -7 \\ 3 \\ 2 \end{pmatrix} + 2 \cdot \begin{pmatrix} 4 \\ 2 \\ 3 \end{pmatrix} = \begin{pmatrix} 1 \\ 7 \\ 8 \end{pmatrix} \Rightarrow P(1|7|8) \text{ und } \vec{q} = \begin{pmatrix} 4 \\ 9 \\ 1 \end{pmatrix} + (-1) \cdot \begin{pmatrix} -1 \\ 4 \\ -3 \end{pmatrix} = \begin{pmatrix} 5 \\ 5 \\ 4 \end{pmatrix} \Rightarrow Q(5|5|4)$$

$$|\overrightarrow{PQ}| = \left| \begin{pmatrix} 5 \\ 5 \\ 4 \end{pmatrix} - \begin{pmatrix} 1 \\ 7 \\ 8 \end{pmatrix} \right| = \left| \begin{pmatrix} 4 \\ -2 \\ -4 \end{pmatrix} \right| = \sqrt{4^2 + (-2)^2 + (-4)^2} = 6 \text{ LE}$$

Somit besitzen g und h einen Abstand von 6 LE.

b) $H: -6x_1 + 3x_2 + 2x_3 - 20 = 0$ bzw. $P(1|4|7)$ und $Q(7|1|5) \Rightarrow d(g; h) = 7$ LE.

c) $H: 3x_1 + 14x_2 + 18x_3 + 232 = 0$ bzw. $P(0|-5|-9)$ und $Q(3|9|9)$
$\Rightarrow d(g; h) = 23$ LE.

d) $H: -4x_1 + 4x_2 + 7x_3 - 37 = 0$ bzw. $P(1|5|3)$ und $Q(5|1|-4) \Rightarrow d(g; h) = 9$ LE.

A

**7.** Berechnen Sie den Abstand des Punktes P zur Ebene E.

a) $P(7|4|-5)$ und $E: 2x_1 + x_2 - 2x_3 = 1$

b) $P(9|2|1)$ und $E: 7x_1 + x_2 + 5x_3 = -80$

c) $P(6|25|-24)$ und $E: \begin{pmatrix} 1 \\ 12 \\ -12 \end{pmatrix} \cdot \left[ \vec{x} - \begin{pmatrix} 4 \\ 4 \\ 3 \end{pmatrix} \right] = 0$

d) $P(1|0|2)$ und $E: \begin{pmatrix} 4 \\ 4 \\ -7 \end{pmatrix} \cdot \left[ \vec{x} - \begin{pmatrix} 1 \\ 1 \\ 0 \end{pmatrix} \right] = 0$

e) $P(3|-4|7)$ und $E: \vec{x} = \begin{pmatrix} -9 \\ 15 \\ -1 \end{pmatrix} + s \cdot \begin{pmatrix} 1 \\ 1 \\ 0 \end{pmatrix} + t \cdot \begin{pmatrix} 5 \\ -2 \\ -6 \end{pmatrix}; \; s, t \in \mathbb{R}$

f) $P(1|4|2)$ und $E: \vec{x} = \begin{pmatrix} 8 \\ 8 \\ 8 \end{pmatrix} + s \cdot \begin{pmatrix} 1 \\ -3 \\ -1 \end{pmatrix} + t \cdot \begin{pmatrix} 5 \\ 0 \\ -8 \end{pmatrix}; \; s, t \in \mathbb{R}$

L

**7.** a) $P(7|4|-5)$ und $E: 2x_1 + x_2 - 2x_3 = 1$

1. Möglichkeit

HNF von E: $\frac{2x_1 + x_2 - 2x_3 - 1}{3} = 0$

Die Koordinaten von P eingesetzt in die HESSE-Normalenform von E liefert:

$\frac{2 \cdot 7 + 4 - 2 \cdot (-5) - 1}{3} = \frac{27}{3} = 9 \Rightarrow d(P; E) = 9$ LE

2. Möglichkeit

Die Lotgerade zur Ebene E durch den Punkt P besitzt die Gleichung:

$l: \vec{x} = \begin{pmatrix} 7 \\ 4 \\ -5 \end{pmatrix} + s \cdot \begin{pmatrix} 2 \\ 1 \\ -2 \end{pmatrix}, \; s \in \mathbb{R}$

Die Punktprobe von l in der Koordinatengleichung von E liefert:

$2 \cdot (7 + 2s) + (4 + s) - 2 \cdot (-5 - 2s) = 1 \Leftrightarrow 14 + 4s + 4 + s + 10 + 4s = 1$

$\Leftrightarrow 9s + 28 = 1 \Leftrightarrow 9s = -27 \Leftrightarrow s = -3$

eingesetzt in I: $\begin{pmatrix}7\\4\\-5\end{pmatrix} + (-3)\cdot\begin{pmatrix}2\\1\\-2\end{pmatrix} = \begin{pmatrix}1\\1\\1\end{pmatrix} \Rightarrow S(1|1|1)$

$|\overrightarrow{PS}| = \left|\begin{pmatrix}1\\1\\1\end{pmatrix} - \begin{pmatrix}7\\4\\-5\end{pmatrix}\right| = \left|\begin{pmatrix}-6\\-3\\6\end{pmatrix}\right| = \sqrt{(-6)^2+(-3)^2+6^2} = 9 \Rightarrow d(P;E) = 9\,\text{LE}$

b) HNF von E: $\frac{-7x_1 - x_2 - 5x_3 - 80}{\sqrt{75}} = 0$ bzw. $S(-5|0|-9) \Rightarrow d(P;E) = 10\cdot\sqrt{3}\,\text{LE}$

c) HNF von E: $\frac{x_1 + 12x_2 - 12x_3 - 16}{17} = 0$ bzw. $S(4|1|0) \Rightarrow d(P;E) = 34\,\text{LE}$

d) HNF von E: $\frac{4x_1 + 4x_2 - 7x_3 - 8}{9} = 0$ bzw. $S\left(\frac{17}{9}\middle|\frac{8}{9}\middle|\frac{4}{9}\right) \Rightarrow d(P;E) = 2\,\text{LE}$

e) HNF von E: $\frac{-6x_1 + 6x_2 - 7x_3 - 151}{11} = 0$ bzw. $S(-9|8|-7) \Rightarrow d(P;E) = 22\,\text{LE}$

f) HNF von E: $\frac{8x_1 + x_2 + 5x_3 - 112}{\sqrt{90}} = 0$ bzw. $S(9|5|7) \Rightarrow d(P;E) = 3\cdot\sqrt{10}\,\text{LE}$

**8.** Wie kann man nachweisen, dass eine Gerade g parallel zu einer Ebene E verläuft? Wie bestimmt man den Abstand der Geraden g von der Ebene E? A

**8.** Eine Gerade verläuft parallel zu einer Ebene E, wenn der Richtungsvektor $\vec{u}$ der Geraden und der Normalenvektor $\vec{n}$ der Ebene zueinander orthogonal sind, also $\vec{n} \cdot \vec{u} = 0$ gilt. L

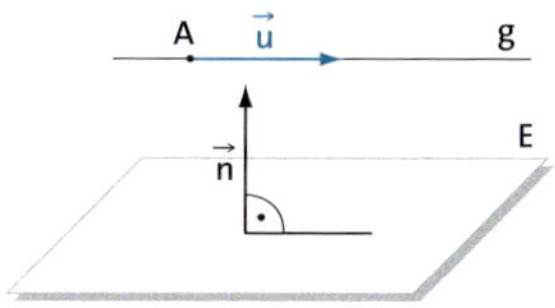


Der Abstand von g zu E entspricht dem Abstand eines beliebigen Punktes von g zu E.
Alternative:
Macht man die Punktprobe für die Gerade $g: \vec{x} = \vec{a} + \vec{s}\cdot\vec{u}$ in der HNF von E und ergibt sich ein vom Parameter s unabhängiger Wert, so ist $g \parallel E$ und sein Betrag entspricht dem Abstand von g zu E.

**9.** Zeigen Sie, dass die Gerade g parallel zur Ebene E verläuft. Berechnen Sie den Abstand von g und E. A

a) $g: \vec{x} = \begin{pmatrix}1\\3\\8\end{pmatrix} + s\cdot\begin{pmatrix}1\\-4\\3\end{pmatrix},\ s \in \mathbb{R}$ und $E: 14x_1 + 5x_2 + 2x_3 = 165$

b) $g: \vec{x} = \begin{pmatrix}2\\5\\1\end{pmatrix} + s\cdot\begin{pmatrix}4\\1\\-1\end{pmatrix},\ s \in \mathbb{R}$ und $E: 7x_1 - 2x_2 + 26x_3 = 30$

c) $g: \vec{x} = \begin{pmatrix}5\\1\\-2\end{pmatrix} + s\cdot\begin{pmatrix}4\\5\\-2\end{pmatrix},\ s \in \mathbb{R}$ und $E: 10x_1 + 2x_2 + 25x_3 = 56$

d) $g: \vec{x} = \begin{pmatrix}1\\-1\\2\end{pmatrix} + s\cdot\begin{pmatrix}2\\-2\\3\end{pmatrix},\ s \in \mathbb{R}$ und $E: 2x_1 + 23x_2 + 14x_3 = 88$

e) $g: \vec{x} = \begin{pmatrix}2\\1\\5\end{pmatrix} + r\cdot\begin{pmatrix}6\\8\\-7\end{pmatrix},\ r \in \mathbb{R}$ und $E: \vec{x} = \begin{pmatrix}0\\-1\\2\end{pmatrix} + s\cdot\begin{pmatrix}2\\-1\\0\end{pmatrix} + t\cdot\begin{pmatrix}2\\10\\-7\end{pmatrix};\ s, t \in \mathbb{R}$

L

**9.** a) $g: \vec{x} = \begin{pmatrix}1\\3\\8\end{pmatrix} + s \cdot \begin{pmatrix}1\\-4\\3\end{pmatrix}$, $s \in \mathbb{R}$ und $E: 14x_1 + 5x_2 + 2x_3 = 165$

$\vec{u} \cdot \vec{n} = \begin{pmatrix}1\\-4\\3\end{pmatrix} \cdot \begin{pmatrix}14\\5\\2\end{pmatrix} = 1 \cdot 14 + (-4) \cdot 5 + 3 \cdot 2 = 14 - 20 + 6 = 0 \Rightarrow g \parallel E$

Zur Abstandsberechnung benötigt man die

HNF von E: $\frac{14x_1 + 5x_2 + 2x_3 - 165}{\sqrt{14^2 + 5^2 + 2^2}} = 0$, vereinfacht $\frac{14x_1 + 5x_2 + 2x_3 - 165}{15} = 0$

Die Koordinaten von $A(1|3|8) \in g$ eingesetzt in die HNF von E liefert:

$\frac{14 \cdot 1 + 5 \cdot 3 + 2 \cdot 8 - 165}{15} = \frac{-120}{15} = -8 \Rightarrow d(A; E) = d(g; E) = |-8| = 8\,\text{LE}$

Alternative:

Punktprobe für g in der HNF von E:

$\frac{14 \cdot (1+s) + 5 \cdot (3 - 4s) + 2 \cdot (8 + 3s) - 165}{15} = \frac{-120}{15} = -8 \Rightarrow g \parallel E$ und $d(g; E) = |-8| = 8\,\text{LE}$

b) $\begin{pmatrix}4\\1\\-1\end{pmatrix} \cdot \begin{pmatrix}7\\-2\\26\end{pmatrix} = 0 \Rightarrow g \parallel E$; HNF von E: $\frac{7x_1 - 2x_2 + 26x_3 - 30}{27} = 0$;

$d(g; E) = 0\,\text{LE} \Rightarrow g \subset E$

c) $\begin{pmatrix}4\\5\\-2\end{pmatrix} \cdot \begin{pmatrix}10\\2\\25\end{pmatrix} = 0 \Rightarrow g \parallel E$; HNF von E: $\frac{10x_1 + 2x_2 + 25x_3 - 56}{27} = 0$; $d(g: E) = 2\,\text{LE}$

d) $\begin{pmatrix}2\\-2\\3\end{pmatrix} \cdot \begin{pmatrix}2\\23\\14\end{pmatrix} = 0 \Rightarrow g \parallel E$; HNF von E: $\frac{2x_1 + 23x_2 + 14x_3 - 88}{27} = 0$; $d(g: E) = 3\,\text{LE}$

e) $\begin{pmatrix}6\\8\\-7\end{pmatrix} \cdot \begin{pmatrix}7\\14\\22\end{pmatrix} = 0 \Rightarrow g \parallel E$; HNF von E: $\frac{7x_1 + 14x_2 + 22x_3 - 30}{27} = 0$; $d(g: E) = 4\,\text{LE}$

A

**10.** Zeigen Sie, dass die Punkte $P(5|4|-5)$ und $Q(-3|0|6)$ denselben Abstand zur Ebene $E: 3x_1 + 2x_2 - 6x_3 = 4$ besitzen. Dennoch verläuft die Gerade durch P und Q nicht parallel zur Ebene E. Wie ist das möglich?

L

**10.** HNF von E: $\frac{3x_1 + 2x_2 - 6x_3 - 4}{\sqrt{9 + 4 + 36}} = 0 \Leftrightarrow \frac{3x_1 + 2x_2 - 6x_3 - 4}{7} = 0$

$P(5|4|-5)$ eingesetzt in die HNF liefert $\frac{3 \cdot 5 + 2 \cdot 4 - 6 \cdot (-5) - 4}{7} = 7 \Rightarrow d(P; E) = 7$

$Q(-3|0|6)$ eingesetzt in die HNF liefert $\frac{3 \cdot (-3) + 2 \cdot 0 - 6 \cdot 6 - 4}{7} = -7 \Rightarrow d(Q; E) = 7$

Die Punkte P und Q haben zwar denselben Abstand zur Ebene, liegen jedoch in verschiedenen von E erzeugten Halbräumen. (Die Gerade durch P und Q schneidet E im Punkt $S(1|2|0{,}5)$.)

A

**11.** Wie kann man nachweisen, dass zwei Ebenen $E_1$ und $E_2$ zueinander parallel sind? Wie bestimmt man ihren Abstand?

L

**11.** Zwei Ebenen $E_1$ und $E_2$ sind zueinander parallel, wenn beide Richtungsvektoren der einen Ebene orthogonal zum Normalenvektor der anderen Ebene oder die Normalenvektoren linear abhängig sind.

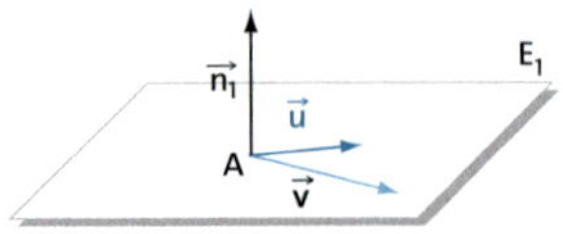

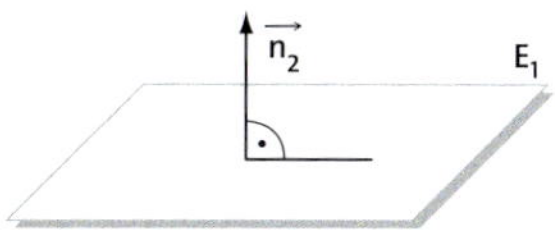


Der Abstand von $E_1$ zu $E_2$ ist dann der Abstand eines beliebigen Punktes der einen Ebene zur anderen Ebene.

Alternative:

Ist die Ebene $E_1$ in Punkt-Richtungsform gegeben und liefert die Punktprobe für $E_1$ in der HESSE-Normalenform von $E_2$ eine von den beiden Parametern s und t (aus der Punkt-Richtungsform von $E_1$) unabhängige Zahl, so sind $E_1$ und $E_2$ parallel und der Betrag der Zahl ist dann der Abstand.

**12.** Zeigen Sie, dass die Ebenen $E_1$ und $E_2$ zueinander parallel verlaufen. Berechnen Sie ihren Abstand. A

a) $E_1: \vec{x} = \begin{pmatrix} 3 \\ 7 \\ 5 \end{pmatrix} + s \cdot \begin{pmatrix} 0 \\ 8 \\ -1 \end{pmatrix} + t \cdot \begin{pmatrix} 3 \\ 0 \\ -2 \end{pmatrix}$; $s, t \in \mathbb{R}$ und $E_2: 16x_1 + 3x_2 + 24x_3 = 44$

b) $E_1: \vec{x} = \begin{pmatrix} 3 \\ -8 \\ -1 \end{pmatrix} + s \cdot \begin{pmatrix} 5 \\ 0 \\ 2 \end{pmatrix} + t \cdot \begin{pmatrix} 10 \\ 3 \\ 2 \end{pmatrix}$; $s, t \in \mathbb{R}$ und $E_2: 6x_1 - 10x_2 - 15x_3 = -1$

c) $E_1: 6x_1 - 6x_2 + 17x_3 = 51$ und $E_2: -6x_1 + 6x_2 - 17x_3 = 82$

d) $E_1: \vec{x} = \begin{pmatrix} 0 \\ 1 \\ 4 \end{pmatrix} + s_1 \cdot \begin{pmatrix} 8 \\ 2 \\ 7 \end{pmatrix} + t_1 \cdot \begin{pmatrix} 2 \\ -2 \\ 3 \end{pmatrix}$ und $E_2: \vec{x} = \begin{pmatrix} 8 \\ 1 \\ 0 \end{pmatrix} + s_2 \cdot \begin{pmatrix} 5 \\ 4 \\ 3 \end{pmatrix} + t_2 \cdot \begin{pmatrix} 1 \\ 6 \\ -2 \end{pmatrix}$; $s_1, t_1, s_2, t_2 \in \mathbb{R}$

**12.** a) $E_1: \vec{x} = \begin{pmatrix} 3 \\ 7 \\ 5 \end{pmatrix} + s \cdot \begin{pmatrix} 0 \\ 8 \\ -1 \end{pmatrix} + t \cdot \begin{pmatrix} 3 \\ 0 \\ -2 \end{pmatrix}$; $s, t \in \mathbb{R}$ und $E_2: 16x_1 + 3x_2 + 24x_3 = 44$ L

Untersuchung auf Parallelität:

$$\begin{pmatrix} 0 \\ 8 \\ -1 \end{pmatrix} \bullet \begin{pmatrix} 16 \\ 3 \\ 24 \end{pmatrix} = 0 \cdot 16 + 8 \cdot 3 + (-1) \cdot 24 = 24 - 24 = 0$$

$$\begin{pmatrix} 3 \\ 0 \\ -2 \end{pmatrix} \bullet \begin{pmatrix} 16 \\ 3 \\ 24 \end{pmatrix} = 3 \cdot 16 + 0 \cdot 3 + (-2) \cdot 24 = 48 - 48 = 0 \Rightarrow E_1 \parallel E_2$$

Zur Abstandsberechnung benötigt man die HNF von $E_2$: $\frac{16x_1 + 3x_2 + 24x_3 - 44}{\sqrt{16^2 + 3^2 + 24^2}} = 0$,

vereinfacht $\frac{16x_1 + 3x_2 + 24x_3 - 44}{29} = 0$

Die Koordinaten von $A(3|7|5) \in E_1$ eingesetzt in die HNF von $E_2$ liefert:

$$\frac{16 \cdot 3 + 3 \cdot 7 + 24 \cdot 5 - 44}{29} = \frac{145}{29} = 5 \Rightarrow d(A; E_2) = d(E_1; E_2) = 5\,\text{LE}$$

Alternative:

Punktprobe für $E_1$ in der HNF von $E_2$:

$$\frac{16 \cdot (3 + 3t) + 3 \cdot (7 + 8s) + 24 \cdot (5 - s - 2t) - 44}{29} = \frac{145}{29} = 5 \Rightarrow \quad E_1 \parallel E_2 \text{ und } d(E_1; E_2) = 5\,\text{LE}$$

b) $\begin{pmatrix} 5 \\ 0 \\ 2 \end{pmatrix} \bullet \begin{pmatrix} 6 \\ -10 \\ -15 \end{pmatrix} = 0$ und $\begin{pmatrix} 10 \\ 3 \\ 2 \end{pmatrix} \bullet \begin{pmatrix} 6 \\ -10 \\ -15 \end{pmatrix} = 0 \Rightarrow E_1 \parallel E_2$

HNF von $E_2$: $\frac{-6x_1 + 10x_2 + 15x_3 - 1}{19} = 0$; $d\big(A(3|-8|-1); E_2\big) = d(E_1; E_2) = 6\,\text{LE}$

c) $(-1) \cdot \begin{pmatrix} 6 \\ -6 \\ 17 \end{pmatrix} = \begin{pmatrix} -6 \\ 6 \\ -17 \end{pmatrix} \Rightarrow E_1 \parallel E_2$; $A(0|0|3) \in E_1$

HNF von $E_2$: $\frac{-6x_1 + 6x_2 - 17x_3 - 82}{19} = 0$; $d\big(A(0|0|3); E_2\big) = d(E_1; E_2) = 7\,\text{LE}$

d) $\begin{pmatrix}8\\2\\7\end{pmatrix} \cdot \begin{pmatrix}2\\-1\\-2\end{pmatrix} = 0$ und $\begin{pmatrix}2\\-2\\3\end{pmatrix} \cdot \begin{pmatrix}2\\-1\\-2\end{pmatrix} = 0 \Rightarrow E_1 \parallel E_2$

HNF von $E_2$: $\frac{2x_1 - x_2 - 2x_3 - 15}{3} = 0$; $d(A(0|1|4); E_2) = d(E_1; E_2) = 8$ LE

A

**13.** Bestimmen Sie die zu $E: 6x_1 - 2x_2 + 3x_3 = 21$ parallelen Ebenen mit Abstand 5 LE.

L

**13.** HNF von E: $\frac{6x_1 - 2x_2 + 3x_3 - 21}{7} = 0$

$F_1$: $\frac{6x_1 - 2x_2 + 3x_3 - 21}{7} = 5 \Leftrightarrow 6x_1 - 2x_2 + 3x_3 = 56$

$F_2$: $\frac{6x_1 - 2x_2 + 3x_3 - 21}{7} = -5 \Leftrightarrow 6x_1 - 2x_2 + 3x_3 = -14$

A

**14.** Zeigen Sie, dass es sich bei dem Viereck ABCD um eine Raute handelt.
Berechnen Sie ihren Flächeninhalt.

a) $A(2|0|3)$, $B(2|2|2)$, $C(3|4|2)$, $D(3|2|3)$
b) $A(2|-1|8)$, $B(2|4|3)$, $C(6|9|0)$, $D(6|4|5)$
c) $A(9|0|1)$, $B(3|0|4)$, $C(1|4|9)$, $D(7|4|6)$

L

**14.** a) $\overrightarrow{AB} = \overrightarrow{DC} = \begin{pmatrix}0\\2\\-1\end{pmatrix}$, $\overrightarrow{BC} = \overrightarrow{AD} = \begin{pmatrix}1\\2\\0\end{pmatrix}$, $|\overrightarrow{AB}| = |\overrightarrow{BC}| = |\overrightarrow{CD}| = |\overrightarrow{DA}| = \sqrt{5}$

$\Rightarrow$ Das Viereck ABCD ist eine Raute. $F_{ABCD} = \frac{1}{2} \cdot |\overrightarrow{AC}| \cdot |\overrightarrow{BD}| = \frac{1}{2} \cdot \sqrt{18} \cdot \sqrt{2} = 3$ FE

b) $\overrightarrow{AB} = \overrightarrow{DC} = \begin{pmatrix}0\\5\\-5\end{pmatrix}$, $\overrightarrow{BC} = \overrightarrow{AD} = \begin{pmatrix}4\\5\\-3\end{pmatrix}$, $|\overrightarrow{AB}| = |\overrightarrow{BC}| = |\overrightarrow{CD}| = |\overrightarrow{DA}| = \sqrt{50}$

$\Rightarrow$ Das Viereck ABCD ist eine Raute. $F_{ABCD} = \frac{1}{2} \cdot |\overrightarrow{AC}| \cdot |\overrightarrow{BD}| = \frac{1}{2} \cdot \sqrt{180} \cdot \sqrt{20} = 30$ FE

c) $\overrightarrow{AB} = \overrightarrow{DC} = \begin{pmatrix}-6\\0\\3\end{pmatrix}$, $\overrightarrow{BC} = \overrightarrow{AD} = \begin{pmatrix}-2\\4\\5\end{pmatrix}$, $|\overrightarrow{AB}| = |\overrightarrow{BC}| = |\overrightarrow{CD}| = |\overrightarrow{DA}| = \sqrt{45}$

$\Rightarrow$ Das Viereck ABCD ist eine Raute. $F_{ABCD} = \frac{1}{2} \cdot |\overrightarrow{AC}| \cdot |\overrightarrow{BD}| = \frac{1}{2} \cdot 12 \cdot 6 = 36$ FE

A

**15.** Zeigen Sie, dass das Viereck ABCD ein Quadrat ist. Berechnen Sie seinen Inhalt.

a) $A(-3|4|4)$, $B(5|0|5)$, $C(9|7|1)$, $D(1|11|0)$
b) $A(7|-9|6)$, $B(1|0|8)$, $C(8|6|2)$, $D(14|-3|0)$
c) $A(-15|16|9)$, $B(-2|0|13)$, $C(14|11|5)$, $D(1|27|1)$

L

**15.** a) $\overrightarrow{AB} = \overrightarrow{DC} = \begin{pmatrix}8\\-4\\1\end{pmatrix}$, $\overrightarrow{BC} = \overrightarrow{AD} = \begin{pmatrix}4\\7\\-4\end{pmatrix}$, $\begin{pmatrix}8\\-4\\1\end{pmatrix} \cdot \begin{pmatrix}4\\7\\-4\end{pmatrix} = 32 - 28 - 4 = 0$, $|\overrightarrow{AB}| = |\overrightarrow{BC}| = 9$

$\Rightarrow$ Das Viereck ABCD ist ein Quadrat. $F_{ABCD} = 9^2 = 81$ FE

b) $\overrightarrow{AB} = \overrightarrow{DC} = \begin{pmatrix}-6\\9\\2\end{pmatrix}$, $\overrightarrow{BC} = \overrightarrow{AD} = \begin{pmatrix}7\\6\\-6\end{pmatrix}$, $\begin{pmatrix}-6\\9\\2\end{pmatrix} \cdot \begin{pmatrix}7\\6\\-6\end{pmatrix} = 42 - 54 - 12 = 0$, $|\overrightarrow{AB}| = |\overrightarrow{BC}| = 11$

$\Rightarrow$ Das Viereck ABCD ist ein Quadrat. $F_{ABCD} = 11^2 = 121$ FE

c) $\overrightarrow{AB} = \overrightarrow{DC} = \begin{pmatrix}13\\-16\\4\end{pmatrix}$, $\overrightarrow{BC} = \overrightarrow{AD} = \begin{pmatrix}16\\11\\-8\end{pmatrix}$, $\begin{pmatrix}13\\-16\\4\end{pmatrix} \cdot \begin{pmatrix}16\\11\\-8\end{pmatrix} = 208 - 176 - 32 = 0$,

$|\overrightarrow{AB}| = |\overrightarrow{BC}| = 21 \Rightarrow$ Das Viereck ABCD ist ein Quadrat. $F_{ABCD} = 21^2 = 441$ FE

**16.** Berechnen Sie den Flächeninhalt des Dreiecks ABC. A

a) A(−1|2|−8), B(1|5|−2), C(9|−4|8)

b) A(2|1|4), B(3|2|4), C(7|4|8)

c) A(−4|−3|0), B(0|1|2), C(−2|3|−1)

**16.** a) A(−1|2|−8), B(1|5|−2), C(9|−4|8) L

Wir wählen $\overline{AB}$ als Grundseite. Dann ist $c = |\overrightarrow{AB}|$ und $h_c = d(C; AB)$.

$$AB: \vec{x} = \begin{pmatrix}-1\\2\\-8\end{pmatrix} + s\cdot\left[\begin{pmatrix}1\\5\\-2\end{pmatrix} - \begin{pmatrix}-1\\2\\-8\end{pmatrix}\right] = \begin{pmatrix}-1\\2\\-8\end{pmatrix} + s\cdot\begin{pmatrix}2\\3\\6\end{pmatrix},\ s \in \mathbb{R}$$

Die Ebene H, orthogonal zu AB durch C besitzt die Gleichung

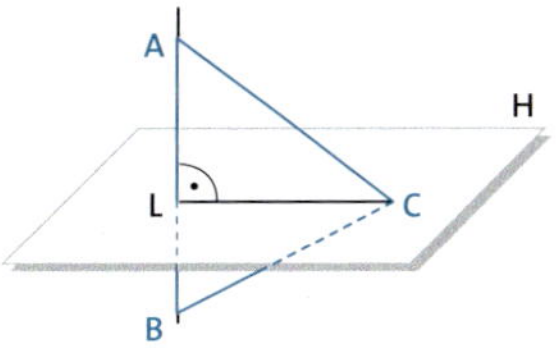


$$H: \begin{pmatrix}2\\3\\6\end{pmatrix} \cdot \left[\vec{x} - \begin{pmatrix}9\\-4\\8\end{pmatrix}\right] = 0$$

$\Leftrightarrow\ 2x_1 + 3x_2 + 6x_3 - (2\cdot 9 + 3\cdot(-4) + 6\cdot 8) = 0$

$\Leftrightarrow\ H: 2x_1 + 3x_2 + 6x_3 = 54$

Die Punktprobe für die Gerade AB in H liefert:

$2\cdot(-1+2s) + 3\cdot(2+3s) + 6\cdot(-8+6s) = 54 \Leftrightarrow -2 + 4s + 6 + 9s - 48 + 36s = 54$

$\Leftrightarrow\ 49s - 44 = 54 \Leftrightarrow 49s = 98$

$\Leftrightarrow\ s = 2$ eingesetzt in AB:

$$\vec{l} = \begin{pmatrix}-1\\2\\-8\end{pmatrix} + 2\cdot\begin{pmatrix}2\\3\\6\end{pmatrix} = \begin{pmatrix}3\\8\\4\end{pmatrix} \Rightarrow \text{AB schneidet die Ebene H im Lotfußpunkt } L(3|8|4).$$

$$h_c = d(C; L) = |\overrightarrow{CL}| = \left|\begin{pmatrix}3\\8\\4\end{pmatrix} - \begin{pmatrix}9\\-4\\8\end{pmatrix}\right| = \left|\begin{pmatrix}-6\\12\\-4\end{pmatrix}\right| = \sqrt{(-6)^2 + 12^2 + (-4)^2} = 14\text{ LE}$$

$$\text{Mit } c = |\overrightarrow{AB}| = \left|\begin{pmatrix}2\\6\\3\end{pmatrix}\right| = \sqrt{2^2 + 6^2 + 3^2} = 7 \Rightarrow F_{\Delta ABC} = \tfrac{1}{2}\cdot c\cdot h_c = \tfrac{1}{2}\cdot 7\cdot 14 = 49\text{ FE}.$$

b) $H: x_1 + x_2 = 11,\ h_c = d(C; L(6|5|4)) = 3\cdot\sqrt{2};\ c = |\overrightarrow{AB}| = \sqrt{2} \Rightarrow F_{\Delta ABC} = 3\text{ FE}$

c) $H: x_1 - 2x_2 + 2x_3 = -6,\ h_c = d\left(C; L\left(-\tfrac{2}{3}\middle|\tfrac{1}{3}\middle|\tfrac{5}{3}\right)\right) = 4,\ c = 6 \Rightarrow F_{\Delta ABC} = 12\text{ FE}$

**17.** Zeigen Sie, dass es sich bei dem Viereck ABCD um ein Parallelogramm handelt. Berechnen Sie seinen Flächeninhalt. A

a) A(1|2|0), B(1|6|4), C(5|6|6), D(5|2|2)

b) A(−7|3|8), B(−4|9|2), C(11|6|2), D(8|0|8)

c) A(−11|−8|7), B(−5|9|1), C(19|20|−4), D(13|3|2)

**17.** a) $\overrightarrow{AB} = \overrightarrow{DC} = \begin{pmatrix}0\\4\\4\end{pmatrix},\ \overrightarrow{BC} = \overrightarrow{AD} = \begin{pmatrix}4\\0\\2\end{pmatrix} \Rightarrow$ Das Viereck ABCD ist ein Parallelogramm. L

$F_{ABCD} = |\overrightarrow{AB}|\cdot d(D; AB) = |\overrightarrow{AB}|\cdot d(D; L(1|3|1)) = \sqrt{32}\cdot\sqrt{18} = 24\text{ FE}$

b) $\overrightarrow{AB} = \overrightarrow{DC} = \begin{pmatrix}3\\6\\-6\end{pmatrix},\ \overrightarrow{BC} = \overrightarrow{AD} = \begin{pmatrix}15\\-3\\0\end{pmatrix} \Rightarrow$ Das Viereck ABCD ist ein Parallelogramm.

$F_{ABCD} = |\overrightarrow{AB}|\cdot d(D; AB) = |\overrightarrow{AB}|\cdot d(D; L(-6|5|6)) = 9\cdot 15 = 135\text{ FE}$

c) $\overrightarrow{AB} = \overrightarrow{DC} = \begin{pmatrix} 6 \\ 17 \\ -6 \end{pmatrix}$, $\overrightarrow{BC} = \overrightarrow{AD} = \begin{pmatrix} 24 \\ 11 \\ -5 \end{pmatrix}$ $\Rightarrow$ Das Viereck ABCD ist ein Parallelogramm.

$F_{ABCD} = |\overrightarrow{AB}| \cdot d(D; AB) = |\overrightarrow{AB}| \cdot d(D; L(-5|9|1)) = 19 \cdot 19 = 361\,FE$

A

**18.** Zeigen Sie, dass es sich bei dem Viereck ABCD um ein Trapez handelt. Berechnen Sie seinen Flächeninhalt.

a) A(0|−1|−9), B(6|8|9), C(10|7|0), D(8|4|−6)

b) A(4|1|1), B(1|0|9), C(6|5|−11), D(5|2|−3)

L

**18.** a) $\overrightarrow{AB} = \begin{pmatrix} 6 \\ 9 \\ 18 \end{pmatrix}$, $\overrightarrow{DC} = \begin{pmatrix} 2 \\ 3 \\ 6 \end{pmatrix}$, $\overrightarrow{AB} = 3 \cdot \overrightarrow{DC}$ $\Rightarrow$ Das Viereck ABCD ist ein Trapez.

$F_{ABCD} = \frac{1}{2} \cdot (|\overrightarrow{AB}| + |\overrightarrow{DC}|) \cdot d(D; AB) = \frac{1}{2} \cdot (21 + 7) \cdot d(D; L(2|2|-3)) = 14 \cdot 7 = 98\,FE$

b) $\overrightarrow{BC} = \begin{pmatrix} 5 \\ 5 \\ -20 \end{pmatrix}$, $\overrightarrow{AD} = \begin{pmatrix} 1 \\ 1 \\ -4 \end{pmatrix}$, $\overrightarrow{BC} = 5 \cdot \overrightarrow{AD}$ $\Rightarrow$ Das Viereck ABCD ist ein Trapez.

$F_{ABCD} = \frac{1}{2} \cdot (|\overrightarrow{BC}| + |\overrightarrow{AD}|) \cdot d(A; BC) = \frac{1}{2} \cdot (\sqrt{450} + \sqrt{18}) \cdot d(A; L(3|2|1))$

$= \frac{1}{2} \cdot (15 \cdot \sqrt{2} + 3 \cdot \sqrt{2}) \cdot \sqrt{2} = \frac{1}{2} \cdot 18 \cdot \sqrt{2} \cdot \sqrt{2} = 18\,FE$

A

**19.** Zeigen Sie, dass die Punkte ABCDS eine Pyramide mit quadratischer Grundfläche bilden. Berechnen Sie ihr Volumen.

a) A(0|1|−2), B(−4|5|5), C(4|6|9), D(8|2|2), S(4|5|11)

b) A(7|0|4), B(5|5|0), C(−1|5|3), D(−1|0|7), S(4|8|8)

L

**19.** a) $\overrightarrow{AB} = \overrightarrow{DC} = \begin{pmatrix} -4 \\ 4 \\ 7 \end{pmatrix}$, $\overrightarrow{BC} = \overrightarrow{AD} = \begin{pmatrix} 8 \\ 1 \\ 4 \end{pmatrix}$, $\overrightarrow{AB} \bullet \overrightarrow{BC} = \begin{pmatrix} -4 \\ 4 \\ 7 \end{pmatrix} \bullet \begin{pmatrix} 8 \\ 1 \\ 4 \end{pmatrix} = -32 + 4 + 28 = 0$,

$|\overrightarrow{AB}| = |\overrightarrow{BC}| = 9$ $\Rightarrow$ Das Viereck ABCD ist ein Quadrat. $F_{ABCD} = 9^2 = 81\,FE$

HNF von ABCD: $\frac{x_1 + 8x_2 - 4x_3 - 16}{9} = 0$, $d(S; ABCD) = \frac{16}{9}$; $V = \frac{1}{3} \cdot 81 \cdot \frac{16}{9} = 48\,VE$

b) $\overrightarrow{AB} = \overrightarrow{DC} = \begin{pmatrix} -2 \\ 5 \\ -4 \end{pmatrix}$, $\overrightarrow{BC} = \overrightarrow{AD} = \begin{pmatrix} -9 \\ 0 \\ 3 \end{pmatrix}$, $\begin{pmatrix} -2 \\ 5 \\ -4 \end{pmatrix} \bullet \begin{pmatrix} -6 \\ 0 \\ 3 \end{pmatrix} = 12 + 0 - 12 = 0$, $|\overrightarrow{AB}| = |\overrightarrow{BC}| = \sqrt{45}$

$\Rightarrow$ Das Viereck ABCD ist ein Quadrat. $F_{ABCD} = \sqrt{45}^{\,2} = 45\,FE$

HNF von ABCD: $\frac{x_1 + 2x_2 + 2x_3 - 12}{3} = 0$, $d(S; ABCD) = 8$; $V = \frac{1}{3} \cdot 45 \cdot 8 = 120\,VE$

A

**20.** Die Punkte ABCS bilden eine Pyramide. Berechnen Sie ihr Volumen.

a) A(0|−2|−5), B(1|3|3), C(9|13|7), S(2|−4|8)

b) A(3|−6|0), B(7|2|−8), C(7|8|7), S(5|−2|11)

c) A(−6|0|1), B(−4|8|3), C(8|8|9), S(1|4|7)

**20.** a) H: $x_1 + 5x_2 + 8x_3 = 130$, $d(C; L(2|8|11)) = \sqrt{90}$; $|\overrightarrow{AB}| = \sqrt{90} \Rightarrow F_{\Delta ABC} = 45$ FE; L

HNF von ABC: $\frac{-2x_1 + 2x_2 - x_3 - 1}{3} = 0$, $d(S; ABC) = 7$; $V = \frac{1}{3} \cdot 45 \cdot 7 = 105$ VE

b) H: $x_1 + 2x_2 - 2x_3 = 9$, $d(C; L(5|-2|-4)) = 15$; $|\overrightarrow{AB}| = 12 \Rightarrow F_{\Delta ABC} = 90$ FE;

HNF von ABC: $\frac{14x_1 - 5x_2 + 2x_3 - 72}{15} = 0$, $d(S; ABC) = 2$; $V = \frac{1}{3} \cdot 90 \cdot 2 = 60$ VE

c) H: $x_1 + 4x_2 + x_3 = 49$, $d(C; L(-3|12|4)) = \sqrt{162}$; $|\overrightarrow{AB}| = \sqrt{72} \Rightarrow F_{\Delta ABC} = 54$ FE;

HNF von ABC: $\frac{-4x_1 - x_2 + 8x_3 - 32}{9} = 0$, $d(S; ABC) = \frac{16}{9}$; $V = \frac{1}{3} \cdot 54 \cdot \frac{16}{9} = 32$ VE

**21.** Die Ebene $E: 4x_1 + 3x_2 + 6x_3 = 12$ schneidet die Koordinatenachsen in den Punkten $S_1$, $S_2$, $S_3$. Diese bilden zusammen mit dem Ursprung eine Pyramide. Berechnen Sie das Volumen der Pyramide. A

**21.** Zur Bestimmung der Schnittpunkte mit den Koordinatenachsen setzt man jeweils für zwei der Koordinaten 0 ein und löst dann die Gleichung nach der noch verbleibenden Koordinate auf. L

So erhält man als Schnittpunkte der Ebene E mit den Koordinatenachsen die Punkte $S_1(3|0|0)$, $S_2(0|4|0)$ und $S_3(0|0|2)$.

Die drei Schnittpunkte mit den Koordinatenachsen bilden zusammen mit dem Ursprung eine Dreieckspyramide.

Betrachtet man das rechtwinklige Dreieck $S_1S_2O$ als Grundfläche, so besitzt dieses den Inhalt $G = \frac{1}{2} \cdot 3 \cdot 4 = 6$ FE.

Da die Höhe der Pyramide dem Abstand von $S_3$ zur $x_1x_2$-Ebene entspricht, ist $h = 2$ LE.

Somit ist das Volumen der Pyramide $V = \frac{1}{3} \cdot G \cdot h = \frac{1}{3} \cdot 6 \cdot 2 = 4$ VE.

## 2.5 Symmetrie – Spiegelungen

Wissen

**Spiegelung eines Punktes an einem Punkt**

Ist P′ das Bild des Punktes P bei einer Spiegelung am Punkt S, so gilt: $\vec{p}\,' = \vec{p} + 2 \cdot \overrightarrow{PS}$

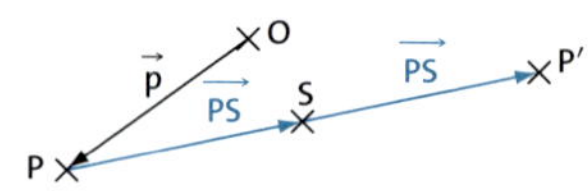


**Spiegelung eines Punktes an einer Geraden**

Ist P′ das Bild des Punktes P bei einer Spiegelung an der Geraden $g: \vec{x} = \vec{a} + s \cdot \vec{u},\ s \in \mathbb{R}$ und S der Schnittpunkt der Geraden g mit der Hilfsebene H: $\vec{u} \bullet (\vec{x} - \vec{p}) = 0$, die orthogonal zu g durch den Punkt P verläuft, so gilt: $\vec{p}\,' = \vec{p} + 2 \cdot \overrightarrow{PS}$

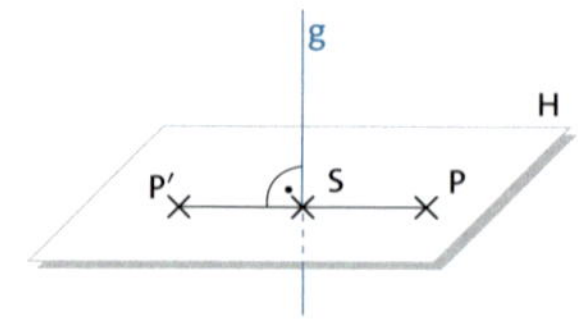


**Spiegelung eines Punktes an einer Ebene**

Ist P′ das Bild des Punktes P bei einer Spiegelung an der Ebene $E: \vec{n} \cdot (\vec{x} - \vec{a}) = 0$, so gilt: $\vec{p}\,' = \vec{p} + 2 \cdot \overrightarrow{PS}$. Dabei ist S der Schnittpunkt der Lotgeraden l: $\vec{x} = \vec{p} + s \cdot \vec{n},\ s \in \mathbb{R}$ zu E, die durch P verläuft.

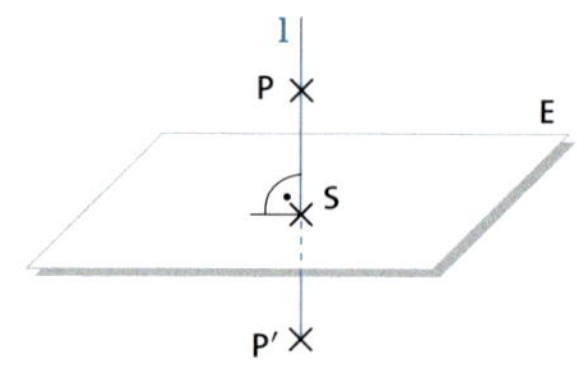


**Spiegelung einer Geraden an einer Ebene**

1. Verläuft die Gerade $g: \vec{x} = \vec{p} + s \cdot \vec{u},\ s \in \mathbb{R}$ parallel zu F und ist P′ das Bild des Punktes P bei einer Spiegelung an der Ebene E, so ist der Richtungsvektor von g auch Richtungsvektor von g′ und es gilt: $g': \vec{x} = \vec{p}\,' + t \cdot \vec{u},\ t \in \mathbb{R}$
2. Schneidet die Gerade $g: \vec{x} = \vec{p} + s \cdot \vec{u},\ s \in \mathbb{R}$ die Ebene E in einem Punkt S und ist P′ das Bild des Punktes P der Geraden g bei einer Spiegelung an der Ebene E, so gilt: $g': \vec{x} = \vec{p}\,' + t \cdot (\vec{s} - \vec{p}),\ t \in \mathbb{R}$

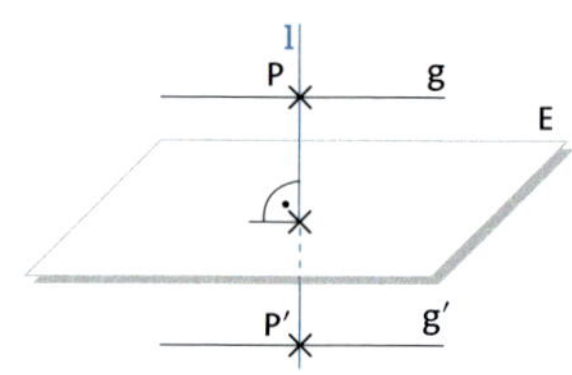


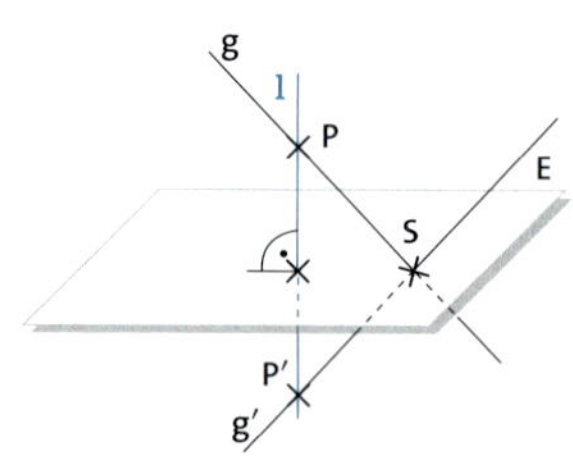


**Spiegelung einer Ebene an einer Ebene**

1. Verläuft die Ebene $F: \vec{x} = \vec{p} + s \cdot \vec{u} + t \cdot \vec{v};\ s, t \in \mathbb{R}$ parallel zur Ebene E und ist P′ das Bild des Punktes P der Ebene F bei einer Spiegelung an der Ebene E, so ist $F': \vec{x} = \vec{p}\,' + s \cdot \vec{u} + t \cdot \vec{v};\ s, t \in \mathbb{R}$.

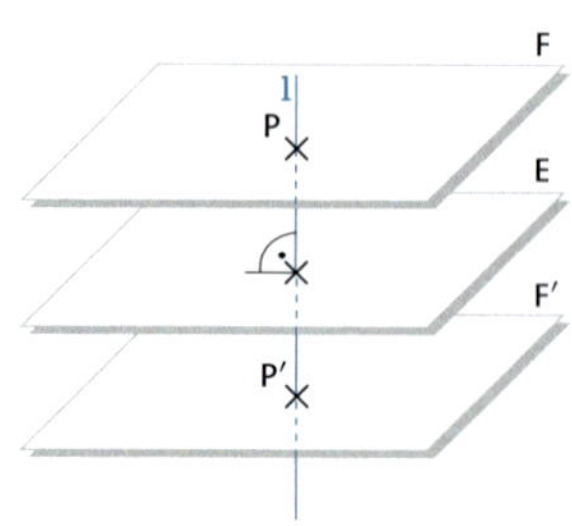


>>

2. Besitzen die Ebenen E und F: $\vec{x} = \vec{p} + s \cdot \vec{u} + t \cdot \vec{v}$, $s, t \in \mathbb{R}$ eine Schnittgerade g: $\vec{x} = \vec{a} + k \cdot \vec{w}$, so ist F′: $\vec{x} = \vec{a} + k \cdot \vec{w} + r \cdot (\vec{p'} - \vec{a})$, $k, r \in \mathbb{R}$.
Dabei ist P′ das Bild eines nicht auf g liegenden Punktes der Ebene F bei einer Spiegelung an E.

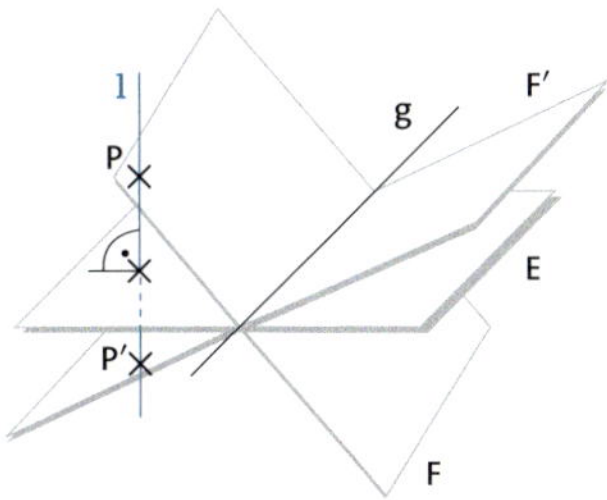


>> Wissen

**1.** Bestimmen Sie die Koordinaten des Spiegelpunkts zum Punkt P bei einer Spiegelung am Punkt S. **A**

a) P(1|3|4) und S(4|5|5)
b) P(2|1|9) und S(5|5|4)
c) P(0|2|−1) und S(3|2|1)
d) P(7|−3|5) und S(4|0|6)
e) P(6|6|−4) und S(4|3|1)
f) P(11|2|−4) und S(6|0|2)

**1.** a) P(1|3|4) und S(4|5|5) **L**

$$\vec{p}\,' = \begin{pmatrix}1\\3\\4\end{pmatrix} + 2 \cdot \left[\begin{pmatrix}4\\5\\5\end{pmatrix} - \begin{pmatrix}1\\3\\4\end{pmatrix}\right] = \begin{pmatrix}1\\3\\4\end{pmatrix} + 2 \cdot \begin{pmatrix}3\\2\\1\end{pmatrix} = \begin{pmatrix}7\\7\\6\end{pmatrix} \Rightarrow P'(7|7|6)$$

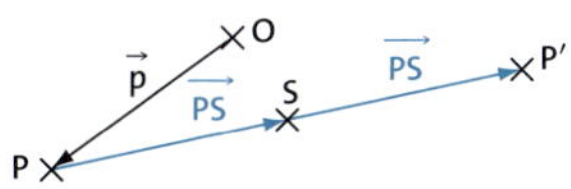


b) P′(8|9|−1) c) P′(6|2|3) d) P′(1|3|7) e) P′(2|0|6) f) P′(1|−2|8)

**2.** Bestimmen Sie die Koordinaten des Spiegelpunkts zum Punkt P bei einer Spiegelung an der Geraden g. **A**

a) P(2|1|2), g: $\vec{x} = \begin{pmatrix}2\\9\\-3\end{pmatrix} + s \cdot \begin{pmatrix}2\\-3\\2\end{pmatrix}$, $s \in \mathbb{R}$
b) P(−3|0|9), g: $\vec{x} = \begin{pmatrix}8\\7\\4\end{pmatrix} + s \cdot \begin{pmatrix}4\\2\\-1\end{pmatrix}$, $s \in \mathbb{R}$
c) P(6|9|7), g: $\vec{x} = \begin{pmatrix}2\\-7\\-2\end{pmatrix} + s \cdot \begin{pmatrix}1\\3\\2\end{pmatrix}$, $s \in \mathbb{R}$
d) P(10|1|8), g: $\vec{x} = \begin{pmatrix}7\\1\\4\end{pmatrix} + s \cdot \begin{pmatrix}4\\1\\-3\end{pmatrix}$, $s \in \mathbb{R}$

**2.** a) P(2|1|2), g: $\vec{x} = \begin{pmatrix}2\\9\\-3\end{pmatrix} + s \cdot \begin{pmatrix}2\\-3\\2\end{pmatrix}$, $s \in \mathbb{R}$ **L**

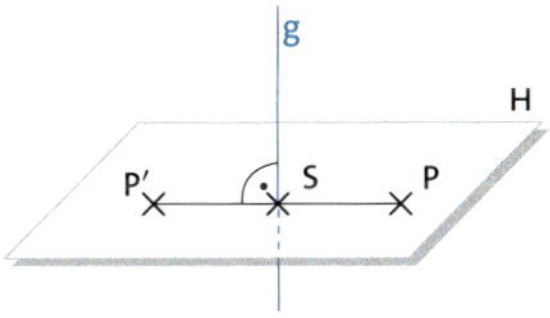


Die Ebene H, orthogonal zu g durch P, besitzt die Gleichung: H: $\begin{pmatrix}2\\-3\\2\end{pmatrix} \cdot \left[\vec{x} - \begin{pmatrix}2\\1\\2\end{pmatrix}\right] = 0$

$\Leftrightarrow\; 2x_1 - 3x_2 + 2x_3 - (2 \cdot 2 + (-3) \cdot 1 + 2 \cdot 2) = 0 \;\Leftrightarrow\;$ H: $2x_1 - 3x_2 + 2x_3 = 5$

Die Punktprobe für die Punkte der Geraden g in H liefert:

$2 \cdot (2 + 2s) - 3 \cdot (9 - 3s) + 2 \cdot (-3 + 2s) = 5$

$\Leftrightarrow\; 4 + 4s - 27 + 9s - 6 + 4s = 5 \;\Leftrightarrow\; 17s - 29 = 5 \;\Leftrightarrow\; 17s = 34 \;\Leftrightarrow\; s = 2$

eingesetzt in g $\begin{pmatrix}2\\9\\-3\end{pmatrix} + 2 \cdot \begin{pmatrix}2\\-3\\2\end{pmatrix} = \begin{pmatrix}6\\3\\1\end{pmatrix} \Rightarrow$ g schneidet die Ebene H in S(6|3|1).

$$\vec{p}\,' = \begin{pmatrix}2\\1\\2\end{pmatrix} + 2 \cdot \left[\begin{pmatrix}6\\3\\1\end{pmatrix} - \begin{pmatrix}2\\1\\2\end{pmatrix}\right] = \begin{pmatrix}2\\1\\2\end{pmatrix} + 2 \cdot \begin{pmatrix}4\\2\\-1\end{pmatrix} = \begin{pmatrix}10\\5\\0\end{pmatrix} \Rightarrow P'(10|5|0)$$

b) P′(−5|2|5), S(−4|1|7)
c) P′(8|7|9), S(7|8|8)
d) P′(4|1|0), S(7|1|4)

A

**3.** Bestimmen Sie die Koordinaten des Spiegelpunkts zum Punkt P bei einer Spiegelung an der Ebene E.

a) $P(9|7|5)$, $E: 2x_1 + 3x_2 + x_3 = 16$
b) $P(7|8|0)$, $E: 3x_1 + 4x_2 - x_3 = 1$
c) $P(-4|9|-9)$, $E: 3x_1 - 4x_2 + 4x_3 = -2$
d) $P(7|8|5)$, $E: 3x_1 + 7x_2 + 2x_3 = 25$

L

**3.** a) $P(9|7|5)$ und $E: 2x_1 + 3x_2 + x_3 = 16$

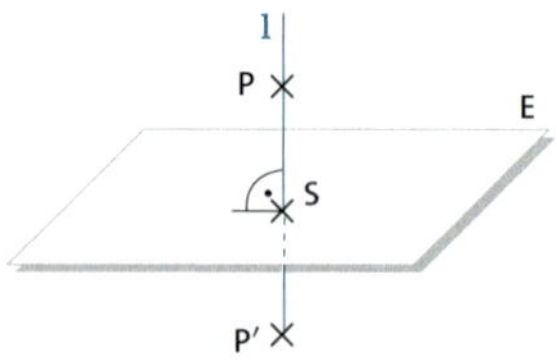


Die Lotgerade zur Ebene E durch den Punkt P besitzt die Gleichung:

$$l: \vec{x} = \begin{pmatrix} 9 \\ 7 \\ 5 \end{pmatrix} + s \cdot \begin{pmatrix} 2 \\ 3 \\ 1 \end{pmatrix},\ s \in \mathbb{R}$$

Die Punktprobe für l in der Koordinatengleichung von E liefert:

$$2 \cdot (9 + 2s) + 3 \cdot (7 + 3s) + (5 + s) = 16 \Leftrightarrow 18 + 4s + 21 + 9s + 5 + s = 16$$
$$\Leftrightarrow 14s + 44 = 16 \Leftrightarrow 14s = -28 \Leftrightarrow s = -2$$

Setzt man statt $s = -2$ das Doppelte, also $s = -4$ in l ein, so erhält man:

$$\vec{p}\,' = \begin{pmatrix} 9 \\ 7 \\ 5 \end{pmatrix} + (-4) \cdot \begin{pmatrix} 2 \\ 3 \\ 1 \end{pmatrix} = \begin{pmatrix} 1 \\ -5 \\ 1 \end{pmatrix}$$

$\Rightarrow$ $P'(1|-5|1)$ ist das Bild von P bei einer Spiegelung an E.

b) $P'(-5|-8|4)$ $(s = -2)$
c) $P'(8|-7|7)$ $(s = 2)$
d) $P'(1|-6|1)$ $(s = -1)$

A

**4.** Bei einer Spiegelung an der Ebene E wird der Punkt P auf P′ abgebildet. Bestimmen Sie eine Gleichung der Ebene E.

a) $P(4|-3|1)$ und $P'(8|5|-3)$
b) $P(0|-2|1)$ und $P'(4|8|-5)$
c) $P(5|-4|-1)$ und $P'(1|3|-4)$
d) $P(2|-1|9)$ und $P'(7|6|-3)$

L

**4.** a) $P(4|-3|1)$ und $P'(8|5|-3)$

Die gesuchte Spiegelebene verläuft durch den Mittelpunkt

$M\left(\frac{4+8}{2} \middle| \frac{-3+5}{2} \middle| \frac{1-3}{2}\right) = M(6|1|-1)$ der Strecke $\overline{PP'}$.

Sie besitzt den Verbindungsvektor $\overrightarrow{PP'}$ als Normalenvektor. Somit gilt:

$$E: \left[\begin{pmatrix} 8 \\ 5 \\ -3 \end{pmatrix} - \begin{pmatrix} 4 \\ -3 \\ 1 \end{pmatrix}\right] \cdot \left[\vec{x} - \begin{pmatrix} 6 \\ 1 \\ -1 \end{pmatrix}\right] = 0 \Leftrightarrow E: x_1 + 2x_2 - x_3 = 9$$

b) $E: 2x_1 + 5x_2 - 3x_3 = 25$
c) $E: 4x_1 - 7x_2 + 3x_3 = 8$
d) $E: 5x_1 + 7x_2 - 12x_3 = 4$

A

**5.** Bestimmen Sie eine Gleichung der Bildgeraden g′ zur Geraden g bei einer Spiegelung an der Ebene E.

a) $g: \vec{x} = \begin{pmatrix} 5 \\ -8 \\ 9 \end{pmatrix} + s \cdot \begin{pmatrix} 1 \\ 1 \\ 1 \end{pmatrix},\ s \in \mathbb{R}$ und $E: x_1 - 4x_2 + 3x_3 = 12$

b) $g: \vec{x} = \begin{pmatrix} 5 \\ 4 \\ 7 \end{pmatrix} + s \cdot \begin{pmatrix} 2 \\ 1 \\ 0 \end{pmatrix},\ s \in \mathbb{R}$ und $E: x_1 + x_2 + 2x_3 = 17$

c) $g: \vec{x} = \begin{pmatrix} 6 \\ 9 \\ 7 \end{pmatrix} + s \cdot \begin{pmatrix} 3 \\ -2 \\ -4 \end{pmatrix},\ s \in \mathbb{R}$ und $E: 4x_1 + 4x_2 + x_3 = 34$

d) $g: \vec{x} = \begin{pmatrix} -4 \\ 7 \\ 2 \end{pmatrix} + s \cdot \begin{pmatrix} 5 \\ 7 \\ -3 \end{pmatrix},\ s \in \mathbb{R}$ und $E: 2x_1 - x_2 + x_3 = 5$

e) $g: \vec{x} = \begin{pmatrix} 9 \\ 8 \\ 2 \end{pmatrix} + s \cdot \begin{pmatrix} 1 \\ 0 \\ 1 \end{pmatrix},\ s \in \mathbb{R}$ und $E: 8x_1 + 4x_2 + x_3 = 25$

f) $g: \vec{x} = \begin{pmatrix} 5 \\ 9 \\ 1 \end{pmatrix} + s \cdot \begin{pmatrix} 0 \\ 2 \\ 5 \end{pmatrix},\ s \in \mathbb{R}$ und $E: x_1 + 2x_2 - 2x_3 = 3$

**5.** a) $g: \vec{x} = \begin{pmatrix} 5 \\ -8 \\ 9 \end{pmatrix} + s \cdot \begin{pmatrix} 1 \\ 1 \\ 1 \end{pmatrix},\ s \in \mathbb{R}$ und $E: x_1 - 4x_2 + 3x_3 = 12$ **L**

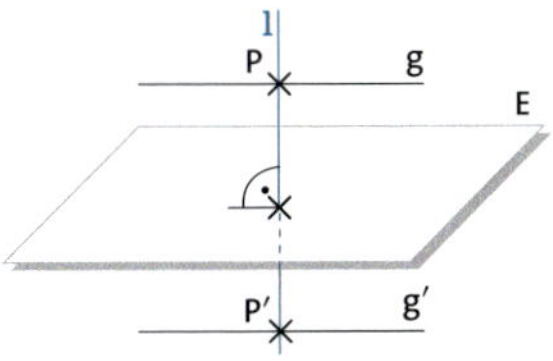


Die Punktprobe für g in der Koordinatengleichung von E liefert:

$(5 + s) - 4 \cdot (-8 + s) + 3 \cdot (9 + s) = 12$

$\Leftrightarrow\ 5 + s + 32 - 4s + 27 + 3s = 12 \ \Leftrightarrow\ 64 = 12$

Man erhält eine falsche Aussage. Damit haben die Gerade g und die Ebene E keine gemeinsamen Punkte. Die Gerade g und die Ebene E sind somit echt parallel. Die Lotgerade zur Ebene E durch den Punkt $P(5\,|-8\,|\,6)$ besitzt die Gleichung:

$l: \vec{x} = \begin{pmatrix} 5 \\ -8 \\ 9 \end{pmatrix} + s \cdot \begin{pmatrix} 1 \\ -4 \\ 3 \end{pmatrix},\ s \in \mathbb{R}$

Die Punktprobe für l in der Koordinatengleichung von E liefert:

$(5 + s) - 4 \cdot (-8 - 4s) + 3 \cdot (9 + 3s) = 12 \ \Leftrightarrow\ 5 + s + 32 + 16s + 27 + 9s = 12$

$\Leftrightarrow\ 26s + 64 = 12 \ \Leftrightarrow\ 26s = -52 \ \Leftrightarrow\ s = -2$

Setzt man statt $s = -2$ das Doppelte, also $s = -4$ in l ein, so erhält man:

$\vec{p}\,' = \begin{pmatrix} 5 \\ -8 \\ 9 \end{pmatrix} + (-4) \cdot \begin{pmatrix} 1 \\ -4 \\ 3 \end{pmatrix} = \begin{pmatrix} 1 \\ 8 \\ -3 \end{pmatrix} \ \Rightarrow\ P'(1\,|\,8\,|-3)$ ist das Bild von P bei einer Spiegelung an E und $g': \vec{x} = \begin{pmatrix} 1 \\ 8 \\ -3 \end{pmatrix} + t \cdot \begin{pmatrix} 1 \\ 1 \\ 1 \end{pmatrix},\ t \in \mathbb{R}$ ist die Gleichung der Spiegelgeraden zu g.

b) $g: \vec{x} = \begin{pmatrix} 5 \\ 4 \\ 7 \end{pmatrix} + s \cdot \begin{pmatrix} 2 \\ 1 \\ 0 \end{pmatrix},\ s \in \mathbb{R}$ und $E: x_1 + x_2 + 2x_3 = 17$

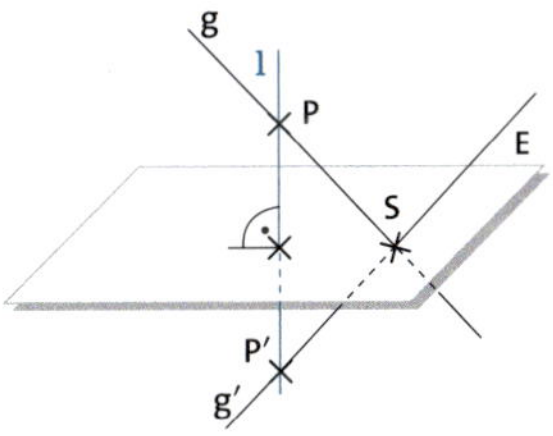


Die Punktprobe für g in der Koordinatengleichung von E liefert:

$(5 + 2s) + (4 + s) + 2 \cdot 7 = 17$

$\Leftrightarrow\ 23 + 3s = 17$

$\Leftrightarrow\ 3s = -6 \ \Leftrightarrow\ s = -2$ in $g: \vec{s} = \begin{pmatrix} 5 \\ 4 \\ 7 \end{pmatrix} + (-2) \cdot \begin{pmatrix} 2 \\ 1 \\ 0 \end{pmatrix} = \begin{pmatrix} 1 \\ 2 \\ 7 \end{pmatrix}$

$\Rightarrow$ Die Gerade g schneidet die Ebene E im Punkt $S(1\,|\,2\,|\,7)$.

Die Lotgerade zur Ebene E durch den Punkt $P(5\,|\,4\,|\,7)$ besitzt die Gleichung:

$l: \vec{x} = \begin{pmatrix} 5 \\ 4 \\ 7 \end{pmatrix} + t \cdot \begin{pmatrix} 1 \\ 1 \\ 2 \end{pmatrix},\ t \in \mathbb{R}$

Die Punktprobe für die Punkte von l in der Koordinatengleichung von E liefert:

$(5 + t) + (4 + t) + 2 \cdot (7 + 2t) = 17 \ \Leftrightarrow\ 5 + t + 4 + t + 14 + 4t = 17$

$\Leftrightarrow\ 6t + 23 = 17 \ \Leftrightarrow\ 6t = -6 \ \Leftrightarrow\ t = -1$

Setzt man statt $t = -1$ das Doppelte, also $t^* = 2t = -2$ in $l$ ein, so erhält man $\vec{p}\,' = \begin{pmatrix} 5 \\ 4 \\ 7 \end{pmatrix} + (-2) \cdot \begin{pmatrix} 1 \\ 1 \\ 2 \end{pmatrix} = \begin{pmatrix} 3 \\ 2 \\ 3 \end{pmatrix} \Rightarrow P'(3|2|3)$ ist das Bild von P bei einer Spiegelung an E und $g'\colon \vec{x} = \begin{pmatrix} 3 \\ 2 \\ 3 \end{pmatrix} + k \cdot \left[\begin{pmatrix} 1 \\ 2 \\ 7 \end{pmatrix} - \begin{pmatrix} 3 \\ 2 \\ 3 \end{pmatrix}\right]$ bzw. $g'\colon \vec{x} = \begin{pmatrix} 3 \\ 2 \\ 3 \end{pmatrix} + k \cdot \begin{pmatrix} -1 \\ 0 \\ 2 \end{pmatrix}$, $k \in \mathbb{R}$ ist die Gleichung der Spiegelgeraden zu g.

c) $g'\colon \vec{x} = \begin{pmatrix} -2 \\ 1 \\ 5 \end{pmatrix} + k \cdot \begin{pmatrix} 3 \\ -2 \\ -4 \end{pmatrix}$, $t \in \mathbb{R}$ $(g \parallel E,\ t = -1)$

d) $g'\colon \vec{x} = \begin{pmatrix} 8 \\ 1 \\ 8 \end{pmatrix} + k \cdot \begin{pmatrix} 5 \\ 7 \\ -3 \end{pmatrix}$, $t \in \mathbb{R}$ $(g \parallel E,\ t = 3)$

e) $g'\colon \vec{x} = \begin{pmatrix} -7 \\ 0 \\ 0 \end{pmatrix} + k \cdot \begin{pmatrix} 7 \\ 8 \\ -7 \end{pmatrix}$, $t \in \mathbb{R}$ mit $S(0|8|-7)$ $(s = 1)$ und $L(1|4|1)$ $(t = -1)$

f) $g'\colon \vec{x} = \begin{pmatrix} 1 \\ 1 \\ 9 \end{pmatrix} + k \cdot \begin{pmatrix} 4 \\ 14 \\ 7 \end{pmatrix}$, $t \in \mathbb{R}$ mit $S(5|12|16)$ $(s = 1)$ und $L(3|5|5)$ $(t = 3)$

A

**6.** Bestimmen Sie eine Gleichung der Bildebene F′ zur Ebene F bei einer Spiegelung an der Ebene E.

a) $F\colon \vec{x} = \begin{pmatrix} -4 \\ 1 \\ -3 \end{pmatrix} + s \cdot \begin{pmatrix} -3 \\ 3 \\ 1 \end{pmatrix} + t \cdot \begin{pmatrix} 2 \\ 3 \\ -4 \end{pmatrix}$; $s, t \in \mathbb{R}$ und $E\colon 3x_1 + 2x_2 + 3x_3 = 25$

b) $F\colon \vec{x} = \begin{pmatrix} 7 \\ 2 \\ -1 \end{pmatrix} + s \cdot \begin{pmatrix} -1 \\ 4 \\ 4 \end{pmatrix} + t \cdot \begin{pmatrix} 7 \\ -4 \\ -7 \end{pmatrix}$; $s, t \in \mathbb{R}$ und $E\colon x_1 - x_2 - x_3 = -3$

c) $F\colon \vec{x} = \begin{pmatrix} -3 \\ -6 \\ 9 \end{pmatrix} + s \cdot \begin{pmatrix} 5 \\ -4 \\ -2 \end{pmatrix} + t \cdot \begin{pmatrix} 6 \\ -4 \\ -1 \end{pmatrix}$; $s, t \in \mathbb{R}$ und $E\colon 4x_1 + 7x_2 - 4x_3 = -9$

d) $F\colon \vec{x} = \begin{pmatrix} 8 \\ -3 \\ 5 \end{pmatrix} + s \cdot \begin{pmatrix} -1 \\ 4 \\ 0 \end{pmatrix} + t \cdot \begin{pmatrix} 8 \\ -9 \\ -1 \end{pmatrix}$; $s, t \in \mathbb{R}$ und $E\colon 2x_1 - 3x_2 + x_3 = 2$

L

**6.** a) $F\colon \vec{x} = \begin{pmatrix} -4 \\ 1 \\ -3 \end{pmatrix} + s \cdot \begin{pmatrix} -3 \\ 3 \\ 1 \end{pmatrix} + t \cdot \begin{pmatrix} 2 \\ 3 \\ -4 \end{pmatrix}$; $s, t \in \mathbb{R}$ und

$E\colon 3x_1 + 2x_2 + 3x_3 = 25$

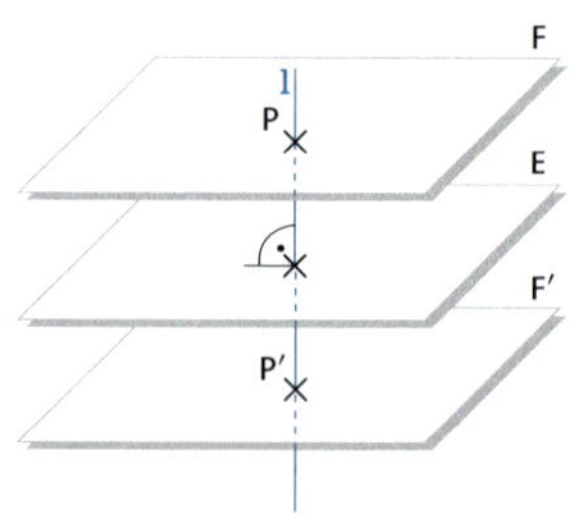


Die Punktprobe für F in der Koordinatengleichung von E liefert:

$3 \cdot (-4 - 3s + 2t) + 2 \cdot (1 + 3s + 3t) + 3 \cdot (-3 + s - 4t) = 25$

$\Leftrightarrow\ -12 - 9s + 6t + 2 + 6s + 6t - 9 + 3s - 12t = 25$

$\Leftrightarrow\ -19 = 25$

Man erhält eine falsche Aussage. Die beiden Ebenen E und F besitzen somit keine gemeinsamen Punkte. Sie sind echt parallel.

Die Lotgerade zur Ebene E durch den Punkt $P(-4|1|-3)$ besitzt die Gleichung:

$l\colon \vec{x} = \begin{pmatrix} -4 \\ 1 \\ -3 \end{pmatrix} + k \cdot \begin{pmatrix} 3 \\ 2 \\ 3 \end{pmatrix}$, $s \in \mathbb{R}$

Die Punktprobe für $l$ in der Koordinatengleichung von E liefert:

$3 \cdot (-4 + 3k) + 2 \cdot (1 + 2k) + 3 \cdot (-3 + 3k) = 25 \ \Leftrightarrow\ -12 + 9k + 2 + 4k - 9 + 9k = 25$

$\Leftrightarrow\ 22k = 44 \ \Leftrightarrow\ k = 2$

Setzt man statt $k = 2$ das Doppelte, also $k^* = 2k = 4$ in l ein, so erhält man

$\vec{p}\,' = \begin{pmatrix} -4 \\ 1 \\ -3 \end{pmatrix} + 4 \cdot \begin{pmatrix} 3 \\ 2 \\ 3 \end{pmatrix} = \begin{pmatrix} 8 \\ 9 \\ 9 \end{pmatrix} \Rightarrow$ P′(8 | 9 | 9) ist das Bild von P bei einer Spiegelung an E

und $F'\colon \vec{x} = \begin{pmatrix} 8 \\ 9 \\ 9 \end{pmatrix} + s^* \cdot \begin{pmatrix} -3 \\ 3 \\ 1 \end{pmatrix} + t^* \cdot \begin{pmatrix} 2 \\ 3 \\ -4 \end{pmatrix}$; $s^*, t^* \in \mathbb{R}$ ist die Gleichung der Spiegelebene zu F.

b) $F\colon \vec{x} = \begin{pmatrix} 7 \\ 2 \\ -1 \end{pmatrix} + s \cdot \begin{pmatrix} -1 \\ 4 \\ 4 \end{pmatrix} + t \cdot \begin{pmatrix} 7 \\ -4 \\ -7 \end{pmatrix}$; $s, t \in \mathbb{R}$ und $E\colon x_1 - x_2 - x_3 = -3$

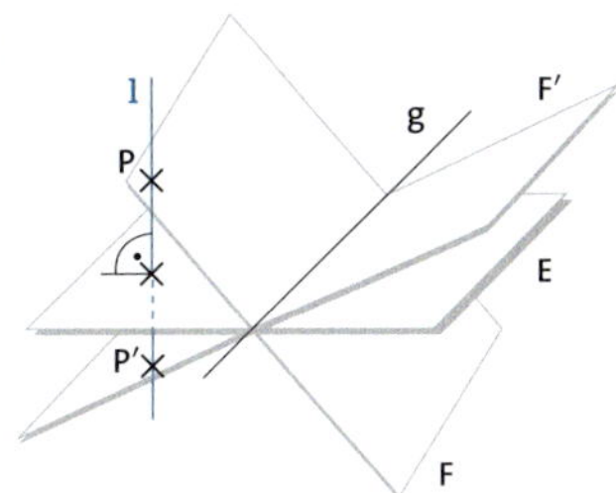


Die Punktprobe für F in der Koordinatengleichung von E liefert:

$(7 - s + 7t) - (2 + 4s - 4t) - (-1 + 4s - 7t) = -3$

$\Leftrightarrow 7 - s + 7t - 2 - 4s + 4t + 1 - 4s + 7t = -3$

$\Leftrightarrow 6 - 9s + 18t = -3 \Leftrightarrow s = 1 + 2t$

Durch Einsetzen von $s = 1 + 2t$ in die Punkt-Richtungsform von F erhält man:

$\vec{x} = \begin{pmatrix} 7 \\ 2 \\ -1 \end{pmatrix} + (1 + 2t) \cdot \begin{pmatrix} -1 \\ 4 \\ 4 \end{pmatrix} + t \cdot \begin{pmatrix} 7 \\ -4 \\ -7 \end{pmatrix} = \begin{pmatrix} 7 \\ 2 \\ -1 \end{pmatrix} + \begin{pmatrix} -1 \\ 4 \\ 4 \end{pmatrix} + t \cdot \begin{pmatrix} -2 \\ 8 \\ 8 \end{pmatrix} + t \cdot \begin{pmatrix} 7 \\ -4 \\ -7 \end{pmatrix}$, $t \in \mathbb{R}$

Die Ebenen E und F besitzen die Schnittgerade:

$g\colon \vec{x} = \begin{pmatrix} 6 \\ 6 \\ 3 \end{pmatrix} + t \cdot \begin{pmatrix} 5 \\ 4 \\ 1 \end{pmatrix}$, $t \in \mathbb{R}$

Die Lotgerade zur Ebene E durch den Punkt P (7 | 2 | −1) besitzt die Gleichung:

$l\colon \vec{x} = \begin{pmatrix} 7 \\ 2 \\ -1 \end{pmatrix} + k \cdot \begin{pmatrix} 1 \\ -1 \\ -1 \end{pmatrix}$, $s \in \mathbb{R}$

Die Punktprobe für l in der Koordinatengleichung von E liefert:

$(7 + k) - (2 - k) - (-1 - k) = -3 \Leftrightarrow 7 + k - 2 + k + 1 + k = -333 \Leftrightarrow 3k = -9$

$\Leftrightarrow k = -3$

Setzt man statt $k = -3$ das Doppelte, also $k^* = 2k = -6$ in l ein, so erhält man

$\vec{p}\,' = \begin{pmatrix} 7 \\ 2 \\ -1 \end{pmatrix} + (-6) \cdot \begin{pmatrix} 1 \\ -1 \\ -1 \end{pmatrix} = \begin{pmatrix} 1 \\ 8 \\ 5 \end{pmatrix} \Rightarrow$ P′(1 | 8 | 5) ist das Bild von P bei der Spiegelung an E

und $F'\colon \vec{x} = \begin{pmatrix} 6 \\ 6 \\ 3 \end{pmatrix} + s^* \cdot \begin{pmatrix} 5 \\ 4 \\ 1 \end{pmatrix} + t^* \cdot \left[\begin{pmatrix} 1 \\ 8 \\ 5 \end{pmatrix} - \begin{pmatrix} 6 \\ 6 \\ 3 \end{pmatrix}\right] = \begin{pmatrix} 6 \\ 6 \\ 3 \end{pmatrix} + s^* \cdot \begin{pmatrix} 5 \\ 4 \\ 1 \end{pmatrix} + t^* \cdot \begin{pmatrix} -5 \\ 2 \\ 2 \end{pmatrix}$; $s^*, t^* \in \mathbb{R}$

ist die Gleichung der Spiegelebene zu F.

c) $F'\colon \vec{x} = \begin{pmatrix} 5 \\ 8 \\ 1 \end{pmatrix} + s^* \cdot \begin{pmatrix} 5 \\ -4 \\ -2 \end{pmatrix} + t^* \cdot \begin{pmatrix} 6 \\ -4 \\ -1 \end{pmatrix}$; $s^*, t^* \in \mathbb{R}$; $E \parallel F$, L(1 | 1 | 5) $(k = 1)$

d) $F'\colon \vec{x} = \begin{pmatrix} 6 \\ 5 \\ 5 \end{pmatrix} + s^* \cdot \begin{pmatrix} 5 \\ 3 \\ -1 \end{pmatrix} + t^* \cdot \begin{pmatrix} -3 \\ 2 \\ -2 \end{pmatrix}$; $s^*, t^* \in \mathbb{R}$

mit $g\colon \vec{x} = \begin{pmatrix} 6 \\ 5 \\ 5 \end{pmatrix} + s^* \begin{pmatrix} 5 \\ 3 \\ -1 \end{pmatrix}$ $(s = 2 + 3t)$ und L(4 | 3 | 3) $(k = -2)$

## 2.6 Aufgaben wie im mündlichen Abitur

Die nachfolgende Aufgabenübersicht stellt eine Checkliste sowohl für die Abiturprüfung dar. Angehende Abiturientinnen und Abiturienten sollten in der Lage sein, den Ablauf der Bearbeitung gegebenenfalls anhand von Skizzen zu beschreiben.

**1. Zwei Punkte**

Gegeben sind die Punkte $P(p_1 | p_2 | p_3)$ und $Q(q_1 | q_2 | q_3)$.

a) Wie bestimmt man den Verbindungsvektor zweier Punkte?
b) Bestimmen Sie eine Gleichung der Gerade g, die durch P und Q verläuft.
c) Welche Koordinaten besitzt der Mittelpunkt von $\overline{PQ}$?
d) P wird durch eine Spiegelung an der Ebene E auf Q abgebildet.
Wie bestimmt man eine Gleichung von E?

**2. Drei Punkte**

Gegeben sind die Punkte A, B und C.

a) Wie überprüft man, ob die drei Punkte auf einer Gerade liegen?
b) B liegt zwischen A und C auf einer Geraden. Wie ist das Teilverhältnis TV (ABC) definiert?
c) A, B und C bilden ein Dreieck. Wie berechnet man seine Seitenlängen, die Innenwinkel und seinen Flächeninhalt?
d) A,B und C liegen in der Ebene E. Wie lautet eine Gleichung von E?

**3. Vier Punkte**

Gegeben sind die Punkte A, B, C und D.

a) Wie überprüft man, ob die vier Punkte in einer Ebene liegen?
b) Welche besonderen Vierecke gibt es?
Wie überprüft man die jeweiligen Eigenschaften?
c) A, B, C und D bilden eine Pyramide. Wie bestimmt man ihr Volumen?
d) Wie überprüft man, ob der Punkt D innerhalb des Dreiecks ABC liegt?

**4. Punkt – Gerade**

Gegeben ist der Punkt P und die Gerade g.

a) Wie überprüft man, ob der Punkt P auf der Geraden g liegt?
b) P und g liegen in der Ebene E. Wie lautet eine Gleichung von E?
c) Wie lautet eine Gleichung einer Ebene F, die orthogonal zu g durch P verläuft?
d) Wie bestimmt man den Abstand von P zu g?
e) Wie bestimmt man den Spiegelpunkt zu P bei einer Spiegelung an g?

**5. Punkt – Ebene**

Gegeben ist der Punkt P und die Ebene E.

a) Wie überprüft man, ob der Punkt P in der Ebene E liegt?

b) Wie berechnet man den Abstand des Punktes P von der Ebene E?

c) Wie bestimmt man den Spiegelpunkt zu P bei einer Spiegelung an E?

d) Der Punkt P ist Mittelpunkt einer Kugel K. Die Ebene E ist Tangentialebene von K. Wie berechnet man den Radius r von K, sowie die Koordinaten des Berührpunktes B?

**6. Gerade – Gerade**

Gegeben sind die Geraden g und h.

a) Welche gegenseitigen Lagebeziehungen zweier Geraden gibt es? Wie ist die Vorgehensweise bei der Untersuchung?

b) Wie bestimmt man den Abstand zweier paralleler Geraden?

c) Zwei parallele Geraden liegen in der Ebene E. Bestimmen Sie eine Gleichung von E.

d) Wie bestimmt man den Schnittpunkt und den Schnittwinkel zweier Geraden?

e) Zwei sich schneidende Geraden liegen in einer Ebene F. Bestimmen Sie eine Gleichung von F.

f) Wie kann man den Abstand zweier windschiefer Geraden berechnen? (2 Verfahren)

**7. Gerade – Ebene**

Gegeben sind die Gerade g und die Ebene E.

a) Welche Lagebeziehungen gibt es zwischen einer Geraden und einer Ebene?

b) Die Gerade g und die Ebene E verlaufen zueinander parallel. Wie bestimmt man ihren Abstand?

c) Wie berechnet man den Schnittpunkt und den Schnittwinkel zwischen einer Geraden und einer Ebene?

d) Wie erhält man die Gleichung der Bildgeraden g′ von g bei einer Spiegelung an der Ebene E? (2 Fälle: $g \parallel E$ und $g \cap E = \{S\}$)

**8. Ebene – Ebene**

Gegeben sind die Ebenen E und F.

a) Welche Lagebeziehungen gibt es zwischen zwei Ebenen? Beschreiben Sie die Vorgehensweise der Untersuchung.

b) Wie bestimmt man den Abstand zweier paralleler Ebenen?

c) Wie bestimmt man die Schnittgerade und den Schnittwinkel zweier Ebenen?

d) Wie erhält man eine Gleichung der Bildebene F′ von F bei einer Spiegelung an E? (2 Fälle: $F \parallel E$ und $F \cap E = s$)

e) Bei einer Spiegelung an einer Ebene G wird E auf F abgebildet. Wie erhält man eine Gleichung von G? (2 Lösungen!)

## 2.7 Aufgaben wie im schriftlichen Abitur

A

**1.** Gegeben sind die Geraden

$g\colon \vec{x} = \begin{pmatrix}2\\0\\1\end{pmatrix} + r\cdot\begin{pmatrix}-8\\-4\\8\end{pmatrix}$, $h\colon \vec{x} = \begin{pmatrix}-4\\3\\1\end{pmatrix} + s\cdot\begin{pmatrix}6\\3\\-6\end{pmatrix}$, $k\colon \vec{x} = \begin{pmatrix}-1\\14\\8\end{pmatrix} + t\cdot\begin{pmatrix}4\\1\\3\end{pmatrix}$; $r, s, t \in \mathbb{R}$

sowie die Ebene $F\colon \begin{pmatrix}1\\-4\\8\end{pmatrix} \cdot \left[\vec{x} - \begin{pmatrix}1\\2\\-8\end{pmatrix}\right] = 0$.

a) Untersuchen Sie die gegenseitige Lage der Geraden g und h.
Bestimmen Sie ihren Abstand.
Die Geraden g und h liegen in der Ebene E.
Bestimmen Sie eine Koordinatengleichung der Ebene E und zeichnen Sie ihr Schrägbild mithilfe ihrer Spurgeraden.
$x_1$-Achse: $1\,\text{LE} = \frac{1}{2}\cdot\sqrt{2}\,\text{cm}$, $x_2$-Achse: $1\,\text{LE} = 1\,\text{cm}$,
$x_3$-Achse: $1\,\text{LE} = 1\,\text{cm}$ [Kontrollergebnis für E: $x_1 + 2x_2 + 2x_3 - 4 = 0$]

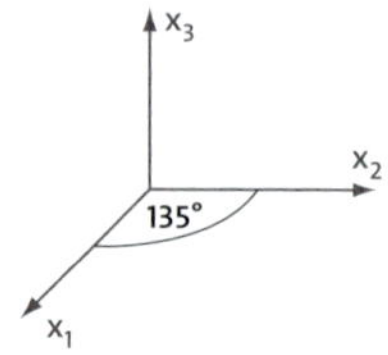


b) Untersuchen Sie die gegenseitige Lage der Geraden g und k.
Bestimmen Sie den Abstand der beiden Geraden.

c) Bestimmen Sie die Koordinaten des Schnittpunktes S und die Weite $\alpha$ des Schnittwinkels der Geraden g mit der Ebene F.
Durch eine Spiegelung an der Ebene F wird die Gerade g auf g′ abgebildet.
Bestimmen Sie eine Gleichung von g′.

d) Die Ebenen E und F schneiden sich.
Bestimmen Sie eine Gleichung der Schnittgeraden s und die Weite $\beta$ des Schnittwinkels der Ebenen E und F.

L

**1. Problemanalyse**

a) Gegenseitige Lage zweier Geraden, Abstand paralleler Geraden, Punkt-Richtungsform einer Ebene aus einem Punkt und einer Geraden, Umrechnung einer Punkt-Richtungsform in eine Koordinatengleichung, Spurpunkte einer Ebene, Darstellung einer Ebene im Koordinatensystem mithilfe der Spurgeraden

b) Gegenseitige Lage zweier Geraden, Abstand windschiefer Geraden

c) Schnittpunkt und Weite des Schnittwinkels von einer Geraden und einer Ebene, Spiegelung einer Geraden an einer Ebene

d) Schnittgerade und Weite des Schnittwinkels zweier Ebenen

**Lösung**

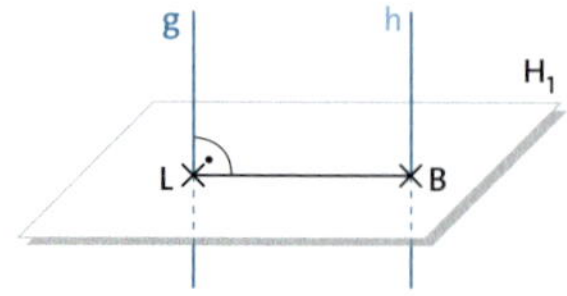


a) Die Geraden sind echt parallel, da $-\frac{3}{2}\cdot\begin{pmatrix}-8\\-4\\8\end{pmatrix} = \begin{pmatrix}6\\3\\-6\end{pmatrix}$

und $A(2|0|1) \notin h$.

Für die Abstandsberechnung der beiden parallelen Geraden benötigt man eine Hilfsebene $H_1\colon 2x_1 + x_2 - 2x_3 + 7 = 0$, welche orthogonal zu g durch $B(-4|3|1)$ verläuft. Die Gerade g schneidet $H_1$ im Punkt $L(0|-1|3)$. Somit ist $d(g;h) = d(B;L) = 6$ LE.

$$E: \vec{x} = \begin{pmatrix} 2 \\ 0 \\ 1 \end{pmatrix} + r \cdot \begin{pmatrix} -8 \\ -4 \\ 8 \end{pmatrix} + s \cdot \left[\begin{pmatrix} -4 \\ 3 \\ 1 \end{pmatrix} - \begin{pmatrix} 2 \\ 0 \\ 1 \end{pmatrix}\right] \Leftrightarrow$$

$$E: \vec{x} = \begin{pmatrix} 2 \\ 0 \\ 1 \end{pmatrix} + r \cdot \begin{pmatrix} -2 \\ -1 \\ 2 \end{pmatrix} + s \cdot \begin{pmatrix} -2 \\ 1 \\ 0 \end{pmatrix};\ r, s \in \mathbb{R}$$

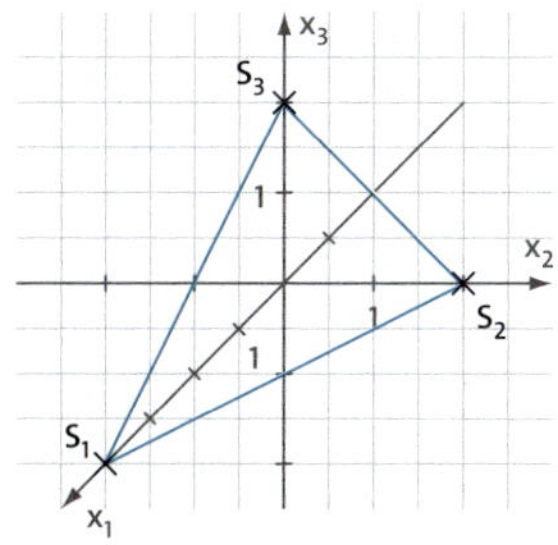


Durch Eliminieren von r und s erhält man
$E: x_1 + 2x_2 + 2x_3 - 4 = 0$ und damit
$S_1(4|0|0)$,
$S_2(0|2|0)$,
$S_3(0|0|2)$.

b) Die Geraden g und k sind weder parallel, noch schneiden sie sich. Somit sind sie windschief.
Für die Abstandsberechnung benötigt man eine Hilfsebene $H_2$ mit $g \subset H_2$ und $k \parallel H_2$.

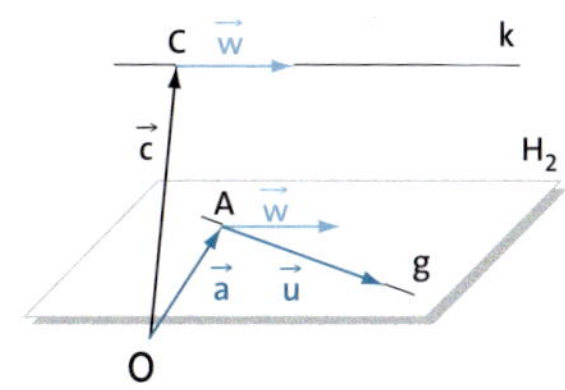


$$H_2: \vec{x} = \begin{pmatrix} 2 \\ 0 \\ 1 \end{pmatrix} + r \cdot \begin{pmatrix} -8 \\ -4 \\ 8 \end{pmatrix} + s \cdot \begin{pmatrix} 4 \\ 1 \\ 3 \end{pmatrix};\ r, s \in \mathbb{R}$$

HNF von $H_2$: $\frac{5x_1 - 14x_2 - 2x_3 - 8}{15} = 0$

$d(g;k) = d(C;H_2) = |-15| = 15$ LE.

Alternative:

$P(2 - 8r_1|-4r_1|1 + 8r)$, $Q(-1 + 4r_1|14 + t_1|8 + 3t_1)$

$\overrightarrow{PQ} \cdot \begin{pmatrix} -8 \\ -4 \\ 0 \end{pmatrix} = 0$ und $\overrightarrow{PQ} \cdot \begin{pmatrix} 4 \\ 1 \\ 3 \end{pmatrix} = 0$ liefern $r_1 = \frac{1}{4}$ und $t_1 = -1$

$\Rightarrow P(0|-1|3)$ und $Q(-5|13|5)$

$d(g;k) = d(P;Q) = 15$ LE

c) Die Punktprobe für g in $F: x_1 - 4x_2 + 8x_3 + 71 = 0$ liefert den Schnittpunkt $S(11|4{,}5|-8)$.
Für die Weite $\alpha$ des Schnittwinkels von g und F gilt: $\sin\alpha = \frac{|-2+4+16|}{3 \cdot 9} = \frac{2}{3} \Rightarrow \alpha = 41{,}8°$.

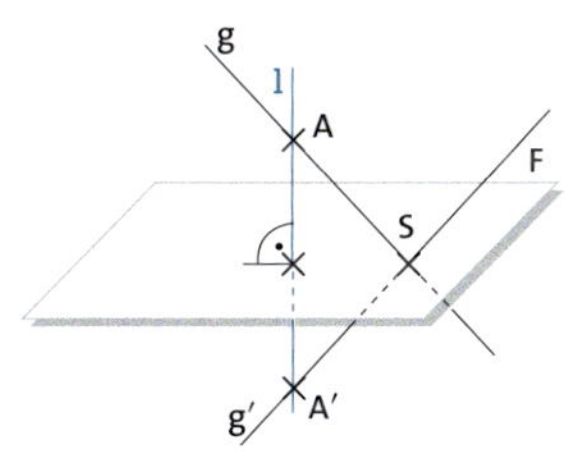


Die Punktprobe für $l: \vec{x} = \begin{pmatrix} 2 \\ 0 \\ 1 \end{pmatrix} + t \cdot \begin{pmatrix} 1 \\ -4 \\ 8 \end{pmatrix},\ t \in \mathbb{R}$

in F liefert $t = -1$.
Setzt man das Doppelte in l ein, so erhält man $A'(0|8|-15)$.

Somit ist $g': \vec{x} = \begin{pmatrix} 0 \\ 8 \\ -15 \end{pmatrix} + t \cdot \left[\begin{pmatrix} 11 \\ 4{,}5 \\ -8 \end{pmatrix} - \begin{pmatrix} 0 \\ 8 \\ -15 \end{pmatrix}\right] = \begin{pmatrix} 0 \\ 8 \\ -15 \end{pmatrix} + t \cdot \begin{pmatrix} 11 \\ -3{,}5 \\ 7 \end{pmatrix} = \begin{pmatrix} 0 \\ 8 \\ -15 \end{pmatrix} + t \cdot \begin{pmatrix} 22 \\ -7 \\ 14 \end{pmatrix},\ t \in \mathbb{R}$.

d) Die Punktprobe für E in F liefert $s = 13{,}5 + 3r$. Eingesetzt in E:

$s: \vec{x} = \begin{pmatrix} -25 \\ 13{,}5 \\ 1 \end{pmatrix} + r \cdot \begin{pmatrix} -8 \\ 2 \\ 2 \end{pmatrix},\ r \in \mathbb{R};\ \cos\beta = \frac{|1 - 8 + 16|}{3 \cdot 9} = \frac{1}{3} \Rightarrow \beta = 70{,}5°$

A

**2.** Gegeben sind die Punkte $A(4|-2|0)$, $B(-3|-1|0)$, $C(0|-5|5)$, und $D(1|2|5)$.

a) Zeigen Sie: Die Punkte A, B, C und D bilden ein Tetraeder.
Zeichnen Sie ein Schrägbild des Tetraeders.
$x_1$-Achse: $1\,\text{LE} = \frac{1}{2}\cdot\sqrt{2}\,\text{cm}$
$x_2$-Achse: $1\,\text{LE} = 1\,\text{cm}$
$x_3$-Achse: $1\,\text{LE} = 1\,\text{cm}$

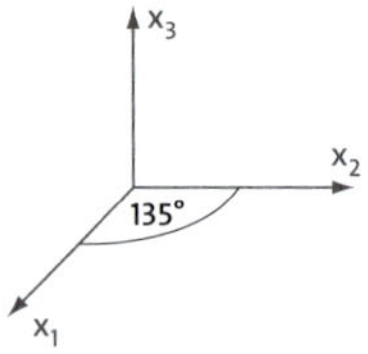


Die Punkte A, B und C liegen in der Ebene E.
Bestimmen Sie eine Koordinatengleichung von E.
[Kontrollergebnis für E: $x_1 + 7x_2 + 5x_3 = -10$]
Zeigen Sie: Die Punkte ACD liegen in der Ebene $F: 7x_1 - x_2 + 5x_3 = 30$.
Wie groß ist die Weite $\alpha$ des Winkels, den die Kante AD mit der Ebene E bildet?
Wie groß ist die Weite $\delta$ des Schnittwinkels der Ebenen E und F?

b) Welchen Abstand besitzen die Kanten AB und CD?
Wie viele Symmetrieebenen besitzt der Tetraeder? Bestimmen Sie zu einer solchen Symmetrieebene S eine Gleichung.

c) Die Ebene $G: x_3 = 2$ zerlegt den Tetraeder in zwei Teilkörper.
Zeigen Sie: Die Schnittfläche ist ein Rechteck mit den Eckpunkten $P_1$, $P_2$, $P_3$ und $P_4$. Berechnen Sie das Volumen des Teilkörpers mit den Eckpunkten $CDP_1P_2P_3P_4$.

d) Die Oberfläche des Tetraeders wird verspiegelt. Im Punkt $M(0|0|21)$ wird ein Laserspot installiert. Der Strahl besitzt die Richtung $\vec{u} = \begin{pmatrix} 1 \\ -3 \\ -17 \end{pmatrix}$.
Zeigen Sie, dass der Laserstrahl an der Dreiecksfläche ACD reflektiert wird.
Bestimmen Sie eine Gleichung, die den Verlauf des reflektierten Strahls beschreibt.

L

**2. Problemanalyse**

a) Abstand zweier Punkte, Darstellung von Punkten im Koordinatensystem, Drei-Punkteform einer Ebene, Umrechnung einer Drei-Punkteform in eine Punkt-Richtungsform und weiter in eine Koordinatengleichung, Punktprobe für Punkte einer Ebene, Zwei-Punkteform und Punkt-Richtungsform einer Geraden, Weite des Schnittwinkels von einer Geraden und einer Ebene, Weite des Schnittwinkels zweier Ebenen

b) Abstand windschiefer Geraden (in spezieller Lage), Anzahl der Symmetrieebenen eines Tetraeders, Punkt-Normalen- bzw. Punkt-Richtungsform einer Symmetrieebene

c) Schnittpunkt von Gerade und Ebene, besonderes Viereck, Volumina von einem Prisma und einer Dreieckspyramide

d) Schnittpunkt von einer Geraden und einer Ebene, Lage eines Punktes in einem Dreieck, Spiegelung einer Geraden an einer Ebene

**Lösung**

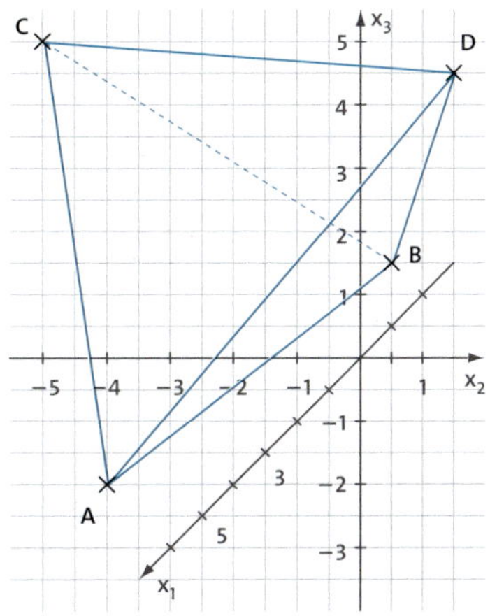


a) $|\overrightarrow{AB}| = \left|\begin{pmatrix}-7\\1\\0\end{pmatrix}\right| = \sqrt{50}$; $|\overrightarrow{BC}| = \left|\begin{pmatrix}3\\-4\\5\end{pmatrix}\right| = \sqrt{50}$

$|\overrightarrow{CA}| = \left|\begin{pmatrix}4\\3\\-5\end{pmatrix}\right| = \sqrt{50}$; $|\overrightarrow{AD}| = \left|\begin{pmatrix}-3\\4\\5\end{pmatrix}\right| = \sqrt{50}$

$|\overrightarrow{BD}| = \left|\begin{pmatrix}4\\3\\5\end{pmatrix}\right| = \sqrt{50}$; $|\overrightarrow{CD}| = \left|\begin{pmatrix}1\\7\\0\end{pmatrix}\right| = \sqrt{50}$

$\Rightarrow$ Die Punkte A, B, C und D bilden ein Tetraeder.

$E: \vec{x} = \begin{pmatrix}4\\-2\\0\end{pmatrix} + s\cdot\begin{pmatrix}-7\\1\\0\end{pmatrix} + t\cdot\begin{pmatrix}-4\\-3\\5\end{pmatrix};\ s, t \in \mathbb{R}$

Durch Eliminieren von s und t erhält man:

$E: x_1 + 7x_2 + 5x_3 = -10$

Punktprobe für A in F: $7\cdot 4 - (-2) + 5\cdot 0 = 30$ wahr $\Rightarrow A \in F$

Punktprobe für C in F: $7\cdot 0 - (-5) + 5\cdot 5 = 30$ wahr $\Rightarrow C \in F$

Punktprobe für D in F: $7\cdot 1 - 2 + 5\cdot 5 = 30$ wahr $\Rightarrow D \in F$

$\sin\alpha = \left|\frac{-3\cdot 1 + 4\cdot 7 + 5\cdot 5}{\sqrt{50}\cdot\sqrt{75}}\right| = \frac{2}{\sqrt{6}} \Rightarrow \alpha \approx 54{,}7°$

$\cos\delta = \left|\frac{1\cdot 7 + 7\cdot(-1) + 5\cdot 5}{\sqrt{75}\cdot\sqrt{75}}\right| = \frac{1}{3} \Rightarrow \delta \approx 70{,}5°$

b) Da AB in der $x_1$-$x_2$-Ebene und CD parallel zur $x_1$-$x_2$-Ebene in der Ebene mit der Gleichung $x_3 = 5$ liegt, besitzen die beiden Kanten einen Abstand von 5 LE.
Der Tetraeder besitzt vier Symmetrieebenen. Eine der Symmetrieebenen verläuft durch C, orthogonal zu $\overline{AB}$. Deshalb gilt: $S: \begin{pmatrix}-7\\1\\0\end{pmatrix} \bullet \left[\vec{x} - \begin{pmatrix}0\\-5\\5\end{pmatrix}\right] = 0$

c) $P_1 \in \overline{AC}$, $P_2 \in \overline{AD}$, $P_3 \in \overline{BD}$ und $P_4 \in \overline{BC}$

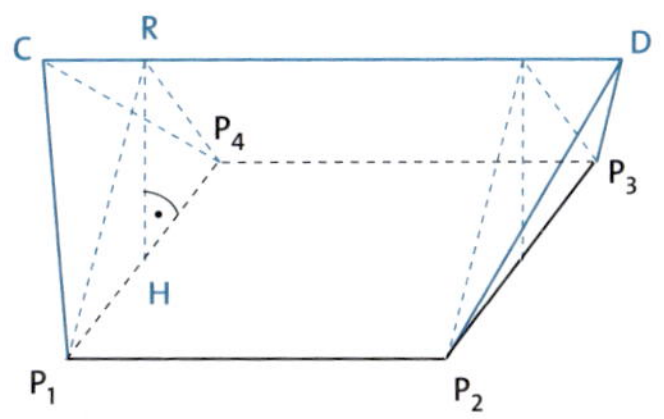


$g_{AC}: \vec{x} = \begin{pmatrix}4\\-2\\0\end{pmatrix} + s\cdot\begin{pmatrix}-4\\-3\\5\end{pmatrix};\ x_3 = 2 \Rightarrow s = 0{,}4$

$\Rightarrow P_1(2{,}4\,|\,-3{,}2\,|\,2) \in \overline{AC}$, $P_2(2{,}8\,|\,-0{,}4\,|\,2) \in \overline{AD}$,
$P_3(-1{,}4\,|\,0{,}2\,|\,2) \in \overline{BD}$ und $P_4(-1{,}8\,|\,-2{,}6\,|\,2) \in \overline{BC}$

$\overrightarrow{P_1P_2} = \overrightarrow{P_4P_3} = \begin{pmatrix}0{,}4\\2{,}8\\0\end{pmatrix}$; $\overrightarrow{P_1P_4} = \overrightarrow{P_2P_3} = \begin{pmatrix}-4{,}2\\0{,}6\\0\end{pmatrix}$

$\overrightarrow{P_1P_2} \bullet \overrightarrow{P_1P_4} = 0 \Rightarrow \overrightarrow{P_1P_2} \perp \overrightarrow{P_1P_4}$

Das Viereck $P_1P_2P_3P_4$ ist ein Rechteck.

$|\overrightarrow{P_1P_2}| = \sqrt{0{,}4^2 + 2{,}8^2} = \sqrt{8}$; $|\overrightarrow{P_1P_4}| = \sqrt{(-4{,}2)^2 + 0{,}6^2} = \sqrt{18}$ und $|\overrightarrow{HR}| = 3$

Der Teilkörper ist zusammengesetzt aus einem Prisma mit einem Dreieck als Grundfläche und zwei gleichen Dreieckspyramiden.

$V = \frac{1}{2}\cdot|\overrightarrow{P_1P_4}|\cdot|\overrightarrow{HR}|\cdot|\overrightarrow{P_1P_2}| + 2\cdot\frac{1}{3}\cdot\frac{1}{2}\cdot|\overrightarrow{P_1P_4}|\cdot|\overrightarrow{HR}|\cdot\frac{1}{2}\cdot\left(|\overrightarrow{CD}| - |\overrightarrow{P_1P_2}|\right) = 18 + 9 = 27\,\text{VE}$

d) Der Laserstrahl trifft die Ebene F im Punkt S(1|−3|4).
Der Punkt S liegt innerhalb des Dreiecks ACD, wenn
$\overrightarrow{AS} = s \cdot \overrightarrow{AC} + t \cdot \overrightarrow{AD}$ liefert $s = \frac{3}{5}$ und $t = \frac{1}{5}$. Da $s > 0$, $t > 0$ und $s + t < 1$ liegt P innerhalb des Dreiecks ACD.

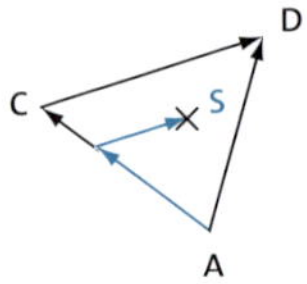


Alternativ:
$\overrightarrow{AS} = s \cdot \overrightarrow{AC} + t \cdot \overrightarrow{CD}$ mit $0 < t < s < 1$.
Da $s = \frac{4}{5}$ und $t = \frac{1}{5}$, liegt S innerhalb des Dreiecks ACD.

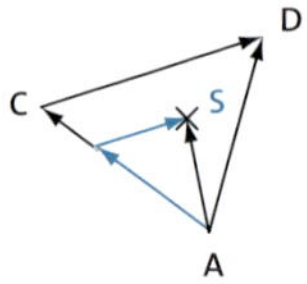


Mit M′(−14|2|11) ergibt sich für den reflektierten Laserstrahl die Gleichung
$$l: \vec{x} = \overrightarrow{OS} + t \cdot \overrightarrow{M'S} = \begin{pmatrix} 1 \\ -3 \\ 4 \end{pmatrix} + t \cdot \begin{pmatrix} 15 \\ -5 \\ -7 \end{pmatrix},\ t \geq 0.$$

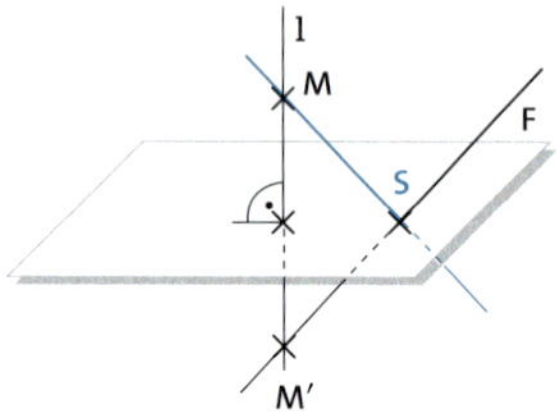


A

**3.** Der nebenstehend abgebildete Körper ist 90°-drehsymmetrisch und entsteht durch Abschleifen eines Würfels mit einer Kantenlänge von 18 cm. Dabei sind die Punkte $M_1$ bis $M_8$ jeweils die Kantenmitten. Nach diesem Prinzip fertigt man Holzpfosten mit einem interessanten optischen Eindruck, wie die Abbildung ganz rechts zeigt.

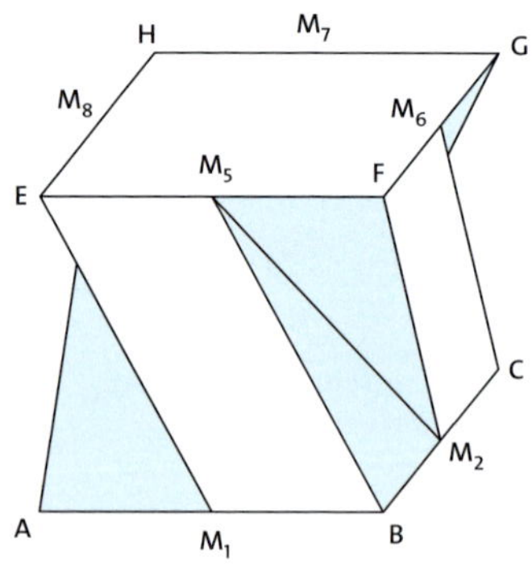


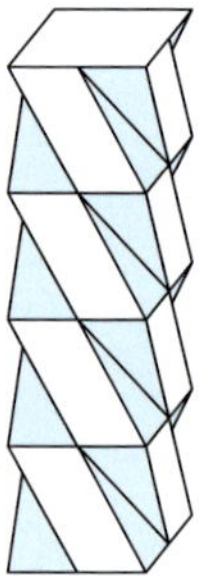

a) Berechnen Sie die Weite $\alpha$ des Winkels zwischen der Kante $M_2M_5$ und der Grundfläche ABCD.
Wie groß ist die Weite $\delta$ des Schnittwinkels zwischen den Dreiecksflächen $M_2M_5B$ und $M_2M_5F$?

b) Um wie viel Prozent ist das Volumen des abgebildeten Körpers kleiner als das des ursprünglichen Würfels?
Um wie viel Prozent ändert sich seine Mantelfläche gegenüber der Mantelfläche des ursprünglichen Würfels?

c) Zeichnen Sie die Schnittfläche einer Ebene mit einem Abstand von 12 cm parallel zur Grundfläche.
Wie lang muss ein Seil mindestens sein, damit man es um den Balken legen kann? Diskutieren Sie drei Möglichkeiten.

d) Welchen Durchmesser darf eine vertikale Bohrung maximal besitzen, damit die Wandstärke überall mindestens 5 cm beträgt?

L

**3. Problemanalyse**

a) Geeignete Wahl eines Koordinatensystems, Weite des Schnittwinkels einer Geraden und einer Ebene, Weite des Schnittwinkels zweier Ebenen

b) Volumina von Würfel und Dreieckspyramide, prozentualer Vergleich, Flächeninhalte von Quadrat, Parallelogramm und Dreieck, prozentualer Vergleich

c) Schnittfläche einer Ebene mit einem Körper, Extremwertproblem, Abstand windschiefer Geraden

d) Abstand windschiefer Geraden (in spezieller Lage)

**Lösung**

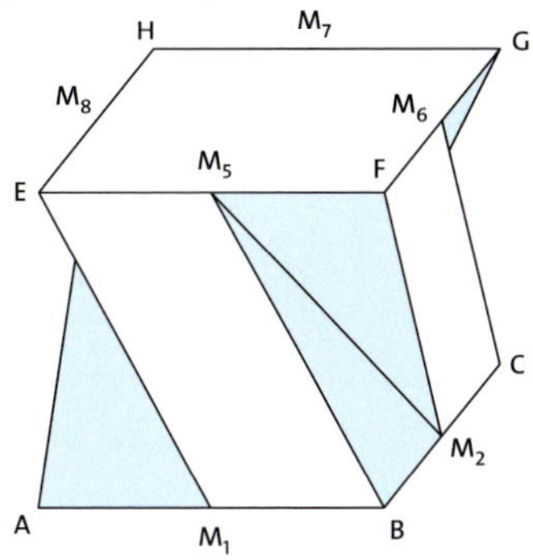


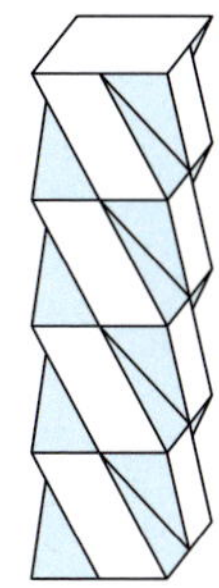

a) Wählt man den Koordinatenursprung in der Mitte des Körpers und die Koordinatenachsen parallel zu den Kanten des (ehemaligen) Würfels, so ergeben sich nachfolgende Koordinaten:

$A(9|-9|-9)$, $B(9|9|-9)$,
$C(-9|9|-9)$, $D(-9|-9|-9)$,
$E(9|-9|9)$, $F(9|9|9)$,
$G(-9|9|9)$, $H(-9|-9|9)$,
$M_1(9|0|-9)$, $M_2(0|9|-9)$, $M_5(9|0|9)$

$M_2M_5\colon \vec{x} = \begin{pmatrix} 0 \\ 9 \\ -9 \end{pmatrix} + r \cdot \begin{pmatrix} 9 \\ -9 \\ 18 \end{pmatrix}, \ r \in \mathbb{R}$

$ABCD\colon\ x_3 = -9$

$\sin\alpha = \dfrac{|9\cdot 0 + (-9)\cdot 0 + 18\cdot 1|}{9\sqrt{6}\cdot 1} = \dfrac{2}{\sqrt{6}} \ \Rightarrow\ \alpha \approx 54{,}7°$

$M_2M_5B\colon \vec{x} = \begin{pmatrix} 0 \\ 9 \\ -9 \end{pmatrix} + s \cdot \begin{pmatrix} 9 \\ -9 \\ 18 \end{pmatrix} + t \cdot \begin{pmatrix} 9 \\ 0 \\ 0 \end{pmatrix};\ s, t \in \mathbb{R}$

$M_2M_5F\colon \vec{x} = \begin{pmatrix} 0 \\ 9 \\ -9 \end{pmatrix} + s \cdot \begin{pmatrix} 9 \\ -9 \\ 18 \end{pmatrix} + t \cdot \begin{pmatrix} 9 \\ 0 \\ 18 \end{pmatrix};\ s, t \in \mathbb{R}$

Durch Eliminieren der Parameter s und t erhält man:

$M_2M_5B\colon 2x_2 + x_3 = 9$; $M_2M_5F\colon 2x_1 - x_3 = 9$

$\cos\delta = \dfrac{|0\cdot 2 + 2\cdot 0 + 1\cdot(-1)|}{\sqrt{5}\cdot\sqrt{5}} = \dfrac{1}{5} \ \Rightarrow\ \delta \approx 78{,}5°$

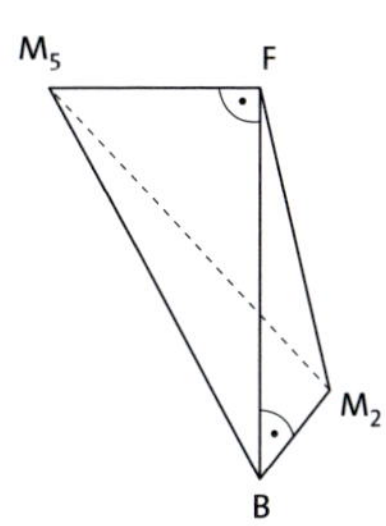


b) $V_{Würfel} = (18\,\text{cm})^3 = 5832\,\text{cm}^3$

Es wurden 4 Dreieckspyramiden abgeschliffen.

Mit dem Dreieck $M_5BF$ als Grundfläche und $|\overline{BM_2}|$ als Höhe ergibt sich:

$V_P = \frac{1}{3}\cdot\frac{1}{2}\cdot|\overline{M_5F}|\cdot|\overline{FB}|\cdot|\overline{BM_2}| = \frac{1}{6}\cdot 9\cdot 18\cdot 9 = 243\,\text{VE}$.

Somit besitzt der abgebildete Körper ein Volumen von

$V = 5832\,\text{cm}^3 - 4\cdot 243\,\text{cm}^3 = 4860\,\text{cm}^3$.

Es ist um 16,7 % kleiner als das Volumen des ursprünglichen Würfels.

$M_{Würfel} = 4 \cdot (18\,cm)^2 = 1296\,cm^2$

Die Mantelfläche des Körpers setzt sich zusammen aus vier inhaltsgleichen Parallelogrammen und acht inhaltsgleichen Dreiecken.

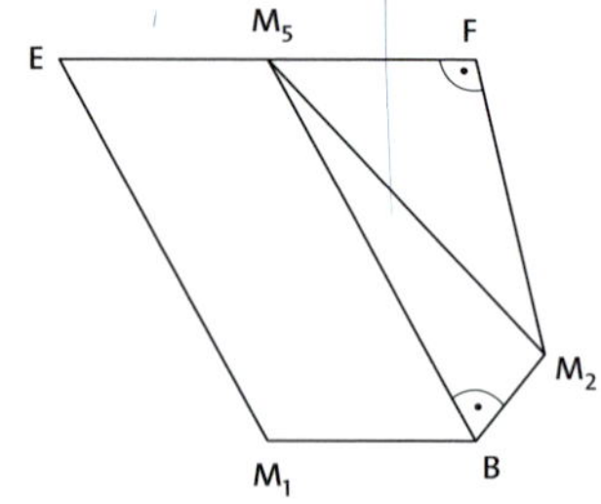


$F_{Par} = |\overline{M_1B}| \cdot d(AB; EF) = 9 \cdot 18 = 162\,FE$

$F_{\Delta} = \frac{1}{2} \cdot |\overline{BM_2}| \cdot |\overline{BM_5}| = \frac{1}{2} \cdot 9 \cdot \sqrt{9^2 + 18^2} = \frac{81}{2} \cdot \sqrt{5}\,FE$

$M = 4 \cdot 162 + 8 \cdot \frac{81}{2} \cdot \sqrt{5} = 648 + 324 \cdot \sqrt{5} \approx 1372{,}5\,FE$

Mit $1372{,}5\,cm^2$ ist die Mantelfläche des Körpers um 5,9 % größer als die des Würfels.

c) $M_5B: \vec{x} = \begin{pmatrix} 9 \\ 0 \\ 9 \end{pmatrix} + s \cdot \begin{pmatrix} 0 \\ 9 \\ -18 \end{pmatrix},\ s \in \mathbb{R}$

$FM_2: \vec{x} = \begin{pmatrix} 9 \\ 9 \\ 9 \end{pmatrix} + t \cdot \begin{pmatrix} -9 \\ 0 \\ -18 \end{pmatrix},\ t \in \mathbb{R}$

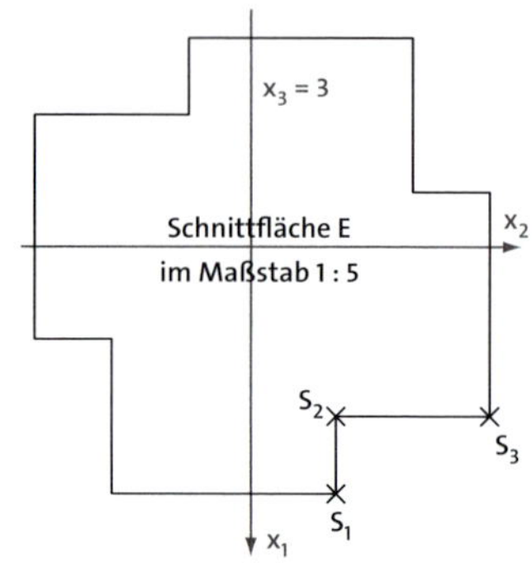


Die Ebene E mit einem Abstand von 12 cm parallel zur Grundfläche besitzt die Gleichung $x_3 = 3$.

Sie schneidet $M_5B$ in $S_1(9\,|\,3\,|\,3)$, $M_2M_5$ in $S_2(6\,|\,3\,|\,3)$ und $FM_2$ in $S_3(6\,|\,9\,|\,3)$.

(1) Der gesuchte Seilumfang ist sicherlich kleiner als $u_1 = 4 \cdot 18\,cm = 72\,cm$.

(2) Legt man das Seil um die Mitte des Körpers (Seil in Höhe der $x_1$-$x_2$-Ebene), so beträgt sein Umfang

$u_2 = 4 \cdot \left(9\,cm + \sqrt{(4{,}5\,cm)^2 + (4{,}5\,cm)^2}\right)$

$\approx 61{,}5\,cm.$

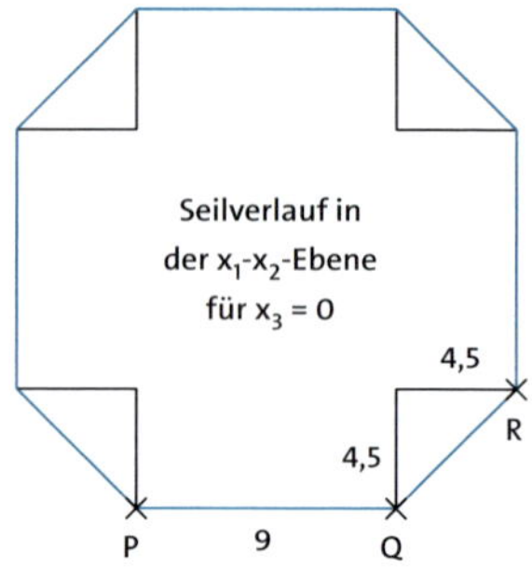


(3) Wählt man an den zueinander windschiefen Kanten $M_5B$ und $FM_2$ die kürzeste Entfernung, so erhält man die Punkte $Q(9\,|\,5\,|-1)$ und $R(5\,|\,9\,|\,1)$ und wegen der 90°-Drehsymmetrie $P(9\,|-5\,|\,1)$:

$u_3 = 4 \cdot \left(|\overline{PQ}| + |\overline{QR}|\right) = 4 \cdot \left(\sqrt{104} + 6\right)$

$\approx 64{,}8\,LE.$

$\Rightarrow$ Der Seilumfang muss demnach mindestens 61,5 cm betragen.

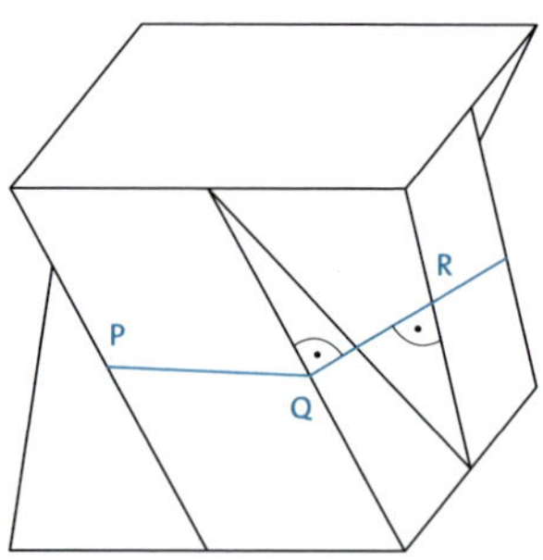


d) Da $d(x_3\text{-Achse}; M_2M_5) = d\left(H(4{,}5\,|\,4{,}5\,|\,0);\ O(0\,|\,0\,|\,0)\right) = 4{,}5 \cdot \sqrt{2} = 6{,}36\,LE$, darf der Durchmesser der Bohrung maximal 2,72 cm betragen.

**4.** Ein U-Boot wird zum Zeitpunkt $t = 0$ (t in Minuten) von einem Flugzeug vom Punkt $F(1|1|0{,}3)$ aus unter der Richtung $\begin{pmatrix} 1 \\ 2 \\ -0{,}1 \end{pmatrix}$ und von einem Schiff vom Punkt $S(-2|5|0)$ aus unter der Richtung $\begin{pmatrix} 4 \\ 3 \\ -0{,}1 \end{pmatrix}$ geortet. Nach 20 Minuten befindet sich das U-Boot in der Position $U_1^*(18|-5|-0{,}4)$ (alle Koordinatenangaben in Kilometer). **A**

a) In welchem Punkt $U_1$ wurde das U-Boot zum Zeitpunkt $t = 0$ geortet?
[Kontrollergebnis: $U_1(6|11|-0{,}2)$]
Geben Sie eine Geradengleichung für die Fahrtroute des U-Bootes an.
Begründen Sie, dass das U-Boot am Abtauchen ist. Wie groß ist seine Sinkgeschwindigkeit in m/min? Wann würde das U-Boot bei Beibehaltung seines Kurses seine maximale Tauchtiefe von 600 m erreichen?

b) Ein zweites U-Boot bewegt sich auf dem Kurs $\overrightarrow{u_2} = \begin{pmatrix} 8 \\ -25 \\ -0{,}35 \end{pmatrix} + t \cdot \begin{pmatrix} 0{,}35 \\ 1{,}2 \\ 0 \end{pmatrix}$
(t in Minuten nach Beobachtungsbeginn).
Welche Entfernung besitzen die beiden U-Boote bei Beobachtungsbeginn?
Mit welcher Geschwindigkeit fährt das zweite U-Boot?
Zeigen sie, dass sich ihre Kurse kreuzen.
Bestimmen Sie den Zeitpunkt der größten Annäherung der beiden U-Boote.
Wie groß ist zu diesem Zeitpunkt der Abstand der beiden U-Boote?

c) Die Ebene $E: 576\,x_1 - 168\,x_2 - 49\,x_3 = 8524$ beschreibt die Lage einer unter der Meeresoberfläche verlaufenden Steilwand.
Welchen Winkel bildet die Steilwand mit der Meeresoberfläche?
Zeigen Sie, dass sich das U-Boot 2 parallel zur Steilwand bewegt.
Berechnen Sie seinen Abstand.

**4. Problemanalyse** **L**

a) Bestimmung von Geradengleichungen aus einem Punkt und einem Richtungsvektor; Schnitt von zwei Geraden; Bestimmung einer Geradengleichung aus zwei Punkten; Interpretation des Richtungsvektors; Bestimmung der Sinkgeschwindigkeit aus der $x_3$-Koordinate; Bestimmung eines Zeitpunkts aus vorgegebener Tauchtiefe.

b) Entfernung zweier Punkte; Bestimmung der Geschwindigkeit aus zurückgelegter Wegstrecke und dafür benötigten Zeit; Bestimmung des Schnittpunkts zweier Geraden; minimaler Abstand zweier Punkte (Extremwertproblem).

c) Schnittwinkel zweier Ebenen; Nachweis, dass eine Gerade parallel zu einer Ebene verläuft; Abstand einer Geraden zu einer Ebene.

**Lösung:**

a) Flugzeugpeilung $f\colon \vec{x} = \begin{pmatrix} 1 \\ 1 \\ 0{,}3 \end{pmatrix} + r \cdot \begin{pmatrix} 1 \\ 2 \\ -0{,}1 \end{pmatrix}$ und Schiffspeilung $s\colon \vec{x} = \begin{pmatrix} -2 \\ 5 \\ 0 \end{pmatrix} + s \cdot \begin{pmatrix} 4 \\ 3 \\ -0{,}1 \end{pmatrix}$

Durch Gleichsetzen erhält man $\begin{pmatrix} 1 \\ 1 \\ 0{,}3 \end{pmatrix} + r \cdot \begin{pmatrix} 1 \\ 2 \\ -0{,}1 \end{pmatrix} = \begin{pmatrix} -2 \\ 5 \\ 0 \end{pmatrix} + s \cdot \begin{pmatrix} 4 \\ 3 \\ -0{,}1 \end{pmatrix}$.

$$r \cdot \begin{pmatrix} 1 \\ 2 \\ -0{,}1 \end{pmatrix} + s \cdot \begin{pmatrix} -4 \\ -3 \\ 0{,}1 \end{pmatrix} = \begin{pmatrix} -3 \\ 4 \\ -0{,}3 \end{pmatrix} \Leftrightarrow \begin{array}{ll} (1) & r - 4s = -3 \quad \Leftrightarrow r = -3 + 4s \\ (2) & 2r - 3s = 4 \\ (3) & -0{,}1r + 0{,}1s = -0{,}3 \end{array}$$

eingesetzt in (2): $2 \cdot (-3 + 4s) - 3s = 4 \Leftrightarrow -6 + 8s - 3s = 4 \Leftrightarrow 5s = 10 \Leftrightarrow s = 2$

in (1): $r = -3 + 8 = 5$

Probe in (3): $-0{,}5 + 0{,}2 = -0{,}3$ (wahr)

r eingesetzt in f: $\begin{pmatrix} 1 \\ 1 \\ 0{,}3 \end{pmatrix} + 5 \cdot \begin{pmatrix} 1 \\ 2 \\ -0{,}1 \end{pmatrix} = \begin{pmatrix} 6 \\ 11 \\ -0{,}2 \end{pmatrix}$

Somit wird das U-Boot im Punkt $U_1(6 \mid 11 \mid -0{,}2)$ geortet.

Der in 20 min zurückgelegte Weg ist $\overrightarrow{U_1U_1^*} = \begin{pmatrix} 18 \\ -5 \\ -0{,}4 \end{pmatrix} - \begin{pmatrix} 6 \\ 11 \\ -0{,}2 \end{pmatrix} = \begin{pmatrix} 12 \\ -16 \\ -0{,}2 \end{pmatrix} = 20 \cdot \begin{pmatrix} 0{,}6 \\ -0{,}8 \\ -0{,}01 \end{pmatrix}$.

Für die Fahrtroute gilt $u_1\colon \vec{x} = \begin{pmatrix} 6 \\ 11 \\ -0{,}2 \end{pmatrix} + t \cdot \begin{pmatrix} 0{,}6 \\ -0{,}8 \\ -0{,}01 \end{pmatrix}$

Da die $x_3$-Koordinate negativ ist, ist das U-Boot am Abtauchen.

Seine Sinkgeschwindigkeit beträgt 10 m/min.

Aus $-0{,}2 - 0{,}01 \cdot t = -0{,}6 \Leftrightarrow -0{,}01 \cdot t = 0{,}4 \Leftrightarrow t = 40$

Somit erreicht das U-Boot nach 40 Minuten seine maximale Tauchtiefe.

b) Bei Beobachtungsbeginn befindet sich das erste U-Boot in $U_1(6 \mid 11 \mid -0{,}2)$ und das zweite in $U_2(8 \mid -25 \mid -0{,}35)$.

$$\left|\overrightarrow{U_1U_2}\right| = \sqrt{(8-6)^2 + (-25-11)^2 + (-0{,}35-(-0{,}2))^2} = \sqrt{2^2 + 36^2 + 0{,}15^2} \approx 36$$

Ihre Entfernung beträgt anfänglich 36 km.

$$60 \cdot \left|\begin{pmatrix} 0{,}35 \\ 1{,}2 \\ 0 \end{pmatrix}\right| = 60 \cdot \sqrt{0{,}35^2 + 1{,}2^2} = 75$$

Das zweite U-Boot fährt mit einer Geschwindigkeit von 75 km/h.

$$\begin{pmatrix} 6 \\ 11 \\ -0{,}2 \end{pmatrix} + s \cdot \begin{pmatrix} 0{,}6 \\ -0{,}8 \\ -0{,}01 \end{pmatrix} = \begin{pmatrix} 8 \\ -25 \\ -0{,}35 \end{pmatrix} + t \cdot \begin{pmatrix} 0{,}35 \\ 1{,}2 \\ 0 \end{pmatrix}$$

$$\Leftrightarrow s \cdot \begin{pmatrix} 0{,}6 \\ -0{,}8 \\ -0{,}01 \end{pmatrix} + t \cdot \begin{pmatrix} -0{,}35 \\ -1{,}2 \\ 0 \end{pmatrix} = \begin{pmatrix} 2 \\ -36 \\ -0{,}15 \end{pmatrix}$$

$$\Leftrightarrow \begin{array}{ll} (1) & 0{,}6s - 0{,}35t = 2 \\ (2) & -0{,}8s - 1{,}2t = -36 \\ (3) & -0{,}01s = -0{,}15 \end{array} \quad \Leftrightarrow s = 15$$

Eingesetzt in (1): $9 - 0{,}35 \cdot t = 2 \Leftrightarrow -0{,}35 \cdot t = -7 \Leftrightarrow t = 20 = \begin{pmatrix} 8 \\ -25 \\ -0{,}35 \end{pmatrix} + t \cdot \begin{pmatrix} 0{,}35 \\ 1{,}2 \\ 0 \end{pmatrix}$

Probe in (2): $-12 - 24 = -36$ (wahr)

Somit kreuzen sich die beiden Kurse.

$U_1(6 + 0{,}6t \mid 11 - 0{,}8t \mid -0{,}2 - 0{,}01t)$, $U_2(8 + 0{,}35t \mid -25 + 1{,}2t \mid -0{,}35)$

$\left|\overrightarrow{U_1U_2}\right|$

$= \sqrt{(8 + 0{,}35t - (6 + 0{,}6t))^2 + (-25 + 1{,}2t - (11 - 0{,}8t))^2 + (-0{,}35 - (-0{,}2 - 0{,}01t))^2}$

$= \sqrt{(2 - 0{,}25t)^2 + (-36 + 2t)^2 + (-0{,}15 + 0{,}01t)^2}$

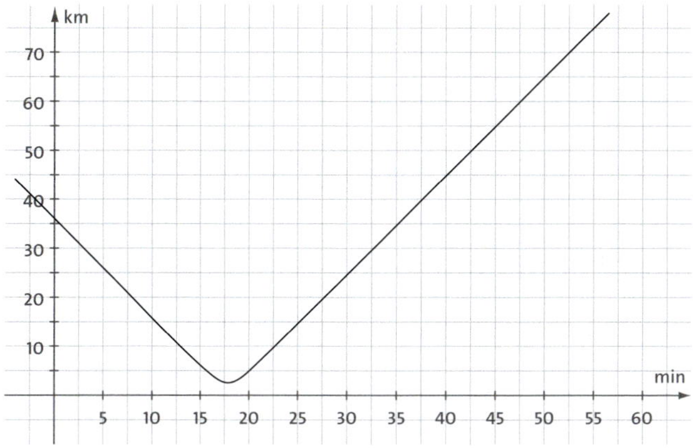


Nach 17,85 min ist die Annäherung am stärksten. Der Abstand der beiden U-Boote beträgt dann 2,48 km.

c) Aus $\cos\alpha = \frac{|\vec{n_1} \cdot \vec{n_2}|}{|\vec{n_1}| \cdot |\vec{n_2}|} = \frac{\left|\begin{pmatrix}0\\0\\1\end{pmatrix} \cdot \begin{pmatrix}576\\-168\\-49\end{pmatrix}\right|}{\left|\begin{pmatrix}0\\0\\1\end{pmatrix}\right| \cdot \left|\begin{pmatrix}576\\-168\\-49\end{pmatrix}\right|} = \frac{|-49|}{1 \cdot \sqrt{576^2 + (-168)^2 + (-49)^2}} = 0{,}081 \Rightarrow \alpha = 85{,}3°$

Die Steilwand bildet mit der Meeresoberfläche einen Winkel von 85,3°.

$\begin{pmatrix}0{,}35\\1{,}2\\0\end{pmatrix} \cdot \begin{pmatrix}576\\-168\\-49\end{pmatrix} = 201{,}6 - 201{,}6 = 0$

Somit bewegt sich das zweite U-Boot parallel zur Steilwand.

HNF von E: $\frac{576x_1 - 168x_2 - 49x_3 - 8524}{\sqrt{576^2 + (-168)^2 + (-49)^2}} = 0$

$U_2(8\,|-25\,|-0{,}35)$ eingesetzt in die HNF von E

$d(U_2, E) = \frac{|576 \cdot 8 - 168 \cdot (-25) - 49 \cdot (-0{,}35) - 8524|}{\sqrt{576^2 + (-168)^2 + (-49)^2}} = 0{,}500$

Der Abstand des zweiten U-Boots von der Steilwand beträgt 500 m.

# Überblick: Rund um eine Koordinatengleichung

**Drei-Punkteform der Ebene E**

A(5|0|2), B(13|−4|1), C(2|4|−2)

$E: \vec{x} = \begin{pmatrix}5\\0\\2\end{pmatrix} + s\cdot\left[\begin{pmatrix}13\\-4\\1\end{pmatrix} - \begin{pmatrix}5\\0\\2\end{pmatrix}\right] + t\cdot\left[\begin{pmatrix}2\\4\\-2\end{pmatrix} - \begin{pmatrix}5\\0\\2\end{pmatrix}\right];\ s, t \in \mathbb{R}$

**Punkt-Richtungs- bzw. Parameterform von E**

$E: \vec{x} = \begin{pmatrix}5\\0\\2\end{pmatrix} + s\cdot\begin{pmatrix}8\\-4\\-1\end{pmatrix} + t\cdot\begin{pmatrix}-3\\4\\-4\end{pmatrix};\ s, t \in \mathbb{R}$

**Umrechnung der Punkt-Richtungsform von E in eine Koordinatengleichung**

$$\begin{array}{rcl} x_1 & = & 5 + 8s - 3t \\ x_2 & = & -4s + 4t \\ x_3 & = & 2 - s - 4t \quad |\cdot 4 \ \ |\cdot(-8) \\ \hline x_1 + 8x_3 & = & 21 - 35t \quad |\cdot 4 \\ x_2 - 4x_3 & = & -8 + 30t \quad |\cdot 7 \\ \hline \end{array}$$

$E: 4x_1 + 7x_2 + 4x_3 = 28$

**Koordinatengleichung von E**

**$E:\ 4x_1 + 7x_2 + 4x_3 = 28$**

**Darstellung der Ebene im Koordinatensystem**

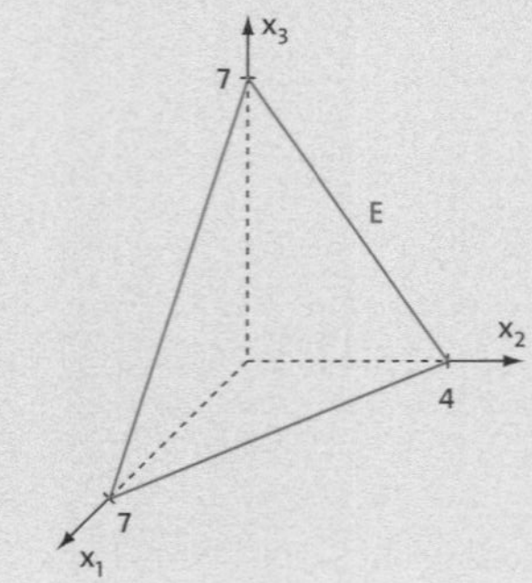


**Bestimmung der Schnittpunkte der Ebene mit den Koordinatenachsen**

$x_2 = x_3 = 0 \Rightarrow 4x_1 = 28 \Leftrightarrow x_1 = 7 \Rightarrow S_1(7|0|0)$

$x_1 = x_3 = 0 \Rightarrow 7x_2 = 28 \Leftrightarrow x_2 = 4 \Rightarrow S_2(0|4|0)$

$x_1 = x_2 = 0 \Rightarrow 4x_3 = 28 \Leftrightarrow x_3 = 7 \Rightarrow S_3(0|0|7)$

**Die Gerade liegt in der Ebene**

$g_1:\ \vec{x} = \begin{pmatrix}0\\0\\7\end{pmatrix} + s\cdot\begin{pmatrix}9\\-8\\5\end{pmatrix},\ s \in \mathbb{R}$

Punktprobe für die Punkte von $g_1$ in

$E: 4\cdot 9s + 7\cdot(-8s) + 4\cdot(7 + 5s) = 28$

$\Leftrightarrow 36s - 56s + 28 + 20s = 28$

$\Leftrightarrow 28 = 28$

$\Rightarrow$ Alle Punkte von $g_1$ liegen in der Ebene E. Somit liegt $g_1$ in E.

**Zwei identische Ebenen**

$E_1:\ \vec{x} = \begin{pmatrix}0\\4\\0\end{pmatrix} + s\cdot\begin{pmatrix}9\\-4\\-2\end{pmatrix} + t\cdot\begin{pmatrix}5\\-4\\2\end{pmatrix};\ s, t \in \mathbb{R}$

Punktprobe für die Punkte von $E_1$ in

$E: 4\cdot(9s + 5t) + 7\cdot(4 - 4s - 4t) + 4\cdot(-2s + 2t) = 28$

$\Leftrightarrow 36s + 20t + 28 - 28s - 28t - 8s + 8t = 28$

$\Leftrightarrow 28 = 28$

$\Rightarrow$ Alle Punkte von $E_1$ liegen in der Ebene E. Somit gilt: $E_1 = E$.

## Gerade – Ebene

### Gerade und Ebene sind echt parallel

$g_2$: $\vec{x} = \begin{pmatrix} 2 \\ -3 \\ -1 \end{pmatrix} + s \cdot \begin{pmatrix} 7 \\ -8 \\ 7 \end{pmatrix}$, $s \in \mathbb{R}$

Punktprobe für die Punkte von $E_2$ in E:

$4 \cdot (2 + 7s) + 7 \cdot (-3 - 8s) + 4 \cdot (-1 + 7s) = 28$

$\Leftrightarrow\ 8 + 28s - 21 - 56s - 4 + 28s = 28$

$\Leftrightarrow\ -17 = 28$

$\Rightarrow$ Die Gerade $g_2$ und E haben keine gemeinsamen Punkte. Somit sind $g_2$ und E echt parallel.

**Abstand von Gerade und Ebene**

$d(g_2; E) = d(P(2|-3|-1); E) = 5\,LE$

(vgl. Abstand Punkt – Ebene)

### Die Gerade schneidet die Ebene

$g_3$: $\vec{x} = \begin{pmatrix} -1 \\ -4 \\ 1 \end{pmatrix} + s \cdot \begin{pmatrix} 1 \\ 2 \\ -1 \end{pmatrix}$, $s \in \mathbb{R}$

Punktprobe für die Punkte von $g_3$ in E:

$4 \cdot (-1 + s) + 7 \cdot (-4 + 2s) + 4 \cdot (1 - s) = 28$

$\Leftrightarrow\ -4 + 4s - 28 + 14s + 4 - 4s = 28$

$\Leftrightarrow\ 14s = 56$

$\Leftrightarrow\ s = 4$

in $g_3$: $\vec{x} = \begin{pmatrix} -1 \\ -4 \\ 1 \end{pmatrix} + 4 \cdot \begin{pmatrix} 1 \\ 2 \\ -1 \end{pmatrix} = \begin{pmatrix} 3 \\ 4 \\ -3 \end{pmatrix}$

$\Rightarrow$ $g_3$ und E schneiden sich in $S(3|4|-3)$

**Schnittwinkel von Gerade und Ebene**

$\sin\alpha = \frac{|\vec{u} \cdot \vec{n}|}{|\vec{u}| \cdot |\vec{n}|} = \frac{|4 + 14 - 4|}{9 \cdot \sqrt{6}} = 0{,}635$

Die Gerade schneidet die Ebene unter einem Winkel der Weite $\alpha = 39{,}4°$.

## Punkt – Ebene

$\vec{n} = \begin{pmatrix} 4 \\ 7 \\ 4 \end{pmatrix}$; $|\vec{n}| = \sqrt{4^2 + 7^2 + 4^2} = 9$

**HESSE-Normalenform von E**

$\frac{4x_1 + 7x_2 + 4x_3 - 28}{9} = 0$

### Abstand Punkt-Ebene

$P(2|-3|-1)$ eingesetzt in die HNF von E:

$\frac{4 \cdot 2 + 7 \cdot (-3) + 4 \cdot (-1) - 28}{9} = 5$

$\Rightarrow\ d(P; E) = |-5| = 5\,LE$

## Ebene – Ebene

### Zwei parallele Ebenen

$E_2$: $\vec{x} = \begin{pmatrix} 2 \\ -3 \\ -1 \end{pmatrix} + s \cdot \begin{pmatrix} 7 \\ -4 \\ 0 \end{pmatrix} + t \cdot \begin{pmatrix} 6 \\ -4 \\ 1 \end{pmatrix}$; $s, t \in \mathbb{R}$

Punktprobe für die Punkte von $E_2$ in

E: $4 \cdot (2 + 7s + 6t) + 7 \cdot (-3 - 4s - 4t) + 4 \cdot (-1 + t) = 28$

$\Leftrightarrow\ 8 + 28s + 24t - 21 - 28s - 28t - 4 + 4t = 28$

$\Leftrightarrow\ -17 = 28$

$\Rightarrow$ Die Ebenen $E_2$ und E haben keine gemeinsamen Punkte. $E_2$ und E sind echt parallel.

**Abstand paralleler Ebenen**

$d(E_2; E) = d(P(2|-3|-1); E) = 5\,LE$

(vgl. Abstand Punkt – Ebene)

### Zwei sich schneidende Ebenen

$E_3$: $\vec{x} = \begin{pmatrix} 6 \\ 0 \\ 1 \end{pmatrix} + s \cdot \begin{pmatrix} 1 \\ 0 \\ -1 \end{pmatrix} + t \cdot \begin{pmatrix} 2 \\ 3 \\ -2 \end{pmatrix}$; $s, t \in \mathbb{R}$

Punktprobe für die Punkte von $E_3$ in

E: $4 \cdot (6 + s + 2t) + 7 \cdot 3t + 4 \cdot (1 - s - 2t) = 28$

$\Leftrightarrow\ 24 + 4s + 8t + 21t + 4 - 4s - 8t = 28$

$\Leftrightarrow\ 21t = 0\ \Leftrightarrow\ t = 0$

in $E_3$ liefert die Schnittgerade

g: $\vec{x} = \begin{pmatrix} 6 \\ 0 \\ 1 \end{pmatrix} + s \cdot \begin{pmatrix} 1 \\ 0 \\ -1 \end{pmatrix}$, $s \in \mathbb{R}$

Koordinatengleichung von $E_3$: $x_1 + x_3 = 7$

**Schnittwinkel von zwei Ebenen**

$\cos\alpha = \frac{|\vec{n_1} \cdot \vec{n_2}|}{|\vec{n_1}| \cdot |\vec{n_2}|} = \frac{|4 + 0 + 4|}{9 \cdot 2} = 0{,}629$

Die Ebenen schneiden sich unter einem Winkel der Weite $\alpha = 51{,}1°$.

# 3 Stochastik

*In der Stochastik werden Wahrscheinlichkeiten bei Zufallsexperimenten untersucht. Dazu benötigt man auch Kenntnisse aus der Kombinatorik. Hypothesentests stellen eine wichtige Anwendung der Stochastik dar.*

## 3.1 Zufallsexperiment und Wahrscheinlichkeit

Wissen

Bei einem **Zufallsexperiment** ist der jeweilige Ausgang nicht vorhersagbar.
Die Menge aller Ausgänge nennt man **Ergebnismenge S**.
Eine Teilmenge von S heißt Ereignis.
Die Ergebnisse werden auch als **Elementarereignisse** bezeichnet.
Spezielle Ereignisse sind das **sichere Ereignis S**, das **unmögliche Ereignis { }** und das **Gegenereignis $\overline{A}$** zu A.
Zwei Ereignisse A und B heißen **unvereinbar**, wenn $A \cap B = \{\ \}$.

Die Anzahl, mit der ein Ereignis bei mehrfacher Durchführung des Zufallsexperiments auftritt, bezeichnen wir als **absolute Häufigkeit H**.
Ihr Anteil, bezogen auf die Anzahl n der Durchführungen des Experiments ist die **relative Häufigkeit** $h = \frac{H}{n}$.

Bei einer großen Anzahl von Versuchsdurchführungen stabilisiert sich die relative Häufigkeit. Sie dient als Grundlage für die Festlegung der **Wahrscheinlichkeitsverteilung** als einer Funktion P, die jedem Ereignis eines Zufallsexperiments eine reelle Zahl zuordnet. Es gelten die Axiome:

1. $P(E) \geq 0$;
2. $P(S) = 1$;
3. $P(A \cup B) = P(A) + P(B)$, falls $A \cap B = \{\ \}$.

Folgerungen aus den Axiomen sind:
$0 \leq P(A) \leq 1$, $P(\{\ \}) = 0$, $P(\overline{A}) = 1 - P(A)$,
$P(A \cup B) = P(A) + P(B) - P(A \cap B)$ (**Additionssatz**)

Zufallsexperimente, deren Ergebnisse alle gleich wahrscheinlich sind, bezeichnet man als **LAPLACE-Experimente**.
Bei einem LAPLACE-Experiment ist

$$P(A) = \frac{\text{Anzahl der Ergebnisse, welche zum Ereignis A führen}}{\text{Anzahl aller möglichen Ergebnisse}}.$$

>>

>> Wissen

Die Wahrscheinlichkeit dafür, dass nach dem Ereignis A das Ereignis B eintritt, nennt man **bedingte Wahrscheinlichkeit** und schreibt $P_A(B)$. Es gilt: $P_A(B) = \frac{P(A \cap B)}{P(A)}$.
Wenn $P(A \cap B) = P(A) \cdot P(B)$, dann heißen A und B **unabhängig**; andernfalls **abhängig**.
Eine Funktion X, die jedem Ergebnis eines Zufallsexperiments eine Zahl zuordnet, bezeichnet man als **Zufallsvariable**. Nimmt die Zufallsvariable X die Werte $x_1, x_2, \ldots, x_n$ mit den Wahrscheinlichkeiten $P(X = x_1), P(X = x_2), \ldots, P(X = x_n)$ an, dann nennt man $E(X) = x_1 \cdot P(X = x_1) + x_2 \cdot P(X = x_2) + \ldots + x_n \cdot P(X = x_n)$ den **Erwartungswert** von X.

Zur Veranschaulichung von **mehrstufigen Zufallsexperimenten** werden **Baumdiagramme** verwendet. Im Baumdiagramm erhält man die Wahrscheinlichkeit eines **Ergebnisses**, indem man die Wahrscheinlichkeiten längs seiner Teilpfade multipliziert (**Pfadmultiplikationsregel**). Die Wahrscheinlichkeit eines Ereignisses erhält man durch Addition der Wahrscheinlichkeiten der zugehörigen Ergebnisse **(Pfadadditionsregel).**

**1.** Ein Würfel hat sechzehn Flächen mit den Zahlen 1 bis 16. Der Würfel wird geworfen und die angezeigte Augenzahl wird notiert. **A**

a) Geben Sie die folgenden Ereignisse in Mengenschreibweise an:
A: Die Zahl ist gerade.
B: Die Zahl ist eine Primzahl.
C: Die Zahl hat eine ungerade Quersumme.
D: Die Zahl ist eine Quadratzahl.

b) Geben Sie eine Zufallsvariable X an, die der gewürfelten Zahl die Anzahl ihrer Teiler zuordnet.

**1.** a) $A = \{2, 4, 6, 8, 10, 12, 14, 16\}$, $B = \{2, 3, 5, 7, 11, 13\}$, **L**
$C = \{1, 3, 5, 7, 9, 10, 12, 14, 16\}$, $D = \{1, 4, 9, 16\}$

b)

| **Ergebnis** | 1 | 2, 3, 5, 7, 11, 13 | 4, 9 | 6, 8, 10, 14, 15 | 16 | 12 |
|---|---|---|---|---|---|---|
| **Wert von X** | 1 | 2 | 3 | 4 | 5 | 6 |

**2.** Drei Gemälde sollen drei verschiedenen Malern zugeordnet werden. Eine Person, bei der es sich nicht um einen Kunstkenner handelt, nimmt die Zuordnung rein zufällig vor. Geben Sie eine Zufallsvariable an, welche die Anzahl der richtigen Zuordnungen beschreibt. **A**

**2.** **L**

| **Ergebnis** | fff | rff, frf, ffr | rrr |
|---|---|---|---|
| **Wert von X** | 0 | 1 | 3 |

A

**3.** Die Tabelle zeigt, wie Schüler bei gutem Wetter zur Schule kommen.

| zu Fuß | mit dem Fahrrad | mit Bus/S-Bahn | mit dem Auto |
|---|---|---|---|
| 57 | 197 | 474 | 177 |

a) Wie viel Prozent der Schüler kommen mit öffentlichen Verkehrsmitteln? Wie viel Prozent der Schüler nutzen die öffentlichen Verkehrsmittel nicht?

b) Mit welcher Wahrscheinlichkeit kommt ein zufällig ausgewählter Schüler zu Fuß?

L

**3.** a) $P = \frac{474}{57 + 197 + 474 + 177} = \frac{474}{905} \approx 0{,}5238 = 52{,}38\,\%$

52,38 % der Schülerinnen bzw. Schüler nutzen die öffentlichen Verkehrsmittel. Damit werden von 47,62 % die öffentlichen Verkehrsmittel nicht genutzt.

b) $P = \frac{57}{905} \approx 0{,}0630 = 6{,}30\,\%$. Die Wahrscheinlichkeit, dass ein zufällig ausgewählter Schüler zu Fuß kommt, beträgt etwa 6,30 %.

A

**4.** Ein Glücksrad trägt in seinen vier gleich großen Feldern die Zahlen 1 bis 4. Diejenige Zahl gilt als gezogen, auf deren Kreissektor der feststehende Pfeil zeigt. Das Rad wird zweimal hintereinander gedreht. Berechnen Sie die Wahrscheinlichkeiten der Ereignisse:

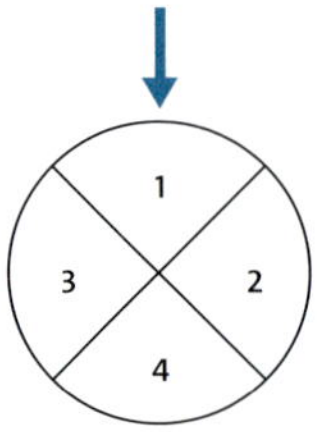


A: Es werden nur gleiche Zahlen gezogen.

B: Nur die erste Zahl ist eine 4.

C: Man erhält zweimal die Zahl 1.

D: Es wird mindestens eine 4 gezogen.

L

**4.** $P(A) = 4 \cdot \frac{1}{4} \cdot \frac{1}{4} = \frac{1}{4}$, $P(B) = \frac{1}{4} \cdot \frac{3}{4} = \frac{3}{16}$, $P(C) = \frac{1}{4} \cdot \frac{1}{4} = \frac{1}{16}$, $P(D) = 1 - \frac{3}{4} \cdot \frac{3}{4} = \frac{7}{16}$

A

**5.** a) Beim Tennis-Aufschlagtraining lässt die Trainerin nach einem gelungenen Aufschlag, spätestens jedoch nach zwei Aufschlägen, das Aufschlagsfeld wechseln. Anke hat bei jedem Aufschlag eine Trefferquote von 76 %.
Berechnen Sie die Wahrscheinlichkeiten der Ereignisse:
A: Anke gelingt ein gültiger Aufschlag.
B: Anke produziert einen Doppelfehler.
C: Anke produziert zwei Doppelfehler in Folge.
D: Anke macht nach einem Doppelfehler einen weiteren Doppelfehler.

b) Anke und Christina spielen ein Match auf zwei Gewinnsätze.
Anke gewinnt einen Satz mit einer Wahrscheinlichkeit von 60 %.
Mit welcher Wahrscheinlichkeit gewinnt Anke das Match?
Wie viele Spiele sind im Mittel bis zur Entscheidung auszutragen?

**5.** a) Der Aufschlag ist gültig, wenn entweder der erste Aufschlag gelingt oder der erste Aufschlag misslingt und dann aber der zweite Aufschlag gelingt. **L**
Somit ist $P(A) = 0{,}76 + 0{,}24 \cdot 0{,}76 = 0{,}9424 = 94{,}24\,\%$.
Die Wahrscheinlichkeit für einen Doppelfehler ist $P(B) = 0{,}24^2 = 0{,}0576 = 5{,}76\,\%$.
$P(C) = 0{,}0576^2 \approx 0{,}0033 = 0{,}33\,\%$
$P(D) = P(B) = 5{,}76\,\%$

b) $P = P(gg) + P(gvg) + P(vgg) = 0{,}6^2 + 2 \cdot 0{,}6^2 \cdot 0{,}4 = 0{,}648 = 64{,}8\,\%$
Mit einer Wahrscheinlichkeit von 64,8 % gewinnt Anke das Match.
$X = \{2; 3\}$ sei Zufallsvariable für die bis zur Entscheidung auszutragenden Spiele. Dann ist der Erwartungswert
$E(X) = 2 \cdot (0{,}6^2 + 0{,}4^2) + 3 \cdot (2 \cdot 0{,}6^2 \cdot 0{,}4 + 2 \cdot 0{,}6 \cdot 0{,}4^2) = 2{,}48$.
Im Mittel sind 2,48 Spiele bis zur Entscheidung auszutragen.

**6.** Die Oberfläche eines Kuboktaeders besteht aus sechs Quadraten und acht gleichseitigen Dreiecken. **A**
Beim Werfen des Kuboktaeders zählt man die folgenden Häufigkeiten:

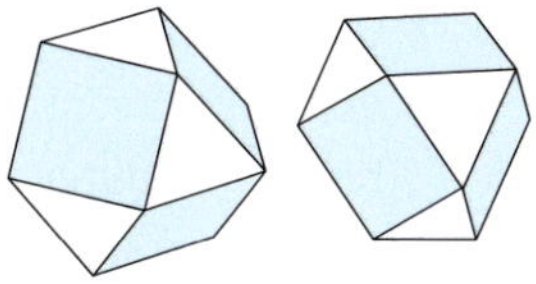

| Quadrat | gleichseitiges Dreieck |
|---|---|
| 445 | 147 |

a) Berechnen Sie die relativen Häufigkeiten beim Werfen von Quadrat (Q) und gleichseitigem Dreieck (D). Entspricht die Häufigkeit des Werfens von Quadrat bzw. gleichseitigem Dreieck in etwa den jeweiligen Oberflächenanteilen?

b) Wie oft kann man mit dem Ergebnis „gleichseitiges Dreieck" rechnen, wenn 750-mal geworfen wird?

c) Die Zufallsvariable X beschreibt, wie oft „gleichseitiges Dreieck" bei dreimaligem Werfen des Kuboktaeders auftritt.
Berechnen Sie die Wahrscheinlichkeiten:
$P(X = 0)$, $P(X = 1)$, $P(X = 2)$, $P(X = 3)$ und $P(X \geq 1)$.

**6.** a) $P(Q) = \frac{445}{445 + 147} = \frac{445}{592} \approx 0{,}7517 = 75{,}17\,\%$, $P(D) = 1 - P(Q) = 24{,}83\,\%$ **L**
Besitzt das Quadrat die Kantenlänge 1 cm, so haben die sechs Quadrate zusammen einen Flächeninhalt von $6\,\text{cm}^2$. Die acht gleichseitigen Dreiecke haben zusammen einen Flächeninhalt von $8 \cdot A_D = 8 \cdot 0{,}5 \cdot 1\,\text{cm} \cdot 0{,}5 \cdot \sqrt{3}\,\text{cm} \approx 3{,}464\,\text{cm}^2$.
Wegen $\frac{6\,\text{cm}^2}{9{,}464\,\text{cm}^2} \approx 0{,}634 = 63{,}4\,\%$ und $\frac{3{,}464\,\text{cm}^2}{9{,}464\,\text{cm}^2} \approx 36{,}6\,\%$ entspricht die Häufigkeit des Werfens von Quadrat bzw. gleichseitigem Dreieck nicht annähernd den jeweiligen Oberflächenanteilen.

b) $750 \cdot 0{,}2483 \approx 186$
Mit dem Ergebnis „gleichseitiges Dreieck" ist etwa 186-mal zu rechnen.

c) $P(X = 0) = 0{,}7517^3 \approx 0{,}4248 = 42{,}48\,\%$
$P(X = 1) = 3 \cdot 0{,}7517^2 \cdot 0{,}2483 \approx 0{,}4209 = 42{,}09\,\%$
$P(X = 2) = 3 \cdot 0{,}7517 \cdot 0{,}2483^2 \approx 0{,}1390 = 13{,}90\,\%$
$P(X = 3) = 0{,}2483^3 \approx 0{,}0153 = 1{,}53\,\%$
$P(X \geq 1) = 1 - P(X = 0) = 1 - 0{,}4248 = 0{,}5752 = 57{,}52\,\%$

A

**7.** Einem Kartenspiel werden vier Asse, drei Buben und zwei Zehner entnommen. Diese Karten werden gemischt und verdeckt aufgestapelt.

a) Nacheinander werden zwei Karten ohne Zurücklegen gezogen, aufgedeckt und ihr Ergebnis wird notiert.
Berechnen Sie die Wahrscheinlichkeiten der Ereignisse:
A: Es werden nur Asse aufgedeckt.
B: Es werden keine Buben aufgedeckt.
C: Es wird ein Ass und eine Zehn aufgedeckt.

b) Vom gleichen Stapel wird so lange eine Karte gezogen und offen abgelegt, bis ein Ass aufgedeckt wird. Die Zufallsvariable X gibt die Anzahl der vom Stapel aufgedeckten Karten an.
Welche Werte kann X annehmen?
Mit welcher Wahrscheinlichkeit nimmt X höchstens den Wert 2 an?

L

**7.** a) $P(A) = \frac{4}{9} \cdot \frac{3}{8} = \frac{1}{6}$, $P(B) = \frac{6}{9} \cdot \frac{5}{8} = \frac{5}{12}$, $P(C) = \frac{4}{9} \cdot \frac{2}{8} + \frac{2}{9} \cdot \frac{4}{8} = \frac{2}{9}$

b) X kann die Werte 1 bis 6 annehmen. $P(X \leq 2) = \frac{4}{9} + \frac{5}{9} \cdot \frac{4}{8} = \frac{13}{18}$

A

**8.** In einem Land sind 40 % der erwachsenen Männer Raucher (R). Man hat festgestellt, dass in 150 von 1000 Todesfällen unter den rauchenden Männern der Tod durch Lungenkrebs (L) verursacht wurde. Von der männlichen Bevölkerung beträgt der Anteil der Nichtraucher (N), die an Lungenkrebs sterben, 1,26 %.

a) Wie groß ist in diesem Land die Wahrscheinlichkeit, dass ein Mann an Lungenkrebs stirbt?

b) Wie viele von 1000 Todesfällen sind bei männlichen Nichtrauchern auf Lungenkrebs zurückzuführen?

c) Berechnen Sie die Wahrscheinlichkeit dafür, dass ein Mann, der an Lungenkrebs gestorben ist, Raucher war.

L

**8.** a) $P(L) = 0{,}4 \cdot 0{,}15 + 0{,}6 \cdot 0{,}0126 \approx 0{,}0676 = 6{,}76\,\%$
Die Wahrscheinlichkeit, dass ein Mann an Lungenkrebs stirbt, beträgt etwa 6,76 %.

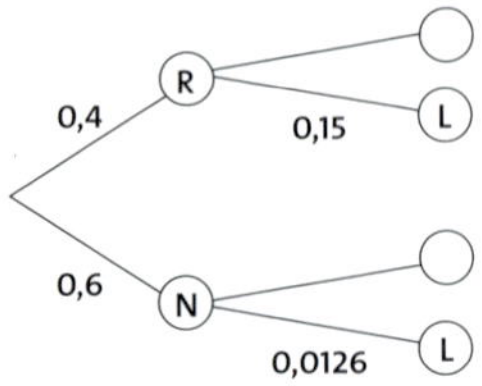

b) $1000 \cdot P_N(L) = 1000 \cdot 0{,}0126 \approx 13$
Ungefähr 13 von 1000 Todesfällen sind bei männlichen Nichtrauchern auf Lungenkrebs zurückzuführen.

c) $\frac{P_R(L)}{P(L)} = \frac{0{,}4 \cdot 0{,}15}{0{,}0676} \approx 0{,}8876 = 88{,}76\,\%$
Ein an Lungenkrebs gestorbener Mann war mit einer Wahrscheinlichkeit von etwa 89 % Raucher.

**9.** Bei einer Familie mit drei Kindern betrachtet man die Ereignisse: **A**
A: Die Familie hat Kinder beiderlei Geschlechts.
B: Die Familie hat höchstens einen Jungen.
Untersuchen Sie A und B auf Unabhängigkeit, wenn eine Jungen- und eine Mädchengeburt gleich wahrscheinlich sind.

**9.** $A = \{mmw, mwm, wmm, mww, wmw, wwm\}$; $P(A) = \frac{6}{8} = \frac{3}{4}$ **L**
$B = \{mww, wmw, wwm, www\}$; $P(B) = \frac{4}{8} = \frac{1}{2}$
$A \cap B = \{mww, wmw, wwm\}M$; $P(A \cap B) = \frac{3}{8}$, $P(A) \cdot P(B) = \frac{3}{4} \cdot \frac{1}{2} = \frac{3}{8} \Rightarrow$
$P(A \cap B) = P(A) \cdot P(B)$
Die Ereignisse sind unabhängig.

**10.** Um die Wirksamkeit eines Grippeimpfstoffes zu untersuchen, wurde folgende Datenerhebung durchgeführt: **A**

| | mit Grippeimpfung | ohne Grippeimpfung |
|---|---|---|
| erkrankt | 58 | 145 |
| nicht erkrankt | 230 | 567 |

Nehmen Sie Stellung zur Wirksamkeit des Grippeimpfstoffes.

**10.** **L**

| | mit Grippeimpfung | ohne Grippeimpfung | |
|---|---|---|---|
| erkrankt | 58 | 145 | 203 |
| nicht erkrankt | 230 | 567 | 797 |
| | 288 | 712 | 1000 |

A: mit Grippeimpfung, B: nicht erkrankt
$P(A) = \frac{288}{1000} = 0{,}288$, $P(B) = \frac{797}{1000} = 0{,}797$
$P(A \cap B) = \frac{230}{1000} = 0{,}230$, $P(A) \cdot P(B) = 0{,}288 \cdot 0{,}797 \approx 0{,}230$
Die Ereignisse A und B sind unabhängig. Damit ist der Impfstoff bei der aufgetretenen Grippe unwirksam.

A

**11.** Ein Zufallsexperiment besteht aus dem zweimaligen Werfen eines idealen Würfels. Die Zufallsvariable X gibt das Produkt der Augenzahlen der beiden Würfe an.

a) Bestimmen Sie die Wahrscheinlichkeitsverteilung von X.

b) Mit welcher Wahrscheinlichkeit ist das Produkt der Augenzahlen ungerade?

c) Andreas und Sandra vereinbaren das folgende Spiel:
Sandra würfelt zweimal mit einem idealen Würfel. Ist das Produkt der Augenzahlen gerade, so muss Sandra 1 € an Andreas bezahlen. Ist das Produkt der Augenzahlen ungerade, so erhält sie von ihm 2 €. Zusätzlich erhält Sandra von Andreas 3 €, wenn das Produkt der Augenzahlen eine Primzahl ist.
Berechnen Sie den durchschnittlichen Gewinn bzw. Verlust pro Spiel für Sandra.

L

**11.** a) Aus der Tabelle entnimmt man die möglichen Produkte der Augenzahlen und ihre Häufigkeiten:

| 1. Würfel / 2. Würfel | 1 | 2 | 3 | 4 | 5 | 6 |
|---|---|---|---|---|---|---|
| **1** | 1 | 2 | 3 | 4 | 5 | 6 |
| **2** | 2 | 4 | 6 | 8 | 10 | 12 |
| **3** | 3 | 6 | 9 | 12 | 15 | 18 |
| **4** | 4 | 8 | 12 | 16 | 20 | 24 |
| **5** | 5 | 10 | 15 | 20 | 25 | 30 |
| **6** | 6 | 12 | 18 | 24 | 30 | 36 |

Hieraus ergibt sich die Wahrscheinlichkeitsverteilung von X:

| **k** | 1 | 2 | 3 | 4 | 5 | 6 | 8 | 9 | 10 | 12 | 15 | 16 | 18 | 20 | 24 | 25 | 30 | 36 |
|---|---|---|---|---|---|---|---|---|---|---|---|---|---|---|---|---|---|---|
| **P (X = k)** | $\frac{1}{36}$ | $\frac{2}{36}$ | $\frac{2}{36}$ | $\frac{3}{36}$ | $\frac{2}{36}$ | $\frac{4}{36}$ | $\frac{2}{36}$ | $\frac{1}{36}$ | $\frac{2}{36}$ | $\frac{4}{36}$ | $\frac{2}{36}$ | $\frac{1}{36}$ | $\frac{2}{36}$ | $\frac{2}{36}$ | $\frac{2}{36}$ | $\frac{1}{36}$ | $\frac{2}{36}$ | $\frac{1}{36}$ |

b) P (Produkt der Augenzahlen ist ungerade) $= \frac{9}{36} = \frac{1}{4}$

c) Y sei Zufallsvariable für den Gewinn von Sandra.
$E(Y) = -1\,€ \cdot \frac{27}{36} + 2\,€ \cdot \frac{5}{36} + (2 + 3)\,€ \cdot \frac{4}{36} \approx 0{,}08\,€$
Sandra macht pro Spiel durchschnittlich einen Gewinn von etwa 0,08 €.

# 3.2 Kombinatorik

Wissen

Für die Berechnung von Wahrscheinlichkeiten sind häufig Anzahlbestimmungen erforderlich.
Die **Kombinatorik** leistet hierbei nützliche Hilfe. Am Urnenmodell kann man mit der **Produktregel** die Grundaussagen der Kombinatorik ableiten. Die Übersicht zeigt die vier wichtigsten Fälle und ihre jeweiligen Anzahlen:

**Auswahl von k Elementen aus n Elementen**

- mit Berücksichtigung der Reihenfolge (geordnet)
  - mit Zurücklegen: $n^k$
  - ohne Zurücklegen: $\frac{n!}{(n-k)!}$
- ohne Berücksichtigung der Reihenfolge (ungeordnet)
  - ohne Zurücklegen: $\binom{n}{k}$
  - mit Zurücklegen: $\binom{n+k-1}{k}$

A

**1.** In einer Urne befinden sich n Kugeln. Begründen Sie die Anzahl der Möglichkeiten, aus der Urne k Kugeln zu ziehen, wenn man
a) die Reihenfolge der Ziehung berücksichtigt und die gezogene Kugel jeweils zurücklegt,
b) die Reihenfolge der Ziehung berücksichtigt und die gezogene Kugel jeweils nicht zurücklegt,
c) die Reihenfolge der Ziehung nicht berücksichtigt und die gezogene Kugel jeweils nicht zurücklegt,
d) die Reihenfolge der Ziehung nicht berücksichtigt und die gezogene Kugel jeweils zurücklegt.

L

**1.** Es liegt jeweils ein k-stufiges Zufallsexperiment vor.
a) Auf allen Stufen gibt es jeweils n Ziehungsmöglichkeiten, also sind es nach der Produktregel insgesamt $n^k$ Möglichkeiten.
b) Auf der ersten Stufe gibt es n Ziehungsmöglichkeiten, auf der zweiten $(n-1)$ Ziehungsmöglichkeiten und schließlich auf der k-ten Stufe $(n-k+1)$ Ziehungsmöglichkeiten. Also sind es nach der Produktregel insgesamt $n \cdot (n-1) \cdot \ldots \cdot (n-k+1)$ Möglichkeiten.
c) Im Unterschied zu Teilaufgabe b) ist nun noch zu berücksichtigen, dass es k! Möglichkeiten gibt, die k gezogenen Kugeln anzuordnen. Da die Reihenfolge keine Rolle spielt, sind alle diese Möglichkeiten als eine einzige zu interpretieren. Also sind es insgesamt $\frac{n!}{k!\,(n-k)!}$ Möglichkeiten. Für $\frac{n!}{k!\,(n-k)!}$ schreibt man auch $\binom{n}{k}$.

d) Im Unterschied zu Teilaufgabe c) werden jetzt die gezogenen Kugeln sofort wieder zurückgelegt. Wenn k Kugeln gezogen werden, kommen nun in Gedanken $(k-1)$ neue dazu. Aus den so vorstellbaren insgesamt $(n+k-1)$ Kugeln zieht man k Kugeln. Also sind es insgesamt $\binom{n+k-1}{k}$ Möglichkeiten.

A

**2.** Wie viele Möglichkeiten gibt es bei einem Pferderennen mit zwölf Teilnehmern für den Zieleinlauf der ersten drei Pferde, wenn deren Reihenfolge

a) eine Rolle spielt,

b) keine Rolle spielt?

L

**2.** a) Urnenmodell, mit Berücksichtigung der Reihenfolge, ohne Zurücklegen,

$n = 12,\ k = 3;\ \frac{12!}{(12-3)!} = \frac{12!}{9!} = 12 \cdot 11 \cdot 10 = 1320$

Es gibt 1320 Möglichkeiten des Zieleinlaufs.

b) Urnenmodell, ohne Berücksichtigung der Reihenfolge, ohne Zurücklegen,

$n = 12,\ k = 3;\ \binom{12}{3} = \frac{12!}{3! \cdot (12-3)!} = \frac{12!}{3! \cdot 9!} = \frac{12 \cdot 11 \cdot 10}{1 \cdot 2 \cdot 3} = \frac{1320}{6} = 220$

Es gibt 220 Möglichkeiten des Zieleinlaufs.

A

**3.** a) Wie viele Möglichkeiten gibt es, aus den Buchstaben a, b, c und d ungeordnete Paare auszuwählen, wenn auch zwei gleiche Buchstaben zugelassen sind?

b) Stellen Sie die Möglichkeiten aus Teilaufgabe a) explizit dar.

L

**3.** a) Urnenmodell, ohne Berücksichtigung der Reihenfolge, mit Zurücklegen,

$n = 4,\ k = 2;\ \binom{5}{2} = 10.$ Es sind 10 Möglichkeiten.

b) aa, ab, ac, ad, bb, bc, bd, cc, cd, dd

A

**4.** Wie viele Ortskennzeichen auf Autoschildern können mit einem, zwei oder drei Buchstaben vergeben werden, wenn jeweils 24 Buchstaben zur Verfügung stehen?

L

**4.** Urnenmodell, mit Berücksichtigung der Reihenfolge, mit Zurücklegen,

$n = 24,\ k = 3,\ 2$ oder $1;\ 24^3 + 24^2 + 24 = 14\,424$

Mit den 24 Buchstaben können 14 424 verschiedene Ortskennzeichen vergeben werden.

A

**5.** Bei der 13er-Wette müssen dreizehn Fußballspiele auf Heimsieg, Unentschieden oder Auswärtssieg getippt werden.

a) Wie viele verschiedene Tippreihen gibt es?

b) Wie groß ist die Wahrscheinlichkeit, ohne Fußballverstand „13 Richtige“ zu haben?

**5.** a) Urnenmodell, mit Berücksichtigung der Reihenfolge, mit Zurücklegen, $n = 3$, $k = 13$; $3^{13} = 1\,594\,323$. Es gibt 1594 323 Tippreihen. **L**

b) $P = \frac{1}{1\,594\,323} \approx 6{,}27 \cdot 10^{-7}$. Die Wahrscheinlichkeit, ohne Fußballverstand 13 Richtige zu haben, beträgt etwa $6{,}27 \cdot 10^{-7}$.

**6.** Bei einem Kombinationsschloss können vierziffrige Zahlen aus den Ziffern 1 bis 9 gebildet werden. Wie viele mögliche Einstellungen gibt es? **A**

**6.** Urnenmodell, mit Berücksichtigung der Reihenfolge, mit Zurücklegen, $n = 9$, $k = 4$ **L**

$9^4 = 6561$

Es gibt 6561 verschiedene Einstellungen.

**7.** In einer Klasse sollen aus 30 Schülern ein Klassensprecher und ein Stellvertreter gewählt werden. Wie viele Möglichkeiten gibt es? **A**

**7.** Urnenmodell, mit Berücksichtigung der Reihenfolge, ohne Zurücklegen, $n = 30$, $k = 2$ **L**

$\frac{30!}{(30-2)!} = \frac{30!}{28!} = 30 \cdot 29 = 870$

Es gibt 870 Möglichkeiten.

**8.** Ein Bus hat noch zwölf freie Plätze und zwanzig Personen wollen einsteigen. Wie viele Möglichkeiten, Gruppen von Mitfahrern zu bilden, gibt es? **A**

**8.** Urnenmodell, ohne Berücksichtigung der Reihenfolge, ohne Zurücklegen, **L**

$n = 20$, $k = 12$

$\binom{20}{12} = 125\,970$

Es gibt 125 970 Möglichkeiten.

X **9.** Beim Zahlenlotto „6 aus 49" werden sechs Gewinnzahlen aus einer Trommel mit 49 Kugeln gezogen, anschließend aus den verbleibenden Kugeln noch die Zusatzzahl. Mit welcher Wahrscheinlichkeit hat ein Spieler **A**

a) sechs richtige Gewinnzahlen,

b) fünf richtige Gewinnzahlen,

c) vier richtige Gewinnzahlen mit Zusatzzahl?

**9.** Urnenmodell, ohne Berücksichtigung der Reihenfolge, ohne Zurücklegen, Produktregel. In der Urne befinden sich sechs Gewinnzahlen, die Zusatzzahl und die 42 übrigen Zahlen. **L**

a) Hier gibt es nur eine günstige Möglichkeit, aber $\binom{49}{6}$ Möglichkeiten insgesamt. Somit ist $P = \frac{1}{\binom{49}{6}} = \frac{1}{13\,983\,816} \approx 7{,}15 \cdot 10^{-8}$.
Die Wahrscheinlichkeit für „6 Richtige" beträgt etwa $7{,}15 \cdot 10^{-8}$.

b) Aus den sechs Gewinnzahlen müssen fünf, aus den verbleibenden 43 Zahlen muss eine Zahl gezogen werden.
Also ist $P = \frac{\binom{6}{5} \cdot \binom{43}{1}}{\binom{49}{6}} = \frac{6 \cdot 43}{13\,983\,816} \approx 1{,}85 \cdot 10^{-5}$.
Die Wahrscheinlichkeit für „5 Richtige" beträgt etwa $1{,}8450 \cdot 10^{-5}$.

c) Aus den sechs Gewinnzahlen müssen vier, dann die Zusatzzahl und schließlich aus den verbleibenden 42 Zahlen noch eine Zahl gezogen werden.
Also ist $P = \frac{\binom{6}{4} \cdot \binom{1}{1} \cdot \binom{42}{1}}{\binom{49}{6}} \approx 4{,}51 \cdot 10^{-5}$.
Die Wahrscheinlichkeit für „4 Richtige mit Zusatzzahl" beträgt etwa $4{,}51 \cdot 10^{-5}$.

A

**10.** In einer Schale liegen fünf rote, vier gelbe, drei weiße und sieben grüne sonst nicht unterscheidbare Bonbons. Aus der Schale werden mit geschlossenen Augen und einem Griff Bonbons entnommen. Wie groß ist die Wahrscheinlichkeit in Prozent

a) bei zwei entnommenen Bonbons ein rotes und ein gelbes,
b) bei drei entnommenen Bonbons nur gleichfarbige,
c) bei vier entnommenen Bonbons zwei weiße und zwei grüne zu greifen?
d) Lösen Sie Teilaufgabe c) auch mit einem Baumdiagramm.

L

**10.** Urnenmodell, ohne Berücksichtigung der Reihenfolge, ohne Zurücklegen

a) $P = \frac{\binom{5}{1} \cdot \binom{4}{1}}{\binom{19}{2}} = \frac{5 \cdot 4}{171} \approx 0{,}117 = 11{,}7\,\%$

b) $P = \frac{\binom{5}{3} + \binom{4}{3} + \binom{3}{3} + \binom{7}{3}}{\binom{19}{3}} = \frac{10 + 4 + 1 + 35}{969} \approx 0{,}052 = 5{,}2\,\%$

c) $P = \frac{\binom{7}{2} \cdot \binom{3}{2}}{\binom{19}{4}} = \frac{21 \cdot 3}{3876} \approx 0{,}016 = 1{,}6\,\%$

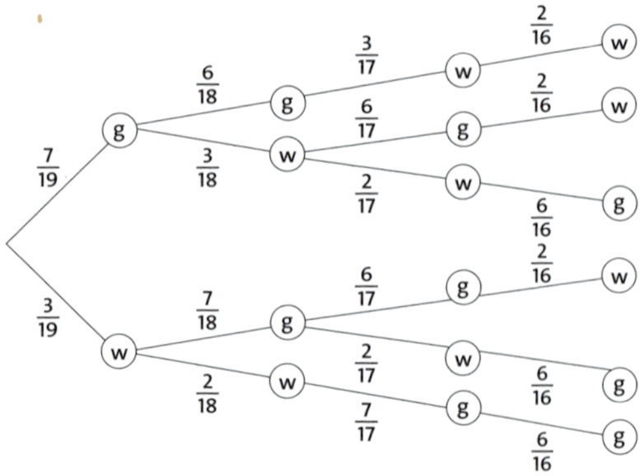


d) Man zeichnet ein Teilbaumdiagramm, passend zum vorgegebenen Ereignis: Zum Ereignis gehören sechs Pfade, deren Wahrscheinlichkeiten mit der Produktregel berechnet werden können. Bei allen Pfaden treten dieselben Zähler (2, 3, 6, 7) und dieselben Nenner (16, 17, 18, 19) auf. Also ist $P = 6 \cdot \frac{2 \cdot 3 \cdot 6 \cdot 7}{16 \cdot 17 \cdot 18 \cdot 19} \approx 0{,}016 = 1{,}6\,\%$.

# 3.3 Binomialverteilung

Wissen

Ein Zufallsexperiment mit genau zwei Ergebnissen (Treffer und Niete) nennt man **Bernoulli-Experiment**. Bei n-maligem Wiederholen eines solchen Zufallsexperiments erhält man eine **Bernoulli-Kette** der Länge n. Ist p die Trefferwahrscheinlichkeit und X eine Zufallsvariable, welche die Anzahl k der Treffer angibt, dann beträgt die Wahrscheinlichkeit für k Treffer:

$P(X = k) = \binom{n}{k} \cdot p^k \cdot (1-p)^{n-k}$ **(Formel von Bernoulli)**

Die zu X gehörende Wahrscheinlichkeitsverteilung heißt Binomialverteilung mit den Parametern n und p. Man nennt X dann $B_{n;p}$-verteilte Zufallsvariable und schreibt für $P(X = k)$ auch $B_{n;p}(k)$.

Neben der Binomialverteilung benötigt man häufig die zugehörige Summenverteilung, für deren Wahrscheinlichkeiten die Schreibweise $P(X \leq k)$ üblich ist.

Die Kenngrößen Erwartungswert und Varianz einer $B_{n;p}$-verteilten Zufallsvariable werden mit $E(X) = n \cdot p$ und $V(X) = n \cdot p \cdot (1-p)$ berechnet.

A

**1.** a) Gegeben ist die $B_{20;0,1}$-verteilte Zufallsvariable X.
Bestimmen Sie: $P(X = 7)$, $P(X < 7)$, $P(3 \leq x \leq 8)$, $P(X \geq 5)$

b) Gegeben ist die $B_{15;0,7}$-verteilte Zufallsvariable Y.
Bestimmen Sie: $P(Y = 12)$, $P(Y \leq 10)$, $P(Y > 9)$, $P(7 < Y < 13)$

L

**1.** a) $P(X = 7) = \binom{20}{7} \cdot 0{,}1^7 \cdot 0{,}9^{13} \approx 0{,}0020$

$P(X < 7) = P(X \leq 6) = P(X = 0) + P(X = 1) + \ldots + P(X = 6) \approx 0{,}9976$

$P(3 \leq x \leq 8) = P(x \leq 8) - P(x \leq 2) \approx 0{,}3230$

$P(x \geq 5) = 1 - P(x \leq 4) \approx 0{,}0432$

b) $P(Y \leq 10) \approx 0{,}4845$

$P(Y > 9) = 1 - P(x \leq 9) \approx 0{,}7216$

$P(7 < Y < 13) = P(Y \leq 12) - P(Y \leq 7) \approx 0{,}8232$

A

**2.** Ein Schütze trifft mit der Wahrscheinlichkeit 0,96.
Die Zufallsvariable X beschreibe die Anzahl der Treffer bei drei Schüssen.
Bestimmen Sie die Wahrscheinlichkeitsverteilung von X

a) mit der Formel von Bernoulli, b) mit einem Baumdiagramm.

L

**2.** a) X ist $B_{3;0,96}$-verteilt. Hieraus folgt:

| **k** | 0 | 1 | 2 | 3 |
|---|---|---|---|---|
| **P(X = k)** | 0,000064 | 0,004608 | 0,110592 | 0,884736 |

b) T bedeutet Treffer, F Fehlschuss

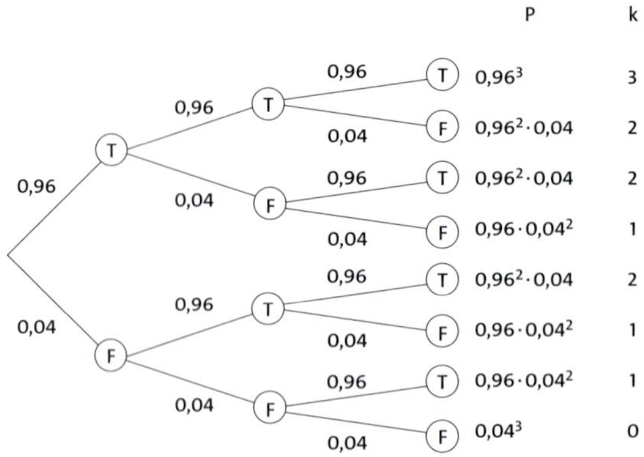


Aus dem Baumdiagramm entnimmt man nach den Pfadregeln:
$P(X=0) = 0{,}04^3$, $P(X=1) = 3 \cdot 0{,}96 \cdot 0{,}04^2$, $P(X=2) = 3 \cdot 0{,}96^2 \cdot 0{,}04$,
$P(X=3) = 0{,}96^3$.
Diese Wahrscheinlichkeiten stehen auch in der Tabelle von Teilaufgabe a).

A

**3.** Aus einem Skatkartenspiel mit den Farben Kreuz, Pik, Herz und Karo wird achtmal eine Karte gezogen und wieder zurückgelegt. Wie groß ist die Wahrscheinlichkeit,

a) fünfmal Karo,
b) höchstens sechsmal Herz,
c) nur Pik oder Kreuz,
d) entweder nur Pik oder nur Kreuz,
e) zweimal Herz und sechsmal Karo zu ziehen?

L

**3.** a) X sei $B_{8;0,25}$-verteilte Zufallsvariable für die Anzahl der gezogenen Karo-Karten. Mit der Formel von BERNOULLI erhält man $P(X=5) = \binom{8}{5} \cdot 0{,}25^5 \cdot 0{,}75^3 \approx 0{,}0231$.

b) X sei $B_{8;0,25}$-verteilte Zufallsvariable für die Anzahl der gezogenen Herz-Karten. $P(X \leq 6) \approx 0{,}9996$.

c) Auf jeder der acht Stufen des Zufallsexperiments beträgt die Wahrscheinlichkeit für Pik oder Kreuz 0,5. Nach der Produktpfadregel ist $P = 0{,}5^8 \approx 0{,}0039$.

d) Es müssen entweder acht Pik- oder acht Kreuz-Karten gezogen werden. Nach den Pfadregeln ist $P = 2 \cdot 0{,}25^8 \approx 3{,}05 \cdot 10^{-5}$.

e) Es gibt $\binom{8}{2}$ Möglichkeiten die zwei Herzkarten zu ziehen. Auf jeder der acht Stufen des Zufallsexperiments wird eine der beiden Farben mit der Wahrscheinlichkeit von 0,25 gezogen.
Es ist $P = \binom{8}{2} \cdot 0{,}25^8 \approx 4{,}272 \cdot 10^{-4}$.

**4.** Bei einem aus 20 Fragen bestehenden Test gibt es bei jeder Frage fünf verschiedene Antworten, von denen nur eine richtig ist. Ein Student hat nichts gelernt. A

a) Mit welcher prozentualen Wahrscheinlichkeit erreicht er durch Raten genau 40 % richtige Antworten?

b) Wenn er weniger als 15 % der richtigen Antworten errät, hat er die Note ungenügend. Wie groß ist sein prozentuales Risiko für diesen Fall?

c) Wie viele richtige Antworten kann er statistisch erwarten? Wie groß ist die Varianz?

**4.** a) Er müsste acht richtige Antworten geben. Die Zufallsvariable X, welche die Anzahl der richtigen Antworten beschreibt, ist $B_{20;0,2}$-verteilt.
Hieraus ergibt sich $P(X = 8) = \binom{20}{8} \cdot 0{,}2^8 \cdot 0{,}8^{12} \approx 0{,}0222 = 2{,}22\,\%$.

b) Weniger als 15 % richtige Antworten bedeutet, dass er höchstens zwei richtige Antworten gibt.
$P(X \leq 2) \approx 0{,}2061 = 20{,}61\,\%$.

c) $E(X) = n \cdot p = 20 \cdot 0{,}2 = 4$, $V(X) = n \cdot p \cdot (1 - p) = 20 \cdot 0{,}2 \cdot 0{,}8 = 3{,}2$

**5.** Bei einer Tombola gewinnt jedes vierte Los. A
Wie groß ist die Wahrscheinlichkeit in Prozent

a) bei zehn gekauften Losen fünf Gewinne,

b) bei acht gekauften Losen mindestens zwei und höchstens vier Gewinne,

c) bei fünf gekauften Losen höchstens vier Gewinne,

d) bei sieben gekauften Losen mindestens einen Gewinn zu haben?

**5.** Die Zufallsvariable X beschreibe jeweils die Anzahl der Gewinne. L

a) X ist $B_{10;0,25}$-verteilt.
$P(X = 5) \approx 0{,}0584 = 5{,}84\,\%$

b) X ist $B_{8;0,25}$-verteilt.
$P(2 \leq X \leq 4) = P(x \leq 4) - P(x \leq 1) \approx 0{,}6056 = 60{,}56\,\%$

c) X ist $B_{5;0,25}$-verteilt.
$P(X \leq 4) \approx 0{,}9990 = 99{,}90\,\%$

d) X ist $B_{7;0,25}$-verteilt. Das Gegenereignis ist, überhaupt keinen Gewinn zu haben. Hierfür beträgt die Wahrscheinlichkeit 0,75.
Also ist $P(X \geq 1) = 1 - P(X = 0) = 1 - 0{,}75^7 \approx 0{,}8665 = 86{,}65\,\%$

A

**6.** a) Ein Obsthändler erhält vom Großhandel Birnen in Kisten zu je 40 Stück. Es sollen vertragsgemäß mindestens 95 % der Birnen einwandfrei sein. Der Obsthändler nimmt zufällig eine Kiste und überprüft wie viele Birnen nicht in Ordnung sind. Bei mehr als drei schadhaften Birnen reklamiert er die gesamte Sendung. Mit welcher Wahrscheinlichkeit entspricht die Lieferung dennoch den Vertragsbedingungen?

b) Der Obsthändler möchte sich bei seinem Qualitätstest nur mit einer Wahrscheinlichkeit von weniger als 2 % irren. Wie viele schadhafte Birnen muss er dann in der gewählten Kiste mindestens finden?

L

**6.** a) Man betrachtet die Zufallsvariable X, welche die Anzahl der nicht einwandfreien Birnen pro Kiste beschreibt. X ist $B_{40;0,05}$-verteilt.
$P(X > 3) = 1 - P(X \leq 3) \approx 0{,}1381$
Mit einer Wahrscheinlichkeit von etwa 13,81 % reklamiert er die Sendung, obwohl sie vertragsgemäß ist.

b) Gesucht ist der Wert für k mit $P(X > k) < 0{,}02$. Ebenso kann man den Wert von k mit $P(X \leq k) \geq 0{,}98$ bestimmen.

| **k** | **P (X ≤ k)** |
|---|---|
| 4 | ,95197 |
| 5 | ,98612 |

Aus der Wertetabelle für die Summenfunktion der Binomialverteilung entnimmt man $P(X \leq 5) \approx 0{,}9862 > 0{,}98$.
Deshalb muss der Obsthändler mindestens fünf schadhafte Birnen finden, damit er nur noch mit einer Wahrscheinlichkeit von weniger als 2 % irrt.

## 3.4 Testen von Hypothesen

Wissen

Bei einem **Test** versucht man, mithilfe einer Stichprobe auf die tatsächlich zugrunde liegende Wahrscheinlichkeitsverteilung zu schließen.
Dabei wird zwischen **einseitigem** und **beidseitigem Test** unterschieden. Nach Festlegung der **Nullhypothese** $H_0$ und der **Gegenhypothese** $H_1$ kann man entweder den **Ablehnungsbereich** K oder die **Irrtumswahrscheinlichkeit** $\alpha$ berechnen.
Beim **Fehler 1. Art** wird $H_0$ mit der Irrtumswahrscheinlichkeit $\alpha$ fälschlicherweise abgelehnt, während beim **Fehler 2. Art** $H_0$ mit der Wahrscheinlichkeit $\beta$ fälschlicherweise angenommen wird.

A

**1.** a) Es soll $H_0$: $p = 0{,}5$ gegen $H_1$: $p > 0{,}5$ bei einem Stichprobenumfang $n = 100$ und einer Irrtumswahrscheinlichkeit $\alpha = 2\,\%$ $(\alpha = 10\,\%)$ getestet werden. Bestimmen Sie den Ablehnungsbereich K.

b) Es soll $H_0$: $p = 0{,}5$ gegen $H_1$: $p < 0{,}5$ bei einem Stichprobenumfang $n = 100$ und einer Irrtumswahrscheinlichkeit $\alpha = 2\,\%$ $(\alpha = 10\,\%)$ getestet werden. Bestimmen Sie den Ablehnungsbereich K.

L

**1.** a) X sei Zufallsvariable für die Anzahl der Treffer,
Nullhypothese $H_0$: $p = 0{,}5 \Rightarrow$ X ist $B_{100;0,5}$-verteilt,
Gegenhypothese $H_1$: $p > 0{,}5$, Irrtumswahrscheinlichkeit $\alpha = 0{,}02$,
Ablehnungsbereich $K = \{g, ..., 99, 100\}$.
$P(X \geq g) = 1 - P(X \leq g-1) \leq 0{,}02 \Leftrightarrow P(X \leq g-1) \geq 0{,}98$
Aus dem in der Wertetabelle abgelesenen Wert $X = 60$ folgt
$g - 1 = 60 \Leftrightarrow g = 61$.
Somit ist $K = \{61, 62, ..., 100\}$.
Für $\alpha = 10\,\%$ erhält man:
$P(X \geq g) = 1 - P(X \geq g-1) \leq 0{,}10$
$P(X \geq g-1) \geq 0{,}9$
$\Leftrightarrow g - 1 = 56$
$\Leftrightarrow g = 57$
Somit ist $K = \{57, 58, ..., 100\}$.

| k | P(X ≤ k) |
|---|---|
| 55 | ,86437 |
| 56 | ,90333 |
| 57 | ,93339 |
| 58 | ,95569 |
| 59 | ,97156 |
| 60 | ,9824 |
| 61 | ,98951 |

b) X sei Zufallsvariable für die Anzahl der Treffer,
Nullhypothese $H_0$: $p = 0{,}5 \Rightarrow$ X ist $B_{100;\,0,5}$ - verteilt,
Gegenhypothese $H_1$: $p < 0{,}5$,
Irrtumswahrscheinlichkeit $\alpha = 0{,}02$,
Ablehnungsbereich $K = \{0, 1, ..., g\}$.
$P(X \leq g) \leq 0{,}02 \Leftrightarrow g = 39$
Somit ist $K = \{0, 1, 2, ..., 39\}$.
Für $\alpha = 10\,\%$ erhält man $P(X \leq g) \leq 0{,}10 \Leftrightarrow g = 43$.
Somit ist $K = \{0, 1, 2, ..., 43\}$.

| k | P(X ≤ k) |
|---|---|
| 39 | ,0176 |
| 40 | ,02844 |
| 41 | ,04431 |
| 42 | ,06661 |
| 43 | ,09667 |
| 44 | ,13563 |

A

**2.** Ein Biathlet behauptet, beim Schießen eine Trefferquote von 95 % zu erreichen. Um seiner Behauptung Nachdruck zu verleihen, gibt er 50 Schüsse ab.

a) Wie viele Treffer muss er erzielen, damit seine Behauptung mit einer Irrtumswahrscheinlichkeit von 5 % glaubhaft ist?

b) Mit welcher Wahrscheinlichkeit irrt man, wenn man seine Behauptung bei 45 Treffern verwirft?

L

**2.** a) X sei Zufallsvariable für die Anzahl der Treffer,

Nullhypothese $H_0$: $p = 0{,}95 \Rightarrow$ X ist $B_{50;0,95}$-verteilt,

Gegenhypothese $H_1$: $p < 0{,}95$,

Irrtumswahrscheinlichkeit $\alpha = 0{,}05$,

Ablehnungsbereich $K = \{0, 1, ..., g\}$.

| k | $P(X \leq k)$ |
|---|---|
| 43 | ,01179 |
| 44 | ,03778 |
| 45 | ,10362 |

Für g muss gelten: $P(X \leq g) \leq 0{,}05$. Aus der Wertetabelle erhält man $g = 44$.

$H_0$ wird verworfen, wenn der Schütze höchstens 44 Treffer erzielt.

Er muss also mindestens 45 Treffer erzielen.

b) X sei Zufallsvariable für die Anzahl der Treffer,

Nullhypothese $H_0$: $p = 0{,}95 \Rightarrow$ X ist $B_{50;0,95}$-verteilt,

Gegenhypothese $H_1$: $p < 0{,}95$, Irrtumswahrscheinlichkeit $\alpha$,

Ablehnungsbereich $K = \{0, 1, ..., 45\}$.

Aus der Wertetabelle erhält man $\alpha = P(X \leq 45) \approx 0{,}1036$.

Will man bei höchstens 45 Treffern die Trefferquote anzweifeln, so irrt man mit einer Wahrscheinlichkeit von etwa 10 %.

A

**3.** Auf einem unfallträchtigen Straßenabschnitt überschritten bisher 25 % der Fahrer die zulässige Höchstgeschwindigkeit. Nachdem zusätzliche Warnschilder angebracht wurden, konnte man beobachten, dass von 100 Fahrern nur noch 17 zu schnell unterwegs waren.

a) Kann man mit 95 %iger Sicherheit davon ausgehen, dass die Maßnahme Erfolg hatte?

b) Wie viele Fahrer hätten höchstens zu schnell fahren dürfen, um mit mindestens 98 %iger Sicherheit von einer Abnahme der Raserei sprechen zu können?

L

**3.** a) X sei Zufallsvariable für die Anzahl der Geschwindigkeitsübertretungen.

| X | $P(X \leq k)$ |
|---|---|
| 15 | ,01108 |
| 16 | ,02111 |
| 17 | ,03763 |
| 18 | ,06301 |

Nullhypothese $H_0$: $p = 0{,}25 \Rightarrow$ X ist $B_{100;0,25}$-verteilt,
Gegenhypothese $H_1$: $p < 0{,}25$,
Irrtumswahrscheinlichkeit $\alpha = 5\,\%$,
Ablehnungsbereich $K = \{0, 1, ..., g\}$.
$P(X \leq g) \leq 0{,}05 \Leftrightarrow g = 17$
Dann ist $K = \{0, 1, 2, ..., 17\}$ und $17 \in K$.
Die Annahme $H_0$, dass die zusätzlichen Maßnahmen ohne Erfolg geblieben sind, wird verworfen. Mit 95 %-iger Sicherheit hat die zusätzliche Beschilderung zu einer Abnahme der Raserei geführt.

b) Für die Irrtumswahrscheinlichkeit $\alpha = 2\,\%$, und den Ablehnungsbereich $K = \{0, 1, ..., g\}$ ergibt sich $P(X \leq g) \leq 0{,}02 \Leftrightarrow g = 15.$ Somit ist $K = \{0, 1, 2, ..., 15\}$.
Es dürfen maximal 15 Fahrer zu schnell sein, um mit mindestens 98 %iger Sicherheit von einer Abnahme der Raserei sprechen zu können.

A

**4.** Eine Person behauptet, übersinnliche Fähigkeiten zu besitzen. Um die Aussage zu überprüfen, wird eine große Anzahl von Karten zu gleichen Anteilen mit den Symbolen Kreuz, Pik, Herz und Karo gemischt und verdeckt auf einen Stapel gelegt. Bevor jeweils die oberste Karte aufgedeckt wird, gibt die Testperson ihre Vorhersage ab.

Wie viele richtige Vorhersagen bei 1000 Versuchen benötigt die Testperson, damit sie mit einer Sicherheit von 99,9 % ihre Fähigkeiten anerkannt bekommt?

L

**4.** X sei Zufallsvariable für die Anzahl der richtigen Vorhersagen,

| k | $P(X \leq k)$ |
|---|---|
| 292 | ,99888 |
| 293 | ,99911 |
| 294 | ,99931 |

Nullhypothese $H_0$: $p = 0{,}25 \Rightarrow$ X ist $B_{1000;0,25}$-verteilt,
Gegenhypothese $H_1$: $p > 0{,}25$,
Irrtumswahrscheinlichkeit $\alpha = 0{,}001$,
Ablehnungsbereich $K = \{g, ..., 999, 1000\}$.
$P(X \geq g) = 1 - P(X \leq g - 1) \leq 0{,}001$
$P(X \leq g - 1) \geq 0{,}999$
Mit dem abgelesenen Wert $k = 293$ erhält man die Gleichung
$g - 1 = 293 \Leftrightarrow g = 294.$
Somit ist $K = \{294, 295, ..., 1000\}$.
Bei mindestens 294 richtigen Vorhersagen darf man mit 99,9 %iger Sicherheit der Person Glauben schenken.

A

**5.** Bei der Entwicklung neuer Medikamente erhält ein Pharmaunternehmen für seinen Forschungsaufwand über ca. 10 bis 15 Jahre einen Patentschutz.
Nach diesem Zeitraum dürfen andere Pharmahersteller vergleichbare Produkte, Generika genannt, zu meist günstigeren Preisen auf den Markt bringen.
Das Original-Medikament ist laut Untersuchungen in 98 % aller Fälle wirksam.
Das Generika-Produkt wird an einer Gruppe von 200 Personen getestet.
Bei wie vielen der Patienten muss das Generika-Produkt Wirkung zeigen, damit ihm mit einer Sicherheit von 95 % vergleichbare Wirkung wie dem Original-Medikament attestiert werden kann?

L

**5.** X sei Zufallsvariable für die Anzahl der Personen, bei denen das Medikament Wirkung zeigt,
Nullhypothese $H_0$: $p = 0{,}98 \Rightarrow$ X ist $B_{200;0,98}$-verteilt,
Gegenhypothese $H_1$: $p < 0{,}98$,
Irrtumswahrscheinlichkeit $\alpha = 0{,}05$,
Ablehnungsbereich $K = \{0, 1, ..., g\}$.
Es muss gelten: $P(X \leq g) \geq 0{,}05$
Die Wertetabelle liefert $g = 192$ und damit $K = \{0, 1, ..., 192\}$.
Zeigt das Generika-Produkt bei mehr als 193 Personen Wirkung, so kann ihm mit 95 %iger Sicherheit vergleichbare Wirkung bescheinigt werden.

| k | $P(X \leq k)$ |
|---|---|
| 192 | ,04934 |
| 193 | ,10856 |

A

**6.** Aus einem Bericht über ein Land konnte man entnehmen, dass eine Stichprobe von 10 000 Totgeburten 5048 Jungen und 4952 Mädchen beinhaltete.
Bei einer anderen Stichprobe wurden von 10 000 Todesfällen in den ersten fünf Lebensjahren 4118 Jungen und 5882 Mädchen gezählt.
Es ist zu untersuchen, ob mit einer Sicherheit von 90 %

a) eine Totgeburt bei Jungen und Mädchen als gleich wahrscheinlich bezeichnet werden kann.

b) die Sterblichkeit in den ersten fünf Lebensjahren bei Jungen und Mädchen als gleich wahrscheinlich bezeichnet werden kann.
Welche Irrtumswahrscheinlichkeit müsste zugrunde gelegt werden, damit auf der Basis obiger Angaben gleiche Sterblichkeitswahrscheinlichkeit angenommen werden könnte?
Interpretieren Sie dieses Ergebnis.

L

**6.** a) X sei Zufallsvariable für die Anzahl der totgeborenen Jungen,
Nullhypothese $H_0$: $p = 0{,}5 \Rightarrow$ X ist $B_{10\,000;0,5}$-verteilt,
Gegenhypothese $H_1$: $p \neq 0{,}5$,
Irrtumswahrscheinlichkeit $\alpha = 0{,}1$,
Ablehnungsbereich $K = \{0, 1, ..., g_l\} \cup \{g_r, ..., 10\,000\}$.
Dann muss gelten:
$P(X \leq g_l) \leq 0{,}05$ oder $P(X \geq g_r) \leq 0{,}05$
Die Wertetabelle liefert $g_l = 4917$ und $g_r = 5083$.
$K = \{0, 1, ..., 4917\} \cup \{5083, ..., 10\,000\}$.
Da 5048 nicht im Ablehnungsbereich K liegt, ist die Wahrscheinlichkeit einer Totgeburt bei Jungen und Mädchen mit einer Sicherheit von 90 % gleich groß.

| k | P (X ≤ k) |
|---|---|
| 4917 | ,04947 |
| 4918 | ,05155 |

b) Hier kann die gleiche Wahrscheinlichkeitsverteilung wie in Teilaufgabe a) verwendet werden. Weil 4118 im Ablehnungsbereich K liegt, ist der Tod von Jungen und Mädchen in den ersten fünf Lebensjahren mit einer Sicherheit von 90 % nicht gleich wahrscheinlich.
Es ist $1 - P(X \leq 4117) = 1 - 2{,}243 \cdot 10^{-70} \approx 1$. Deshalb ist die Annahme gleicher Sterblichkeitswahrscheinlichkeit für Jungen und Mädchen nur bei einer Irrtumswahrscheinlichkeit von $\alpha \approx 100\,\%$ möglich.
Die unterschiedliche Sterblichkeit ist mit an Sicherheit grenzender Wahrscheinlichkeit nicht zufällig.

**7.** Um die Autofahrprüfung abzulegen, müssen in der theoretischen Prüfung die Kenntnisse der Verkehrsregeln nachgewiesen werden. Dazu soll untersucht werden, ob sich die Prüfungskandidaten in wenigstens 570 von 600 Standardverkehrssituationen theoretisch richtig verhalten würden. Dazu werden ihnen im Rahmen eines Tests 40 zufällig ausgewählte Verkehrssituationen präsentiert und sie müssen aus verschiedenen angebotenen Reaktionen die richtige auswählen (multiple choice).

A

a) Der Test gilt als bestanden, wenn wenigstens 36 Fragen richtig beantwortet werden.
Weshalb wohl legt das Straßenverkehrsamt den Prüflingen nur 40 und nicht alle 600 Verkehrssituationen vor?

b) Nach der Prüfung wird, entschieden, ob der Test bestanden wurde.
Dabei kann es zu einem Fehler 1. Art kommen. Worin besteht er?
Wie groß ist die Irrtumswahrscheinlichkeit?
Was müsste man tun, um die Irrtumswahrscheinlicheit zu reduzieren?
Welche nachteilige Folge hätte diese Änderung?

c) Worin besteht der mögliche Fehler 2. Art?
Welchen der beiden Fehler erachten Sie als problematischer? Weshalb?

d) Wie groß ist die Wahrscheinlichkeit, dass ein Kandidat, der nur 80 % der Standardverkehrssituationen richtig beurteilen kann, den Test besteht?

L

**7.** a) Die Prüfung würde zu viel Zeit in Anspruch nehmen. Auch die Kosten für eine so umfassende Prüfung würden steigen.

b) X sei Zufallsvariable für die Anzahl der richtig beurteilten Verkehrssituationen.
Nullhypothese $H_0$: $p = \frac{570}{600} = 0{,}95 \Rightarrow$ X ist $B_{40;0,95}$-verteilt,
Gegenhypothese $H_1$: $p < 0{,}95$,
Ablehnungsbereich $K = \{0, 1, ..., 35\}$
$\Rightarrow$ Irrtumswahrscheinlichkeit $\alpha = P(X \leq 35) = 0{,}048$
Der Fehler 1. Art tritt auf, wenn ein Prüfungskandidat 570 der 600 Standardverkehrssituationen richtig beurteilen kann, den Test aber nicht besteht.
Dies passiert mit einer Wahrscheinlichkeit von 4,8 %.
Um die Irrtumswahrscheinlicheit zu reduzieren, müsste man den Annahmebereich vergrößern. Dadurch würde sich das Risiko für einen Fehler der zweiten Art vergrößern.

c) Der Fehler zweiter Art würde auftreten, wenn ein Kandidat, der weniger als 570 Standardverkehrssituationen richtig beurteilen, den Test besteht.
Problematischer ist der Fehler 2. Art, da eine Person, die unzureichende theoretische Kenntnisse besitzt, mit bestandener Prüfung am Verkehr teilnehmen würde.

d) X ist $B_{40;0,8}$-verteilt.
$P(X \geq 36) = 1 - P(X \leq 35) = 0{,}076$
Die Wahrscheinlichkeit beträgt somit 7,6 %.

A

**8.** Eine Schülerin hat 29 von 180 Schultagen gefehlt.
Von 32 Klausuren hat sie 8 versäumt.

| X | $Y_1$ |
|---|---|
| 9 | ,97507 |
| 10 | ,99101 |
| 11 | ,99713 |

a) Kann bei einer Irrtumswahrscheinlichkeit von 5 % „normalem Fehlen" ausgegangen werden oder muss ihr „gezieltes Fehlen zu Klausuren" unterstellt werden?
Formulieren Sie die Hypothese $H_0$ und die Gegenhypothese $H_1$.
Bestimmen Sie den Annahme- und den Ablehnungsbereich.

b) Erläutern Sie an diesem Beispiel die Begriffe „Fehler 1. Art" und „Fehler 2. Art".
Wie müsste man die Irrtumswahrscheinlichkeit ändern, damit man das Versäumen von 11 Klausuren noch als „normales Fehlen" akzeptieren könnte?

L

**8.** a) X sei Zufallsvariable für die Anzahl der versäumten Klausuren.

Nullhypothese „normales Fehlen“ $H_0$: $p = \frac{29}{180} \Rightarrow$ X ist $B_{32;\frac{29}{180}}$-verteilt.

Gegenhypothese „gezieltes Fehlen zu Klausuren“ $H_1$: $p > \frac{29}{180}$

Irrtumswahrscheinlichkeit $\alpha = 0{,}05$

Ablehnungsbereich $K = \{g, ..., 32\}$

Für g muss gelten $P(X \geq g) = 1 - P(X \leq g - 1) \leq 0{,}05$.

$P(X \leq g - 1) \geq 0{,}95$

Somit ist $g - 1 = 9 \Rightarrow g = 10$.

Die Schülerin dürfte bei bis zu 10 Klausuren fehlen, ohne ihr „gezieltes Fehlen zu Klausuren“ unterstellen zu müssen.

b) Der Fehler 1. Art würde auftreten, wenn man der Schülerin trotz „normalem Fehlen“ ein „gezieltes Fehlen zu Klausuren“ unterstellen würde.

Ein Fehler 2. Art liegt vor, wenn man der Schülerin trotz „gezieltem Fehlen zu Klausuren“ ein „normales Fehlen“ bescheinigen würde.

c) $P(X \geq 11) = 1 - P(X \leq 10) = 1 - 0{,}991 = 0{,}009$

Die Irrtumswahrscheinlichkeit müsste auf 0,9 % gesenkt werden.

## 3.5 Aufgaben wie im mündlichen Abitur

### 1. Zufallsexperiment und Wahrscheinlichkeit

a) Was versteht man unter einem Zufallsexperiment? Geben Sie Beispiele an.
b) Wie unterscheiden sich die Begriffe Ergebnis, Elementarereignis, Ereignis?
c) Erklären Sie den Begriff Wahrscheinlichkeitsverteilung. Welche Axiome liegen zugrunde?
d) Erklären Sie die Begriffe LAPLACE-Experiment und BERNOULLI-Experiment. Geben Sie Beispiele an.
e) Was besagt der Additionssatz?
f) Was versteht man unter abhängigen und unabhängigen Ereignissen?
g) Definieren Sie den Begriff Zufallsvariable. Geben Sie ein Beispiel an.
h) Zeigen Sie an einem mehrstufigen Zufallsexperiment wie dort die Wahrscheinlichkeiten berechnet werden.

### 2. Kombinatorik

a) Wie sind die Terme n! und $\binom{n}{k}$ definiert?
b) Für die Anzahl der Möglichkeiten bei verschiedenen Stichproben treten die Terme $n!$, $\frac{n!}{(n-k)!}$, $n^k$, $\binom{n}{k}$ und $\binom{n+k-1}{k}$ auf.
Geben Sie Beispiele für entsprechende Stichproben und begründen Sie die Terme.

### 3. Binomialverteilung

a) Begründen Sie die Formel von BERNOULLI.
b) Geben Sie ein Beispiel für eine BERNOULLI-Kette.
c) Leiten Sie die Formeln für den Erwartungswert und die Varianz einer binomialverteilten Zufallsvariable her.

### 4. Testen von Hypothesen

a) Erläutern Sie die Vorgehensweise bei einem Hypothesentest anhand eines Beispiels.
b) Erklären Sie die Begriffe Nullhypothese, Gegenhypothese, Ablehnungsbereich, Annahmebereich.
c) Welche Arten von Fehlern können bei Hypothesentests auftreten?
d) Arbeiten Sie den Zusammenhang zwischen Irrtumswahrscheinlichkeit und Ablehnungsbereich heraus.

## 3.6 Aufgaben wie im schriftlichen Abitur

**1.** Bei einem Glücksspiel muss eine Münze viermal geworfen und anschließend mit einem Spielwürfel gewürfelt werden. Erhält man genau zweimal Wappen, so muss man nur noch einmal würfeln, sonst noch zweimal. **A**
Ein Spieler gewinnt im einen Fall, wenn er eine 4 würfelt und im anderen, wenn das Produkt der Augenzahlen 4 ergibt.

a) Berechnen Sie die Wahrscheinlichkeit für einen Gewinn.

b) Das ganze Spiel wird n-mal durchgeführt.
Wie groß ist die Wahrscheinlichkeit $P_0$, kein einziges Spiel zu gewinnen?
Mit welcher Wahrscheinlichkeit $P_1$ gewinnt man bei n Spielen mindestens einmal?
Wie lange muss man spielen, damit $P_1$ größer ist als $P_0$?

**1. Problemanalyse** **L**

a) Zweistufiges Zufallsexperiment, Zufallsvariable, Binomialverteilung, Baumdiagramm, Pfadregel

b) n-stufiges Zufallsexperiment, Pfadregel, Gegenwahrscheinlichkeit, Exponentialungleichung

**Lösung**

a) Die Zufallsvariable X beschreibe die Anzahl der Wappen, die Zufallsvariable Y das Produkt der Augenzahlen. Dann ist
$P(X = 2) = \binom{4}{2} \cdot \left(\frac{1}{2}\right)^2 \cdot \left(\frac{1}{2}\right)^2 = 6 \cdot \frac{1}{16} = \frac{3}{8}$, $P(Y = 4) = \frac{3}{36} = \frac{1}{12}$.
Man definiert folgende Ereignisse:
A: Beim viermaligen Werfen einer Münze tritt genau zweimal Wappen auf.
B: Beim Würfeln erscheint die 4.
C: Beim zweimaligen Würfeln ist das Produkt der Augenzahlen 4.
Hiermit erhält man für das zweistufige Zufallsexperiment das folgende Baumdiagramm:

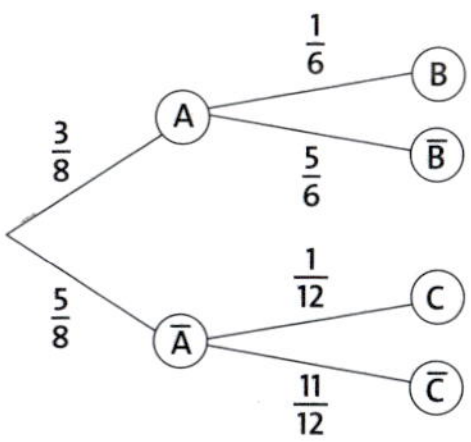


Nach der Pfadregel findet man
$P(\text{Gewinn}) = \frac{3}{8} \cdot \frac{1}{6} + \frac{5}{8} \cdot \frac{1}{12} = \frac{11}{96} \approx 0{,}1146.$

b) $P_0 = \left(\frac{85}{96}\right)^n$, $P_1 = 1 - \left(\frac{85}{96}\right)^n$

$$P_1 > P_0 \Leftrightarrow 1 - \left(\frac{85}{96}\right)^n > \left(\frac{85}{96}\right)^n \Leftrightarrow 1 > 2 \cdot \left(\frac{85}{96}\right)^n$$

$$\Leftrightarrow \frac{1}{2} > \left(\frac{85}{96}\right)^n \Leftrightarrow n > \frac{\log \frac{1}{2}}{\log \frac{85}{96}} \approx 5{,}7 \Rightarrow n = 6$$

Man muss also mindestens sechsmal spielen.

A

**2.** In einer Schachtel befinden sich zehn Kärtchen mit den aufgedruckten Buchstaben STOCHASTIK.

a) Es werden vier Kärtchen mit Zurücklegen gezogen.
Bestimmen Sie die Wahrscheinlichkeiten der Ereignisse:
$E_1$: Es werden nur Vokale gezogen.
$E_2$: Die Kärtchen bilden in der gezogenen Reihenfolge das Wort KITA.
$E_3$: Es werden mindestens zwei Konsonanten gezogen.

b) Wie viele Kärtchen muss man mit Zurücklegen mindestens ziehen, um mit einer Wahrscheinlichkeit von wenigstens 95 % zumindest einen Buchstaben aus dem Wort HAST zu ziehen?

L

**2. Problemanalyse**

a) Vierstufiges Zufallsexperiment, Ziehen mit Zurücklegen, Pfadregel, Gegenereignis

b) Additionssatz, Zufallsvariable, Binomialverteilung, Gegenereignis, Exponentialungleichung

**Lösung**

a) Die Elementarereignisse haben folgende Wahrscheinlichkeitsverteilung:

| **Buchstabe** | A | C | H | I | K | O | S | T |
|---|---|---|---|---|---|---|---|---|
| **Wahrscheinlichkeit** | 0,1 | 0,1 | 0,1 | 0,1 | 0,1 | 0,1 | 0,2 | 0,2 |

$P(E_1) = 0{,}3^4 = 8{,}1 \cdot 10^{-3}$

$P(E_2) = 0{,}1 \cdot 0{,}1 \cdot 0{,}2 \cdot 0{,}1 = 2 \cdot 10^{-4}$

X sei Zufallsvariable für die Anzahl der gezogenen Konsonanten, dann ist

$P(E_3) = 1 - [P(X = 0) + P(X = 1)] = 1 - (8{,}1 \cdot 10^{-3} + 4 \cdot 0{,}7 \cdot 0{,}3^3) = 1 - 0{,}0873 = 0{,}9163.$

b) $E_4$ sei das Ereignis, einen Buchstaben aus dem Wort HAST zu ziehen.
Dann ist $P(E) = 0{,}1 + 0{,}1 + 0{,}2 + 0{,}2 = 0{,}6.$
X sei Zufallsvariable für die Anzahl der gezogenen Buchstaben aus dem Wort HAST. X ist $B_{n;0,6}$-verteilt.

$P(X \geq 1) = 1 - P(x = 0) = 1 - \binom{n}{0} \cdot 0{,}6^0 \cdot 0{,}4^n = 1 - 0{,}4^n$

$1 - 0{,}4^n \geq 0{,}95 \;\Leftrightarrow\; 0{,}05 \geq 0{,}4^n \;\Leftrightarrow\; n \geq \frac{\log 0{,}05}{\log 0{,}4} \approx 3{,}27$

Man muss mindestens viermal ziehen, um mit mindestens 95 %iger Wahrscheinlichkeit zumindest einen Buchstaben des Wortes HAST zu ziehen.

**3.** a) In einer Urne liegen fünf rote und eine weiße Kugel. Man zieht zwei Kugeln ohne Zurücklegen. Berechnen Sie die Wahrscheinlichkeiten der Ereignisse: **A**

$E_1$: Beide Kugeln sind rot.

$E_2$: Die zweite Kugel ist weiß.

$E_3$: Nur eine Kugel ist rot.

b) Ein Medikament wirkt bisher in 60 % der Anwendungen. Bei einer angeblich verbesserten Version dieses Medikaments zeigt sich, dass von 20 getesteten Patienten nun 15 gesunden. Kann man sagen, dass das neue Medikament besser wirkt, wenn man eine Irrtumswahrscheinlichkeit von 2 % akzeptiert?

**3. Problemanalyse** **L**

a) Ziehen ohne Zurücklegen, Pfadregel

b) Rechtsseitiger Test mit vorgegebener Irrtumswahrscheinlichkeit

**Lösung**

a) $P(E_1) = \frac{5}{6} \cdot \frac{4}{5} = \frac{2}{3}$, $P(E_2) = \frac{5}{6} \cdot \frac{1}{5} = \frac{1}{6}$, $P(E_3) = \frac{5}{6} \cdot \frac{1}{5} \cdot \frac{1}{6} \cdot \frac{5}{5} = \frac{1}{3}$

b) X sei Zufallsvariable für die Anzahl der Patienten, bei denen das neue Medikament wirkt.

Nullhypothese $H_0$: $p = 0{,}6 \Rightarrow$ X ist $B_{20;0,6}$-verteilt, Gegenhypothese $H_0$: $p > 0{,}6$, Irrtumswahrscheinlichkeit $\alpha = 0{,}02$, Ablehnungsbereich $K = \{g, g+1, \dots 20\}$

Für die gesuchte kleinste natürliche Zahl g muss gelten:

$P(X \geq g) = 1 - P(X \leq g-1) \leq 0{,}02 \Leftrightarrow P(X \leq g-1) \geq 0{,}98$

Aus der Wertetabelle für die Summenfunktion der Binomialverteilung. Dort kann $k = 16$ abgelesen werden.

| k | P(X ≤ k) |
|---|---|
| 15 | ,94905 |
| 16 | ,98404 |

Somit ist $g - 1 = 16 \Leftrightarrow g = 17$.

$H_0$ könnte erst geworfen werden, wenn bei 17 Patienten eine Genesung eingetreten wäre. Das neue Medikament kann deshalb nicht als besser wirksam eingestuft werden.

**4.** a) A und B seien zwei voneinander unabhängige Ereignisse mit $P(A) = \frac{2}{5}$ und $P(B) = \frac{2}{3}$. **A**

Berechnen Sie die Wahrscheinlichkeiten folgender Ereignisse:

$E_1$: A und B treten ein.

$E_2$: Zumindest eines der Ereignisse A oder B tritt ein.

$E_3$: Weder A noch B tritt ein.

$E_4$: Höchstens eines der Ereignisse A oder B tritt ein.

b) In einer Urne liegen drei blaue und einige grüne Kugeln. Wie viele Kugeln können in der Urne insgesamt liegen, wenn beim zweimaligen Ziehen ohne Zurücklegen die Wahrscheinlichkeit, zwei verschiedenfarbige Kugeln zu ziehen, $\frac{4}{7}$ beträgt?

L

**4. Problemanalyse**

a) Multiplikationssatz, Unabhängigkeit, Additionssatz, Regeln von DE MORGAN, Gegenereignis

b) Ziehen ohne Zurücklegen, Pfadregel

**Lösung**

a) $P(E_1) = P(A \cap B) = P(A) \cdot P(B) = \frac{2}{5} \cdot \frac{2}{3} = \frac{4}{15}$

$P(E_2) = P(A \cup B) = P(A) + P(B) - P(A \cap B) = \frac{2}{5} + \frac{2}{3} - \frac{4}{15} = \frac{4}{5}$

$P(E_3) = P(\overline{A} \cap \overline{B}) = P(\overline{A \cup B}) = 1 - P(E_2) = \frac{1}{5}$

$P(E_4) = 1 - P(E_1) = \frac{11}{15}$

b) Es sei x die Anzahl der grünen Kugeln. Dann befinden sich (x + 3) Kugeln in der Urne. Es gibt zwei Möglichkeiten, zwei verschiedenfarbige Kugeln zu ziehen. Nach der Pfadregel gilt für die Wahrscheinlichkeit

$P = \frac{3}{x+3} \cdot \frac{x}{x+2} + \frac{x}{x+3} \cdot \frac{3}{x+2} = \frac{6x}{(x+3)(x+2)}$.

$P = \frac{4}{7} \Leftrightarrow \frac{6x}{(x+3)(x+2)} = \frac{4}{7} \Leftrightarrow 42x = 4(x+3)(x+2) \Leftrightarrow 42x = 4x^2 + 20x + 24$

$\Leftrightarrow x^2 - \frac{11}{2}x + 6 = 0 \Leftrightarrow x = 4 \vee x = \frac{3}{2}$.

In der Urne liegen vier grüne Kugeln, also insgesamt sieben Kugeln.

A

**5.** Bei einem gezinkten Würfel fällt die Zahl 6 dreimal so häufig wie die 1 und die 5 doppelt so häufig wie die 2. Zwei gegenüberliegende Zahlen haben zusammen stets die Wahrscheinlichkeit von $\frac{1}{3}$.

a) Geben Sie die Wahrscheinlichkeitsverteilung für die gewürfelten Augenzahlen an und berechnen Sie den Erwartungswert.

b) Bei einem Spiel wird vereinbart, dass Spieler A von Spieler B 1,30 Euro erhält, wenn 4, 5 oder 6 gewürfelt wird. Bei den Zahlen 1, 2 und 3 soll A an B zahlen. Wie groß muss dieser Betrag sein, damit das Spiel fair ist?

c) Wie groß ist die Wahrscheinlichkeit in Prozent, dass bei 100 Würfen genau sechzigmal 4, 5 oder 6 gewürfelt wird? Wie groß ist die Wahrscheinlichkeit, dass mindestens dreißigmal 1, 2 oder 3 gewürfelt wird?

d) Der Besitzer des gezinkten Würfels erhält bei fünzig Würfen nur fünfundzwanzigmal die 4, 5 oder 6. Er vermutet deshalb, dass er aus Versehen einen anderen Würfel erwischt hat. Mit welcher Wahrscheinlichkeit liegt er mit seiner Vermutung richtig?

L

**5. Problemanalyse**

a) Wahrscheinlichkeitsverteilung, Erwartungswert

b) Erwartungswert einer Zufallsvariablen

c) Binomialverteilung, Wahrscheinlichkeitsverteilung und Summenverteilung

d) Linksseitiger Test mit vorgegebenem Ablehnungsbereich

**Lösung**

a) X sei Zufallsvariable für die gewürfelte Augenzahl. Hieraus ergibt sich die Wahrscheinlichkeitsverteilung:

| **k** | 1 | 2 | 3 | 4 | 5 | 6 |
|---|---|---|---|---|---|---|
| **P (X = k)** | $\frac{1}{4}\cdot\frac{1}{3}=\frac{1}{12}=\frac{3}{36}$ | $\frac{1}{3}\cdot\frac{1}{3}=\frac{1}{9}=\frac{3}{36}$ | $\frac{1}{6}=\frac{6}{36}$ | $\frac{1}{6}=\frac{6}{36}$ | $\frac{2}{3}\cdot\frac{1}{3}=\frac{2}{9}=\frac{8}{36}$ | $\frac{3}{4}\cdot\frac{1}{3}=\frac{1}{4}=\frac{9}{36}$ |

Erwartungswert $E(X) = 1\cdot\frac{1}{12} + 2\cdot\frac{1}{9} + 3\cdot\frac{1}{6} + 4\cdot\frac{1}{6} + 5\cdot\frac{2}{9} + 6\cdot\frac{1}{4} = \frac{147}{36} = 4\frac{1}{12}$

b) X sei Zufallsvariable für den Gewinn des Spielers A.
Dann besitzt X die Wahrscheinlichkeitsverteilung:

| **k** | 1,3 | b |
|---|---|---|
| **P (X = k)** | $\frac{23}{36}$ | $\frac{13}{36}$ |

Damit das Spiel fair ist, muss der Erwartungswert 0 sein.
$E(X) = 1{,}3\cdot\frac{23}{36} + b\cdot\frac{13}{36} = 0 \Leftrightarrow b = -2{,}30.$
Spieler A muss bei 1,2 oder 3 den Betrag 2,30 € an B bezahlen, damit das Spiel fair ist.

c) X sei Zufallsvariable für die Anzahl der Würfe mit den Ergebnissen 4, 5 oder 6.
X ist $B_{100;\frac{23}{36}}$-verteilt.
Die gesuchte Wahrscheinlichkeit ist
$P(X = 60) = \binom{100}{60}\cdot\left(\frac{23}{36}\right)^{60}\cdot\left(\frac{13}{36}\right)^{40} \approx 0{,}0588 = 5{,}88\,\%.$
Y sei Zufallsvariable für die Anzahl der Würfe mit den Ergebnissen 1, 2 oder 3.
Y ist $B_{100;\frac{13}{36}}$-verteilt.
Die gesuchte Wahrscheinlichkeit ist $P(Y \geq 30) = 1 - P(X \leq 29) \approx 0{,}9172 = 91{,}72\,\%.$

d) Z sei Zufallsvariable für die Anzahl der Würfe mit den Ergebnissen 4, 5 oder 6.
Nullhypothese $H_0$: $p = \frac{23}{36} \Rightarrow$ Z ist $B_{50;\frac{23}{36}}$-verteilt, Gegenhypothese $H_1$: $p < \frac{23}{36}$,
Ablehnungsbereich $K = \{1, 2, \dots 25\}$, Irrtumswahrscheinlichkeit $\alpha$.
Es ist $\alpha = P(Z \leq 25) \approx 0{,}0306$.
Somit ist die Vermutung zu etwa 96,92 % richtig.

**6.** An einer Fortbildungsveranstaltung können insgesamt 20 Personen teilnehmen. Hierfür melden sich 32 Bewerber. A

a) Wie viele Möglichkeiten gibt es, die 20 Plätze zu besetzen?

b) Unter den Bewerbern sind fünf Personen unter 30 Jahre und vier über 60 Jahre alt. Wie viele Möglichkeiten gibt es, die Teilnehmergruppe so zusammenzustellen, dass drei Personen unter 30 Jahre und zwei über 60 Jahre alt sind?

c) Um zu berücksichtigen, dass ein zugelassener Bewerber normalerweise mit 20-prozentiger Wahrscheinlichkeit wieder abspringt, werden sicherheitshalber 25 zugelassen. Mit welcher Wahrscheinlichkeit treten dann tatsächlich nicht zu viele Bewerber an?

d) Die endgültige Gruppe bestehe aus acht Damen und zwölf Herren. Abends belegen noch vier Damen und drei Herren einen Zusatzkurs.
Man betrachtet die Ereignisse A: Teilnehmer ist Herr und B: Teilnehmer belegt Zusatzkurs. Überprüfen Sie, ob A und B abhängig sind.

L

**6. Problemanalyse**

a) Ziehen ohne Zurücklegen, ohne Berücksichtigung der Reihenfolge
b) Mehrmaliges Ziehen ohne Zurücklegen, ohne Berücksichtigung der Reihenfolge
c) Zufallsvariable, Binomialverteilung, Summenverteilung
d) Abhängigkeit von Ereignissen

**Lösung**

a) $\binom{32}{20} = 225\,792\,840$
Es gibt 225 792 840 Möglichkeiten, aus 32 Interessenten die 20 Teilnehmer auszuwählen.

b) Aus den fünf Bewerbern unter 30 Jahre müssen drei, aus den vier Bewerbern über 60 Jahre zwei und aus den verbleibenden 23 Bewerbern 15 gewählt werden.
$\binom{5}{3} \cdot \binom{4}{2} \cdot \binom{23}{15} = 10 \cdot 6 \cdot 490\,314 = 29\,418\,840$
Es gibt 29 418 840 Möglichkeiten, die Gruppe wie gewünscht zusammenzustellen.

c) X sei die $B_{25;0,8}$-verteilte Zufallsvariable für die zugelassenen und antretenden Bewerber.
Die gesuchte Wahrscheinlichkeit ist $P(X \leq 20) \approx 0{,}5793$.
Die Wahrscheinlichkeit, dass nicht zu viele Bewerber antreten, beträgt etwa 58 %.

d) $P(A) = \frac{12}{20} = \frac{3}{5}$, $P(B) = \frac{7}{20}$
$P(A \cap B) = \frac{3}{20} = \frac{15}{100}$, $P(A) \cdot P(B) = \frac{3}{5} \cdot \frac{7}{20} = \frac{21}{100}$
Wegen $P(A \cap B) \neq P(A) \cdot P(B)$ sind A und B abhängig.

A

**7.** Bei einer Dauerlotterie ist nach Behauptung des Veranstalters jedes sechste Los ein Gewinn.

a) Wie groß ist die Wahrscheinlichkeit, unter zehn gekauften Losen mindestens drei Gewinne zu haben?
b) Ab wie vielen gekauften Losen kann man mit einer Wahrscheinlichkeit von mindestens 98 % damit rechnen, zumindest einen Gewinn zu haben?

Eine Verbraucherorganisation möchte die Behauptung der Lotteriegesellschaft testen. Die Behauptung, dass jedes sechste Los gewinnt, wird abgelehnt, wenn bei 100 gekauften Losen höchstens zehn Gewinne dabei sind.

c) Mit welcher Wahrscheinlichkeit wird die Behauptung fälschlicherweise abgelehnt?

d) Wie groß ist die Wahrscheinlichkeit, die Behauptung fälschlicherweise anzunehmen, obwohl tatsächlich nur jedes zehnte Los gewinnt?
Bewerten Sie dieses Ergebnis.

**7. Problemanalyse** **L**

a) Ziehen mit Zurücklegen (Dauerlotterie), Zufallsvariable, Binomialverteilung, Summenverteilung

b) Binomialverteilung, Summenverteilung, Gegenwahrscheinlichkeit, Exponentialungleichung

c) Linksseitiger Test mit vorgegebenem Ablehnungsbereich, Fehler 1. Art

d) Fehler 2. Art

X sei Zufallsvariable für die Anzahl der Gewinne, X ist $B_{n;\frac{1}{6}}$-verteilt.

**Lösung**

a) Die gesuchte Wahrscheinlichkeit ist $P(X \geq 3) = 1 - P(X \leq 2) \approx 0{,}2248$.
Die Wahrscheinlichkeit für mindestens 3 Gewinnlose unter 10 gekauften Losen beträgt etwa 22 %.

b) $P(X \geq 1) \geq 0{,}98 \Leftrightarrow 1 - P(X = 0) \geq 0{,}98 \Leftrightarrow P(X = 0) \leq 0{,}02 \Leftrightarrow \left(\frac{5}{6}\right)^n \leq 0{,}02$
$\Leftrightarrow n \geq \frac{\log 0{,}02}{\log \frac{5}{6}} \approx 21{,}5$
Ab 22 gekauften Losen kann man mit einer Wahrscheinlichkeit von mindestens 98 % damit rechnen, zumindest einen Gewinn zu haben.

c) Nullhypothese $H_0$: $p = \frac{1}{6} \Rightarrow$ X ist $B_{100;\frac{1}{6}}$-verteilt,
Gegenhypothese $H_1$: $p < \frac{1}{6}$,
Ablehnungsbereich $K = \{0, 1, 2, \dots 10\}$, Irrtumswahrscheinlichkeit $\alpha$.
Es ist $\alpha = P(X \leq 10) \approx 0{,}0427$.
Die Behauptung der Lotteriegesellschaft wird mit einer Wahrscheinlichkeit von etwa 4 % fälschlicherweise abgelehnt.

d) Nun ist anzunehmen, dass $H_1$ wahr ist und $p = \frac{1}{10}$, X ist dann $B_{100;\frac{1}{10}}$-verteilt,
Irrtumswahrscheinlichkeit $\beta$.
Es ist $\beta = P(X > 10) = 1 - P(X \leq 10) \approx 1 - 0{,}5832 = 0{,}4168$.
Mit einer Wahrscheinlichkeit von etwa 42 % wird die Behauptung der Lotteriegesellschaft fälschlicherweise angenommen.
Wenn der Test das Ziel hat, eventuelle Betrügereien aufzudecken, bleibt ein beträchtliches Risiko, dieses nicht zu erreichen. Der Ablehnungsbereich müsste so verändert werden, dass der Fehler 2. Art ein tragbares Risiko darstellt.

A

**8.** a) Ein Landwirt möchte jedes Jahr 50 Ferkel aufziehen. Für jedes Tier erhält er 53 Euro. Stirbt ein Tier, so hat er einen Verlust von 150 Euro.
Mit welchem durchschnittlichen Gewinn je Ferkel kann er rechnen, wenn 97 % der Ferkel überleben?

b) Mit welcher Wahrscheinlichkeit verliert er weniger als drei Ferkel?

c) Im letzten Jahr überlebten nur 45 Ferkel. Die Bäuerin behauptet deshalb, die Versorgung der Tiere sei schlechter gewesen.
Mit welcher Wahrscheinlichkeit liegt sie damit richtig?

L

**8. Problemanalyse**

a) Erwartungswert einer Zufallsvariablen

b) Binomialverteilung, Summenverteilung

c) Rechtsseitiger Test mit vorgegebenem Ablehnungsbereich

**Lösung**

a) X sei Zufallsvariable für den Gewinn des Landwirts. Dann hat X die Wahrscheinlichkeitsverteilung:

| **k** | 53 | −150 |
|---|---|---|
| **P(X = k)** | 0,97 | 0,03 |

Der Erwartungswert ist $E(X) = 53 \cdot 0{,}97 + (-150) \cdot 0{,}03 = 46{,}91$
Der durchschnittliche Gewinn je Ferkel beträgt 46,91 Euro.

b) Y sei $B_{50;0,03}$-verteilte Zufallsvariable für die Anzahl der verendeten Ferkel.
Die gesuchte Wahrscheinlichkeit ist $P(Y \leq 2) \approx 0{,}8108$.
Mit einer Wahrscheinlichkeit von etwa 81 % verliert er weniger als drei Tiere.

c) Y sei Zufallsvariable für die Anzahl der verendeten Ferkel.
Nullhypothese $H_0$: $p = 0{,}03 \Rightarrow$ Z ist $B_{50;0,03}$-verteilt,
Gegenhypothese $H_1$: $p > 0{,}03$, Ablehnungsbereich $K = \{5, 6, ..., 50\}$
Irrtumswahrscheinlichkeit $\alpha$. Es ist $\alpha = P(Y \geq 5) = 1 - P(Y \leq 4) \approx 0{,}0168$.
Nur mit einer Wahrscheinlichkeit von etwa 1,68 % verenden mindestens fünf Ferkel. Die Bäuerin liegt also mit einer Wahrscheinlichkeit von etwa 98,32 % richtig.

A

**9.** Beim Werfen einer Münze ist die Wahrscheinlichkeit für Wappen oder Zahl ist jeweils 0,5.

a) Mit welcher Wahrscheinlichkeit erhält man mindestens zweimal Wappen, wenn dreimal geworfen wird?

b) Wie oft muss man werfen, um mit einer Wahrscheinlichkeit von mindestens 95 % zumindest einmal Zahl zu haben?

c) Bei 100 Würfen mit einer anderen Münze erscheint 62-mal Wappen.
Testen Sie mit der Irrtumswahrscheinlichkeit von 1 % die Hypothese: Das Werfen dieser Münze ist ein LAPLACE-Experiment.
Bestimmen Sie den Ablehnungsbereich der Hypothese.

**9. Problemanalyse** L

a) Binomialverteilung, Summenverteilung

b) n-stufiges Zufallsexperiment, Pfadregel, Gegenwahrscheinlichkeit, Exponentialungleichung

c) LAPLACE-Experiment, zweiseitiger Test mit vorgegebener Irrtumswahrscheinlichkeit.

**Lösung**

a) X sei Zufallsvariable für die Anzahl geworfener Wappen, X ist $B_{3;0,5}$-verteilt.
Die gesuchte Wahrscheinlichkeit ist $P(X \geq 2) = 1 - P(X \leq 1) \approx 0{,}5$.

b) Die Wahrscheinlichkeit nach n Würfen zumindest einmal Zahl zu haben, ist $1 - 0{,}5^n$.
Es muss gelten: $1 - 0{,}5^n \geq 0{,}95 \;\Leftrightarrow\; 0{,}05 \geq 0{,}5^n \;\Leftrightarrow\; n \geq \frac{\log 0{,}05}{\log 0{,}5} \approx 4{,}32$
Man muss zumindest fünfmal werfen, um mit einer Wahrscheinlichkeit von mindestens 95 % zumindest einmal Zahl zu haben.

c) Z sei Zufallsvariable für die Anzahl der auftretenden Wappen
Nullhypothese $H_0$: $p = 0{,}5 \Rightarrow$ Z ist $B_{100;0,5}$-verteilt, Gegenhypothese $H_1$: $p \neq 0{,}5$, Irrtumswahrscheinlichkeit $\alpha = 0{,}01$.
Beim zweiseitigen Hypothesentest ist zu überprüfen, ob
$P(Z \geq 62) = 1 - P(Z \leq 61) > \frac{\alpha}{2}$.
Wegen $P(Z \geq 62) \approx 0{,}0105 > 0{,}005 = \frac{\alpha}{2}$ wird $H_0$ beibehalten. Das Werfen der Münze ist also mit der Irrtumswahrscheinlichkeit von 1 % ein LAPLACE-Experiment.
Es sei $K = \{0, 1, \dots g\} \cup \{g, g, \dots 100\}$ der Ablehnungsbereich.
Dann muss gelten: $P(Z \leq g_h) \leq 0{,}05$ oder $P(Z \geq g_r) \leq 0{,}005$
In der Wertetabelle für die Summenfunktion kann $g_l = 36$ und entsprechend $g_r = 64$ abgelesen werden.

| **k** | 36 | ,00332 |
|---|---|---|
| **P(X = k)** | 37 | ,00602 |

Somit ist $K = \{0, 1, \dots 36\} \cup \{64, 65, \dots 100\}$.

# Stichwortverzeichnis